中国石油和化学工业行业规划教材

普通高等教育“十一五”国家级规划教材

普通高等教育国家级精品教材

精细有机合成技术

第三版

薛叙明　主　编
赵玉英　副主编
王　兵　主　审

化学工业出版社
·北　京·

内 容 简 介

本书全面贯彻党的教育方针，落实立德树人根本任务，在教材中有机融入了党的二十大精神。全书以有机单元反应为主线，较系统地介绍了精细化学品生产过程中最重要的十几个单元反应的基本原理、实施方法与控制因素、应用范围及实例；同时对有机合成反应的基础理论及技术基础、精细有机合成的新方法、新技术、新工艺和有机合成路线设计的有关知识也作了相应的介绍。

本书适合作为高等职业教育精细化工技术、药品生产技术、应用化工技术等专业的教材，也可作为精细化工、有机合成、化学制药及相关行业科研、技术人员的参考书及培训教材。

图书在版编目（CIP）数据

精细有机合成技术/薛叙明主编. —3 版. —北京：化学工业出版社，2020.5（2024.8重印）
ISBN 978-7-122-36568-2

Ⅰ.①精… Ⅱ.①薛… Ⅲ.①精细化工-有机合成 Ⅳ.①TQ202

中国版本图书馆 CIP 数据核字（2020）第 053630 号

责任编辑：提 岩 于 卉
责任校对：王 静　　装帧设计：史利平

出版发行：化学工业出版社（北京市东城区青年湖南街 13 号 邮政编码 100011）
印 装：河北延风印务有限公司
787mm×1092mm 1/16 印张 19 字数 464 千字 2024 年 8 月北京第 3 版第 5 次印刷

购书咨询：010-64518888　　售后服务：010-64518899
网 址：http://www.cip.com.cn
凡购买本书，如有缺损质量问题，本社销售中心负责调换。

定 价：49.80 元

前言

本教材第一版于2005年7月出版，为教育部高职高专规划教材；第二版于2009年2月出版，为普通高等教育“十一五”国家级规划教材，并于2009年11月荣获“普通高等教育国家级精品教材”称号。第二版教材出版后，继续受到了广大读者及全国众多职业院校师生的厚爱，重印数次，成为精细化工专业畅销教材之一，对此我们深感欣慰。

随着精细化工新技术、新工艺的迅速发展，我们在第二版的基础上又进行了修订。本次修订充分落实党的二十大报告中关于“实施科教兴国战略”“着力推动高质量发展”“加快发展方式绿色转型”等要求，对新标准、新知识、新技术等进行了更新和补充。具体修订工作如下：

1.对全书的教学设计进行了整体优化与调整，调整了部分章节的教学结构和教学内容，对一些偏难偏深的教学内容作了简化，以降低理论教学难度和增强实用性。如对第二章、第六章的内容编排及教学内容进行了适当的调整与优化；对第四章、第七章、第八章、第九章、第十章、第十三章等章节的相关内容做了相应的调整。

2.依据精细化工行业的技术发展现状与趋势，补充了精细有机合成技术的最新工业化成果和对环境友好的生产案例，删除了一些工艺陈旧和对环境有害的生产方法和应用案例。如第二章增加了微反应器技术和超临界合成技术；第四章重点补充介绍了代表目前先进水平的绝热硝化工艺；第五章用对环境友好的重要中间体或产品（如2-4-6-三溴苯酚、1-1-1-2-四氟乙烷）替换了原来的对环境有害或已禁止生产的过时产品（如氟利昂、十溴联苯醚）的合成；第九章删除了对环境有严重影响的重铬酸盐氧化方法等。

3.对于一些重要的、属于国家重点监管危险化工工艺的有机合成单元反应，在其相应章节适当增加了安全生产技术与控制等方面的内容。

为了深入贯彻党的二十大精神，落实立德树人根本任务，在重印时继续不断完善，有机融入工匠精神、绿色发展、文化自信等理念，弘扬爱国情怀，树立民族自信，培养学生的职业精神和职业素养。

本教材由常州工程职业技术学院薛叙明担任主编，太原科技大学化学与生物工程学院赵玉英担任副主编，河北化工医药职业技术学院张小华、太原科技大学化学与生物工程学院史宝萍参编。薛叙明负责了本次的修订及统稿工作。上海医药集团常州制药厂有限公司副总经理、高级工程师、江苏省产业教授王兵担任主审。常州工程职业技术学院精细化工教研室乔奇伟博士提供了相关生产案例并参与了审稿。

本教材在修订与编写过程中，得到了化学工业出版社及有关单位领导、相关企业工程技术人员和常州工程职业技术学院精细化工教研室老师的大力支持与帮助。同时，参考借鉴了大量国内各类院校的相关教材和文献资料，参考文献名录列于书后。在此谨向上述各位领导、专家及参考文献作者表示衷心的感谢。

由于编者水平所限，书中不足之处在所难免，敬请读者批评指正。

编者

第一版前言

本教材是在全国化工高等职业教育教学指导委员会精细化工专业委员会的指导下，根据教育部有关高职高专教材建设的文件精神，以高职高专精细化工专业学生的培养目标为依据编写的。在编写过程中，征求了来自企业专家的意见，使教材具有了较强的实用性。

精细化工作为我国化学工业的重要组成部分，近二十年来得到了长足的发展。因此，对于从事精细化工各行业生产、服务、建设和管理一线工作的技术应用型高技能人才的需求也日益趋旺。

作为精细化工专业主干课程的教材，本教材在编写过程中注重贯彻“基础理论教学要以应用为目的，以必需、够用为度，以掌握概念、强化应用、培养技能为教学的重点”的原则，并力求体现以下特点。

(1) 依据高等职业教育的特点及本课程的性质，力求体现教学内容的科学性、实用性及前瞻性。对目前精细有机合成领域广泛采用的成熟技术及工艺进行了重点介绍，同时注意介绍和反映当前国内外最新技术和科技成果，力求体现新技术、新工艺、新材料、新方法。着重突出能力的培养，注重生产实际，注重理论与实践的结合。

(2) 力求充分体现以能力为本位的职教思想。力求做到降低理论深度，注重生产实际，强调技术应用；注重培养学生综合运用所学基础知识，提高分析与解决问题的能力和创新能力；尽力反映高职高专特色。

(3) 力求体现以学生为主体的教学思想。在内容编排上，注意整体与局部的划分与衔接，依据循序渐进原则，先介绍有机化学反应基本理论，再以此为指导介绍各单元反应及应用实例。在每章开头设置了“学习目标”，以引导学生做到有的放矢地学习，并较好地掌握重点及化解难点；同时，每章后编入了适量的、内容紧扣教学的习题与思考题，以帮助学生巩固所学知识，检验学习效果。

(4) 考虑了各地的实际情况和各高职高专院校的具体情况，本教材可采用模块式教学。各相关学校可根据所在行业及地区特点，并结合自身专业特色对教材中的内容做出有针对性的取舍，以适应各自特点的教学要求。

本书由常州工程职业技术学院薛叙明老师担任主编和负责统稿，并编写第一章～第五章、第十三章、第十五章；太原科技大学化学与生物工程学院赵玉英老师编写第七章～第十章、第十二章；河北化工医药职业技术学院张小华老师编写第六章、第十一章、第十四章。北京市化工学校刘同卷老师担任本书的主审，提出了许多宝贵意见；常州工程职业技术学院赵昊昱老师参与了本教材的审稿工作。

在编写过程中，常州工程职业技术学院曹红英老师对本书的编写给予了极大的关注和支持，并做了大量工作；常州工程职业技术学院陈炳和副院长，南京化工职业技术学院丁志平副院长，河北化工医药职业技术学院田铁牛老师、陈瑞珍老师，对本书的编写工作也提供了许多支持和帮助。

此外，在编写过程中还参考借鉴了大量国内高校、中专及其他类型学校的相关教材和文献资料，参考文献名录列于书后。在此谨向上述各位领导、专家及参考文献作者表示衷心的感谢。

由于编者水平有限，时间仓促，尽管力图完美，但疏漏与不足在所难免，敬请读者批评指正。

编者

2005 年 4 月

第二版前言

本书自2005年出版以来，承蒙广大读者及全国众多职业院校师生的厚爱，被选作专业教材或参考书，至今已重印数次；2007年被教育部评为“普通高等教育‘十一五’国家级规划教材”。能为我国高等职业教育的发展和高职精细化学品生产技术及其相关专业的建设与发展贡献微薄力量，我们感到由衷欣慰。

作为第二版教材，我们在力求保持原有教材特点的基础上，根据行业发展情况和读者的反馈意见，对原教材进行了修订，对全书的章节作了微调，将原书中“酯化”内容并入了“酰基化”一章中，适当增加了有机合成基础反应的内容，删除了部分已趋淘汰的旧工艺、旧数据。此外，为方便教师教学和学生自学，根据高职教育的特点，将每章前面原有的“学习目标”具体分为“知识目标”“能力目标”与“素质目标”，章后增加了“本章小结”。

第二版仍由常州工程职业技术学院薛叙明任主编，太原科技大学化学与生物工程学院赵玉英任副主编，北京市化工学校刘同卷老师担任本书的主审，河北化工医药职业技术学院张小华、太原科技大学化学与生物工程学院史宝萍参与了教材的编写工作。全书共设14章，其中薛叙明编写第一章～第五章、第七章、第十四章；赵玉英编写第八章、第十章、第十二章；史宝萍编写第九章；张小华编写第六章、第十一章、第十三章。全书由薛叙明负责统稿。

在修订过程中，得到了化学工业出版社及有关单位领导和老师的大力支持与帮助，特别是常州工程职业技术学院陈炳和副院长、赵昊昱老师、蒋涛老师，对本书的修订工作提供了许多支持和帮助。

此外，在编写过程中还参考借鉴了国内高校、中专及其他类型学校的相关教材和其他文献资料。在此谨向上述各位领导、专家及参考文献作者表示衷心的感谢。

鉴于精细化工涉及面很广，理论研究与应用技术又不断更新，限于编者水平和能力，加之时间仓促，尽管力图完美，但疏漏与不足之处在所难免，敬请读者批评指正。

编者

2008年11月

目录

第一章 总论 001

第二章 精细有机合成的理论与技术基础 007

第三章 磺化及硫酸化 048

第四章　硝化及亚硝化　072

第五章　卤化　090

第六章　烷基化　110

第七章　酰基化　132

第八章　还原　158

第九章　氧化　182

第十章　氨解　197

第十一章　重氮化与重氮盐的转化 216

第十二章　羟基化 231

第十三章　缩合 244

第十四章 精细有机合成路线设计基本方法与评价 —— 270

参考文献 —— 290

第一章　总论

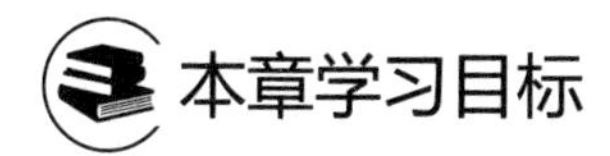

本章学习目标

知识目标：了解有机合成的任务、内容、发展历史和发展趋势；了解精细有机合成单元反应的类型与特点；了解本课程的性质、讨论范围及学习方法。

能力目标：1. 能说出有机合成的任务内容和主要发展阶段及其发展趋势。

2. 能简要解释有机合成单元反应的类型与特点。

3. 能根据本课程的性质与内容，选择合理的学习方法。

素质目标：1. 培养学生良好的学习兴趣与动机、严谨治学的精神与不断进取的科学态度。

2. 培养学生通过文献、网络等方式获取行业（学科）相关信息的能力，使其逐渐养成主动关心行业发展前沿动态的职业习惯。

第一节　有机合成及其发展

有机合成是指利用有机反应将简单的有机物和无机物作为原料，创造新的、更复杂的、更有价值的有机化合物的过程。人们通过有机合成，不仅能制造出自然界已有的、甚至非常复杂的物质，还能制造出自然界尚不存在的、具有各种特殊性能的物质，以适应人类生活、生产和科学研究的需要。

一、有机合成的任务、目的及内容

2001年诺贝尔化学奖得主日本名古屋大学教授野依良治博士说过："有机合成有两大任务：一是实现有价值的已知化合物的高效生产；二是创造新的有价值的物质与材料。"

有机合成有两个基本目的。一个是为了合成一些特殊的、新的有机化合物，探索一些新的合成路线或研究其他理论问题，即实验室合成。为这一目的所需产品的数量较少，但纯度常常要求较高，而成本在一定范围内不是主要问题。另一个是为了工业上大量生产，即工业合成。为了这一目的，成本问题是非常重要的，即使是收率上的极小变化，或工艺路线或设备的微小改进都会对成本产生很大的影响。

实验室合成是根据一般碳架和官能团的变化规律所研究得出的结论，大多数具有普遍意义，但并非都适合工业生产，能适合工业生产的只是其中一部分。但是，由于实验室合成是根据有机化学反应、有机合成的基本规律和实验室反复试验而得到的结果，因此它是有机合成的基础，在这样的基础上再经过严格筛选、改进才可能成为适合工业生产的合成路线。

工业合成则是将简单的原料利用化学反应通过工业化装置生产各种化工中间体及化学产

品的过程。根据所承担的任务不同，工业有机合成一般可分为基本有机合成和精细有机合成两大类。

基本有机合成工业的任务主要是利用化学方法将简单的、廉价易得的天然资源（如煤、石油、天然气等），以及其初加工产品和副产品（电石、煤焦油等）合成为最基本的有机化工原料“三烯一炔”（乙烯、丙烯、丁二烯和乙炔）、“三苯一萘”（苯、甲苯、二甲苯和萘），然后再进一步合成其他重要的有机化工原料（如乙醇、甲醛、乙酸、丙酮及苯乙烯等）。其特点是，多是在气相催化下进行的，且多为连续性的大规模生产，因此也称为重有机合成。精细有机合成工业的任务主要是合成染料、药物、农药、香料以及各种试剂、溶剂、添加剂等，其特点是产量小、品种多、质量要求较高，而且一般多为间歇生产，操作比较复杂、细致。两类有机合成工业都是国计民生所必不可少的，没有精细有机合成就不能满足人民生活所必需的各种有机产品，而没有基本有机合成就断绝了精细有机合成所需要的工业原料。

工业合成与实验室合成虽然在反应原理和单元操作上大致相同，但在规模大小上是有差别的，工业生产上常常有些特殊要求。有时，在实验室合成中被否定的合成路线，在工业生产上却有较大的生产价值；反之，有时实验室合成中认为十分理想的合成路线，在工业生产上却有很大的困难，甚至难以实现。这是因为工业上除了考虑反应原理和单元操作之外，还必须考虑整个生产过程的要求，如设备、操作、产物的综合利用、物料和能量的平衡以及是否适合连续性生产等；以及必须考虑“三废”的处理和环境的保护。因此，工业合成除了理论研究之外，还有更加精确和具体的要求，而且工业合成路线的改进对工业生产的影响是巨大的，因而必须重视和加强对有机合成以及对整个工业合成生产过程的研究。

二、 有机合成的发展历史、 现状及趋势

1828年德国科学家沃勒（Wöhler）成功地从氰酸铵合成了尿素，从而揭开了有机合成的帷幕。迄今为止，有机合成学科历经了190多年的发展历史。从总体上看，有机合成的历史大致可划分为第二次世界大战之前的初创期和第二次世界大战之后的辉煌期两个阶段。在第一阶段，有机合成主要是围绕以煤焦油为原料的染料和药物等的合成。例如，1856年霍夫曼（A. W. Hofmann）发现苯胺紫，威廉姆斯（G. Williams）发现菁染料；1890年费歇尔（Emil Fischer）合成六碳糖的各种异构体以及嘌呤等杂环化合物，费歇尔也因此荣获第二届（1902年）诺贝尔化学奖；1878年拜耳（A. Von Baeyer）合成了有机染料——靛蓝，并很快实现了工业化，此后他又在芳香族化合物的合成方面取得了巨大的成就，并获得第五届（1905年）诺贝尔化学奖；尤其值得一提的是1903年德国化学家维尔斯泰特（R. Willstätter）经过卤化、氨解、甲基化、消除等20多步反应，第一次完成颠茄酮的合成，这是当时有机合成的一项卓越成就；时隔14年之后，1917年英国化学家鲁宾逊（Robinson）第二次合成颠茄酮，所不同的是他采用了全新的、简洁的合成方法，是模拟自然界植物体合成莨菪碱的过程进行的，其合成路线是：

$$\text{OHC-CH}_2\text{CH}_2\text{-CHO} + CH_3NH_2 + \text{HOOC-CH}_2\text{-CO-CH}_2\text{-COOH} \longrightarrow \text{(NMe 桥环酮, =O)}$$

这一合成曾被Willstätter称为是“出类拔萃的”合成，它反映了这一时期有机合成突飞猛进的发展。与此同时，许多具有生物活性的复杂化合物相继被合成，例如，获1930年诺贝尔化学奖的Hans Fischer合成血红素；1944年R. B. Woodward合成金鸡纳碱等。

以上这些化合物的合成标志着这一时期有机合成的水平，奠定了下一阶段有机合成辉煌发展的基础。

从第二次世界大战结束到20世纪末，有机合成进入了空前发展的辉煌时期。这一阶段又分为20世纪50～60年代的Woodward艺术期、70～80年代Corey的科学与艺术的融合期和90年代以来的化学生物学期三个时期。美国化学家R. B. Woodward（1917～1979）是艺术期的杰出代表。他完成了奎宁的全合成，一些重要的生物碱（如马钱子碱、麦角新碱、利血平）、甾体化合物（如胆甾醇、皮质酮、黄体酮、羊毛甾醇）和抗生素（如青霉素、四环素、红霉素、维生素B_{12}等）的合成，并因此获得1965年诺贝尔化学奖。此外，在维生素B_{12}的全合成过程中，Woodward和量子化学家R. Hofmann共同发现了重要的分子轨道对称守恒原理，这一原理使有机合成从艺术更多地走向理性。从20世纪70年代开始，天然产物的全合成超越艺术进入科学与艺术的融合期。合成化学家开始总结有机合成的规律和有机合成设计等问题，在此期间，E. J. Corey提出了反合成分析法，即从合成目标分子出发，根据其结构特征和对合成反应的知识进行逻辑分析，并利用经验和推理艺术设计出巧妙的合成路线。Corey等运用这种方法在天然产物的全合成中取得了重大成就，如银杏内酯、大环内酯（红霉素、前列腺素类化合物）、白三烯类化合物的全合成，Corey也因此荣获1990年诺贝尔化学奖。

时至20世纪90年代，有机合成进入了化学生物学期。合成化学家把合成工作与探寻生命奥秘联系起来，更多地从事具有生物活性的目标分子的合成，尤其是那些具有高生物活性和有药用前景的分子的合成。其中，极具挑战性的工作当属美国哈佛大学教授Y. Kishi研究小组开展的海葵毒素（palytaxin）的全合成。海葵毒素含有129个碳原子、64个手性中心和7个骨架内双键，可能的异构体数达2^{71}(2.36×10^{21})之多，因此其结构的复杂程度也就不言而喻了，被誉为有机合成的珠穆朗玛峰。

进入21世纪以来，可持续发展及其所涉及的生态、资源、经济等方面的问题已成为国际社会关注的焦点，精细有机合成也面临着新的发展机遇与挑战：其一，有机化学学科本身的发展以及新的分析方法、物理方法和生物学方法不断涌现；其二，生命科学、材料科学的发展以及人类对环境友好的新要求。因此，绿色化学、洁净技术、环境友好过程已成为有机合成追求的目标和方向。可见，21世纪有机合成关注的不仅仅是合成了什么分子，还包括是如何合成的，其中有机合成的有效性、选择性、经济性、环境影响和反应速率将是有机合成研究的重点。

总之，有机合成的发展趋势可以概括为两点：其一是合成什么，包括合成在生命、材料学科中具有特定功能的分子和分子聚集体；其二是如何合成，包括高选择性合成、绿色合成、高效快速合成等。

第二节　精细有机合成的单元反应

精细有机合成的任务是用基本原料合成出各类精细化学品。然而，精细化学品虽然品种繁多，但从分子结构来看，它们大多数是在脂链、脂环、芳环或杂环上含有一个或几个取代基的衍生物。其中最主要的取代基有：—X（卤素基）；$—SO_3H$、$—SO_2Cl$、$—SO_2NH_2$、—SO_2NHR等（R表示烷基或芳基）；$—NO_2$及—NO；$—NH_2$、—NHAlk、—NH(Alk) Alk′、—NHAr、—NHAc、—NHOH等（Alk表示烷基、Ar表示芳基、Ac表示乙酸基）；$—N_2^+Cl$、$—N_2^+HSO_4^-$、—N ═ NAr、$—NHNH_2$ 等；—OH、—OAlk、—OAr、—OAc 等；—Alk，例如$—CH_3$、$—C_2H_5$、$—CH(CH_3)_2$ 等；—CHO、—COAlk、—COAr、—COOH、—COOAlk、—COOAr、—COCl、$—CONH_2$及—CN等。

为了在有机分子中引入或形成上述取代基，以及为了形成杂环和新的碳环，所采用的化学反应叫作单元反应或单元作业。最重要的单元反应有：①卤化；②磺化和硫酸酯化；③硝化和亚硝化；④还原和加氢；⑤重氮化和重氮基的转化；⑥氨解和胺化；⑦烷基化；⑧酰化；⑨氧化；⑩羟基化；⑪酯化与水解；⑫缩合与环合等。

由此可见，精细化学品及其中间体虽然品种非常多，但其合成过程所涉及的单元反应只有十几种。考虑到同一单元反应具有许多共同的特点，因此按单元反应来分章讨论，有利于掌握精细有机合成所涉及的单元反应的一般规律。应该指出，关于单元反应的分类和名称在各种书刊中并不完全相同。本书将按照上述分类法进行讨论。

上述单元反应可以归纳为三种类型。第一类是有机分子中碳原子上的氢被各种取代基所取代的反应，例如卤化、磺化、硝化和亚硝化、C-酰化、C-烷化等。第二类是碳原子上的取代基转变为另一种取代基的反应，例如硝基还原为氨基等。第三类是在有机分子中形成杂环或新的碳环的反应，即环合反应。

上述三类反应之间有密切的联系。第一类反应常常为后两类反应准备条件，进行第二类反应时所形成的取代基的位置常常就是上一步进行第一类反应所引入的取代基的位置。而第三类反应也需要由碳原子上的取代基提供C、N、O、S等原子来形成杂环或新的碳环。

同一个精细化学品或中间体，有时可以用几个不同的合成路线或者用几个不同的单元反应来制备。例如，苯酚的合成路线很多，其中在工业生产上曾经采用过的合成路线至少有以下五个（图1-1），它们各有优缺点。

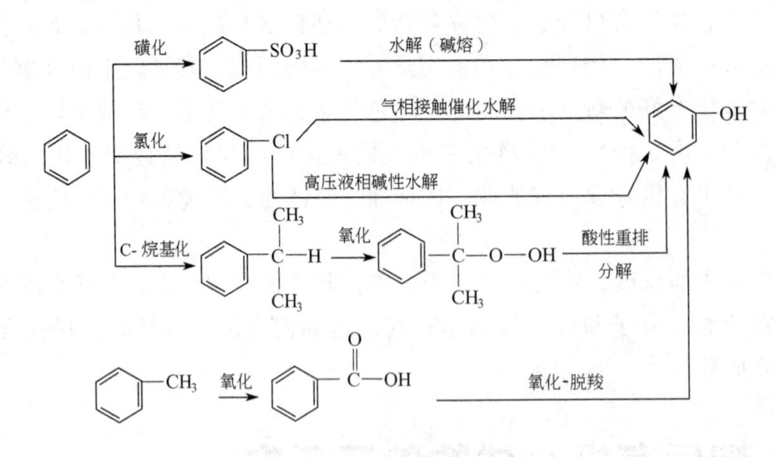

图1-1 苯酚的合成路线

在制备分子中含有多个取代基的中间体或精细化学品时，合成路线的合理选择就极为重要。本书将在第十四章第四节中讨论合成路线的选择。

第三节 精细有机合成课程的性质、讨论范围及学习方法

精细有机合成技术是精细化工专业的一门主干专业课程，是学生在学习了有机化学、物理化学、化工单元操作等专业基础课之后必修的一门专业课程。本课程主要介绍精细化工产品生产过程中最重要的十几个单元反应（如磺化、硝化、卤化、烷基化、酰基化、羟基化、氨解及氨基化、重氮化及其重氮盐的转化、氧化、还原、缩合等）的基本原理、工艺方法、控制因素以及这些单元反应在生产中的应用；同时对有机合成反应的基础理论及精细有机合成的新方法、新技术及新工艺也作了适当介绍；此外还介绍了有机合成路线设计的有关知识。学生通过本课程的学习，可获得精细有机合成单元反应的基础知识、基本理论及技术应用，以便为今后从事精细有机合成技术工作，实施常规工艺和常规管理，参与开发新产品奠定基础。

本课程是有机合成理论与化学工程的结合，是人们长期生产和科学实验的总结，反映了有机合成的一般规律和方法。学习时，学习者应运用有机化学、物理化学、化工单元操作等先修课程所学知识，做到理论联系实际地学习有机合成单元过程的基本知识和基本理论。学习中要首先注意反应物的化学结构、官能团的性质以及反应物的浓度、配比等物理因素对合成反应的影响；特别注意单元反应的实施和应用；注意掌握和运用单元反应过程的一般规律、特点和反应技术，分析和解决有机合成中的实际问题。其次，在本课程的教学中，应尽可能采用启发式教学和类比法教学，把反应类型相同或相近的单元反应进行比较，使学习者能做到触类旁通，加深理解和掌握。再次，本课程的教学还应紧密结合专业综合实验、精细化工产品开发实验及生产实际展开，选择适合的产品合成，采用项目化教学，注重学生综合运用所学知识，提高分析问题、解决问题和开发创新能力的培养。此外，若能充分利用实验或多媒体教学手段，对于增加学生的兴趣、提高教学效果是十分有益的。

本章小结

1. 有机合成是指利用有机反应将简单的有机物和无机物作为原料，创造新的、更复杂的、更有价值的有机化合物的过程。其任务是实现已知物质的高效生产和制造新物质、新材料，目的是进行实验室合成和工业合成。

2. 有机合成学科的发展经历了第二次世界大战前的初创期和第二次世界大战后的辉煌期，今后的发展趋势为生命物质和功能材料的合成，合成方式为高选择性合成、绿色合成和高效快速合成等。

3. 常见的精细有机合成单元反应有：卤化；磺化和硫酸酯化；硝化和亚硝化；还原和加氢；重氮化和重氮基的转化；氨解和胺化；烷基化；酰化；氧化；羟基化；酯化与水解；缩合与环合等。

4. 本课程为精细化工专业的一门主干专业课程，学习时应注重综合运用所学知识，努力提高分析问题、解决问题和开发创新的能力。

习题与思考题

1. 有机合成的任务、目的及内容是什么？其发展趋势如何？
2. 精细有机合成常见的单元反应有哪些？这些单元反应有什么特点？
3. 精细有机合成技术讨论的主要内容是什么？如何学习本课程？

第二章 精细有机合成的理论与技术基础

本章学习目标

知识目标：1. 了解有机反应的基本类型和实施有机反应的工艺基础；了解有机合成的新技术和发展趋势。
2. 理解溶剂对有机反应的影响、各基本反应（如加成反应、消除反应、重排反应和自由基反应）的一般原理及规律；熟悉常见的亲核反应试剂与亲电反应试剂。
3. 掌握有机物分子的电子效应与空间效应及其对反应的影响规律，芳香族化合物的亲电、亲核取代反应及脂肪族化合物的亲核取代反应的一般规律；掌握有机反应的基本工艺计算。

能力目标：1. 能关注和知晓精细有机合成领域的新技术与发展动态。
2. 能根据有机合成反应的基本原理与一般规律，定性解释相应反应中出现的现象与结果。
3. 能根据有机合成反应进行化学计量计算与基本工艺计算。

素质目标：1. 培养学生自主学习、主动学习、温故知新的良好学习习惯，逐步养成知识应用和自我学习的能力。
2. 培养学生收集专业信息、关心行业动态的职业素质和树立技术经济的观念。

第一节 精细有机合成基础知识

精细有机化工产品种类繁多，合成这些产品需涉及许多不同的化学反应，其反应历程和反应条件更是多种多样，很难提出单一的理论来指导所有这些合成。尽管如此，在进行这些不同类型的合成反应时，仍可遵循有机化学的一些规则规律，为此，本节将对有机反应的基础知识作一般性讨论与介绍。

一、有机反应中的电子效应与空间效应

有机化合物的性质取决于自身的化学结构，也与其分子中的电子云分布有关。分子相互作用形成新的化合物时，将发生旧键的断裂和新键的生成，这个过程不仅与分子中电子云的分布有关，还与分子间的适配性有关，了解和掌握这些相互关系对掌握有机反应的规律十分有益。

1. 电子效应

电子效应可用来讨论分子中原子间的相互影响以及原子间电子云分布的变化。电子效应又可分为诱导效应和共轭效应。

（1）诱导效应　在有机分子中相互连接的不同原子间由于其各自的电负性不同而引起的连接键内电子云偏移的现象，以及原子或分子受外电场作用而引起的电子云转移的现象称作诱导效应，用 I 表示。根据作用特点，诱导效应可分为静态诱导效应和动态诱导效应。

① 静态诱导效应 I_S。由于分子内成键原子的电负性不同所引起的电子云沿键链（包括 σ 键和 π 键）按一定方向移动的效应，或者说键的极性通过键链依次诱导传递的效应。这是化合物分子内固有的性质，被称为静态诱导效应，用 I_S 表示。诱导效应的方向是通常以C—H键作为基准的，比氢电负性大的原子或原子团具有较大的吸电性，称吸电子基，由此引起的静态诱导效应称为吸电静态诱导效应，通常以 $-I_S$ 表示；比氢电负性小的原子或原子团具有较大的供电性，称给电子基，由此引起的静态诱导效应称为供电静态诱导效应，通常以 $+I_S$ 表示。其一般的表示方法如下（键内的箭头表示电子云的偏移方向）：

$$\overset{\delta^+}{Z} \rightarrow \overset{\delta^-}{C}R_3 \qquad H—CR_3 \qquad \overset{\delta^-}{Z} \leftarrow \overset{\delta^+}{C}R_3$$

给电子基团　　　　　　　　吸电子基团

诱导效应沿键链的传递是以静电诱导的方式进行的，只涉及电子云分布状况的改变和键极性的改变，一般不引起整个电荷的转移和价态的变化，如：

$$Cl \leftarrow CH_2 \leftarrow \overset{\overset{\displaystyle O}{\|}}{C} \leftarrow O \leftarrow H \qquad CH_3 \rightarrow CH_2 \rightarrow \overset{\overset{\displaystyle O}{\|}}{C} \rightarrow O \rightarrow H$$

由于氯原子吸电诱导效应的依次传递，促进了质子的离解，加强了酸性，而甲基则由于供电诱导效应的依次诱导传递影响，阻碍了质子的离解，减弱了酸性。

在键链中通过静电诱导传递的诱导效应受屏蔽效应的影响是明显的，诱导效应的强弱与距离有关，随着距离的增加，由近及远依次减弱，而且变化非常迅速，一般经过三个原子以后诱导效应已经很弱，相隔五个原子以上则基本观察不到诱导效应的影响。

诱导效应不仅可以沿 σ 键链传递，同样也可以通过 π 键传递，而且由于 π 键电子云流动性较大，因此不饱和键能更有效地传递这种原子之间的相互影响。

② 动态诱导效应 I_d。在化学反应中，当进攻试剂接近底物时，因外界电场的影响，也会使共价键上电子云分布发生改变，键的极性发生变化，这被称为动态诱导效应，也称可极化性，用 I_d 表示。

发生动态诱导效应时，外电场的方向将决定键内电子云的偏离方向。当 I_d 和 I_s 的作用方向一致时，将有助于化学反应的进行；当二者的作用方向不一致时，I_d 往往起主导作用。

③ 诱导效应的相对强度。对于静态诱导效应，其强度取决于原子或基团的电负性。

a. 同周期的元素中，其电负性和 $-I_s$ 随族数的增大而递增，但 $+I_s$ 则相反。例如

$$-I_s：—F > —OH > —NH_2 > —CH_3$$

b. 同族元素中，其电负性和 $-I_s$ 随周期数增大而递减，但 $+I_s$ 则相反。例如

$$-I_s：—F > —Cl > —Br > —I$$

c. 同种中心原子上，正电荷增加其 $-I_s$ 增强；而负电荷则使 $+I_s$ 增强。例如

$$-I_s：—^+NR_3 > —NR_2$$

$$+I_s：—O^- > —OR$$

d. 中心原子相同而不饱和程度不同时，则随着不饱和程度的增大，$-I_s$ 增强。例如

$$-I_s：=O>-OR；\equiv N>=NR>-NR_2$$

当然这些诱导效应相对强弱是以官能团与相同原子相连接为基础的，否则无比较意义。

一些常见取代基的吸电子能力、供电子能力强弱的次序如下。

$-I_s$：$-^+NR_3>-^+NH_3>-NO_2>-SO_2R>-CN>-COOH>-F>-Cl>-Br>-I>-OAr>-COOR>-OR>-COR>-OH>-C\equiv CR>-C_6H_5>-CH=CH_2>-H$

$+I_s$：$-O^->-CO_2^->-C(CH_3)_3>-CH(CH_3)_2>-CH_2CH_3>-CH_3>-H$

对于动态诱导效应，其强度与施加影响的原子或基团的性质有关，也与受影响的键内电子云可极化性有关。

a. 在同族或同周期元素中，元素的电负性越小，其电子云受核的约束也相应减弱，可极化性就越强，即 I_d 增大，反应活性增大。如

$$I_d：-I>-Br>-Cl>-F$$

$$-CR_3>-NR_2>-OR>-F$$

b. 原子的富电荷性将增加其可极化的倾向。

$$I_d：-O^->-OR>-O^+R_2$$

c. 电子云的流动性越强，其可极化倾向越大。一般来说，不饱和化合物的不饱和程度大，其 I_d 也大。

$$I_d：-C_6H_5>-CH=CH_2>-CH_2CH_3$$

（2）共轭效应

① 共轭效应。在单双键交替排列的体系中，或具有未共用电子对的原子与双键直接相连的体系中，p 轨道与 π 轨道或 π 轨道与 π 轨道之间存在着相互的作用和影响。电子云不再定域在成键原子之间，而是围绕整个分子形成了整体的分子轨道。每个成键电子不仅受到成键原子的原子核的作用，而且也受分子中其他原子核的作用，因而分子能量降低，体系趋于稳定。这种现象被称为电子的离域，这种键称为离域键，由此产生的额外的稳定能被称为离域能（或叫共轭能）。含有这样一些离域键的体系统称为共轭体系，共轭体系中原子之间的相互影响的电子效应就叫共轭效应。

与诱导效应不同的是，共轭效应起因于电子的离域，而不仅是极性或极化的效应。它不像诱导效应那样可以存在于一切键上，而是只存在于共轭体系之中。共轭效应的传递方式不是靠诱导传递而越远越弱，而是靠电子离域传递，对距离的影响是不明显的，而且共轭链越长，电子离域就越充分，体系的能量就越低，系统也就越稳定，键长的平均化趋势就越大。例如：苯分子是一个闭合的共轭体系，电子高度离域的结果，使得电子云分布呈平均化，苯分子根本不存在单、双键的区别，苯环为正六边形，C—C—C 键角为 120°，C—C 键长均为 0.139nm。

当共轭键原子的电负性不同时，则共轭效应也表现为极性效应，如在丙烯腈中，电子云定向移动呈现正负偶极交替的现象。

$$\overset{\delta^+}{CH_2}=\overset{\delta^-}{CH}-\overset{\delta^+}{C}\equiv\overset{\delta^-}{N}$$

共轭效应也分为静态（以 C_s 表示）和动态（以 C_d 表示）两种类型，其中又可细分为给电子效应的正共轭效应（$+C_s$，$+C_d$）和吸电子效应的负共轭效应（$-C_s$，$-C_d$）；静态共轭效应是共轭体系内在的、永久性的性质，而动态共轭效应则是由外电场作用所引起，仅在分子

进行化学反应时才表现出来的一种暂时的现象。例如：1,3-丁二烯在基态时由于存在C_s，表现出体系能量降低，π电子离域、键长趋于平均化。当其与HCl发生加成反应时，由于质子外电场的影响，丁二烯内部发生$-C_d$效应，分子上π电子云沿着共轭链发生转移，出现各碳原子被极化——所带部分电荷正负交替分布的情况，这是动态共轭效应（$-C_d$）所致。

$$\overset{\delta^+}{CH_2}=\overset{\delta^-}{CH}-\overset{\delta^+}{CH}=\overset{\delta^-}{CH_2}+\overset{\delta^+}{H^+}\longrightarrow CH_2=CH-\overset{+}{CH}-CH_3$$

在反应中生成的上述活性中间体——正碳离子，由于结构上具有烯丙基型碳正离子的p-π共轭离域而稳定，并产生了1,2-加成和1,4-加成两种产物。

$$CH_2=CH-\overset{+}{CH}-CH_3\longrightarrow \overset{\delta^+}{CH_2}\text{----}CH\text{----}\overset{\delta^+}{CH}-CH_3 \begin{cases}\xrightarrow[Cl^-]{1,2\text{-加成}} CH_2=CH-CH(Cl)-CH_3\\ \xrightarrow[Cl^-]{1,4\text{-加成}} CH_2(Cl)-CH=CH-CH_3\end{cases}$$

静态共轭效应可以促进也可以阻碍反应的进行，而动态共轭效应只能存在于反应过程中，有利于反应进行时才能发生，因此，动态共轭效应只会促进反应的进行。与诱导效应类似，动态因素在反应过程中，往往是起主导和决定性作用的。

② 共轭体系。共轭体系中以p-π共轭、π-π共轭最为常见。

a. π-π共轭体系。由单双键交替排列组成的共轭体系，称为π-π共轭体系。不只双键，其他π键(如三键)也能组成π-π共轭体系，如：

$$CH_2=CH-\overset{O}{\overset{\|}{C}}-H,\ CH_2=CH-C\equiv N,\ C_6H_5-NO_2$$

b. p-π共轭体系。具有处于p轨道的未共用电子对的原子与π键直接相连的体系，称为p-π共轭体系，如：

$$CH_2=CH-\ddot{Cl},\ R-\overset{O}{\overset{\|}{C}}-\ddot{O}H,\ R-\overset{O}{\overset{\|}{C}}-\ddot{N}H_2,\ C_6H_5-\ddot{O}H,\ C_6H_5-\ddot{N}H_2$$

正是因为p-π共轭效应的结果，氯乙烯键长有平均化的趋势，而且在与不对称亲电试剂的加成反应中也符合马尔可夫尼柯夫规则。羧酸为什么具有酸性？苯胺为什么比脂肪胺碱性弱？酰胺为什么碱性更弱？苯酚为什么与醇明显不同？这些都起因于p-π共轭效应的影响。

另外，还有一些如烯丙基型碳正离子或自由基等也是p-π共轭，不同的是体系是缺电子或含有独电子的p-π共轭。

$$CH_2=CH-\overset{+}{C}H_2 \qquad CH_2=CH-\dot{C}H_2$$

烯丙基型碳正离子、自由基比较稳定，是p-π共轭效应分散了正电荷或独电子性的结果。

③ 共轭效应的相对强度。共轭效应的强弱与组成共轭体系的原子性质、价键状况以及空间位阻等因素有关。C_s和C_d有相同的传递方式，它们的强弱比较次序是一致的。

a. 同族元素与碳原子形成p-π共轭时，正共轭效应$+C$随元素的原子序数增加而减小；而同族元素与碳原子形成π-π共轭时，其负共轭效应$-C$随元素的原子序数增加而变大。

$$+C:\ -F>-Cl>-Br>-I$$

$$-C:\ >C=S\ >\ >C=O$$

b. 同周期元素与碳原子形成 p-π 共轭时，+C 效应随原子序数的增加而减小；与碳原子形成 π-π 共轭时，−C 效应随原子序数的增加而变大。

$$+C：—NR_2 > —OR > —F$$

$$-C：\gt C{=}O > \gt C{=}N— > \gt C{=}C\lt$$

c. 带正电荷的取代基具有相对更强的−C 效应，带负电荷的取代基具有相对更强的+C 效应。

$$-C：\gt C{=}\overset{+}{N}R_2 > \gt C{=}NR$$

$$+C：—O^- > —OR > —O^+R_2$$

(3) 超共轭效应　单键与重键以及单键与单键之间也存在着电子离域的现象，即出现 σ-π 共轭和 σ-σ 共轭，一般被称为超共轭效应。例如丙烯分子中，甲基上的 C—H 键可与不饱和体系发生共轭，使 σ 键和 π 键间的电子云发生离域，形成 σ-π 键共轭体系，致使丙烯中甲基上的氢原子比丙烷中的甲基上的氢原子活泼得多，丙烯分子中的 C_2—C_3 键（0.150nm）也比一般的 C—C 键（0.154nm）略短一些。

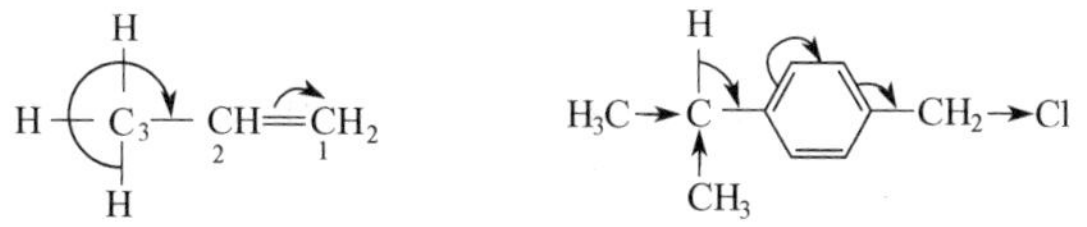

H H H C3 CH=CH2 2 1　　H H3C→C CH3 —CH2→Cl

C—H 键的电子云也可离域到相邻的空 p 轨道或仅有单个电子的 p 轨道上，形成 σ-p 超共轭效应，使电荷分散，体系稳定性增加。例如：

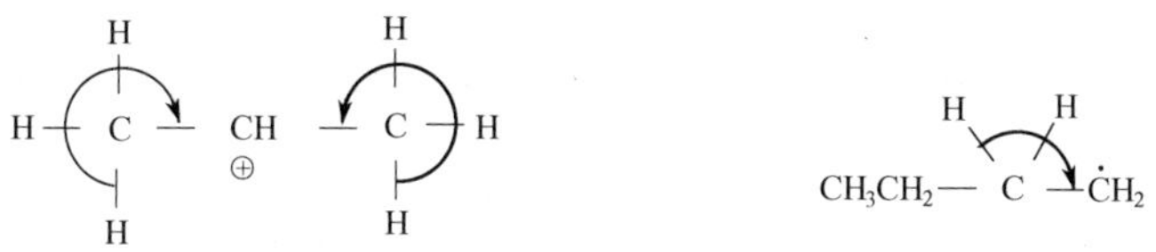

H H—C—CH(⊕)—C—H H H　　H H CH3CH2—C—ĊH2

超共轭效应多数是给电子性的。它可使分子内能降低，稳定性增加。但与普通的共轭效应相比，其影响较弱。

2. 空间效应

空间效应是指分子内各原子或基团之间，或两反应分子相互接近时不同分子的基团之间，由于其空间适配性所引起的一种形体效应。最普通的空间效应就是空间位阻，其强弱取决于相关原子或基团的大小和形状。相比于电子效应，空间效应的定性简单，一般是空间位阻越大，反应越困难，甚至可以使反应不能发生。即反应物分子所带庞大体积的取代基能直接影响其反应活性部位的显露，阻碍反应试剂对反应中心的有效进攻；同样，进攻试剂的庞大体积也能影响其有效地进入反应位置。例如，对烷基苯进行一硝化反应时，随着烷基基团的增大，硝基进入取代基邻位的空间位阻也增大，从而使邻位产物的生成量下降，而对位产物的生成量上升，见表 2-1。

表 2-1　烷基苯硝化反应的异构体分布

化合物	环上原有取代基(—R)	异构体分布/%			化合物	环上原有取代基(—R)	异构体分布/%		
		邻位	对位	间位			邻位	对位	间位
甲苯	$—CH_3$	58.45	37.15	4.40	异丙苯	$—CH(CH_3)_2$	30.0	62.3	7.7
乙苯	$—CH_2CH_3$	45.0	48.5	6.5	叔丁苯	$—C(CH_3)_3$	15.8	72.7	11.5

同样，在向甲苯分子中引入甲基、乙基、异丙基和叔丁基时，随着引入基团（进攻试剂）体积的增大，进入甲基邻位的空间位阻也增大，所以邻位和对位产物比例发生变化，见表 2-2。

表 2-2 甲苯烷基化时异构体的分布

新引入基团	异构体分布/%			新引入基团	异构体分布/%		
	邻位	对位	间位		邻位	对位	间位
甲基（$-CH_3$）	58.3	28.8	17.3	异丙基[$-CH(CH_3)_2$]	37.5	32.7	29.8
乙基（$-CH_2CH_3$）	45	25	30	叔丁基[$-C(CH_3)_3$]	0	93	7

又如，卤代烷与胺类物质进行 *N*-烷化反应时，一般不用卤代叔烷作烷化剂，这是因为卤代叔烷的空间位阻大。在反应条件下，卤代叔烷的反应中心不能有效地作用于氨基，相反，自身却容易发生消除反应，产生烯烃副产物。

$$(CH_3)_3-Br \xrightarrow[\text{加热}]{NaOH} (CH_3)_2C=CH+HBr$$

二、 有机反应试剂

在有机合成中，一种有机物可看作是底物或称为作用物，无机物或另一种有机物则视为反应试剂。有机化学反应通常是在反应试剂的作用下，底物分子发生共价键断裂，然后与试剂生成新键，生成新的化合物。促使有机物共价键断裂的反应试剂也称进攻试剂，可分为极性试剂和自由基试剂两类。

1. 极性试剂

极性试剂是指那些能够供给或接受电子对以形成共价键的试剂。极性试剂又分为亲电试剂和亲核试剂。

（1）亲电试剂　亲电试剂是从基质上取走一对电子形成共价键的试剂。这种试剂电子云密度较低，在反应中进攻其他分子的高电子云密度中心，具有亲电性能，包括以下几类：①阳离子，如 NO_2^+、NO^+、R^+、$R-C^+=O$、ArN_2^+、R_4N^+ 等；②含有可极化和已经极化共价键的分子，如 Cl_2、Br_2、HF、HCl、SO_3、RCOCl、CO_2 等；③含有可接受共用电子对的分子（未饱和价电子层原子的分子），如 $AlCl_3$、$FeCl_3$、BF_3 等；④羰基的双键；⑤氧化剂，如 Fe^{3+}、O_3、H_2O_2 等；⑥酸类；⑦卤代烷中的烷基等。

由该类试剂进攻引起的离子反应叫亲电反应。例如，亲电取代、亲电加成。

（2）亲核试剂　能将一对电子提供给底物以形成共价键的试剂称亲核试剂。这种试剂具有较高的电子云密度，与其他分子作用时，将进攻该分子的低电子云密度中心，具有亲核性能，包括以下几类：①阴离子，如 OH^-、RO^-、ArO^-、$NaSO_3^-$、NaS^-、CN^- 等；②极性分子中偶极的负端，$\ddot{N}H_3$、$R\ddot{N}H_2$、$RR'\ddot{N}H$、$Ar\ddot{N}H$ 和 $\ddot{N}H_2OH$ 等；③烯烃双键和芳环，如 $CH_2=CH_2$、C_6H_6 等；④还原剂，如 Fe^{2+}、金属等；⑤碱类；⑥有机金属化合物中的烷基，如 RMgX、$RC\equiv CM$ 等。

由该类试剂进攻引起的离子反应叫亲核反应。例如，亲核取代、亲核置换、亲核加成等。

2. 自由基试剂

含有未成对单电子的自由基（也称游离基）或是在一定条件下可产生自由基的化合物称

自由基试剂。例如，氯分子（Cl_2）可产生氯自由基（Cl·）。

3. 一些重要的金属有机试剂与元素有机试剂简介

（1）有机镁试剂　有机镁试剂（RMgX），通常称为格氏试剂，是精细有机合成中最常用的金属有机试剂之一，由 Grignard 在 1901 年率先发展起来。它的出现极大地推动了精细有机合成化学的发展，至今仍广泛应用于精细有机合成的实验室研究和工业生产中。

① 格氏试剂的制备。简单的格氏试剂可以由卤代烃与金属镁直接反应制得。由于碳-镁键的高反应活性，制备反应需要在无水无氧的条件下在非质子惰性溶剂中进行。最常用的溶剂是对格氏试剂溶解性能较好的醚类溶剂，如乙醚、四氢呋喃等。

$$R—X+Mg \xrightarrow{\text{醚}} RMgX$$

在原料选择上，一般实验室和小规模精细合成中常使用活性中等的溴代烃，大规模工业生产中一般使用价格更便宜的氯代烃。乙醚、四氢呋喃对格氏试剂溶解性良好，是实验室制备格氏试剂的常用溶剂。但出于安全和成本考虑，工业上也常使用甲苯等烃类溶剂替代乙醚等醚类溶剂制备格氏试剂。另外，还可用二氯甲烷作溶剂，它的最大优点是溶解性好。

在操作工艺上，首先必须对原料和溶剂进行预处理。所用的溶剂和反应器必须干燥，整个反应体系必须除尽含活泼质子的物质、氧气和二氧化碳等。由于卤代烃与活性的金属镁反应是放热的自由基式反应，一旦引发，需避免因过热和局部浓度高而产生副反应（武兹偶联），因此反应要在良好的搅拌下和冷却条件下进行，并控制卤代烃的加料速度和物料浓度。

② 格氏试剂在精细有机合成中的应用。格氏试剂中的烃基碳负离子具有碱性，且表现出很强的亲核性。因此，它不仅可与含有活泼质子的化合物发生酸碱反应，还能与几乎所有的羰基化合物发生加成反应。此外，它还能与环氧化合物、CO_2 及腈等化合物发生反应。图 2-1 列出了格氏试剂参与的各类有机合成反应。

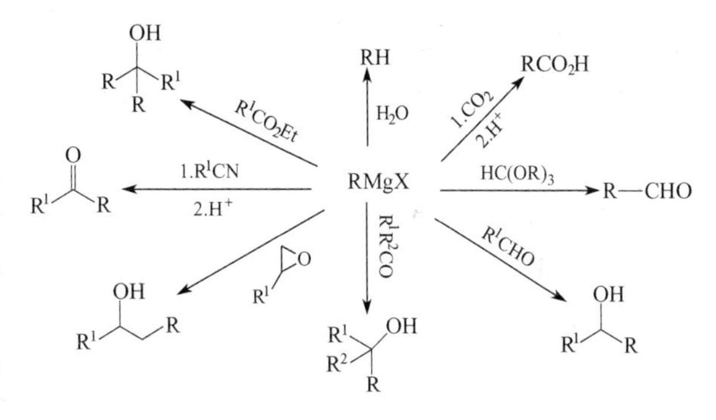

图 2-1　格氏试剂参与的有机合成反应

（2）有机锂试剂　有机锂试剂（LiR）是另一类应用广泛的主族金属有机合成试剂。有机锂与格氏试剂有很多相似之处，但碱性和亲核性都比相应的格氏试剂高，能进行一些格氏试剂不能进行的反应。

① 有机锂试剂的制备。有机锂试剂的制备与格氏试剂类似，但严格要求在干燥的惰性气体（氮或氩气）保护下和在惰性溶剂中进行。由于有机锂试剂制备反应中主要的副反应也是武兹偶联反应，而金属锂和有机锂的反应活性相应地比金属镁和有机镁的活性高，因此有机锂的制备比较容易引发，而且为了防止偶联反应，反应温度一般要比制备格氏试剂低。

很多有机锂化合物，例如正丁基锂等，在烷烃中的溶解性好，而且烷基锂反应活性很高，能与醚等很多极性溶剂反应，因此制备时经常采用己烷、苯等为溶剂。但当要制备的烷基锂活性不大时，也可用醚作溶剂。一些难以制备的有机锂，还可以用四氢呋喃、乙二醇二甲醚、丁醚和癸烷等高沸点溶剂，使用高温加快反应。

$$i\text{-BuCl}+Li \xrightarrow[60℃]{\text{正己烷}} i\text{-BuLi}$$

由于芳基或乙烯基等卤化物不易与金属锂反应，此类有机锂可采用低温下的锂-卤素交换的途径制备。

在采用低温下的锂-卤素交换的途径制备有机锂时，最常用的是叔丁基锂。叔丁基锂与卤素发生交换后形成的产物是叔丁基卤，它很容易再与等物质的量的叔丁基锂反应生成卤化锂、异丁烯和叔丁烷，推动反应快速完成。

$$R—X+(CH_3)_3C—Li \xrightarrow{-70℃} RLi+(CH_3)_3C—X \xrightarrow{(CH_3)_3C—Li} (CH_3)_3CH+LiX+CH_2═C(CH_3)_2+RLi$$

另外，正丁基锂、仲丁基锂和叔丁基锂都可以快速将含有活泼氢的化合物转化成相应的负离子，例如1,4-丁二烯、环戊二烯、末端炔烃等，也是获得相应有机锂试剂的一种途径。

② 有机锂在精细有机合成中的应用。有机锂的性质与格氏试剂类似，只是其反应活性比格氏试剂更高。在有机反应中，有机锂中的烷基碱性更强，因此常作为强碱使用，脱去反应物中的质子形成负离子。除能进行类似格氏试剂参与的反应外，有机锂还可以与很多官能团进行加成反应。例如与烯烃中C═C键的加成、与C≡N键的加成以及与环醚开环加成等。在有些格氏试剂难以反应的情况下，可用锂试剂来完成。但由于有机锂的成本更高，制备、贮存和安全等多方面的要求都比格氏试剂更严格，因此可以使用格氏试剂进行的反应一般不使用有机锂。

(3) 有机硼试剂　硼烷与烷基硼烷是有机合成中最重要、应用最广泛的硼试剂。硼烷包括甲硼烷（BH_3）和乙硼烷（B_2H_6）。但甲硼烷很不稳定，通常是将B_2H_6溶于四氢呋喃（THF）或甲硫醚（Me_2S）溶剂中，生成的BH_3·THF或BH_3·Me_2S作为有机合成的硼试剂。也就是说，B_2H_6实际上是最简单的硼烷。乙硼烷可用氢化锂和氟化硼在乙醚中反应制得：

$$3LiAlH_4+4BF_3 \xrightarrow{Et_2O} 2B_2H_6+3LiF+3AlF_3$$

烷基硼烷是有机合成中又一重要的硼试剂，有一烷基硼烷（RBH_2）、二烷基硼烷（R_2BH）和三烷基硼烷（R_3B）。它们可以通过乙硼烷或烷基硼烷的硼氢化反应来制得，如：

$$RCH═CH_2+BF_3·THF \longrightarrow RCH_2CH_2BH_2$$

$$RCH═CH_2+RCH_2CH_2BH_2 \longrightarrow R(CH_2CH_2)_2BH$$

$$RCH═CH_2+R(CH_2CH_2)_2BH \longrightarrow R(CH_2CH_2)_3B$$

通过硼氢化反应得到的各类烷基硼烷，可以进一步反应，转变为各种有用的产物。如烷基硼烷可进行质子化、氧化、异构化、羰基化等反应，由此可以合成烯烃、醇、醛、酮等化合物，并且反应具有高度的立体选择性，因此烷基硼烷在精细合成中的应用很广泛。

除上述重要试剂外，还有很多其他金属或元素有机试剂，如有机铜锂试剂、有机锌试剂、有机锡试剂、有机磷试剂和有机硅试剂等在精细有机合成中也得到了广泛的应用，有兴趣的读者可以参考相关的专著。

三、 有机反应溶剂与催化剂

1. 溶剂

在精细有机合成中，溶剂不仅可以使反应物溶解，更重要的是溶剂可以和反应物发生各种相互作用。因此，了解溶剂的性质、分类以及溶剂与溶质之间的相互作用，并合理地选择溶剂，对于目的反应的顺利完成有重要意义。

(1) 溶剂的分类与性质　溶剂的分类有多种方法，各有一定的用途。若根据溶剂是否具有极性和能否放出质子，可将溶剂分为四类。

① 极性质子溶剂。这类溶剂极性强，介电常数大，能电离出质子。水、醇是最常用的极性质子溶剂。它们最显著的特点是能同负离子或强电负性元素形成氢键，从而对负离子产生很强的溶剂化作用。因此，极性质子溶剂有利于共价键的异裂，能加速大多数离子型反应。

② 极性非质子溶剂。该类溶剂又称偶极非质子溶剂或惰性质子溶剂。其介电常数大于15，偶极矩大于2.5D，故具有较强的极性。分子中的氢一般同碳原子相连，由于C—H键结合牢固，故难以给出质子。常见的偶极非质子溶剂有 *N*,*N*-二甲基甲酰胺（DMF）、二甲基亚砜（DMSO）、四甲基砜、碳酸乙二醇酯（CEG）、六甲基磷酰三胺（HMPA），以及丙酮、乙腈、硝基烷等。由于这类溶剂一般含有负电性的氧原子（如C═O、S═O、P═O），而且氧原子周围无空间障碍，因此，能对正离子产生很强的溶剂化作用。相反，在这类溶剂的结构中，正电性部分一般包藏于分子内部，故难于对负离子发生溶剂化。

③ 非极性质子溶剂。该类溶剂极性很弱，常见的是一些醇类，如叔丁醇、异戊醇等。它们的羟基质子可以被活泼金属置换。

④ 非极性非质子溶剂。这类溶剂的介电常数一般在8以内，偶极矩为0～2D，在溶液中既不能给出质子，极性又很弱。如一些烃类化合物和醚类化合物等。常见的溶剂分类及其物性参数见表2-3。

表2-3　溶剂的分类及其物性参数

类别	质子溶剂			非质子溶剂		
	名称	介电常数 ε(25℃)	偶极矩 μ/D	名称	介电常数 ε(25℃)	偶极矩 μ/D
极性	水	78.29	1.84	乙腈	37.50	3.47
极性	甲酸	58.50	1.82	二甲基甲酰胺	37.00	3.90
极性	甲醇	32.70	1.72	丙酮	20.70	2.89
极性	乙醇	24.55	1.75	硝基苯	34.82	4.07
极性	异丙醇	19.92	1.68	六甲基磷酰三胺	29.60	5.60
极性	正丁醇	17.51	1.77	二甲基亚砜	48.90	3.90
极性	乙二醇	38.66	2.20	环丁砜	44.00	4.80
非极性	异戊醇	14.7	1.84	乙二醇二甲酸	7.20	1.73
非极性	叔丁醇	12.47	1.68	乙酸乙酯	6.01	1.90
非极性	苯甲醇	13.10	1.68	乙醚	4.34	1.34
非极性	仲戊醇	13.82	1.68	二噁烷	2.21	0.46
非极性	乙二醇单丁醚	9.30	2.08	苯	2.28	0
非极性				环己烷	2.02	0
非极性				正己烷	1.88	0.085

(2) 溶剂对有机合成反应的影响　溶剂在许多有机反应中是必不可少的。它可以对有机反应的反应速率、反应历程、反应方向和立体化学等产生影响。

对于质子性溶剂（如水、醇等），所起的作用是多方面的，它们和溶质分子以氢键相缔合，或形成锌离子，在介质中增加离子的溶剂化效应，它们自己往往是酸碱催化剂。虽然多数有机分子是不能在溶剂中离解的，但是质子化的结果把极性分子变成不稳定的活性中间体，碳正离子或锌离子，促进了离子反应。但当反应中有两个不相似的离子时，正离子和负离子在这种介质中相互离开，而且它们的电荷被分散，反应便减慢。

对于非质子非极性溶剂（如苯、CCl_4 等），它们对电荷分散不起作用，介电能力很低，也不能生成氢键，在这类溶剂中不易进行离子的分隔，不相似的离子极易接近而迅速结合成中性分子。如果反应中带电荷的和不带电荷的反应物在不同溶剂中相遇，可以归纳出极性和非极性溶剂对反应速率的影响，见表 2-4。

表 2-4 溶剂的极性对各种电荷类型反应的影响

反应类型……→产物	影响情况
$A^- + B^+ \longrightarrow \overset{\delta-}{A} \cdots \overset{\delta+}{B} \longrightarrow A{-}B$	非极性溶剂促进其反应
$A{-}B \longrightarrow \overset{\delta-}{A} \cdots \overset{\delta+}{B} \longrightarrow A^- + B^+$	极性溶剂促进其反应
$A + B \longrightarrow A \cdots B \longrightarrow A{-}B$	溶剂的极性对其影响不大
$A{-}B^+ \longrightarrow A \cdots B^+ \longrightarrow A + B^+$	极性溶剂稍有利
$A + B^+ \longrightarrow A \cdots B^+ \longrightarrow A{-}B^+$	非极性溶剂稍有利

（3）有机反应中溶剂的使用和选择　在有机化学反应中，溶剂的使用和选择除了考虑溶剂对反应的上述影响之外，还必须考虑以下因素：①溶剂与反应物和反应产物不发生化学反应，不降低催化剂的活性，溶剂本身在反应条件下和后处理条件下是稳定的；②溶剂对反应物有较好的溶解性，或者使反应物在溶剂中能良好分散；③溶剂容易从反应体系中回收，损失少，不影响产品质量；④溶剂应尽可能不需要太高的技术安全措施；⑤溶剂的毒性小、含溶剂的废水容易治理；⑥溶剂的价格便宜、供应方便。

2. 催化剂

催化剂是一种能改变给定反应的速率，但不参与化学计量的物质。催化剂参与化学反应，催化剂与反应物作用，通过降低反应活化能参与化学反应，反应结束时催化剂又重新再生，从而实现少量催化剂起到活化很多反应物分子的作用。催化剂只能改变反应速率，不能改变反应平衡点的位置。催化作用是决定现代化学合成工业发展的一项重要手段。精细有机合成中常见的催化体系有均相催化、多相催化、相转移催化及酶催化等。限于本书篇幅，这里仅介绍均相催化剂和相转移催化剂。

（1）均相催化剂及其催化作用　均相催化作用指催化剂与反应物处于同一物相，反应在均一的单相体系内发生。均相催化反应可分为气相和液相两类，常见的为液相。用于液相均相反应的催化剂有酸碱催化剂和均相配合物催化剂。

① 酸碱催化剂及其催化作用。常用作酸碱催化剂的物质有：Brönstaed 酸（即为质子给予体，如 H_2SO_4、HCl、H_3PO_4、CH_3COOH、$CH_3C_6H_4SO_3H$ 等）、Lewis 酸（即为电子对接受体，如 $AlCl_3$、BF_3 等）和 Brönstaed 碱（即为质子接受体，如 NaOH、$NaOC_2H_5$、NH_3、RNH_2 等）。其催化作用可从广义酸碱概念来理解，即通过催化剂和反应物的自由电子对，使反应物与催化剂形成非均裂键，然后再分解为产物。例如，催化异构化反应中，反应物烯烃与催化剂的酸性中心作用，生成活泼的碳正离子中间化合物。

$$R{-}\overset{H}{\overset{|}{C}}{=}CH_2 + H^+ \longrightarrow R{-}\underset{+}{\overset{H}{\overset{|}{C}}}{-}CH_3$$

这类催化剂可用于水合、脱水、裂化、烷基化、异构化、歧化、聚合等反应的催化。

② 均相配合物催化剂及其催化作用。这类催化剂是由特定的过渡金属原子与特定的配

位体相配而成，通常有三类：一是只含有过渡金属的配合物，如烯烃加氢催化剂 $RhCl[P(C_6H_5)_3]_3$；二是含有过渡金属及典型金属的配合物，如 Ziegler-Natta 定向聚合催化剂 $TiCl\text{-}Al(C_2H_5)_2Cl$ 等；三是电子接受（EDA）配合物，如蒽钠及石墨-碱金属的夹层化合物等。常见的过渡金属配合物或配合离子为多面体构型，金属原子位于中心，配位体在其周围。常见的配位体有 Cl^-、Br^-、H_2O、NH_3、$P(C_6H_5)_3$、C_2H_5、CO 等，配合物中典型的键为配位键。

在均相配位催化剂分子中，参加化学反应的主要是过渡金属原子，而许多配位体只起到调整催化剂的活性、选择性和稳定性的作用，并不参加化学反应。其催化作用是通过配位体，反应物分子与配合物催化剂分子中的金属原子的配位活化、配位体的交换、配位体的离解（与配合物催化剂的金属脱络）、配位体向金属—C 和金属—H 键插入等步骤循环进行的。这类催化剂广泛用于烯烃的氧化、加氢甲酰化、聚合、加氢、加成以及甲醇羰基化、烷烃氧化、芳烃氧化和酯交换等反应的催化。

（2）相转移催化剂及其催化作用　当两种反应物处于不同的相中时，彼此不能接触，从而导致反应效果不佳或根本不能反应。此时，若在反应体系中加入少量“相转移催化剂”（phase transfer catalysis，简称 PTC）使两种反应物转移到同一相中，便可使反应顺利进行。这种反应就称为相转移催化反应。相转移催化主要用于液-液体系，也可以用于液-固体系和液-固-液三相体系。

① 相转移催化原理。以季铵盐为例，相转移催化的作用原理如图 2-2 所示。亲核试剂 M^+Y^-（反应试剂）和有机反应物 R—X 分别处于互不相溶的水相和有机相（油相）中。由于相互接触机会少，反应试剂和有机反应物很难发生化学反应。加入少量的季铵盐 Q^+X^-后，季铵盐中的负离子 X^-可以和亲核试剂中的负离子 Y^-发生离子交换，形成离子对 Q^+Y^-。季铵盐中的正离子 Q^+具有亲油性，在有机相中有良好的溶解性，所以形成离子对以后，可把 Y^-带入有机相中。在有机相中，R—X 迅速与离子对发生亲核取代反应，生成目的产物 R—Y 和原季铵盐 Q^+X^-，该季铵盐再回到水相，重复上一过程。

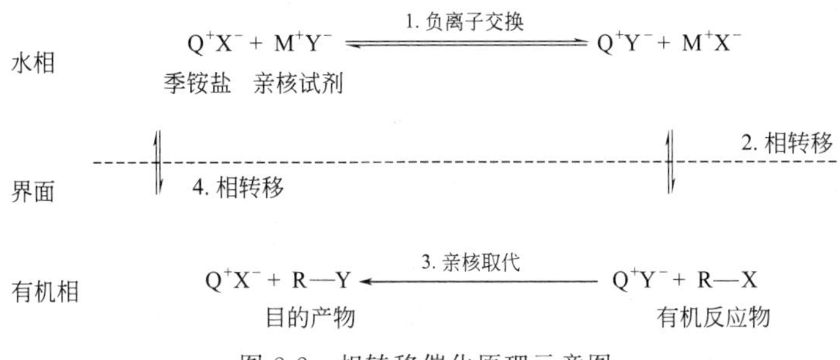

图 2-2　相转移催化原理示意图

可见，正是季铵盐中的正离子 Q^+将亲核试剂中的负离子 Y^-从水相转移到有机相中，从而促使反应的顺利进行。

对有机反应物而言，并不要求其中的负离子 X^-与季铵盐中的负离子 X^-完全相同，但要求与 Q^+形成的离子对必须能回到水相，并可与亲核试剂中的负离子 Y^-进行交换。对亲核试剂而言，M^+Y^-中 M^+是金属阳离子，而 Y^-是亲核反应基团，如 F^-、Br^-、Cl^-、CN^-、OH^-、CH_3O^-、$C_2H_5O^-$、ArO^-、$—COO^-$等。

② 相转移催化剂。常用的 PTC 有季鎓盐和聚醚两类。

季鎓盐类 PTC 主要有季铵盐、季磷盐和季砷盐等，目前最常用的是季铵盐。常用的季铵盐有：苄基三乙基氯化铵[$C_6H_5—CH_2N^+(C_2H_5)_3 \cdot Cl^-$]、三辛基甲基氯化铵[$(C_8H_{17})_3N^+CH_3 \cdot Cl^-$]、四丁基硫酸氢铵[$(C_4H_9)_4N^+ \cdot HSO_4^-$]等，季铵盐只适用于液-液两相的相转移过程，不宜在较高的温度下使用。

聚醚类 PTC 主要有环状冠醚和开链聚醚。常用的冠醚催化剂有 15-冠-5、二苯并冠-5、18-冠-6、二苯并冠-6、二环己基并冠-6 等。这是一类具有特殊结构的大环多醚化合物，能配合溶液中的阳离子，形成（伪）有机正离子，如图 2-3 所示。常用的开链聚醚有聚乙二醇类、聚氧乙烯脂肪醇类和聚氧乙烯烷基酚类等，它们也能与金属离子形成配合物。聚醚类 PTC 能够实现阳离子的相转移，适用于液-固或液-液相的相转移催化过程。

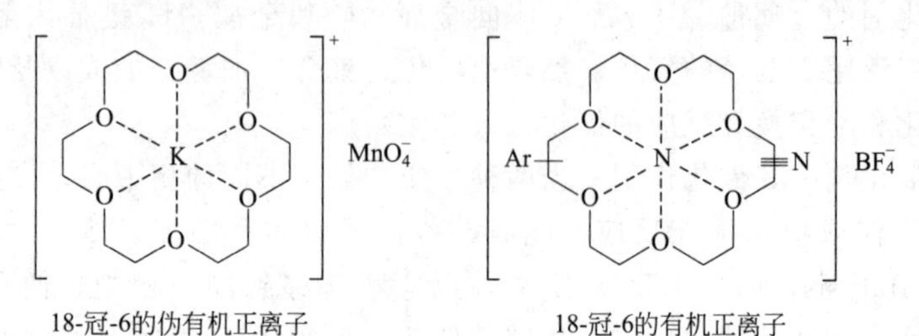

图 2-3 冠醚的（伪）有机正离子

相转移催化目前已成功地应用于催化卤化、烷化、酰化、羧基化、酯化、醚化、氰基化、缩合、加成、氧化、还原等多种反应。

四、 合成反应器

化学合成反应都是在反应设备（即合成反应器）内进行的，反应器也就成为化工生产的关键设备。由于化学反应的类型很多、反应物料聚集状态不同、反应条件差别很大，因此反应器也是多种多样的。

1. 反应器的类型

反应器的分类方式很多，可按物料的聚集状态、反应操作方式、反应器换热方式、反应温度控制方式和反应器结构等加以分类。这里仅介绍按反应器结构不同的分类方式。

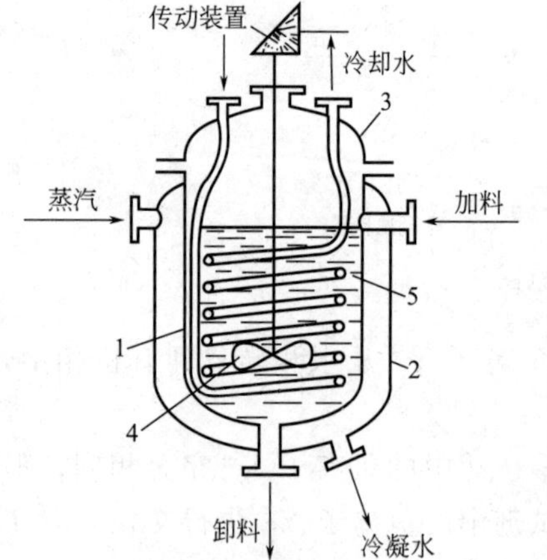

图 2-4 槽形反应器

1—筒体；2—夹套；3—盖；4—搅拌器；5—蛇管

按反应器结构外形可分为槽形反应器、管形反应器和柱形（塔形）反应器。

（1）槽形反应器（反应釜或釜式反应器） 其结构如图 2-4 所示。它是由筒体 1、夹套 2、盖 3、搅拌器 4、蛇管 5 等构成。搅拌器的作用是使反应物均匀混合，夹套和蛇管的作用是使反应能够保持在某一规定的温度下进行。此类反应器适用于液-液、液-固、气-液及气-液-固三相反应，操作方式可满足间歇式、连续式及半间歇和半连续式要求。

（2）管形反应器（管式反应器） 管式反应器可以由一根或若干根管串联或并联构成（图 2-5）。这类装置非常适用于气相反应系统或均相液-液反应系统，并适宜进行高温、高压反应。对于液-液非均相反应一般采用单管式反应器；对于气-固相反应可选用列管式反应器。此类反应器主要用于连续操作。

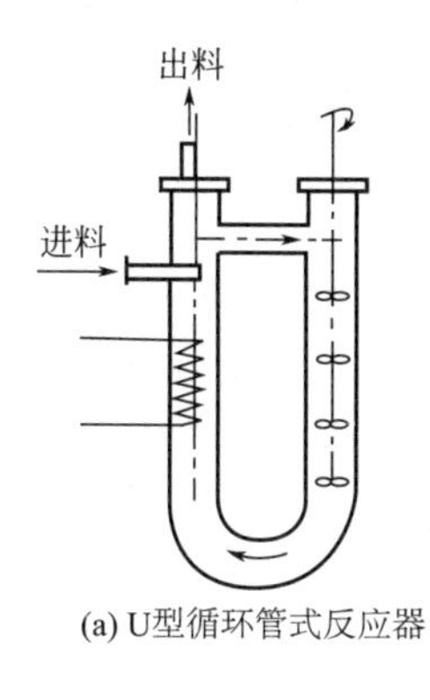

(a) U型循环管式反应器

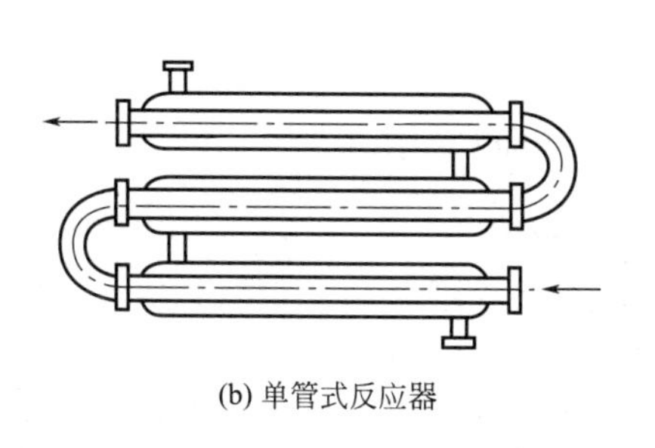
(b) 单管式反应器

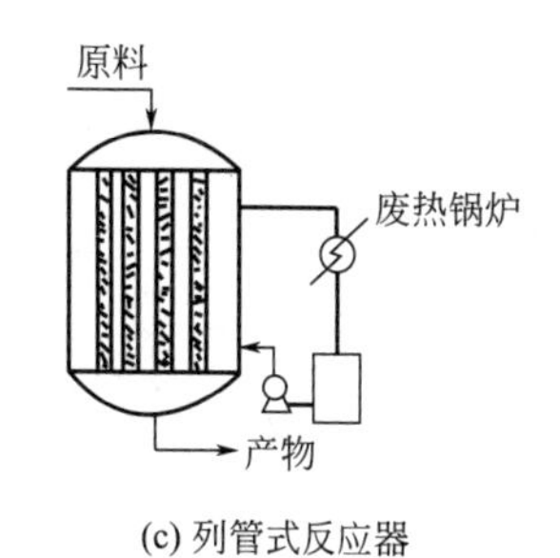

(c) 列管式反应器

图 2-5 管式反应器

(3) 柱形反应器 鼓泡式反应器、塔式反应器和流化床反应器都属于这类反应器。

图 2-6 是气液连续鼓泡塔的示意图。这类反应器最简单的结构为一个空圆柱体，塔的底部有多孔板，使气体分散成为适宜尺寸的气泡，以便气体均匀通过床层。床内充满液体反应物。液态物料以连续方式从塔底加入而自塔顶引出（或逆方向），气体以气泡形式通过液相后自塔顶逸出。气体反应物溶解进入液相后，与液相中的反应物发生反应。由于气泡的搅拌作用造成塔内液体剧烈的混合运动，其液相均处于强烈的返混和强烈的微团混合状态。为了限制气液鼓泡反应器中液相的返混程度，通常可采取在塔内放置填料、设置横向挡板和安置垂直套管等措施。鼓泡塔主要适用于气-液相反应，通常采用连续操作。

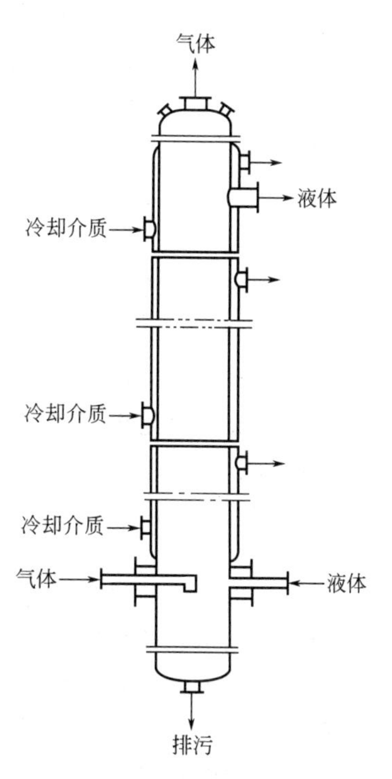

图 2-6 气液连续鼓泡塔

塔式设备的用途极为广泛，不仅可作气体、液体物料的化学反应器，最主要的应用是作为蒸馏、萃取、吸收、吸附等过程的设备，也可以作气体的净化、除尘和冷却。

塔式设备的外形基本相同，内部结构则根据物料性质、用途而异。泡罩型反应塔的结构与用作气体吸收、蒸馏等的多层塔板型塔是相同的，有的在每层塔板上装有搅拌叶轮，使固体物料与气体充分接触，如图 2-7 所示。

流化床反应器的基本结构如图 2-8 所示。它的主要部件是壳体、气体分布板、热交换器和催化剂回收装置。有时为了减少反向混合并改善流态化质量，还在催化剂床层内附加挡板或挡网等内部构件。流化床反应器主要适用于气-固相催化反应，采用连续操作方式。

2. 反应器的操作方式

在反应器中实现化学反应可以有三种操作方式，即间歇操作、连续操作和半间歇操作。

(1) 间歇操作　生产是分批进行的。以釜式反应器为例，将需要反应的原料一次加入釜中，使其在一定的条件下进行反应。当反应达到规定的转化率时，将全部生成物放出，清洗反应器。这种操作称为间歇式操作。

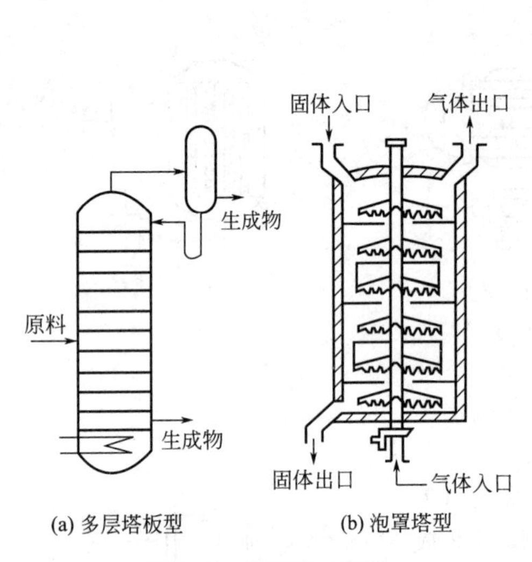

图 2-7　塔板型反应器

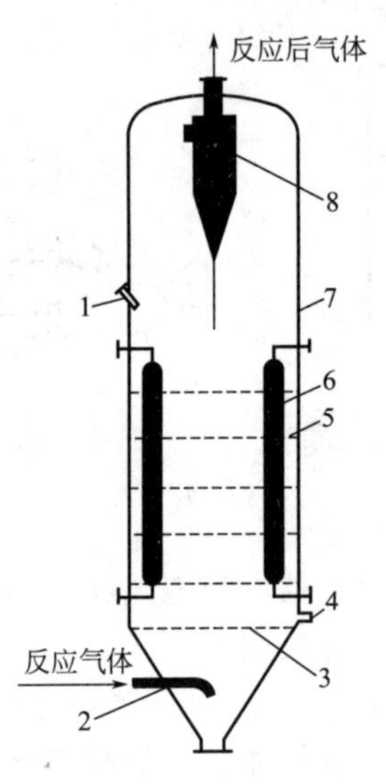

图 2-8　流化床反应器

1—加催化剂口；2—预分布器；3—分布板；4—卸催化剂口；5—内部构件；6—热交换器；7—壳体；8—旋风分离器

间歇操作中，每批生产过程包括加料、反应、卸料和清洗等阶段。它的特点是在反应期间反应物的浓度随着反应的进行而发生变化，是不稳定的操作。由于有加料、卸料和清洗等阶段，所以设备利用率不高，工人劳动强度大，不易自动控制。

间歇操作通常用于小批量生产或反应时间需要很长的生产中，或用一个反应器生产几种不同产品的场合。因此，对于多品种和产量不大的精细化工产品的生产，间歇操作仍有着广泛应用。

(2) 连续操作　将需要反应的各种原料按一定顺序和速率连续地从反应器的一侧加入，反应后的产物不断地从反应器的另一侧排出。当稳定操作时，反应器中各处的温度、压力、浓度和流量都不随时间而变化。

连续操作的优点是设备利用率高、节省劳力和易于实现节能、产品质量稳定、易于自动控制，适用于大规模生产。

(3) 半间歇操作　以甲醛和氨生产乌洛托品为例，先将甲醛水溶液加入反应器中，然后逐渐加入氨水溶液，反应进行很快，会有大量热量放出。为了使反应温度保持稳定，除了对反应器进行冷却外，还必须控制氨水的加料速度。因此，在这个生产中，对甲醛来说是间歇的，对氨水是连续的，所以称为半间歇操作。

五、有机合成反应计算

1. 有关化学反应计算的基本术语

(1) 反应物的摩尔比（反应配比或投料比）　反应物的摩尔比是指加入反应器中的几种

反应物之间的摩尔比。这个摩尔比值可以和化学反应式的摩尔比相同，即相当于化学计量比。但是对于大多数有机反应来说，投料的各种反应物的摩尔比并不等于化学计量比。

(2) 限制反应物和过量反应物 化学反应物不按化学计量比投料时，其中以最小化学计量数存在的反应物叫作“限制反应物”。而某种反应物的量超过“限制反应物”完全反应的理论量，则该反应物称为“过量反应物”。

(3) 过量百分数 过量反应物超过限制反应物所需理论量部分占所需理论量的百分数称作“过量百分数”。若以 n_e 表示过量反应物的物质的量，n_t 表示它与限制反应物完全反应所消耗的物质的量，则过量百分数为：

$$过量百分数=\frac{n_e-n_t}{n_t}\times 100\%$$

【例 2-1】 氯苯二硝化为二硝基氯苯

$$ClC_6H_5+2HNO_3 \longrightarrow ClC_6H_3(NO_2)_2+2H_2O$$

物料名称	化学计量比（系数）	投料物质的量	投料摩尔比	投料化学计量数
氯苯	1	5.00	1	5
硝酸	2	10.70	2.14	5.35

因此，氯苯是限制反应物，硝酸是过量反应物。

$$硝酸过量百分数=\frac{5.35-5}{5}\times 100\%=\frac{2.14-2}{2}\times 100\%=7\%$$

应该指出，对于苯的一硝化或一氯化等反应，常常使用不足量的硝酸或氯气等反应剂，但这时仍以主要反应物（苯）作为配料基准。例如，在使 1mol 苯进行一硝化时用 0.98mol 硝酸，通常表示苯与硝酸的摩尔比为 1∶0.98，硝酸用量是理论量的 98%。但这种表示法不利于计算转化率。

2. 转化率、选择性及收率的计算

(1) 转化率（以 x 表示） 某一种反应物 A 反应掉的量 $n_{A,r}$ 占其向反应器中输入量 $n_{A,in}$ 的百分数，叫作反应物 A 的转化率 x_A。

$$x_A=\frac{n_{A,r}}{n_{A,in}}=\frac{n_{A,in}-n_{A,out}}{n_{A,in}}\times 100\%$$

式中 $n_{A,out}$——A 从反应器输出的量，均以物质的量表示。

一个化学反应以不同的反应物为基准进行计算，可得到不同的转化率。因此，在计算时必须指明某反应物的转化率。若没有指明，则常常是指主要反应物或限制反应物的转化率。

有些生产过程，主要反应物每次经过反应器后的转化率并不太高，有时甚至很低，但是未反应的主要反应物大部分可经分离回收循环再用。这时要将转化率分为单程转化率 $x_单$ 和总转化率 $x_总$ 两项。设 $n^R_{A,in}$ 和 $n^R_{A,out}$ 表示反应物 A 输入和输出反应器的物质的量。$n^S_{A,in}$ 和 $n^S_{A,out}$ 表示反应物 A 输入和输出全过程的物质的量，则：

$$x_单=\frac{n^R_{A,in}-n^R_{A,out}}{n^R_{A,in}}\times 100\%$$

$$x_总=\frac{n^S_{A,in}-n^S_{A,out}}{n^S_{A,in}}\times 100\%$$

【例 2-2】 在苯一氯化制氯苯时，为了减少副产物二氯苯的生成量，每 100mol 苯用

40mol 氯，反应产物中含 38mol 氯苯，1mol 二氯苯，还有 61mol 未反应的苯，经分离后可回收 60mol 苯，损失 1mol 苯，如图 2-9 所示。

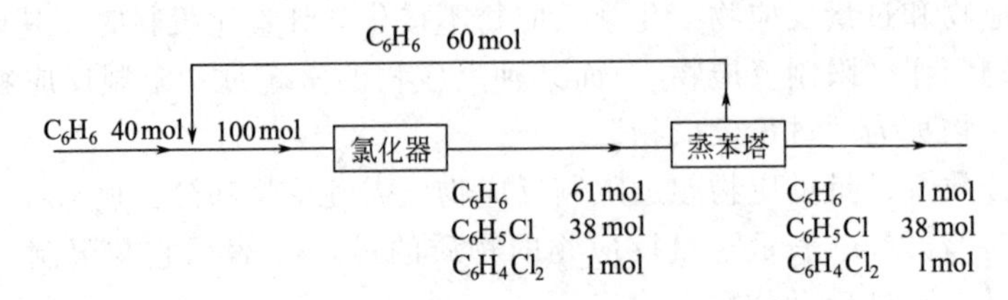

图 2-9 苯一氯化制氯苯的总转化率计算分析

苯的单程转化率：$x_{单}=\dfrac{100-61}{100}\times100\%=39.00\%$

苯的总转化率：$x_{总}=\dfrac{40-1}{40}\times100\%=97.50\%$

由上例可以看出，对于某些反应，其主反应物的单程转化率可以很低，但是总转化率却可以很高。

（2）选择性（以 S 表示） 选择性是指某一反应物转变成目的产物，其理论消耗的物质的量占该反应物在反应中实际消耗掉的总物质的量的百分数。设反应物 A 生成目的产物 P，n_P 表示生成目的产物的物质的量，a 和 p 分别为反应物 A 和目的产物 P 的化学计量系数，则选择性为：

$$S=\frac{\dfrac{a}{p}n_P}{n_{A,in}-n_{A,out}}\times100\%$$

例如，例 2-2 中苯氯化生成氯苯的选择性为：

$$S=\frac{\dfrac{1}{1}\times38}{100-61}\times100\%=97.44\%$$

（3）理论收率（以 y 表示） 收率是指生成的目的产物的物质的量占按输入反应器的反应物物质的量计算应得的产物摩尔分数。这个收率又叫作理论收率。

$$y=\frac{n_P}{\dfrac{p}{a}n_{A,in}}\times100\%$$

当反应系统有物料循环时，通常需要用总收率来表示。相应地，物料一次通过反应器所得产物所计算的收率称为单程收率。设 n_P^R 表示从反应器输出的目的产物的物质的量，n_P^S 表示从整个系统输出的目的产物的物质的量，$n_{A,循}$ 表示反应物 A 在系统内循环的物质的量，则：

$$y_{单}=\frac{n_P^R}{\dfrac{p}{a}n_{A,in}}\times100\%$$

$$y_{总}=\frac{n_P^S}{\dfrac{p}{a}(n_{A,in}-n_{A,循})}\times100\%$$

例如，在例 2-2 中苯通过氯化反应器生成氯苯的单程收率为：

$$y_{单}=\frac{38}{\frac{1}{1}\times 100}\times 100\%=38.00\%$$

对于整个系统，苯转化成氯苯的总收率为：

$$y_{总}=\frac{38}{\frac{1}{1}\times (100-60)}\times 100\%=95.00\%$$

转化率、选择性和理论收率三者之间的关系是：

$$y=Sx$$

应该指出，利用上述三者关系进行计算时，应注意对应关系，如单程转化率对应于单程收率。因此，例 2-2 中苯通过反应器生成氯苯的单程收率也可作如下计算：

$$y_{单}=Sx_{单}=97.44\%\times 39.00\%=38.00\%$$

（4）质量收率（以 y_w 表示） 在工业生产中，还常常采用质量收率 y_w 来衡量反应效果。它是目的产物的质量占某一输入反应物质量的分数。

$$y_w=\frac{所得目的产物的质量}{某输入反应物的质量}\times 100\%$$

【例 2-3】 100kg 苯胺（纯度 99%，分子量 93）经烘焙磺化和精制后得 217kg 对氨基苯磺酸钠（纯度>97%，分子量 231.2）。则按苯胺计，对氨基苯磺酸钠的理论收率：

$$y=\frac{\frac{217\times 97\%}{231.2}}{\frac{100\times 99\%}{93}}\times 100\%=85.6\%$$

对氨基苯磺酸钠的质量收率：

$$y_w=\frac{217}{100}\times 100\%=217\%$$

在这里，质量收率大于 100%，主要是因为目的产物的分子量比反应物的分子量大。

3. 原料消耗定额

原料消耗定额指的是每生产 1t 产品需消耗多少吨（或千克）各种原料。对于主要反应物来说，它实际上就是质量收率的倒数。消耗定额的高低，说明生产工艺水平的高低及操作技术水平的好坏。在例 2-3 中，每生产 1t 对氨基苯磺酸钠时，苯胺的消耗定额是：100/217=0.461t=461kg。

第二节 有机反应类型及其基本原理

有机化学产品种类繁多，其合成所涉及的有机化学反应也较多。根据原料与产物之间的关系，有机化学反应可大致分为取代反应、加成反应、消除反应、重排反应、氧化-还原反应等。本节将简单介绍各种反应类型及其基本原理。

一、 取代反应

取代反应通常是指与碳原子相连的原子或基团被另一个原子或基团所替代的反应。它可分为亲电取代反应、亲核取代反应及自由基取代反应三类。其中，比较重要的是脂肪族的亲核取代反应、芳香族的亲电取代反应和亲核取代反应。

1. 脂肪族的亲核取代反应

脂肪族的亲核取代反应可用以下通式表达：

$$\overset{\delta^+}{R}-\overset{\delta^-}{L} + :Nu^- \longrightarrow R-Nu + :L^-$$

此反应是亲核试剂对带有部分正电荷的碳原子进行攻击，属于亲核取代反应，用 S_N 表示。R—L 是受攻击对象，称为底物；把进行反应的碳原子称为中心碳原子；$:Nu^-$ 是亲核试剂或称进入基团，亲核试剂可以是中性的，也可以带有负电荷；$:L^-$ 为反应中离开的基团，称为离去基团。脂肪族饱和碳原子上的亲核取代反应中，以卤代烷的亲核取代最为典型。其反应历程可分为 S_N2 和 S_N1 两种类型。

（1）双分子亲核取代反应（S_N2） 发生 S_N2 的一般通式是：

$$Nu^{\bar{:}} + R-L \longrightarrow \underset{\text{过渡态}}{[\overset{\delta^-}{Nu}\cdots R\cdots \overset{\delta^-}{L}]} \longrightarrow Nu-R + L^{\bar{:}}$$

以伯卤代烷的水解为例：

$$OH^{:} + H_3C-X \underset{}{\overset{\text{慢}}{\rightleftharpoons}} \left[\overset{\delta^-}{HO}\cdots CH_3 \cdots \overset{\delta^-}{X}\right] \longrightarrow HO-CH_3 + X^{\ominus}$$

亲核试剂从离去基团的背面接近中心碳原子，并与之形成较弱的键。由于亲核试剂的插入，离去基团与中心碳原子的键开始变弱，中心碳原子上的其他三个键也逐渐从远离离去基团的地方向接近离去基团的方向偏移。当这三个键同处于一个平面，并垂直于亲核试剂、中心碳原子和离去基团三者所连成的直线时，即形成了过渡态。这个过程较慢，是速度控制步骤。

当过渡态向产物转化时，离去基团 X^- 离开中心碳原子。同时，处于一个平面内的三个键完全转向另一边，完成了构型的逆转。构型逆转是发生 S_N2 的重要标志。由于是双分子的共同作用，才形成了过渡状态，所以叫双分子亲核取代反应。该反应为二级反应，反应速率可表示为：

$$v=k[RX][OH^-]$$

（2）单分子亲核取代反应（S_N1） 发生 S_N1 的一般通式是：

$$R-L \overset{\text{慢}}{\rightleftharpoons} R^+ + L^-$$

$$R^+ + Nu^- \xrightarrow{\text{快}} RNu$$

反应物首先离解为正碳离子与带负电荷的离去基团，此步反应速率慢，是整个反应的控制步骤。当反应物分子离解后，正碳离子马上与亲核试剂结合，其速度极快，是快速反应步骤。由于决定反应速率的一步只涉及一种分子，是单分子的，因此这种反应是单分子亲核取代反应。该反应为一级反应，反应速率可表示为：

$$v=k[R-L]$$

（3）影响因素 影响亲核取代反应历程和速率的因素主要有反应物的结构、离去基团和亲核试剂的性质、浓度以及溶剂的性质等。

① 反应物的结构。反应物的结构对 S_N1 和 S_N2 反应速率有不同的影响。例如卤代烷的

水解，按 S_N2 历程进行时，其反应速率的快慢顺序是：伯卤烷＞仲卤烷＞叔卤烷。按 S_N1 历程进行则是：烯丙基卤＞苄基卤代物＞叔卤烷＞仲卤烷＞伯卤烷＞CH_3X。

在反应物分子中，当中心碳原子上有给电子性基团时，有利于 S_N1 反应；有吸电子基团时，有利于 S_N2 反应。

② 离去基团。离去基团携带着原来共有的一对电子而离去，其接受电子的能力越强，对 S_N1 和 S_N2 反应越有利。一般情况下，离去基团的离去能力的大小顺序是：

$$RSO_3^- > I^- > Br^- > Cl^- > RCOO^- > —OH > —NH_2$$

③ 亲核试剂。亲核试剂的性质在 S_N1 历程中对反应速率没有影响；但在 S_N2 历程中，由于亲核试剂是组成过渡态的一部分，它的性质对反应速率有明显的影响。各种亲核试剂的亲核能力的大小顺序为：

$$C_2H_5O^- > OH^- > PhO^- > CH_3CH_2^- > H_2O$$

在同族元素中，亲核试剂随着原子序数的增大，其给出电子的倾向也越大，从而使亲核性增强。

$$I^- > Br^- > Cl^- > F^-$$

在发生亲核取代反应的同时，存在着消除反应的竞争。其中，S_N2 和 E_2 的最大区别在于前者是对中心碳原子的进攻，而后者则是碱性物质对氢原子的进攻。

2. 芳香族的亲电取代反应

芳香族化合物中的芳环是一个环状的共轭体系，环上的 π 电子云高度离域，具有很高的流动性，容易与亲电试剂发生亲电取代反应，主要包括磺化、硝化、卤化、C-烷化、C-酰化、C-羧化、氯甲基化等亲电取代反应。

（1）芳香族 π-络合物与 σ-络合物　芳烃具有与一系列亲电试剂形成络合物的特性。根据芳烃碱性的强弱和试剂亲电能力的强弱，所形成的络合物分为 π-络合物和 σ-络合物两大类，它们在结构和性质上是完全不同的。这两类络合物都很不稳定。在一般情况下，都不能从溶液中分离出来，只有在特殊条件下才能被观察到。其中 σ-络合物对芳香族亲电取代的反应历程起重要作用。

芳烃能与亲电能力较弱的试剂（如 HCl、HBr、Ag^+ 等）形成 π-络合物。例如，将 HCl 气体通入苯中，HCl 与苯生成 π-络合物。

$$C_6H_6 + HCl \rightleftharpoons C_6H_6 \rightarrow H—Cl$$

π-络合物

这种络合物是由芳环供给 π 电子生成的，π-络合物中 HCl 的质子与苯环的 π 电子之间只有微弱的作用，并没有生成新的共价键，H—Cl 键也没有破裂。π-络合物通常为无色或淡黄色，其溶液不导电。

芳烃能与亲电能力较强的试剂（如 HCl · $AlCl_3$、HF、HF · BF_3 等）生成 σ-络合物。例如：

$$HCl_{(气)} + AlCl_{3(固)} \rightleftharpoons \overset{\delta^+}{H}—\overset{\delta^-}{Cl}(AlCl_3)_{(液)}$$

$$C_6H_5R + \overset{\delta^+}{H}—\overset{\delta^-}{Cl}(AlCl_3)_{(液)} \rightleftharpoons [RC_6H_5H^+]AlCl^-_{4(液)}$$

σ-络合物

被无水 $AlCl_3$ 强烈极化的 HCl 中氢原子带有较多的正电荷，在反应瞬间能以 H^+ 的形式插入苯环的 π-电子层里面，夺取一对电子，并与苯环上的某一特定碳原子连接起来，形成 σ 键。这类络合物称作 σ-络合物。σ-络合物为橙色，有时甚至为黑色，σ-络合物溶液能导电。

（2）亲电取代反应历程　亲电试剂进攻芳环时，先形成 π-络合物，然后进一步作用，形成 σ-络合物。该络合物脱去质子，恢复原芳环结构，从而完成亲电取代反应的全过程。

$$C_6H_6 + E^+ \rightleftharpoons [C_6H_6 \rightarrow E^+] \rightleftharpoons [C_6H_6E]^+ \longrightarrow C_6H_5E + H^+$$

π-络合物　　σ-络合物

对于大多数亲电取代反应来说，形成 σ-络合物是反应速率的控制步骤。

（3）苯环的亲电取代定位规律　当苯环上已有一个或多个取代基时，再引入新的取代基，它进入的位置与已有取代基的性质、亲电试剂（被引入取代基）的性质以及反应条件等因素有关。其中已有取代基的性质最为重要。

① 取代基的类型及其定位作用。在进行亲电取代反应时，可以把苯环上已有取代基 Z 按其定位效应，大致分为两类：邻、对位定位基（亦称第一类定位基），此类取代基具有邻、对位定位作用，即能使新引入的取代基团进入其自身的邻位或对位；间位定位基（亦称第二类定位基），此类取代基具有间位定位作用，即能使引入的取代基进入其自身的间位。

属于第一类取代基的主要有—O^-、—NR_2、—NHR、—NH_2、—OH、—OR、—NHCOR、—OCOR、—F、—Cl、—Br、—I、—NHCHO、—C_6H_5、—CH_3、—C_2H_5、—CH_2COOH、—CH_2F 等。属于第二类取代基的主要有—$\overset{+}{N}R_3$、—CF_3、—NO_2、—CN、—SO_3H、—COOH、—CHO、—COOR、—COR、—$CONR_2$、—$\overset{+}{N}H_3$ 和—CCl_3 等。

上述两类取代基的次序是按它们的定位能力由强到弱排列的。两类取代基有三种不同的表现方式：活化苯环的邻、对位定位基，钝化苯环的邻、对位定位基和钝化苯环的间位定位基，具体见表 2-5。

表 2-5　邻、对位定位基和间位定位基

定位效应	强度	取　代　基	电子效应	电子机理	综合性质
邻、对位定位	最强	—O^-	给电子诱导效应(+*I*)，给电子共轭效应(+*C*)	Ar←Z̈	活化
	强	—NR_2，—NHR，—NH_2，—OH，—OR	吸电子诱导效应(−*I*)小于给电子共轭效应(+*C*)	Ar→Z̈	
	中	—OCOR，—NHCOR，—NHCHO			
	弱	—CH_3	给电子诱导效应(+*I*)，给电子超共轭效应(+*C*)	Ar←Z	
		—C_2H_5，—$CH(CH_3)_2$，—CR_3	给电子诱导效应(+*I*)	Ar←Z	
	弱	—CH_2Cl，—CH_2CN	弱吸电子诱导效应(−*I*)	Ar→Z	活化或钝化
		—CH═CHCOOH，—CH═$CHNO_2$ —F，—Cl，—Br，—I	吸电子诱导效应(−*I*)大于给电子共轭效应(+*C*)	Ar→Z̈	钝化
间位定位	强	—COR，—CHO，—COOR，—$CONH_2$ —COOH，—SO_3H，—CN，—NO_2	吸电子诱导效应(−*I*)，吸电子共轭效应(−*C*)	Ar→Z	
		—CF_3，—CCl_3	吸电子诱导效应(−*I*)	Ar→Z	
	最强	—NH_3^+，—NR_3^+			

② 苯环上已有取代基定位作用的电子效应解释。具有给电子性的取代基，将使所连苯环上的电子云密度增加，尤其在邻、对位处增加得更多，对苯环有活化作用，有利于

亲电试剂对这些位置的进攻，所以新引入的取代基主要进入其邻、对位，因此，具有给电子性的取代基属于第一类定位基。相反，具有吸电子性的取代基将使所连苯环上的电子云密度降低，并且在邻、对位处降低得更多，对苯环有致钝作用，不利于亲电试剂的进攻。但相比之下，在间位的电子云密度较高些，所以亲电试剂主要进入它的间位，因此，具有吸电子性的取代基属于第二类定位基。卤素原子比较特殊，作为取代基它最终具有吸电子性，对苯环有致钝作用。但由于它可与苯环形成 *p*-*π* 共轭体系，使得在它的邻、对位处的电子云密度比间位处稍高些，所以亲电性的进攻基团优先进入卤原子的邻、对位。卤原子也属于第一类定位基。

根据已有取代基与苯环的电子效应，已有取代基可归纳为三类。

a. 只有供电诱导效应（$+I$）的取代基。如各种烷基，这类取代基对苯环具有给电子性，它们可使苯环活化，而且是邻、对位定位。其中，甲基还具有供电超共轭效应，所以甲基的活化作用比其他烷基大。

b. 与苯环相连的原子含有未共用电子对的取代基。如$-\ddot{O}^-$、$-\ddot{N}R_2$、$-\ddot{N}HR$、$-\ddot{N}H_2$、$-\ddot{O}H$、$-\ddot{O}R$、$-\ddot{O}COR$、$-\ddot{N}HCOR$、$-\ddot{F}$、$-\ddot{C}l$、$-\ddot{B}r$、$-\ddot{I}$ 等，它们的未共用电子对能与苯环形成供电共轭效应（$+C$），所以它们都是邻、对位定位基。除$-O^-$以外，上述基团还具有吸电子诱导效应（$-I$），这会影响取代基的活化作用。对于氨基、羟基，其供电共轭效应（$+C$）大于吸电子诱导效应（$-I$），总的结果是使苯环活化；对于卤素，其（$+C$）略小于（$-I$），总的结果使苯环上的电子云密度稍有下降，对苯环有致钝作用。

c. 具有吸电子性的取代基。如$-\overset{+}{N}R_3$、$-NO_2$、$-CF_3$、$-CN$、$-SO_3H$、$-CHO$、$-COR$、$-COOH$、$-COOR$、$-CONR_2$、$-CCl_3$ 和$-\overset{+}{N}H_3$ 等。这类取代基中与芳环直接相连的原子上没有未共用的电子对，具有吸电子性的诱导效应，其中有些基团还具有吸电子性的共轭效应（$-C$）。这些效应均使苯环上的电子云的密度降低，对苯环有致钝作用，而且是间位定位基。

③ 苯环上已有两个取代基时的定位规律。当苯环上已有两个取代基，需要引入第三个取代基时，新取代基进入苯环的位置主要取决于已有取代基的类型、它们的相对位置和定位能力的相对强弱。一般可分为两个取代基的定位作用一致和不一致两种情况。

a. 两个已有取代基的定位作用一致。这时仍可按前述定位规律来决定新取代基进入苯环的位置。

当两个取代基属于同一类型（都属于第一类或都属于第二类）并处于间位时，其定位作用是一致的。例如：

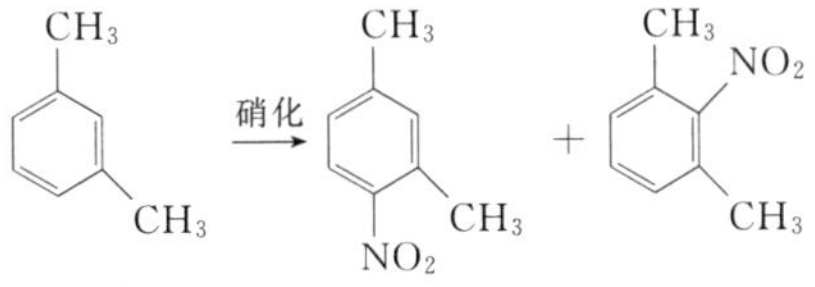

CH_3 CH_3 —硝化→ CH_3 CH_3 NO_2 + CH_3 NO_2 CH_3

主产物 少量

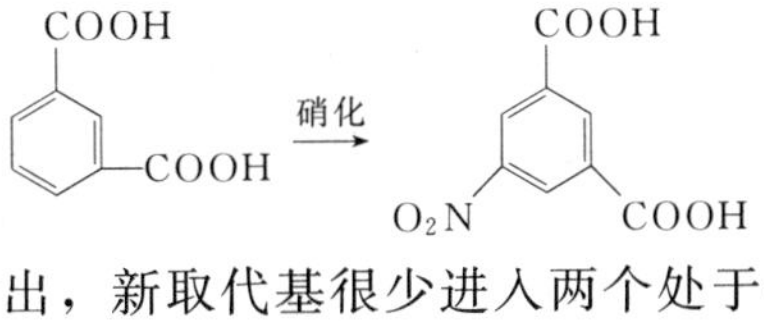

$COOH$ $COOH$ —硝化→ $COOH$ O_2N $COOH$

从间二甲苯的硝化不难看出，新取代基很少进入两个处于邻位的取代基之间的位置，这显然是空间效应的结果。

当两个取代基属于不同类型，并处于邻位或对位时，其定位作用也是一致的。例如：

CH_3 NO_2 —磺化→ CH_3 SO_3H NO_2

CN Cl —磺化→ CN Cl O_2N

b. 两个已有取代基的定位作用不一致。这时新取代基进入苯环的位置将取决于已有取代基的相对定位能力，通常第一类取代基的定位能力比第二类取代基强得多，同类取代基定位能力的强弱与前述两类定位基的排列次序是一致的。

当两个取代基属于不同类型并处于间位时，其定位作用就是不一致的，这时新取代基主要进入第一类取代基的邻、对位。例如：

NH_2 COOH —硝化→ NH_2 COOH NO_2

当两个取代基属于同一类型并处于邻、对位时，其定位作用也是不一致的，这时新取代基进入的位置取决于定位能力较强的取代基。例如：

CH_3 $NHCOCH_3$ —硝化→ CH_3 NO_2 $NHCOCH_3$

如果两个取代基的定位能力相差不大，则得到多种异构产物的混合物。例如：

H_3C—⟨⟩—Cl —混酸硝化→ H_3C—⟨⟩—Cl（O_2N） + H_3C—⟨⟩—Cl（NO_2）

约 65% 约 35%

（4）萘环的取代定位规律

① α 位和 β 位的活泼性。与苯相比，萘环上的 α 位和 β 位都比较活泼，其中 α 位更活泼。在对萘进行亲电取代反应时，取代基 E^+ 优先进入 α 位。例如在萘的硝化、氯化和低温磺化时，基团进入 α 位和 β 位的比例为：

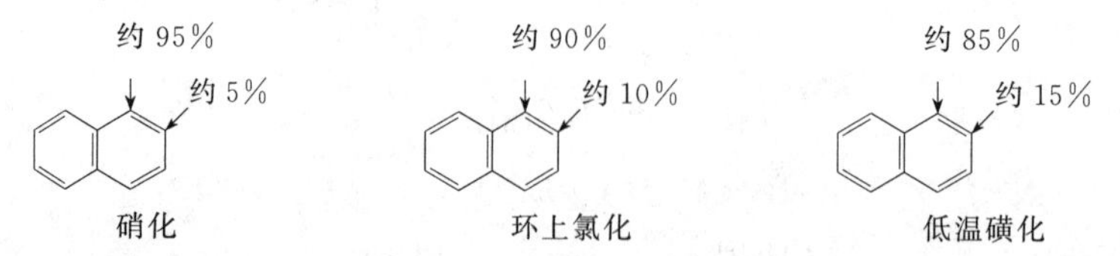

② 萘环上已有取代基时的定位规律。在已有一个取代基的萘环上再引入第二个取代基时，新引入取代基进入萘环的位置主要与已有取代基的类型和位置有关，同时也与反应试剂的类型和反应条件有关。

如果在萘环的 α 位有一个第一类定位基，则新引入的取代基优先进入同环的邻位或对位，并且以其中的一个位置为主；如果是在 β 位，则优先进入同环的 α 位。例如：

NH_2 + Ar—N═N—Cl $\xrightarrow{偶合}$ NH_2 N═N—Ar

ONa + CO_2 $\xrightarrow{羧化}$ OH COOH

OC_2H_5 $\xrightarrow{硝化}$ NO_2 OC_2H_5

如果萘环上有一个第二类定位基，则新引入的取代基主要进入没有取代基的另一个环上，并且主要是 α 位。例如：

SO_3H $\xrightarrow{硝化}$ NO_2 SO_3H + SO_3H NO_2

(5) 蒽醌环的亲电取代定位规律　蒽醌分子中由于两个对称羰基的吸电子作用，使得在两个边环上进行亲电取代反应要比在萘和苯环上困难。例如，在蒽醌环上发生 Friedel-Crafts 反应、卤化反应等很困难。

由于蒽醌的两个边环是隔离的，当其中的一个环上有第二类定位基时，对另一个环的致钝作用并不明显，所以新取代基可进入另一边环。

3. 芳香族的亲核取代反应

芳香族的亲核取代是亲核试剂对芳香环进攻的反应，它是通过亲核试剂优先进攻芳环上电子云最低的位置而实现的。芳香族亲核取代反应的难易程度和定位规律与亲电取代反应正好相反。芳香族亲核取代反应可分为：芳环上氢的亲核取代、芳环上已有取代基的亲核取代（本质上为亲核置换）和通过苯炔中间体的亲核取代。

对于芳环上氢的亲核取代，由于芳环和亲核试剂的电子云密度都比较高，所以这类反应较难发生。当芳环上有较强的吸电子基团时，在连接吸电子基团的碳原子上电子云密度下降较多，较易受到亲核试剂的进攻，从而发生已有取代基亲核取代反应。这类反应在有机合成中相当重要，在许多情况下较易进行，产率也较高。表 2-6 列出了重要的芳环上已有取代基的亲核取代反应。

表 2-6　芳环上已有取代基的亲核取代反应

反应物	亲核试剂	反应产物	单元反应
ArCl 或 ArBr	NaOH, H_2O	ArOH	羟基化
	RONa	ArOR	烷氧基化
	Ar′ONa, Ar′OK	ArOAr′	芳氧基化
	NH_3, NH_4OH	$ArNH_2$	氨解
	RNH_2	ArNHR	氨解
	Na_2SO_3	$ArSO_3Na$	磺化
	Na_2S	ArSH	
	NaCN	ArCN	
$ArSO_3H$	NaOH, KOH	ArOH	羟基化
	NH_4OH	$ArNH_2$	氨解
	$Ar'NH_2$	ArNHAr′	芳胺基化
	NaCN	ArCN	

反应物	亲核试剂	反应产物	单元反应
$ArNO_2$	ROK	ArOR	烷氧基化
	Ar′OK	ArOAr′	芳氧基化
	NH_4OH	$ArNH_2$	氨解
	Na_2SO_3	$ArSO_3Na$	磺化
$ArN_2^+ \cdot Cl^-$ 或 $ArN_2^+ \cdot HSO_4^-$	H_2O	ArOH	羟基化
	HCl(CuCl)	ArCl	卤素置换
	$Na[Cu(CN)_2]$	ArCN	
$ArNH_2$	$H_2O(NaHSO)$	ArOH	羟基化
	$Ar'NH_2$	ArNHAr′	芳胺基化
ArOH	NH_3, NH_4OH	$ArNH_2$	氨解
	$Ar'NH_2$	ArNHAr′	芳胺基化

芳香族亲核取代反应历程大致可分为以下三类。

（1）加成-消除历程（双分子历程） 反应分两步进行：

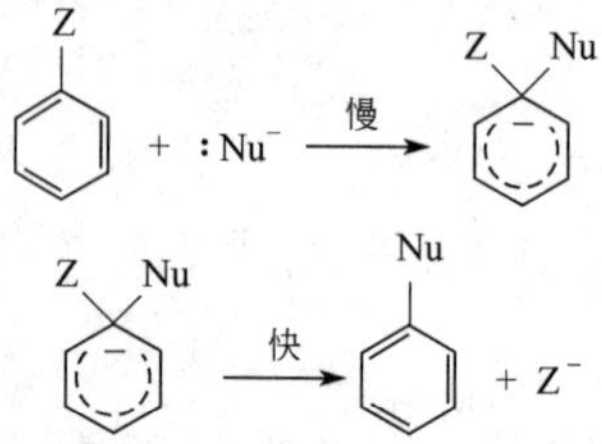

$$Z + :Nu^- \xrightarrow{\text{慢}} Z\ Nu$$

$$Z\ Nu \xrightarrow{\text{快}} Nu + Z^-$$

第一步是亲核试剂 Nu^- 进攻芳环形成芳负离子，这个过程是速度控制步骤。第二步是芳负离子解离下原取代基 Z 完成亲核取代的过程。

当被置换基团 Z 的邻、对位有吸电子基团时，与 Z 相连的碳原子上的电子云密度下降更多，有利于芳负离子的电荷分散，对反应有利。反之，在 Z 的邻、对位有给电子基团时，不利于反应的进行。例如：

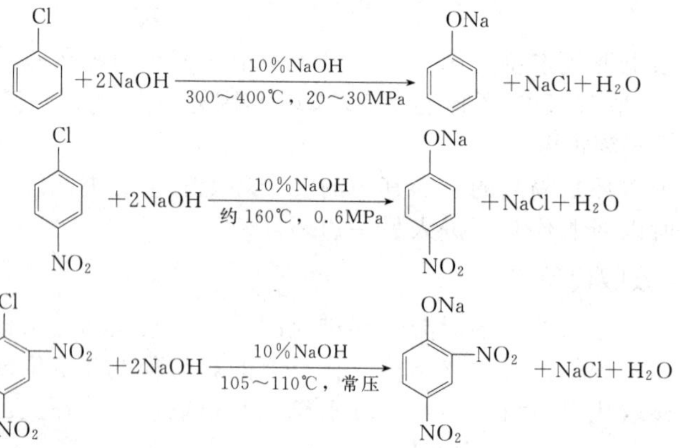

$$Cl + 2NaOH \xrightarrow[300\sim400℃,\ 20\sim30MPa]{10\%NaOH} ONa + NaCl + H_2O$$

$$Cl,\ NO_2 + 2NaOH \xrightarrow[\text{约 }160℃,\ 0.6MPa]{10\%NaOH} ONa,\ NO_2 + NaCl + H_2O$$

$$Cl,\ NO_2,\ NO_2 + 2NaOH \xrightarrow[105\sim110℃,\ \text{常压}]{10\%NaOH} ONa,\ NO_2,\ NO_2 + NaCl + H_2O$$

（2）单分子历程 对重氮基的亲核置换属于单分子历程。以重氮盐的水解和酸解为例：

$$ArN_2^+X^- \longrightarrow Ar^+ + N_2 + X^-$$

$$Ar^+ \xrightarrow{H_2O} ArOH + H^+$$

$$Ar^+ \xrightarrow{ROH} ArOR + H^+$$

重氮盐首先分解产生芳基正离子，此步反应为慢反应，是反应的控制步骤。随后是芳基正离子与水或醇反应生成酚或醚。反应速率与亲核试剂的浓度无关。

（3）消除-加成历程（苯炔历程） 在正常情况下，未被活化的芳基卤化物对一般的亲核试剂表现为惰性，但对既是很强的碱又具有亲核性的试剂则表现明显的活性。如氯苯在液氨中可用 KNH_2 氨解；也可在高温高压的条件下，用 10%～15%的 NaOH 溶液处理，以羟基置换氯原子。这类反应是按照消除-加成历程进行的。

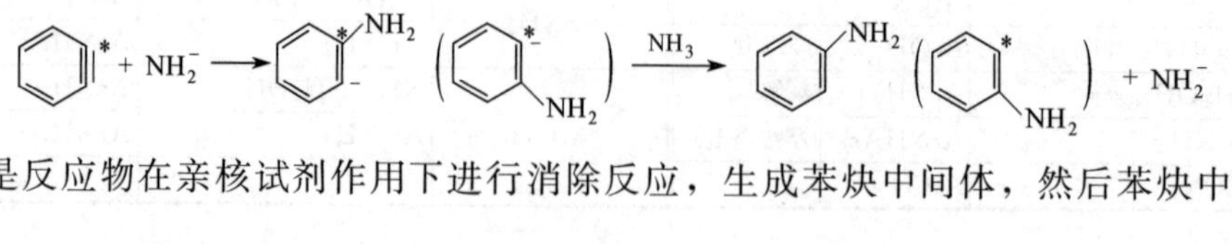

$$Cl^*,\ H + NH_2^- \longrightarrow {}^* + NH_3 + Cl^-$$

$${}^* + NH_2^- \longrightarrow NH_2^*,\ ^- \left(^{*-},\ NH_2\right) \xrightarrow{NH_3} NH_2 \left(^*,\ NH_2\right) + NH_2^-$$

首先是反应物在亲核试剂作用下进行消除反应，生成苯炔中间体，然后苯炔中间体再与亲核试剂进行加成反应，生成取代产物。反应时由于生成了中间体苯炔，故也称苯炔历程。

二、 加成反应

加成反应可分为亲电加成、亲核加成和自由基加成三种类型。

1. 亲电加成

亲电加成反应大多发生在碳-碳重键上。烯烃和炔烃分子容易受亲电试剂的进攻，发生亲电加成反应。常见的亲电试剂有强酸（如硫酸、氢卤酸）、Lewis 酸（如 $FeCl_3$、$AlCl_3$、$HgCl_2$）、卤素、次卤酸、卤代烷、卡宾、醇、羧酸和羧酰氯等。其反应分两步进行：首先底物与亲电试剂作用生成碳正离子中间体，然后此中间体与反离子作用生成产物。如：

$$\rangle C{=}C\langle + X{\vdots}{:}Y \xrightarrow{\text{慢}} -\underset{X}{\underset{|}{C}}-\overset{+}{C}- + Y^- \xrightarrow{\text{快}} -\underset{X}{\underset{|}{C}}-\underset{Y}{\underset{|}{C}}-$$

在碳-碳重键上连接有给电子基团时，将使重键上的电子云密度增加，有利于亲电试剂的进攻和碳正离子的生成及其稳定性的提高，可提高反应速率。当碳-碳重键上连有吸电子基团时，重键上的电子云密度降低，不利于碳正离子的生成和稳定，反应较困难。含有取代基的烯烃进行亲电加成反应的活性顺序为：

$$R_2C{=}CR_2 > R_2C{=}CHR > R_2C{=}CH_2 > RCH{=}CH_2 > CH_2{=}CH_2 > CH_2{=}CHCl$$

但应注意，碳-碳重键受到亲电试剂进攻形成碳正离子后，既可发生加成反应，也可发生消除反应。碳正离子的空间位阻越大，越不利于加成反应，而有利于消除反应的进行，如：

$$(C_6H_5)_3C-\underset{CH_3}{\underset{|}{C}}{=}CH_2 \xrightarrow{Br_2} (C_6H_5)_3C-\underset{CH_3}{\underset{|}{\overset{\oplus}{C}}}-CH_2Br \xrightarrow{-H^{\oplus}} (C_6H_5)_3C-\underset{CH_2}{\underset{\|}{C}}-CH_2Br + (C_6H_5)_3C-\underset{CH_3}{\underset{|}{C}}{=}CHBr$$

2. 亲核加成

亲核加成反应中以羰基化合物的亲核加成最为重要。在羰基中，氧的电负性比碳的电负性大得多，由于极化作用，羰基碳原子带有部分正电荷，而氧原子带有部分负电荷。

$$\rangle \overset{\delta^+}{C}{=}\overset{\delta^-}{O}$$

在一般情况下，羰基中带有部分负电荷的氧原子的稳定性比带部分正电荷的碳原子高得多，所以羰基碳可以与亲核试剂发生亲核加成反应，例如：

$$R_2C{=}O + CN^- \xrightarrow{\text{慢}} R_2\underset{CN}{\underset{|}{C}}O^- \xrightarrow{\text{快}} R_2\underset{CN}{\underset{|}{C}}-OH + OH^-$$

亲核试剂 CN^- 对羰基碳原子的进攻是反应速率控制步骤。影响此类加成反应的主要因素包括亲核试剂的性质、羰基碳原子的缺电子性以及羰基邻位的空间位阻等。一般来说，进攻试剂的亲核性越强、羰基碳原子的缺电子程度越高、羰基邻位基团越小，越有利于亲核加成反应的进行。不同羰基化合物的反应活性顺序为：

$$-\overset{O}{\overset{\|}{C}}-Cl > -\overset{O}{\overset{\|}{C}}-H > -\overset{O}{\overset{\|}{C}}-CH_3 > -\overset{O}{\overset{\|}{C}}-R > -\overset{O}{\overset{\|}{C}}-OR > -\overset{O}{\overset{\|}{C}}-NR_2 > -\overset{O}{\overset{\|}{C}}-OH$$

3. 自由基加成

碳-碳双键也可与自由基发生加成反应。反应试剂可在引发剂、光照或高温的作用下产生自由基，然后对重键进行加成，它们都是连锁反应。重要的自由基加成反应有：①卤素与卤化氢对碳-碳重键的加成（详见第五章第三节）；②自由基的聚合反应。

三、 消除反应

消除反应发生时，有两个原子或基团同时从分子中脱去。根据脱去位置的不同，消除反应可分为β-消除和α-消除，其中以β-消除更为常见。

1. β-消除反应

β-消除反应大多是从两个相邻的碳原子上脱去两个原子或基团，形成一个新的不饱和化合物的过程，如：

$$-\underset{|\,\beta}{\overset{X}{\overset{|}{C}}}-\underset{|\,\alpha}{\overset{Y}{\overset{|}{C}}}- \xrightarrow[\beta\text{-消除}]{-X,\ -Y} \;\rangle C=C\langle$$

两个相邻的原子一般为碳原子，但其中的一个也可以是氧、硫和氮等原子，因此在消除产物中可相应地形成碳-碳、碳-氧、碳-硫和碳-氮等双键。

（1）β-消除的反应历程　其反应历程可分为双分子历程（E_2）和单分子历程（E_1）。

① 双分子消除反应历程（E_2）。双分子消除反应一般在强碱性试剂的作用下进行。当亲核性的碱性试剂 B 接近β-H 时，在 B 和 H 间形成微弱键的同时，原有 C—H 键、C—X 键减弱而形成过渡态，而后发生 C—H 键和 C—X 键同时断裂，构成烯键。

$$\rangle\underset{\underset{B^-:}{H}}{\overset{}{C}}-\overset{X}{\overset{|}{C}}- \longrightarrow \left[\rangle\underset{\underset{B}{\vdots}}{\underset{H}{\vdots}C}-\overset{X}{\overset{\vdots}{C}}-\right] \longrightarrow -\overset{|}{C}=\overset{|}{C}- + BH + X^-$$

过渡态

该反应为二级反应。反应速率可表示为：

$$v=k[B][RX]$$

可见，E_2 历程与 S_N2 历程很相似，区别在于 E_2 历程中碱性试剂进攻β-H 原子，而在 S_N2 历程中反应发生在α-碳原子上。所以在饱和碳原子上的亲核取代常伴有消除反应发生。

对于 E_2 历程β-消除，其亲核试剂的碱性越强，离去基团携带电子离去的能力就越大，越有利于反应的进行。卤代烷中作为离去基团的卤素的离去能力大小顺序是：

$$-I>-Br>-Cl>-F$$

不同结构的烷基发生消除反应由易到难的顺序是：

叔烷基＞仲烷基＞伯烷基

② 单分子消除反应历程（E_1）。单分子消除的反应分两步进行。首先是离去基团携带一个电子离去，形成碳正离子，然后消除质子形成烯烃。

$$-\underset{H}{\underset{|}{\overset{|}{C}}}-\underset{|}{\overset{|}{C}}-X \underset{}{\overset{\text{慢}}{\underset{-X^-}{\rightleftharpoons}}} -\underset{H}{\underset{|}{\overset{|}{C}}}-\underset{|}{\overset{|}{C}}{}^{+} \xrightarrow[+B]{\text{快}} \rangle C=C\langle \; +BH$$

形成碳正离子的过程是速度控制步骤，该反应为一级反应。反应速率可表示为：

$$v=k\,[RX]$$

碳正离子的稳定性高，有利于反应的进行。烷基中，叔碳正离子的稳定性最高，仲位次之，伯位最差。

在进行 E_1 反应时，常伴有 S_N1 反应。哪种反应占优，往往与溶剂的极性、反应物的性质、试剂的性质以及反应条件等因素有关。

（2）β-消除反应的定向法则　在消除反应中，可以生成不同结构的烯烃。但其消除的方向可归纳为如下经验法则。

① 查依采夫（Saytzeff）法则。从卤代烷消除卤化氢时，氢从含氢最少的碳原子上消除，主要生成不饱和碳原子上连有烷基数目最多的烯烃，例如：

$$CH_3CH_2-\underset{CH_3}{\overset{Br}{C}}-\underset{CH_3}{CH}-CH_3 \begin{cases} \xrightarrow{主} CH_3CH_2\underset{CH_3}{C}=\underset{CH_3}{C}-CH_3 \\ \xrightarrow{次} CH_3CH=\underset{CH_3}{C}-\underset{CH_3}{CH}-CH_3 + CH_3CH_2-\underset{CH_2}{\overset{}{C}}-\underset{CH_3}{CHCH_3} \end{cases}$$

② 霍夫曼（Hofmann）法则。季铵碱分解时，主要生成在不饱和碳原子上连有烷基数目最少的烯烃，例如：

$$CH_3-\overset{CH_3}{CH}-\underset{^+NR_3}{CH}-CH_3 \xrightarrow{-H^+\ NR_3} \underset{主}{CH_3-\overset{CH_3}{CH}-CH=CH_2} + \underset{次}{CH_3-\overset{CH_3}{C}=CH-CH_3}$$

研究表明，在 E_2 历程中，季铵碱消除按霍夫曼法则，卤代烷消除按查依采夫法则；而在 E_1 历程中，按查依采夫法则。

③ 若分子中已有一个双键（C=C，C=O），消除反应后形成新的双键位置，不论何种消除历程，均以形成共轭双键产品占优势，例如：

$$CH_3CH=CHCH_2\underset{Br}{C}HCH_2CH_3 \xrightarrow[-HBr]{二甲基吡啶} CH_3CH=CHCH=CHCH_2CH_3$$

2. α-消除反应

在同一碳原子上消除两个原子或基团的反应称为 α-消除，也叫 1,1-消除反应。产物是卡宾（一种高度活泼的缺电性质点）。如氯仿在碱催化作用下，发生 α-消除反应，生成二氯卡宾（又称二氯碳烯）。

$$CHCl_3 + OH^- \rightleftharpoons CCl_3^- + H_2O$$

$$CCl_3^- \xrightarrow[-Cl]{慢} :CCl_2$$

第二步形成卡宾的过程是速度控制步骤。二氯卡宾很活泼，难以分离得到，但能水解生成酸。

$$HO + :CCl_2 \longrightarrow HO-\ddot{C}Cl_2 \xrightarrow{H_2O} HO-CHCl_2 \xrightarrow{水解} HCOOH$$

由于卡宾具有特殊的价键状态和化学结构，故可以发生多种化学反应。如能与多种单键发生插入反应而增链、可与碳碳双键进行亲电加成反应而成环、能与芳香族化合物发生加成反应而扩环等。

$$\gt C-H + :CH_2 \longrightarrow \gt C-CH_2-H$$

$$\gt C=C\lt + :CH_2 \longrightarrow \gt \underset{CH_2}{C-C} \lt$$

$$C_6H_6 + CH_2N_2 \xrightarrow{h\nu} C_7H_8\ (环庚三烯) + C_6H_5CH_3$$

四、 重排反应

重排反应是指在一定的反应条件下，有机化合物分子中的某些基团发生迁移或分子内碳原子骨架发生改变，形成一种新的化合物的反应。重排反应可以分为分子内重排和分子间重排。

1. 分子内重排

发生分子内重排反应时，基团的迁移仅发生在分子的内部。根据其反应机理，可分为分子内亲核重排和分子内亲电重排两类。

（1）分子内亲核重排　分子内发生在邻近两个原子间的基团迁移（1,2-迁移），多数情况下属于分子内亲核重排。例如，新戊基溴在乙醇中的分解：

$$CH_3-C(CH_3)_2-CH_2-Br \longrightarrow CH_3-C(CH_3)_2-\overset{+}{C}H_2 \longrightarrow CH_3-\overset{+}{C}(CH_3)-CH_2CH_3$$

$$\xrightarrow{CH_3CH_2OH} (CH_3)_2C{=}CHCH_3 + (CH_3)_2C(OCH_2CH_3)-CH_2CH_3$$

上述反应中，先形成伯碳正离子，继而发生分子内重排，变为稳定性高的叔碳正离子。

又如，$C_6H_5C(CH_3)_2CH_2Cl$ 的溶剂分解比新戊基氯要快得多，其原因在于苯环的迁移可以有效地分散正电荷，使体系能量降低。

$$CH_3-C(C_6H_5)(CH_3)-CH_2-Cl \longrightarrow CH_3-C(CH_3)(C_6H_5^{+})-CH_2 \longrightarrow (CH_3)_2\overset{+}{C}-CH_2C_6H_5$$

（2）分子内亲电重排　分子内亲电重排反应多发生在苯环上。常见的有联苯胺重排、*N*-取代苯胺的重排和羟基的迁移等。

氢化偶氮苯在酸的作用下，可发生重排反应生成联苯胺。

$$C_6H_5-NHNH-C_6H_5 \xrightarrow{H^+} H_2N-C_6H_4-C_6H_4-NH_2$$

N-取代苯胺在酸性条件下，可发生取代基从氮原子上迁移到氮原子的邻位、对位上的反应。例如，亚硝基的迁移，也是亲电性的重排反应。

$$C_6H_5-N(R)-NO \xrightarrow{HCl} ON-C_6H_4-NHR$$

苯基羟胺在稀硫酸作用下，可发生 OH^- 的迁移，即 OH^- 作为亲核质点从支链迁移到芳环上，生成氨基酚。

$$C_6H_5-N(H)-OH \xrightarrow{H_2SO_4} HO-C_6H_4-NH_2 + o\text{-}HO-C_6H_4-NH_2$$

2. 分子间重排

分子间重排可看作是几个基本过程的组合。例如，*N*-氯代乙酰苯胺在盐酸的作用下发生重排：先是发生置换反应产生分子氯，然后，氯与乙酰苯胺进行亲电取代反应得到产物。

$$\text{C}_6\text{H}_5\text{N(Cl)COCH}_3 \xrightleftharpoons{+\text{HCl}} [\text{C}_6\text{H}_5\overset{+}{\text{N}}\text{H(Cl)COCH}_3]\text{Cl}^- \longrightarrow \text{C}_6\text{H}_5\text{NHCOCH}_3 + \text{Cl}_2 \longrightarrow o\text{-ClC}_6\text{H}_4\text{NHCOCH}_3 + p\text{-ClC}_6\text{H}_4\text{NHCOCH}_3 + \text{HCl}$$

五、 自由基反应

自由基反应也称游离基反应，它是有机合成中一类重要的反应。许多反应，尤其是高温或气相反应，大多属于自由基反应。通过自由基反应，可形成 C—X、C—O、C—S、C—N 和 C—C 键等，以制取各种精细有机化工产品。例如，卤素对烷烃或芳烃侧链的卤化制卤代烷或卤代侧基芳烃，不饱和烃的加成卤化制卤代烃，直链烷烃的磺氧化和磺氯化制烷基磺酸盐，空气液相氧化及聚合等。

1. 自由基反应和自由基的形成

（1）自由基反应历程　自由基反应是通过共价键均裂进行的，成键的一对电子平均分给两个原子或原子团：

$$A:B \longrightarrow A\cdot + B\cdot$$

均裂生成的带单电子的原子或原子团称为游离基或自由基，自由基是自由基反应的活性中间体，很少能稳定存在。自由基反应一经引发，通常都能很快进行下去，是快速连锁反应。其反应历程包括链引发、链增长和链终止三个步骤，以甲烷氯化为例如下。

链引发：
$$Cl_2 \xrightarrow{h\nu\text{ 或}\triangle\text{或引发剂}} 2Cl\cdot$$

链增长：
$$Cl\cdot + CH_4 \longrightarrow CH_3\cdot + HCl$$
$$CH_3\cdot + Cl_2 \longrightarrow CH_3Cl + Cl\cdot$$

链终止：
$$Cl\cdot + Cl\cdot \longrightarrow Cl_2$$
$$CH_3\cdot + Cl\cdot \longrightarrow CH_3Cl$$
$$CH_3\cdot + CH_3\cdot \longrightarrow CH_3CH_3$$

自由基反应容易受到酚类、醌类、二苯胺、碘等物质的抑制，这些物质能非常快地与自由基反应，使自由基反应终止。如果反应体系中有抑制性物质存在，只有在这些物质全部消耗后，才能开始链增长反应。

（2）自由基的形成　为了使自由基反应顺利发生，必须先产生一定数量的自由基。常用的方法有三种：热解法、光解和电子转移法。

① 热解法。化合物受热到一定温度发生热离解，产生自由基。不同化合物的热离解所需温度不同。例如，氯分子的热离解在 100℃以上可具有一定的速度；烃、醇、醚、醛和酮受热到 800～1000℃时离解。

$$Cl_2 \xrightarrow[\triangle]{100℃\text{以上}} 2Cl\cdot$$

含有弱键的化合物，如含有—O—O—弱键的过氧化合物及含有—C—N═N—C—弱键的偶氮类化合物，在较低温度下就可以热解产生自由基。因此，它们都是常用的引发剂，例如：

$$C_6H_5-\overset{\overset{O}{\|}}{C}-O-O-\overset{\overset{O}{\|}}{C}-C_6H_5 \xrightarrow{60\sim100℃} 2C_6H_5-\overset{\overset{O}{\|}}{C}-O\cdot \longrightarrow 2C_6H_5\cdot + 2CO_2$$

$$\underset{\underset{CN}{|}}{(CH_3)_2C}-N=N-\underset{\underset{CN}{|}}{C(CH_3)_2} \xrightarrow{60\sim100℃} 2\underset{\underset{CN}{|}}{(CH_3)_2C}\cdot + N_2$$

② 光解法。光解也是产生自由基的一种重要方法。许多化合物在适当波长的光的照射下都可以产生自由基，例如：

$$Cl_2 \xrightarrow{光照} 2Cl\cdot$$

$$(CH_3)_3C-O-O-C(CH_3)_3 \xrightarrow{光照} (CH_3)_3CO\cdot$$

$$CH_3COCH_{3(蒸汽)} \xrightarrow{光照} CH_3OC\cdot + CH_3\cdot$$

光解可在任何温度下进行，并且能通过调节光的照射强度控制生成自由基的速度。

③ 电子转移法。重金属离子具有得失电子的性能，常被用于催化某些过氧化物的分解或促使带弱键的化合物分解，从而产生自由基，例如：

$$H_2O_2 + Fe^{3+} \longrightarrow HO\cdot + Fe(OH)^{2+}$$

$$C_6H_5CO-O-O-COC_6H_5 + Cu^+ \longrightarrow C_6H_5COO\cdot + C_6H_5COO^- + Cu^{2+}$$

$$(CH_3)_3COOH + Co^{3+} \longrightarrow (CH_3)_3C-O-O\cdot + Co^{2+} + H^+$$

$$(C_6H_5)_3C-Cl + Ag \longrightarrow (C_6H_5)_3C\cdot + Ag^+Cl^-$$

2. 自由基反应的类型

自由基可以发生以下几种类型的反应。

(1) 取代反应和加成反应　自由基与有机分子相遇，可以发生取代、加成等反应。自由基有一个未配对的电子，它与电子完全配对的分子反应时，一定是产生一个新的自由基，或一个新的自由基和一个稳定分子，例如：

$$C_{12}H_{26} + Cl\cdot \longrightarrow C_{12}H_{25}\cdot + HCl$$

$$C_{12}H_{25}\cdot + SO_2Cl_2 \longrightarrow C_{12}H_{25}SO_2Cl + Cl\cdot$$

$$CH_3CH=CH_2 + Br\cdot \longrightarrow CH_3\dot{C}HCH_2Br$$

$$CH_3\dot{C}HCH_2Br + HBr \longrightarrow CH_3CH_2CH_2Br + Br\cdot$$

反应生成的新自由基又可以继续与别的分子反应。因此，自由基反应往往是连锁反应。

(2) 偶联和歧化　两个自由基相遇，多数情况下是偶联生成稳定分子。在偶联反应中只生成新的共价键，活化能常为零。

$$2CH_3CH_2CH_2\cdot \longrightarrow CH_3CH_2CH_2CH_2CH_2CH_3$$

有时，一个自由基可以从另一个自由基的 β-碳上夺取一个质子，生成稳定的化合物，另一个自由基则变成不饱和化合物，例如：

$$(CH_3)_2\underset{\underset{COOCH_3}{|}}{C}\cdot + H—CH_2—\overset{\overset{CH_3}{|}}{\underset{\underset{COOCH_2}{|}}{C}}\cdot \longrightarrow (CH_3)_2CHCOOCH_3 + CH_2=\overset{\overset{CH_3}{|}}{C}—COOCH_3$$

（3）碎裂和重排　有的自由基在生成后容易碎裂成一个稳定分子和一个新的自由基，断裂的共价键往往是未配对电子所在原子的 β 位。

$$R—COO\cdot \longrightarrow R\cdot + CO_2$$

$$(CH_3)_3C—O\cdot \longrightarrow (CH_3)_2C=O + CH_3\cdot$$

$$RCF_2CF_2CF_2CF_2\cdot \longrightarrow R\cdot + 2F_2C=CF_2$$

在少数情况下还可能发生重排。

$$[(C_6H_5)_3CCH_2COO]_2 \xrightarrow{\triangle} 2(C_6H_5)_2CCH_2C_6H_5 + 2CO_2$$

（4）氧化还原反应　自由基与适当的氧化剂或还原剂作用，可以氧化成正离子或还原成负离子。

$$HO\cdot + Fe^{2+} \longrightarrow HO^- + Fe^{3+}$$

$$Ar\cdot + Cu^+ \longrightarrow Ar^+ + Cu$$

第三节　新型精细有机合成技术

随着科学技术的进步，许多高新技术已在精细有机合成中得到广泛应用。尤其是近 30 年来，随着人们环保意识的增强和可持续发展战略的实施，对有机合成提出了更高的要求。目前有机合成正在向着高效、环保、高选择性、高收率的方向发展，并取得了显著的成效。本节将对微波合成技术、超声波合成技术、电解有机合成技术、微反应器技术、超临界合成技术等最近发展起来的新技术作简要介绍。

一、 微波照射有机合成技术

微波是频率在 300MHz～300GHz 的电磁波，它位于电磁波谱的红外辐射（光波）和无线电波之间。微波广泛用于雷达、电讯传输和工业、农业、医疗、科研及家庭等民用加热方面。国际上规定各种民用微波的频段为（915±15）MHz 和（2450±50）MHz。微波用于有机合成始于 1986 年。最近 30 年来，微波辐照有机合成技术发展很快，已取得了一大批成果。

1. 微波对有机化学反应的影响

微波的波长为 0.1～100cm，能量较低，比分子间的范德华结合能还小，因此只能激发分子的转动能级，根本不能直接打开化学键。目前比较一致的观点认为：微波加快化学反应主要是靠加热反应体系来实现的。但同时人们也发现，微波电磁场还可直接作用于反应体系而引起所谓“非热效应”，如微波对某些反应有抑制作用，可改变某些反应的机理，一些阿累尼乌斯型反应在微波辐照下不再满足阿累尼乌斯关系等。另外，人们还发现微波对反应的作用程度不仅与反应类型有关，还与微波本身的强度、频率、调制方式（如波形、连续、脉冲等）及环境条件有关。关于微波对化学反应的“非热效应”，目前还没有满意的解释。

微波对凝聚态物质的加热方式不同于常规的加热方式。它是通过电介质分子将吸收的电磁能转变为热能的一种加热方式，属于体加热方式，温度升高快，并且里外温度相同。其加热原理为：当微波辐照溶液时，溶液中的极性分子受微波作用会随着其电场的改变而取向和极化，吸收微波能量，同时这些吸收了能量的极性分子在与周围其他分子的碰撞中把能量传递给其他分子，从而使液体温度升高。因液体中每一个极性分子都同时吸收和传递微波能量，所以升温速率快，且液体里外温度均匀。

极性溶剂因其介电常数大，因而在微波场中的能迅速升温；而非极性溶剂如 CCl_4 和碳氢化合物等因其介电常数很小，几乎不吸收微波，故不易被加热。因此，采用微波进行有机合成时，应选用极性溶剂作为反应介质。

微波也可加热许多固体物质、半导体或离子导体等。微波对固体的加热效率与介电损耗有关，介电损耗高的固体（如石墨、Co_2O_3、Fe_3O_4、V_2O_5、Ni_2O_3、MnO_2、SnO_2 等）在 500～1000W 的微波辐照下 1min 可升温 500℃以上，而介电损耗很低的固体（如金刚石、Al_2O_3、TiO_2、MoO_2、ZnO、PbO、玻璃、聚四氟乙烯等）在微波场中升温很慢或几乎不升温，因此常用玻璃和聚四氟乙烯作为有机合成的反应器材料。

由于微波具有对物质高效、均匀的体加热作用，而大多数化学反应速率与温度又存在着阿累尼乌斯关系（即指数关系），从而微波辐照可极大地提高反应速率。大量的实验结果表明，微波作用下的有机反应的速率较传统加热方法有数倍、数十倍甚至上千倍的增加，特别是可使一些在通常条件下不易进行的反应迅速进行。

2. 微波有机合成装置

实验中微波有机合成一般在家用微波炉或经改装后的微波炉中进行。反应容器一般采用不吸收微波的玻璃或聚四氟乙烯材料。从安全和方便操作等因素出发，微波炉需改装，所选反应器的体积不可过小，加入的溶剂量应少于容器体积的 1/6；加液、搅拌和冷凝过程应在微波炉腔外进行。常用的微波常压反应装置如图 2-10 所示。微波常压合成反应技术的出现，大大地推动了微波有机合成化学的发展。

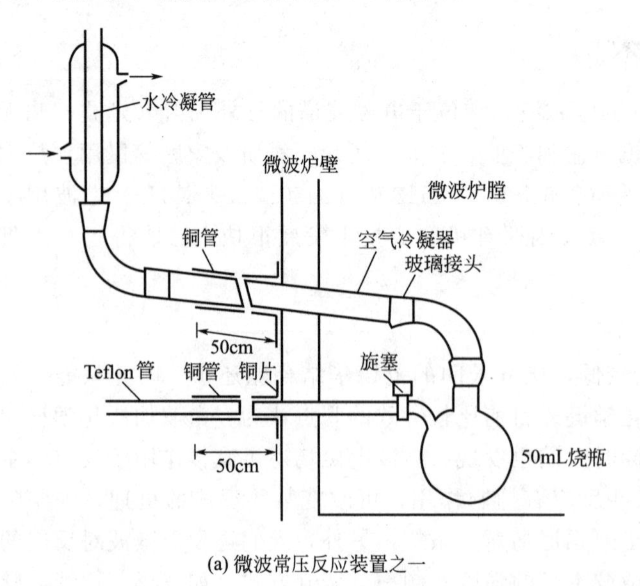

(a) 微波常压反应装置之一

(b) 微波常压反应装置之二

1—冷凝器；2—分水器；3—搅拌器；4—反应瓶；5—微波炉膛；6—微波炉壁

图 2-10 微波有机合成常压反应装置

在微波常压合成技术发展的同时，英国科学家 Villemin 发明了微波干法合成反应技术。所谓干法，是指以无机固体为载体的无溶剂有机反应。将有机反应物浸渍在氧化铝、硅胶、黏土、硅藻土或高岭石等多孔性无机载体上，干燥后置于密封的聚四氟乙烯管中，放入微波炉内，启动微波进行反应，反应结束后，产物用适当溶剂萃取后再纯化。无机固体载体不吸收 2450MHz 的微波，而吸附在固体介质表面的羟基、水或极性分子则可强烈地吸收微波，从而使这些附着的分子被激活，反应速率大大提高。1991 年法国科学家 Bram 等在玻璃容器上利用 Al_2O_3 和 Fe_3O_4 作垫底，以酸性黏土作催化剂，由邻苯甲酰基苯甲酸合成蒽醌。1995 年我国吉林大学李耀先等采用常压微波反应器用微波干法技术合成出 L-四氢噻唑-4-羧酸。但是干法反应只能在载体上进行，从而使参加反应的反应物的量受到了很大限制。

除此之外，台湾大学 Chen 等建立了连续微波合成技术，后来 Cablewski 等进一步完善了这一技术；Raner 等还设计了可适用于高温（260℃）、高压（10MPa）的釜式多功能微波反应器，利用这一装置还可进行动力学研究。

3. 微波在有机合成中的应用

微波辐照下的有机反应速率较传统的加热方法快数倍乃至上千倍，并且具有操作方便、产率高及产品易纯化等优点，因此微波有机合成技术虽然时间不长，但发展迅速。目前，采用微波技术进行的合成反应有 Diels-Alder 反应、酯化反应、重排反应、Knoevenagel 反应、Perkin 反应、安息香缩合、Reformatsky 反应、Deckmann 反应、缩醛（酮）反应、Witting 反应、羟醛缩合、开环、烷基化、水解、氧化、烯烃加成、消除反应、取代、成环、环反转、酯交换、酰胺化、催化氢化、脱羧、脱保护、聚合、主体选择性反应、自由基反应及糖类和某些金属有机反应等，几乎涉及了有机合成反应的各个主要领域。

二、 声化学有机合成技术

声化学是指利用超声波加速化学反应、提高反应产率的一门新兴交叉学科。通常把频率范围为 20kHz～1000MHz 的声波称为超声波。早在 20 世纪 20 年代人们就发现了超声波有促进化学反应的作用，但长期以来未引起化学家们的重视。直到 20 世纪 80 年代中期，随着大功率超声设备的普及和发展，声化学才得以迅速发展，终于成为化学领域的一个新的分支。

1. 声化学合成原理

关于超声波促进化学反应的理论研究，主要提出两种历程，即超声空化作用历程和自由基历程。

超声空化作用理论认为在超声波作用下，液体内产生无数微小空腔（空化泡），空腔内外的压力悬殊，使其迅速塌陷破裂，造成极大冲击力，从而起到激烈搅拌作用。对于液-液相反应，可以促进乳化；对于固-液相反应，则会在相界面出现不对称塌陷，由此产生一股冲击固体表面的微射流，使固体表面发生剥离，从而使固体底物或催化剂受到活化。

自由基理论则认为超声波与自由基的产生有密切关系，并通过 ESR 谱（electron spin resonance，电子自旋共振）证明其存在。尽管这一理论目前还远不完善，但已为有机声化学研究提供很好的方向，并成为研究的热点。

超声波促进化学反应可归纳为以下几个主要特点：

① 空化泡爆裂可产生促进化学反应的高能环境（高温高压），使溶剂和反应试剂产生活性物质，如离子、自由基等；

② 超声辐照溶液时还可产生机械作用，如促进传热、传质、分散和乳化等作用，并且溶液或多或少吸收超声波而产生一定的宏观加热效应；

③ 对许多有机反应尤其是非均相反应有显著的加速效应，反应速率可较常规方法快数十乃至数百倍，并且在大多数情况下可提高反应产率，减少副产物；

④ 可使反应在较为温和的条件下进行，减少甚至不用催化剂，并且还可简化实验操作，大多数情况下不再需要搅拌，有些反应不再需要严格的无水无氧条件或分布投料方式；

⑤ 对金属（作为反应物或催化剂）参与的反应，超声波可及时除去金属表面形成的产物、中间产物及杂质等，一直暴露着清洁的反应表面，从而大大促进了这类化学反应。

不过，超声辐照对有的化学反应效果不佳，对有的反应速率和产率增加不大，甚至对有的反应还有抑制作用；并且由于空化泡爆裂产生的离子和自由基与生反应发生竞争而降低了某些反应的选择性，使副产物增加。

2. 在超声波促进下的有机合成反应实例

超声波在有机合成中的应用很广，包括烷化、氧化、还原、成环、开环、取代、消除、加成等多种单元反应。例如，Villeman 等以 Al_2O_3 为无机载体，在超声波活化下研究了苯亚磺酸钠与卤烷的烷化反应。当 $R=CH_3CH_2CHBrCH_3$ 时，产率高达 99%。

$$C_6H_5-SO_2Na + RX \xrightarrow[\text{超声波}]{Al_2O_3} C_6H_5-SO_2R$$

赵逸云等研究了用超声活化的 $CuBr_2/Al_2O_3$ 对萘的溴化：

$$C_{10}H_8 \xrightarrow[CCl_4]{CuBr_2/Al_2O_3} \text{1,4-}C_{10}H_6Br_2 + \text{1-}C_{10}H_7Br$$

当溴化铜对萘的摩尔比为 5∶1 时，采用超声活化的 $CuBr_2/Al_2O_3$，其溴化能力明显大于未经活化的 $CuBr_2/Al_2O_3$，前者使萘转化 50%所需时间仅 6min，而后者则需 27min。

三、电解有机合成技术

电解有机合成，也称有机电化学合成，它是用电化学技术和方法研究有机化合物合成的一门新型学科。目前，电解有机合成在工业上已有重要应用。

1. 反应原理

电解有机合成可分为直接法、间接法和成对法三种类型。直接法是直接利用电解槽中的阳极或阴极完成特定的有机反应。间接法是由可变价金属离子盐的水溶液电解得到所需的氧化剂或还原剂，在另一个反应器中完成底物的氧化或还原反应，用过的无机盐水溶液送回电解槽使其又转化成氧化剂或还原剂。成对法则是将阳极和阴极同时利用起来。例如，苯先在阳极被氧化成对苯醌，再在阴极还原为对苯二酚。这三种电解方法在实际生产中均有应用。

从理论上讲，任何一种可用化学试剂完成的氧化或还原反应，都可以用电解方法实现。在电解槽的阳极进行氧化过程。绝大多数有机化合物并不能电离，因此，氧化剂主要来源于水中的 OH^-，它在阳极失去一个电子形成 $\cdot OH$，然后进一步形成过氧化氢或是释出原子氧。

$$:OH^- \longrightarrow \cdot OH + e$$

$$2\cdot OH \longrightarrow H_2O_2$$

$$2\cdot OH \longrightarrow H_2O + O$$

其他负离子如 X^-，在阳极生成 X· 或 X_2，而后与有机物发生加成或取代反应，如电解氟化。

电解还原则发生在电解槽的阴极，其基本反应为：

$$H^+ + e \longrightarrow H$$

氢离子在阴极接受电子形成原子氢，由原子氢还原有机化合物。

2. 电解反应的全过程

电解反应是由电化学过程、物理过程和化学过程等许多步骤组成的。例如，图 2-11 所示是丙烯腈电解加氢二聚制己二腈的全过程。图中：(1) 底物 S ($CH_2=CHCN$) 在电解液中通过扩散和泳动到达阴极表面；(2) 在阴极表面发生吸附形成 $S_{吸}$；(3) $S_{吸}$ 与电极之间产生电子转移，生成 $Ⅰ'_{吸}$(即 $\dot{C}H_2—\ddot{C}HCN$)，属电化学过程； (4) $Ⅰ'_{吸}$脱吸附成为 Ⅰ'；(5) Ⅰ'扩散或泳动离开电极表面； (6) Ⅰ'反应生成 Ⅱ' (在本反应中可生成三种 Ⅱ')；(7) 由 Ⅱ'得到 P，即己二腈。

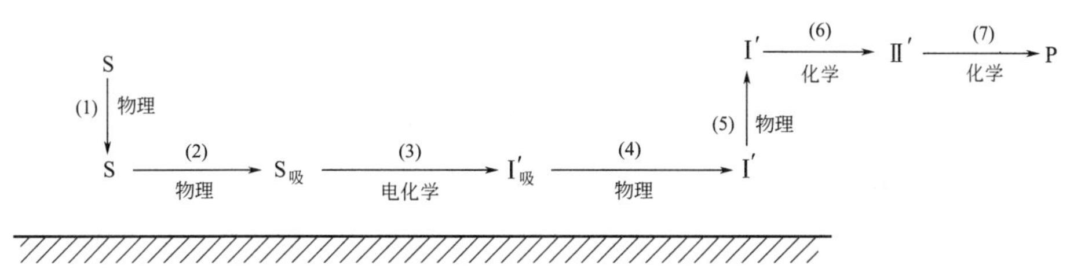

图 2-11 丙烯腈电解加氢二聚制己二腈的全过程

在阴极

丙烯腈接受电子生成 $\dot{C}H_2—\ddot{C}H—CN$

在阳极

水失电子释氧，并提供质子 $2H_2O \longrightarrow O_2\uparrow + 4H^+ + 4e$

其相应化学反应过程是：

$$CH_2=CH—CN \xrightarrow{+e} \underset{Ⅰ'}{\dot{C}H_2—\ddot{C}H—CN}$$

$$\dot{C}H_2—\ddot{C}H—CN \xrightarrow[+NC—\ddot{C}H—\dot{C}H_2]{二聚} \underset{Ⅱ'}{NC—\ddot{C}H—CH_2—CH_2—\ddot{C}H—CN} \xrightarrow{+2H^+} NC—(CH_2)_4—CN$$

$$\dot{C}H_2—\ddot{C}H—CN \xrightarrow{+H^+} \underset{Ⅱ'}{\dot{C}H_2—CH_2—CN} \xrightarrow{二聚} NC—(CH_2)_4—CN$$

$$\dot{C}H_2—\ddot{C}H—CN \xrightarrow[+NC—CH=CH_2]{二聚} \underset{Ⅱ'}{NC—\dot{C}H—CH_2—CH_2—\ddot{C}H—CN} \xrightarrow{+e,+2H^+} NC—(CH_2)_4—CN$$

3. 有机电解反应的实际应用

电解合成具有条件温和（常温、常压）、易于控制、污染少、流程短和产物选择性高等优点，其缺点是电耗高，电解装置复杂、专用性强，技术难度大。但电解有机合成作为一种环境友好的洁净合成方法，代表了现代化学工业发展的方向。近年来国内外对电解合成精细化学品的研究开发十分活跃。目前，已商品化的有机电解产品约 60 余种，尚有约 40 种正在开发中。其工业应用见表 2-7。

表 2-7 重要的工业化电解有机合成过程

反应类型		起始反应物	目的产物
阳极电解有机合成过程	官能团氧化	二甲基硫醚 葡萄糖 乳糖	二甲基亚砜 葡萄糖酸钙 乳糖酸钙
	氧化甲氧基化	呋喃甲醇	2,5-二甲氧基呋喃
	氧化氟化	链烷酰氟、HF、KF 辛酰氯 二烷基醚	全氟甲烷磺酸 全氟辛酸 全氟二烷基醚
	氧化溴化	乙醇、溴化钾	三溴甲烷
	氧化碘化	乙醇、碘化钾	三碘甲烷
	氧化取代	呋喃醇	麦芽酚 乙基麦芽酚
	氯化偶联	氯乙烷、乙苯氯化镁铝	四乙基铅
	氧化脱羧偶联	己二酸单酯 辛二酸单甲酯 壬二酸单酯	癸二酸双酯 十四烷二酸双酯 十六烷二酸双酯
	环氧化	六氟丙烯	全氟-1,2-环氧丙烷

反应类型		起始反应物	目的产物
阴极电解有机合成过程	加氢	顺丁烯二酸	丁二酸
	环加氢	吡啶 邻苯二甲酸 四氢咔唑 2-甲基吲哚	哌啶 二氢酞酸 六氢咔唑 2-甲基二氢吲哚
	官能团还原	硝基胍 硝基苯 邻硝基甲苯 对硝基苯甲酸 草酸 水杨酸 葡萄糖	氨基 苯胺硫酸盐 邻硝基苯胺 对氨基苯甲酸 乙醛酸 水杨醛 山梨(糖)醇、甘露(糖)醇

四、 微反应器技术

微反应器技术是 20 世纪 90 年代发展起来的一种微化工技术。近年来，微反应器技术由于在化学工业中的成功应用而引起越来越广泛的关注，并逐渐成为国际精细化工技术领域的研究热点。

1. 微反应器的结构

微反应器系统，从根本上讲，是一种建立在连续流动基础上的微管道式反应器，用以替代传统反应器，如玻璃烧瓶、漏斗以及工业级有机合成上的常规反应等批次式反应器。微反应器的创新之处在于通过微加工技术制造的带有微结构的反应通道（通常直径只有几十微米），其中包括混合、换热、分离等各种功能的高度集成的微反应系统，这些通道具有极大的比表面积、极大的换热效率和混合效率，从而使有机合成反应的微观状态得以精确控制，为提高反应收率以及选择性提供了可能。微反应器的另一创新之处在于以连续式反应（continuous flow）代替批次反应（batchmode），这就使精确控制反应物的停留时间成为可能。微反应器的结构特征如图 2-12 所示。

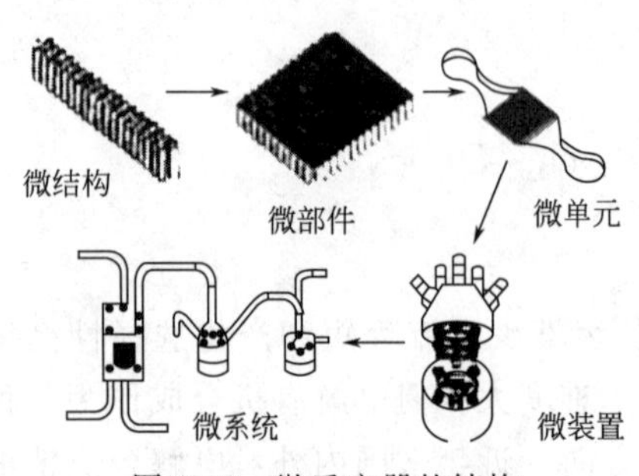

图 2-12 微反应器的结构

2. 微反应器的特点

（1）小试工艺直接放大　精细化工多数使用间歇式反应器，由于传质传热效率的不同，合理化工艺路线的确定时间相对较长，一般都是采用“小试—中试—工业化生产”这一流程。利用微反应器技术进行生产时，工艺放大不是通过增大微通道的特征尺寸，而是通过增加微通道的数量来实现的。因此不存在常规反应的放大难题，大大缩短了产品由实验室到投入生产的时间。

(2) 精确控制反应温度　微反应器极大的比表面积赋予了微反应器极大的换热效率。即使是强放热反应，也能够及时导出反应瞬间放出的大量热量，保持稳定的反应温度，避免了常规反应器因为无法及时导出反应热而导致局部发生副反应的问题，能够提高反应的选择性和产品收率；还可避免常规生产中因剧烈反应产生的大量热量不能及时导出而导致的冲料事故甚至爆炸事故。

(3) 精确控制反应时间　常规反应器一般以逐渐滴加的方式进行物料的添加，以避免发生剧烈反应，但容易导致部分物料停留时间过长，产生副产物和降低反应收率。微反应器中发生的是连续流动反应，一旦达到最佳反应时间就将物料向下一步反应传递或者停止反应，物料在反应器中的停留时间可以得到精确控制，从而减少副产物的生成。

(4) 精确控制物料混合比例　在常规反应器中，易发生物料以不适当的比例混合，容易发生副反应，产生副产物。微反应器的反应通道直径小，物料可以按照适当的比例精确快速均匀混合，有效减少副产物的生成。

(5) 提升反应过程安全性　由于微反应器具有极大的换热效率，能够及时移走反应热，精确控制反应温度，且它的制作材料可以用各种高强度耐腐蚀材料，因此可以轻松实现高温、低温和高压等反应，并有效避免安全事故和质量事故的发生，因此微反应器能提升反应过程的安全性，实现安全高效生产。此外，物料在微反应器内进行连续流动反应，因此反应器中停留的物料维持在较少数量，即使发生设备失控，危害程度也非常有限。

综上所述，微反应器有许多常规反应器无法比拟的优势，如能够有效减少副产物，提升产品收率，增强产品选择性，从而使产品质量得到提升；副产物减少还能降低对环境的影响，增强反应过程的环保性；微反应器生产缩短了反应时间，提升了生产过程的安全性，使企业实现了安全生产、降本增效的目标。

尽管微反应器有诸多优势，但仍然有很多问题需要解决，如工业化放大的成本较高、反应器会存在堵塞和腐蚀等。对于堵塞，由于微通道尺寸很小，反应原料中含有固体的反应就很难操作，因此微反应器主要还是用于液-液反应和气-液反应。对于腐蚀问题，是微反应器的最大问题，数十微米的腐蚀对常规反应器丝毫不构成威胁，但对微反应器就是致命的伤害。因此，使用微反应器时，必须考虑材质是否耐反应物料腐蚀的问题。可见，在设计新型的反应器模型、对反应过程进行模拟优化、加强微反应器的广泛工业适用性等方面仍有很大的研究空间。

3. 微反应器适合的反应类型

有研究表明，精细化工领域中约30%的反应适合在微反应器中进行，但由于有机反应基数非常大，显然不能适应所有类型的有机反应。其优势集中体现在以下几类反应中。

(1) 放热剧烈的反应　微反应器优异的传热性能，可实现对反应温度的精确控制，消除局部温度过高引起的副反应，并且大大降低瞬时大量放热反应的危险性。典型的反应如硝化反应及重氮化反应。

(2) 反应物或产品不稳定的反应　某些反应的原料或产品不稳定，在反应器中停留时间长会导致分解或进一步反应产生副产物。微反应器是连续流反应器，反应物反应完成后立刻出系统进行分离，从而精确控制了停留时间。

(3) 要求精确控制反应参数（温度、压力、反应物配比等）的反应　微反应器配合进料系统，可以精确控制反应物料配比，进料后依赖其良好的传质性能，产品可以瞬间混合均匀，避免局部过量，而其优异的传热性能可避免局部过热。

(4) 危险化学反应以及高温高压反应　对某些难以控制的化学反应，微反应器的两个优势：反应温度可有效控制在安全范围内；由于反应是连续流动反应，在线的化学品量极少，造成的危害小。

（5）产物颗粒均匀分布的反应　由于微反应器能实现瞬间混合，对于形成沉淀的反应，颗粒的形成、晶体生长的时间是基本一致的，因此得到颗粒的粒径分布有窄分布的特点。对于某些聚合反应有可能得到聚合度窄分布的产品。

4. 微反应器在精细化工中的应用

在精细化工和药物合成中，微反应器技术已经得到了广泛深入的研究。目前市场上已经有多种成熟的基于微反应器技术的生产工艺。例如，拜耳公司开发的用于低温有机反应的微反应器生产工艺，可以用于生产液晶产品中间体，如二氟甲苯和取代苯硼酸。精细化学品合成中涉及的常见化学反应类型有氧化反应、硝化反应、还原反应、酯化反应、重排反应以及羟醛缩合反应等，下面列举了一些微反应器在精细化工产品合成中的应用。

（1）催化氧化反应　在微反应器中，转化率比传统间歇式提高3～5倍。

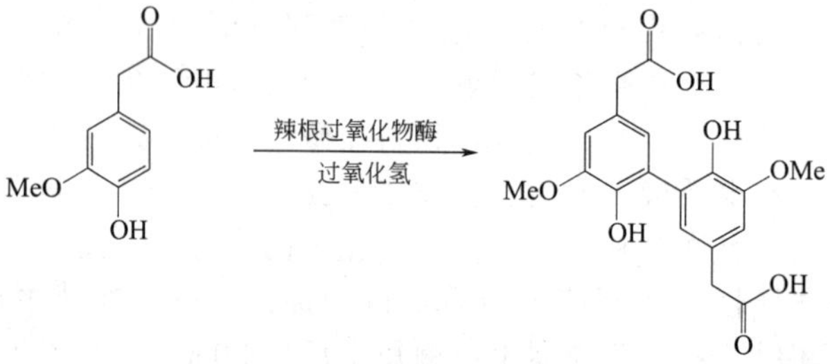

辣根过氧化物酶
过氧化氢

（2）胺还原反应　在间歇反应釜中反应完全转化需要3d，而在微反应器中只需要3.5h。

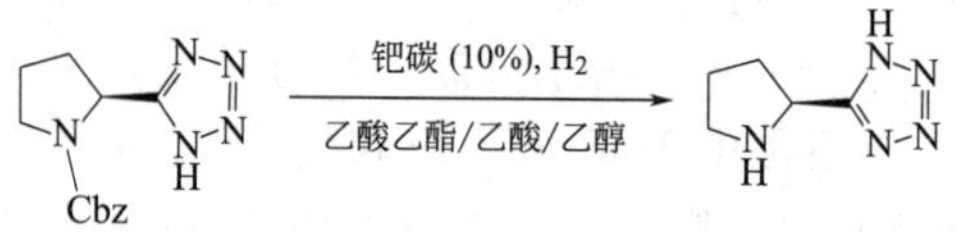

钯碳 (10%), H_2
乙酸乙酯/乙酸/乙醇

（3）Friedel-Crafts 烷基化反应　传统反应单取代选择性约70%，而在微反应器单取代选择性达到90%。

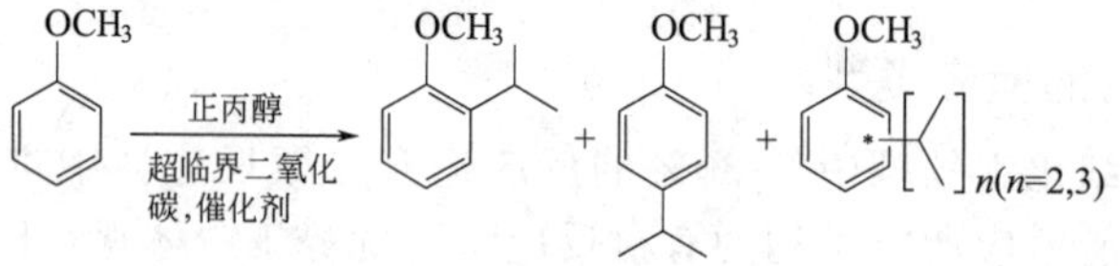

正丙醇
超临界二氧化碳，催化剂

五、超临界合成技术

在精细化工行业中，对于大多数传统有机合成反应而言，有机溶剂是必不可少的，这是由于它对有机原料有着良好的溶解性。但是有机溶剂的毒性和较高的挥发性也使之成为环境污染的主要原因。2015年开始实施的《中华人民共和国环境保护法》明确提出对于环境的治理要从末端治理转向开发新的清洁生产技术，从源头消减污染。因此，用新型绿色反应介质代替有机溶剂已经成为精细化工行业发展的必然趋势，超临界流体就是其中一类重要的绿色溶剂。

1. 超临界流体的性质

超临界流体（supercritical fluids，简称 SCF）是指处于临界温度（T_c）与临界压力（p_c）之上且介于液态和气态之间的流体。超临界流体在相图（图 2-13）中的位置较为特殊，而其特殊位置决定了它的特征物性参数，如表 2-8 所示，即超临界流体的密度和液体接近，黏度和气体相当，扩散系数处于两者之间。流体接近临界区，蒸发热急剧下降，至临界点则气-液相界面消失，蒸发焓为零，比热容也变为无限大。流体在其临界点附近的压力或温度的微小变化都会导致流体密度发生相当大的变化，从而使溶质在流体中的溶解度也产生相当大的变化。这些性质造就了超临界流体优异的溶解性能和传热效率。

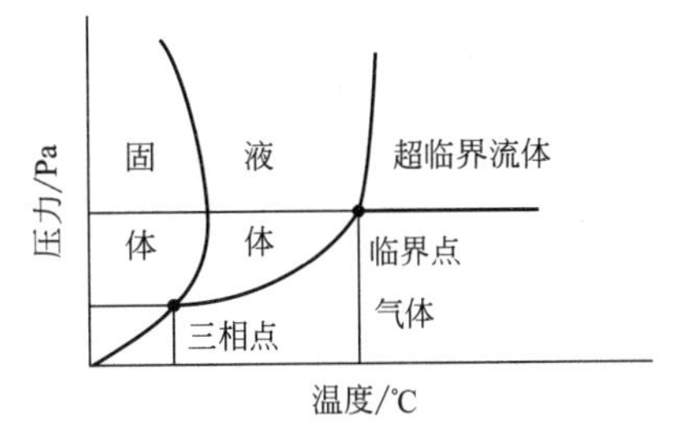

图 2-13 物质的相态图

表 2-8 CO_2 在不同状态下的物理性质

流体类型	密度/(kg/m³)	黏度/Pa·s	扩散系数/(m²/s)
气体	1.0	$10^{-6}\sim10^{-5}$	10^{-5}
超临界	约 4.0×10^{2}	约 10^{-5}	约 10^{-7}
液体	1.0×10^{3}	10^{-4}	10^{-9}

目前，超临界流体中研究和应用较广的是超临界二氧化碳（超临界 CO_2）。下面将以超临界 CO_2 为例，来介绍超临界流体在合成中的应用。

2. 超临界 CO_2 合成的特点

超临界 CO_2 流体是指温度超过二氧化碳临界温度（$T_c=31℃$），压力超过临界压力（$p_c=7.375\text{MPa}$）时的状态。其作为有机合成反应介质，有如下特点：①CO_2 分子很稳定，不容易导致副反应。②超临界 CO_2 反应中，反应压力对反应速率常数有很大影响，在一定温度下超临界 CO_2 压力越大其溶解性就越强。③产物易分离纯化。超临界 CO_2 通过减压变成气体后很容易和产物分离，完全避免了使用传统溶剂时复杂的后处理过程。④CO_2 的临界条件容易达到，对设备要求不高，易于工业化。⑤超临界 CO_2 具有双极性，既可以溶解非极性物质，又可以溶解极性物质。

3. 超临界 CO_2 在有机合成中的应用

（1）双烯加成 以超临界 CO_2 为溶剂，用 Diels-Alder 反应成功合成了多种吲哚类化合物，反应中成功避免了产物的分解，得到了高纯度产品，选择性达到了 81%。

超临界CO_2,20MPa；185℃, 210min

（2）催化加氢 乙酰丙酸在超临界 CO_2 溶剂（10MPa）中，在 $RuCl_2(PPh_3)_3$ 催化下加氢，合成 γ-戊内脂的研究取得良好的效果。该反应原料转化率达到 98%，目的产物选择性为 97%。

$RuCl_2(PPh_3)_3$, H_2, 超临界CO_2
10MPa

（3）氧化反应　在超临界 CO_2 中，以 TiO_2 负载的纳米金催化剂选择性氧化醇制备相应的醛或酮。首次反应产品选择性可达 100%，催化剂循环利用 4 次后，选择性仍可达 93%。

TiO_2负载的纳米金催化剂
超临界CO_2
(16.5MPa, 70℃, 5h)

收率：约99%
选择性：约100%

本章小结

1. 有机合成反应中的电子效应和空间效应对反应有着十分重要的影响。其中电子效应包括诱导效应、共轭效应和超共轭效应，空间效应在有机反应中最普通的体现为空间位阻。

2. 有机反应试剂可分为极性试剂（包括亲电试剂和亲核试剂）和自由基试剂。

3. 反应溶剂受有机反应的反应速率、反应历程、反应方向和立体化学等影响较大，有机溶剂有极性溶剂与非极性溶剂之分，合理选择溶剂对反应很重要。

4. 催化作用对精细有机合成反应十分重要，常见的催化体系有均相催化、多相催化、相转移催化和酶催化等。

5. 有机反应的基本计算：包括过量分数、转化率、选择性、收率以及消耗定额的计算。

6. 取代反应有亲电取代和亲核取代两类。对芳香族化合物亲电取代、亲核取代以及脂肪族化合物亲核取代的一般规律应重点掌握。

7. 加成反应（亲电加成、亲核加成和自由基加成）、消除反应（α-消除和β-消除）、重排反应（分子内重排和分子间重排）和自由基反应均有各自的反应规律与法则。

8. 关注一些新型的有机合成技术与方法。

习题与思考题

1. 解释下列名词

（1）诱导效应、共轭效应、超共轭效应、空间效应　（2）亲电试剂、亲核试剂、自由基

（3）转化率、收率、选择性　（4）催化剂、均相配位催化、相转移催化

2. 为什么说亲核试剂的碱性越强，其亲核性也就越强？

3. 1-戊烯的溴加成反应速率在水中是在四氯化碳中的 10^{10} 倍，为什么？

$+ Br_2 \longrightarrow$ (Br, Br)

4. 100mol 苯胺在用浓硫酸进行溶剂烘焙磺化时，反应物中含 89mol 对氨基苯磺酸，2mol 苯胺，另外还有一定数量的焦油物等副产物。试计算此反应中：(1) 苯胺的转化率；(2) 苯胺转化成目的产物对氨基苯磺酸的选择性和理论收率；(3) 按苯胺计的质量收率。

5. 脂肪族亲核取代反应有哪两种反应历程？各有何特点？

6. 预测下列化合物与卢卡试剂（浓盐酸＋无水 $ZnCl_2$）的反应速率顺序。

(1) 正丙醇　　(2) 2-甲基-2-戊醇　　(3) 二乙基甲醇

7. 为什么说苯环的典型反应是亲电取代反应？反应是按何种历程进行的？

8. 试将下列各组化合物按环上硝化反应的活泼性顺序排列。

(1) 苯，甲苯，间二甲苯，对二甲苯

(2) 苯，溴苯，硝基苯，甲苯

(3) 对苯二甲酸，甲苯，对甲苯甲酸，对二甲苯

(4) 氯苯，对氯硝基苯，2,4-二硝基氯苯

9. 指出下列化合物发生一元硝化的主要产物

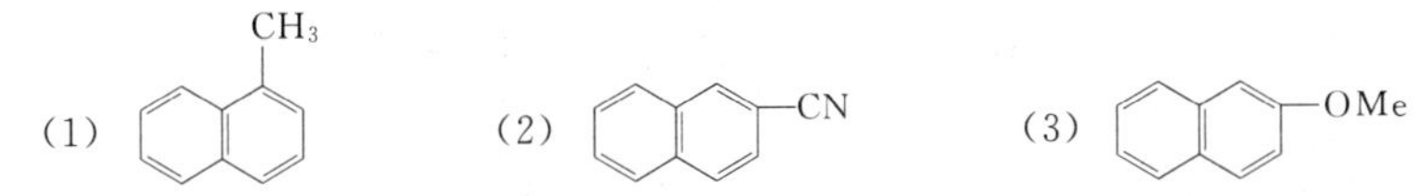

10. 芳环上哪些取代基可以发生亲核置换反应？这些反应在有机合成中有何意义？

11. 比较 $CH_3CH{=}CH_2$ 和 $(CH_3)_2C{=}CH_2$ 的酸催化加水反应，哪个化合物更易反应？说明原因。

12. 试说明相转移催化反应的原理及特点，常用的相转移催化剂有哪些？

13. 下列有机反应：

$$BrCH_2-\underset{\displaystyle CH_3}{\underset{|}{C}}{=}CHCOOC_2H_5+K_2Cr_2O_7 \longrightarrow OCH-\underset{\displaystyle CH_3}{\underset{|}{C}}{=}CHOOC_2H_5$$

在室温条件下几乎不发生化学反应，但在反应体系中加入少量的冠醚，产率可达 95%，试解释原因。

14. 超声波促进有机反应的特点有哪些？

15. 电解有机合成的基本反应如何？以丙烯腈电解加氢二聚制己二腈为例说明电解合成的全过程。

16. 简要说明微反应器的特点及适用场合。

第三章　磺化及硫酸化

本章学习目标

知识目标：1. 了解磺化及硫酸化反应的分类、特点及其工业应用；了解磺化及硫酸化的反应机理；了解磺化及硫酸化反应的工业方法。
2. 理解磺化反应的基本规律及其影响因素；理解磺化产物的分离方法。
3. 掌握重要的工业磺化及硫酸化方法和典型磺化及硫酸化产品工艺条件的确定与工艺过程的组织。

能力目标：1. 能根据反应底物特性及生产要求选择适合的磺化剂及硫酸化剂。
2. 能依据磺化及硫酸化反应的基本规律和影响趋势，对具体的被磺化物选择合理的磺化方法。
3. 能根据磺化及硫酸化基本理论分析和确定典型磺化与硫酸化产品的工艺条件和组织工艺过程。

素质目标：1. 培养学生追求知识、严谨治学、勇于创新的科学态度和理论联系实际的思维方式。
2. 培养学生逐步形成安全生产、节能环保的职业意识和敬业爱岗、严格遵守操作规程的职业操守。

第一节　概述

一、磺化与硫酸化反应及其重要性

向有机化合物中引入磺（酸）基（$—SO_3H$）或其相应的盐或磺酰卤基的反应称磺化或硫酸化反应。磺化是磺（酸）基（或磺酰卤基）中的硫原子与有机分子中的碳原子相连接形成 C—S 键的反应，得到的产物为磺酸化合物（RSO_2OH 或 $ArSO_2OH$）；硫酸化是硫原子与氧原子相连形成 O—S 键的反应，得到的产物为硫酸烷酯（$ROSO_2OH$）。

磺化与硫酸化反应在精细有机合成中具有多种应用和重要意义，主要体现在以下方面。

（1）向有机分子中引入磺（酸）基后所得到的磺酸化合物或硫酸烷酯化合物具有水溶性、酸性、乳化、湿润和发泡等特性，可广泛用于合成表面活性剂、水溶性染料、食用香料、离子交换树脂及某些药物。

（2）引入磺（酸）基可以得到另一种官能团化合物的中间产物或精细化工产品，例如磺

（酸）基可以进一步转化为羟基、氨基、氰基等或转化为磺酸的衍生物，如磺酰氯、磺酰胺等。

（3）有时为了合成上的需要可暂时引入磺（酸）基，在完成特定的反应以后，再将磺（酸）基脱去。

此外，可通过选择性磺化来分离异构体等。

二、引入磺（酸）基的方法

引入—SO_3 基的方法通常有四种：①有机分子与 SO_3 或含 SO_3 的化合物作用；②有机分子与含 SO_2 的化合物作用；③通过缩合与聚合的方法；④含硫的有机化合物氧化。其中最重要的是第一种方法，本章将主要讨论这种引入磺(酸)基的途径。

第二节 磺化及硫酸化反应基本原理

一、磺化剂及硫酸化剂

工业上常用的磺化剂和硫酸化剂有三氧化硫、硫酸、发烟硫酸和氯磺酸。此外，还有亚硫酸盐、二氧化硫与氯、二氧化硫与氧以及磺烷基化剂等。

理论上讲，三氧化硫应是最有效的磺化剂，因为在反应中只含直接引入 SO_3 的过程：

$$R—H+SO_3 \longrightarrow R—SO_3H$$

使用由 SO_3 构成的化合物，初看是不经济的，首先要用某种化合物与 SO_3 作用构成磺化剂，反应后又重新产出原来的与 SO_3 结合的化合物，如下式所示：

$$HX+SO_3 \longrightarrow SO_3 \cdot HX$$

$$R—H+SO_3 \cdot HX \longrightarrow R—SO_3H+HX$$

式中，HX 表示 H_2O、HCl、H_2SO_4、二噁烷等。然而在实际选用磺化剂时，还必须考虑产品的质量和副反应等其他因素。因此各种形式的磺化剂在特定场合仍有其有利的一面，要根据具体情况做出选择。

1. 三氧化硫

三氧化硫又称硫酸酐，其分子式为 SO_3 或 $(SO_3)_n$，在室温下容易发生聚合，通常的三种聚合形式见表 3-1，即有 α、β、γ 三种形态。在室温下只有 γ 型为液体，α、β 型均为固态，工业上常用液体 SO_3（即 γ 型）及气态 SO_3 作磺化剂，由于 SO_3 反应活性很高，故使用时需稀释，液体用溶剂稀释，气体用干燥空气或惰性气体稀释。

SO_3 的三种聚合体共存并可互相转化。在少量水存在下，γ 型能转化成 β 型，即从环状聚合体变为链状聚合体，由液态变为固态，从而给生产造成严重的困难，为此要在 γ 型中加入稳定剂，如0.1%的硼酐等。

表 3-1 SO_3 的三种聚合形式

名 称	结 构	形 态	熔 点/℃	蒸气压(23.9℃)/kPa
γ-SO_3	$O-SO_2$ O_2S O $O-SO_2$	液态	16.8	1903
β-SO_3	$\text{-(}O-SO_2-O-SO_2\text{)-}_n$	丝状纤维	32.5	166.2
α-SO_3	与β型相似，但包含连接层与层的键	针状纤维	62.3	62.0

2. 硫酸与发烟硫酸

浓硫酸和发烟硫酸用作磺化剂适宜范围很广。为了使用和运输上的便利，工业硫酸有两种规格，即92%～93%的硫酸（亦称绿矾油）和98%的硫酸。如果有过量的SO_3存在于硫酸中就成为发烟硫酸，它也有两种规格，即含游离的SO_3分别为20%～25%和60%～65%，这两种发烟硫酸分别具有最低共熔点－11～－4℃和1.6～7.7℃，在常温下均为液体。

烟酸的浓度可以用游离SO_3的含量c_{SO_3}（质量分数，下同）表示，也可以用H_2SO_4的含量$c_{H_2SO_4}$表示。两种浓度的换算公式如下。

$$c_{H_2SO_4}=100\%+0.225c_{SO_3}$$

或

$$c_{SO_3}=4.44\,(c_{H_2SO_4}-100\%)$$

3. 氯磺酸

氯磺酸也是一种较常见的磺化剂，它可以看作是$SO_3 \cdot HCl$络合物，其凝固点为－80℃，沸点为152℃，达到沸点时则离解成SO_3和HCl。用氯磺酸磺化可以在室温下进行，反应不可逆，基本上按化学式计量进行。氯磺酸主要用于芳香族磺酰氯、氨基磺酸盐以及醇的硫酸化。

4. 其他磺化剂

有关磺化与硫酸化的其他反应剂还有硫酰氯（SO_2Cl_2）、氨基磺酸（H_2NSO_3H）、二氧化硫以及亚硫酸根离子等。

硫酰氯是由二氧化硫和氯化合而成，氨基磺酸是由三氧化硫和硫酸与尿素反应而得。它们通常是在高温无水介质中应用，主要用于醇的硫酸化。

SO_2同SO_3一样也是亲电子的，它可以直接用于磺氧化或磺氯化反应，不过其反应机理大多为自由基反应。亚硫酸根离子作为磺化剂，其反应历程则属于亲核取代反应。

表3-2列出了对各种常用的磺化与硫酸化试剂的综合评价。

表 3-2 各种常用的磺化与硫酸化试剂评价

试 剂	物理状态	主要用途	应用范围	活泼性	备 注
三氧化硫(SO_3)	液态	芳香化合物的磺化	很窄	非常活泼	容易发生氧化、焦化，需加入溶剂调节活泼性
	气态	广泛用于有机产品	日益增多	高度活泼，等物质的量，瞬间反应	干空气稀释成2%～8% SO_3
20%，30%，65%发烟硫酸($H_2SO \cdot SO_3$)	液态	烷基芳烃磺化，用于洗涤剂和染料	很广	高度活泼	
氯磺酸($ClSO_3H$)	液态	醇类、染料与医药	中等	高度活泼	放出HCl，必须设法回收

续表

试　剂	物理状态	主要用途	应用范围	活泼性	备　注
硫酰氯(SO_2Cl_2)	液态	炔烃磺化，实验室方法	主要用于研究	中等	生成 $SOCl_2$
96%～100%硫酸(H_2SO_4)	液态	芳香化合物的磺化	广泛	低	
二氧化硫与氯气(SO_2+Cl_2)	气态	饱和烃的氯磺化	很窄	低	移除水，需要催化剂，生成 $SOCl_2$ 和 HCl
二氧化硫与氧气(SO_2+O_2)	气态	饱和烃的磺化氧化	很窄	低	需要催化剂，生成磺酸
亚硫酸钠(Na_2SO_3)	固态	卤烷的磺化	较多	低	需在水介质中加热
亚硫酸氢钠($NaHSO_3$)	固态	共轭烯烃的硫酸化，木质素的磺化	较多	低	需在水介质中加热

二、 磺化及硫酸化反应历程及动力学

1. 磺化反应历程及动力学

（1）磺化反应的活泼质点　以硫酸、发烟硫酸或三氧化硫作为磺化剂进行的磺化反应是典型的亲电取代反应。这些磺化剂能离解生成 SO_3、$H_2S_2O_7$、H_2SO_4、HSO_3^+ 和 $H_3SO_4^+$ 等亲电质点，实质上它们都是不同溶剂化的 SO_3 分子，都能参加磺化反应，其含量随磺化剂浓度的改变而变化。

在发烟硫酸中，亲电质点以 SO_3 为主；在浓硫酸中，以 $H_2S_2O_7$（即 $H_2SO_4 \cdot SO_3$）为主；在 80%～85% 的硫酸中，以 $H_3SO_4^+$（即 $H_3^+O \cdot SO_3$）为主；在更低浓度的硫酸中，以 H_2SO_4（即 $H_2O \cdot SO_3$）为主。

各种质点参加磺化反应的活性差别较大，在 SO_3、$H_2S_2O_7$、$H_3SO_4^+$ 三种常见亲电质点中，SO_3 的活性最大，$H_2S_2O_7$ 次之，$H_3SO_4^+$ 最小，而反应选择性则正好相反。

（2）磺化反应历程及动力学

① 芳烃磺化历程及动力学。芳香化合物进行磺化反应时，分两步进行。首先，亲电质点向芳环进行亲电攻击，生成 σ 络合物，然后在碱（如 HSO_4^-）作用下脱去质子得到芳磺酸。反应历程如下：

$$C_6H_6 \xrightleftharpoons{+SO_3} [C_6H_6(H)SO_3^-]^{+} \xrightleftharpoons[-H_2SO_4]{+HSO_4^-} C_6H_5SO_3^-$$

$$C_6H_6 \xrightleftharpoons[-H_2SO_4]{+SO_3 \cdot H_2SO_4} [C_6H_6(H)SO_3^-]^{+} \xrightleftharpoons[-H_2SO_4]{+HSO_4^-} C_6H_5SO_3^-$$

$$C_6H_6 \xrightleftharpoons[-H_3O^+]{+SO_3 \cdot H_3O^+} [C_6H_6(H)SO_3^-]^{+} \xrightleftharpoons[-H_2SO_4]{+HSO_4^-} C_6H_5SO_3^-$$

$$C_6H_6 \xrightleftharpoons[-H_2O]{+SO_3 \cdot H_2O} [C_6H_6(H)SO_3^-]^{+} \xrightleftharpoons[-H_2SO_4]{+HSO_4^-} C_6H_5SO_3^-$$

研究证明，用浓硫酸磺化时，脱质子较慢，第二步是整个反应速率的控制步骤。用稀酸磺化时，生成 σ 络合物较慢，第一步限制了整个反应的速率。

磺化反应速率与磺化剂中的含水量有关。当以浓硫酸为磺化剂，水很少时，磺化反应速率与水浓度的平方成反比，即生成的水量越多，反应速率下降越快。因此，用硫酸作磺化剂的磺化反应中，硫酸浓度及反应中生成的水量多少，对磺化反应速率的影响是一个十分重要的因素。

② 烯烃磺化历程。SO_3 等亲电质点对烯烃的磺化属亲电加成反应。烯烃用 SO_3 磺化，其产物主要为末端磺化物。亲电体 SO_3 与链烯烃反应生成磺内酯和烯基磺酸等。其反应历程为

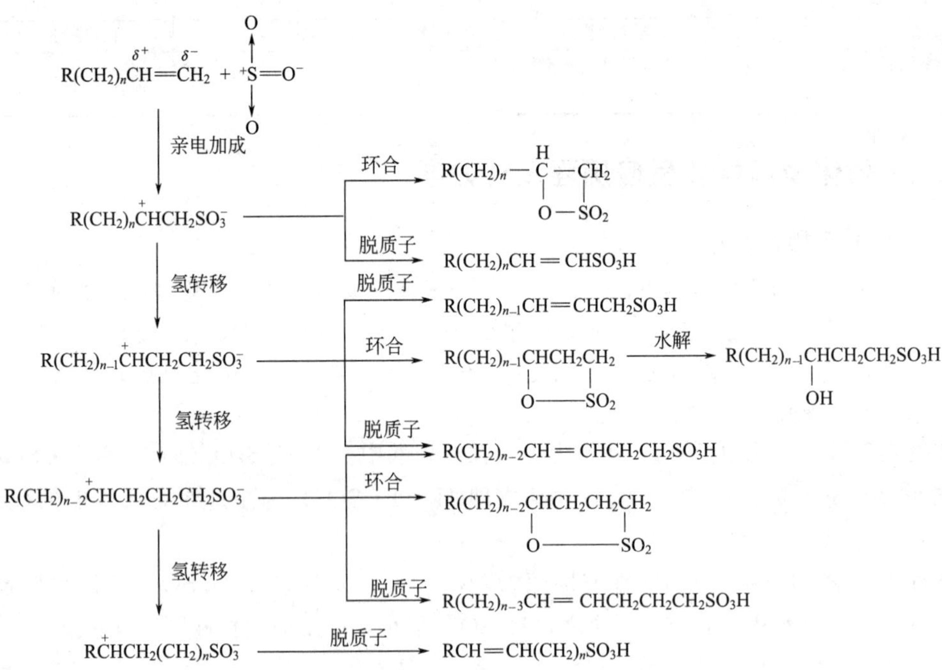

可见，反应产物为链烯磺酸、烷基磺酸内酯和羟基链烷磺酸。

③ 烷烃磺化历程。烷烃的磺化一般较困难，除含叔碳原子者外，磺化的收率很低。工业上制备链烷烃磺酸的主要方法是氯磺化法和氧磺化法。

烷烃的氯磺化和氧磺化就是在氯或氧的作用下，二氧化硫与烷烃化合的反应，两者均为自由基的链式反应。

a. 链烷烃的氯磺化。其反应式为：

$$RH + SO_2 + Cl_2 \xrightarrow{h\nu} RSO_2Cl + HCl$$

$$RSO_2Cl + 2NaOH \longrightarrow RSO_3Na + H_2O + NaCl$$

反应历程为：首先是氯分子吸收光量子，发生均裂而引发出氯自由基，而后开始链反应。

链引发：

$$Cl_2 \xrightarrow{h\nu} 2Cl\cdot$$

链增长：

$$RH + Cl\cdot \longrightarrow R\cdot + HCl$$

$$R\cdot + SO_2 \longrightarrow RSO_2\cdot$$

$$RSO_2\cdot + Cl_2 \longrightarrow RSO_2Cl + Cl\cdot$$

链终止：

$$Cl\cdot + Cl\cdot \longrightarrow Cl_2$$

$$R\cdot + Cl\cdot \longrightarrow RCl$$

$$RSO_2\cdot + Cl\cdot \longrightarrow RSO_2Cl$$

烷基自由基 R· 与 SO_2 的反应比它与氯的反应约快 100 倍，从而可以很容易地生成烷基磺酰自由基，避免生成烷烃的卤化物。烷基磺酰氯经水解得到烷基磺酸盐。

b. 链烷烃的氧磺化。链烷烃的氧磺化产物为仲烷磺酸盐，其反应式为：

$$RCH_2CH_3 + SO_2 + 1/2O_2 \xrightarrow{h\nu} RCH(SO_2OH)CH_3$$

$$RCH(SO_2OH)CH_3 + 2NaOH \longrightarrow RCH(SO_3Na)CH_3 + H_2O$$

反应历程属于自由基反应，即在紫外光照射、臭氧或其他引发剂引发下的自由基反应。

$$RH \xrightarrow{h\nu} R\cdot + H\cdot$$

$$R\cdot + SO_2 \longrightarrow RSO_2\cdot$$

$$RSO_2\cdot + O_2 \longrightarrow RSO_2OO\cdot$$

$$RSO_2OO\cdot + RH \longrightarrow RSO_2OOH + R\cdot$$

$$RSO_2OOH + H_2O + SO_2 \longrightarrow RSO_3H + H_2SO_4$$

$$RSO_2OOH \longrightarrow RSO_2O\cdot + HO\cdot$$

$$HO\cdot + RH \longrightarrow H_2O + R\cdot$$

$$RSO_2O\cdot + RH \longrightarrow RSO_3H + R\cdot$$

反应控制步骤是生成 RSO_2OOH 的这一步。应该指出，低碳烷烃的氧磺化是一个催化反应，一旦自由基链反应开始后无需再提供激发剂。高碳烷烃的氧磺化需要不断提供激发剂，工业上常加入乙酸酐使反应得以连续进行。

2. 硫酸化反应历程及动力学

（1）醇的硫酸化反应　醇类用硫酸进行硫酸化是一个可逆反应。

$$ROH + H_2SO_4 \rightleftharpoons ROSO_3H + H_2O$$

其反应速率不仅与硫酸和醇的浓度有关，而且酸度和平衡常数也直接对反应速率产生影响。由于此反应可逆，所以在最有利的条件下，也只能完成 65%。

醇类进行硫酸化，硫酸既是溶剂，又是催化剂，反应历程如下。

$$H_2SO_4 \xrightleftharpoons{+H^+} H_2\overset{+}{O}{-}SO_3H \xrightleftharpoons{ROH} R{-}\underset{H}{\underset{|}{\overset{+}{O}}}{-}SO_3H + H_2O \rightleftharpoons ROSO_3H$$

在醇类进行硫酸化时，条件选择不当，则会产生一系列副反应，如脱水得到烯烃；对于仲醇，尤其是叔醇，生成烯烃的量更多。此外，硫酸还会将醇氧化成醛、酮，并进一步产生树脂化和缩合。

当以氯磺酸为反应剂时，反应历程为：

$$ClSO_3H + ROH \rightleftharpoons \left[\ Cl{-}\underset{ROH}{\underset{|}{SO_3H}}\ \right] \longrightarrow Cl^- + RH\overset{+}{O}SO_3H \longrightarrow HCl + ROSO_3H$$

其中醇分子进攻硫原子是整个反应的控制步骤。该法收率高，反应条件温和。

当采用气态三氧化硫进行醇类的硫酸化时，化学反应几乎立刻发生，反应速率受气体的扩散控制，化学反应在液相的界面上完成。由于硫原子存在空轨道，能与氧原子结合形成络合物，而后转化为硫酸烷酯。

$$ROH + SO_3 \rightleftharpoons R\underset{SO_2O^-}{\overset{+}{O}H} \longrightarrow ROSO_2OH$$

除脂肪醇以外，单甘油酯以及存在于蓖麻油中的羟基硬脂酸酯，都可以进行硫酸化而制成表面活性剂。

（2）链烯烃的加成反应　链烯烃的硫酸化反应符合 Markovnikov 规则，正烯烃与硫酸反应得到的是仲烷基硫酸盐。反应历程为：

$$R-CH=CH_2 \xrightleftharpoons{+H^+} R-\overset{+}{C}H-CH_3 \xrightarrow{HSO_4^-} R-\underset{OSO_3H}{\underset{|}{C}H}-CH_3$$

三、 磺化及硫酸化的影响因素

影响磺化及硫酸化反应的因素有很多，现仅选择主要因素加以说明。

1. 有机化合物结构及性质

被磺化物的结构及性质，对磺化的难易程度有着很大影响。通常，饱和烷烃的磺化较芳烃的磺化困难得多；而芳烃磺化时，若其芳环上带有供电子基，则邻、对位电子云密度高，有利于σ络合物的形成，磺化反应较易进行；相反，若存在吸电子基，则反应速率减慢，磺化困难。在 50～100℃ 用硫酸或发烟硫酸磺化时，含供电子基团的磺化速率按以下顺序递增：

$$H \sim Et < Me < Pr \ll OEt < OMe \ll OH$$

含吸电子基团的磺化速度按以下顺序递减：

$$H > Cl \gg Br \approx COMe \approx COOH \gg SO_3H \approx CHO \approx NO_2$$

苯及其衍生物用 SO_3 磺化时，其反应速率按以下顺序递减：

苯＞氯苯＞溴苯＞对硝基苯甲醚＞间二氯苯＞对硝基甲苯＞硝基苯

芳烃环上取代基的体积大小也能对磺化反应产生影响。环上取代基的体积越大，磺化速率就越慢。这是因为磺（酸）基的体积较大，若环上已有的取代基体积也较大，占据了有效空间，则磺（酸）基便难以进入。同时，环上取代基的位阻效应还能影响磺（酸）基的进入位置，使磺化产物中异构体组成比例也不同。表 3-3 列出了烷基苯用硫酸磺化的速率大小及异构体组成比例。

表 3-3　烷基苯一磺化时的异构产物生成比例（25℃，89.1%H_2SO_4）

烷基苯	与苯相比较的相对反应速率常数 k_R/k_B	异构产物的比例/%			邻位/对位
		邻位	间位	对位	
甲苯	28	44.04	3.57	50	0.88
乙苯	20	26.67	4.17①	68.33	0.39
异丙苯	5.5	4.85	12.12	84.84	0.057
叔丁基苯	3.3	0	12.12	85.85	0

① H_2SO_4 浓度为 86.3%，25℃。

在芳烃的亲电取代反应中，萘环比苯环活泼。萘的磺化根据反应温度、硫酸的浓度和用量及反应时间的不同，可以制得一系列有用的萘磺酸，如图 3-1 所示。

2-萘酚的磺化比萘还容易，使用不同的磺化剂和不同的磺化条件，可以制取不同的 2-萘酚磺酸产品，如图 3-2 所示。

蒽醌环很不活泼，只能用发烟硫酸或更强的磺化剂才能磺化。采用发烟硫酸作磺化剂，蒽醌的一个边环引入磺（酸）基后对另一个环的钝化作用不大，所以为减少二磺酸的生成，要求控制转化率为 50%～60%，未反应的蒽醌可回收再用。

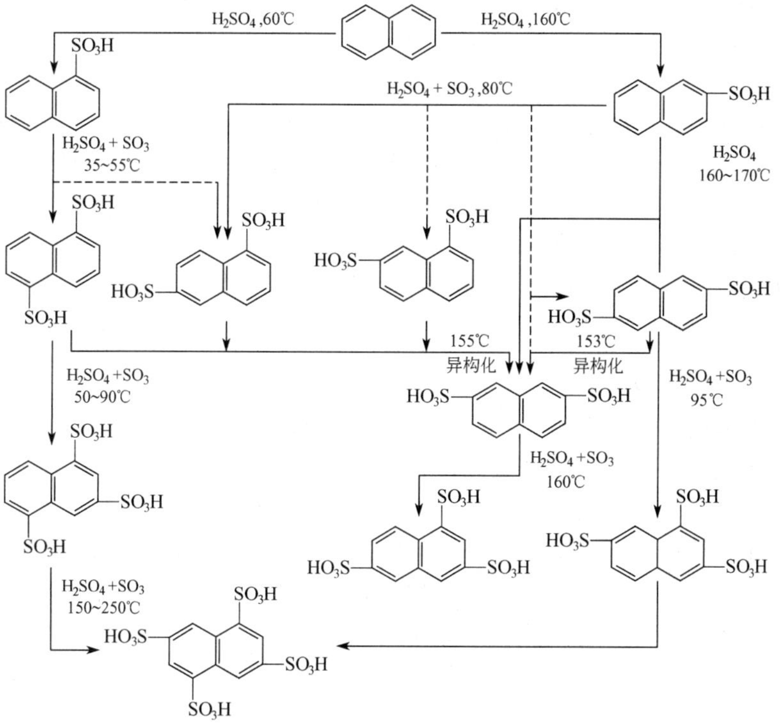

图 3-1 萘在不同条件下磺化时的主要产物（虚线表示副反应）

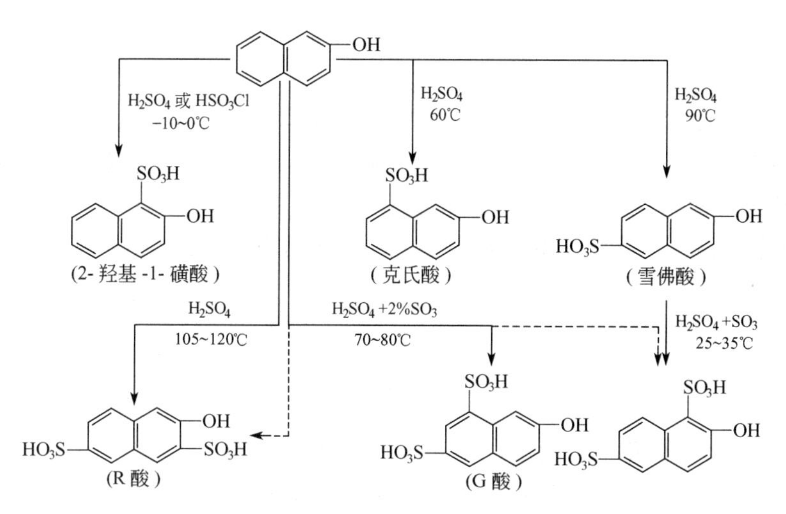

图 3-2 2-萘酚磺化时的主要产物（虚线表示副反应）

许多杂环化合物，如呋喃、吡咯、吲哚、噻吩、苯并呋喃及其衍生物，在酸的存在下要发生分解，因而不能采用三氧化硫或其水合物进行磺化。酞菁的磺化产物在染料工业中有重要用途，常常采用发烟硫酸或氯磺酸作磺化剂。

醇与硫酸的反应是可逆反应，其平衡常数与醇的性质有关。例如，当同样采用等物质的量配比时，伯醇硫酸化的转化率约为 65%，仲醇为 40%～45%，叔醇则更低。按反应活泼性比较，也有同样的顺序，伯醇的反应活性大约是仲醇的 10 倍。

在硫酸的存在下，醇类脱水生成烯烃是进行硫酸化时的主要副反应，产生脱水副反应由易到难的顺序是：

叔醇＞仲醇＞伯醇

烷基硫酸盐的主要用途是作表面活性剂，其表面活性高低与烷基的结构及硫酸根的所在位置有关。当碳链上支链增多时，不仅表面活性明显下降，而且其废水不易生物降解，因此要求采用直链的醇或烯烃作原料。实践证明，伯醇和直链 $C_{12}\sim C_{18}$ α-烯烃最适合用来合成烷基硫酸盐型洗涤剂。

烯烃与亚硫酸氢钠加成反应的产率一般只有 12%～16%，若碳碳双键的碳原子上连有吸电子取代基，反应就容易进行；炔烃与亚硫酸氢钠亦可发生类似反应，生成二元磺酸。

2. 磺化剂的浓度及用量

（1）磺化剂浓度　当用浓 H_2SO_4 作磺化剂时，每引入一个磺（酸）基就生成 1mol 水，随着磺化反应的进行，硫酸的浓度逐渐降低，对于具体的磺化过程，随着生成的水浓度升高，硫酸不断被稀释，反应速率会迅速下降，直至反应几乎停止。因此，对一个特定的被磺化物，要使磺化能够进行，磺化剂浓度必须大于某一值，这种使磺化反应能够进行的最低磺化剂（硫酸）浓度称为磺化极限浓度。用 SO_3 的质量分数来表示的磺化极限浓度，则称磺化 π 值。显然，容易磺化的物质其 π 值较小，而难磺化的物质其 π 值较大。为加快反应及提高生产强度，通常工业上所用原料酸浓度须远大于 π 值。表 3-4 列出了各种芳烃化合物的 π 值。

表 3-4　各种芳烃化合物的 π 值

化合物	π 值	H_2SO_4/%	化合物	π 值	H_2SO_4/%
苯一磺化	64	78.4	萘二磺化(160℃)	52	63.7
蒽一磺化	43	53	萘三磺化(160℃)	79.8	97.3
萘一磺化(60℃)	56	68.5	硝基苯一磺化	82	100.1

用 SO_3 磺化时，反应不生成水，反应不可逆。因此，工业上为控制副反应，避免多磺化，多采用干空气-SO_3 混合气，其 SO_3 的体积含量为 2%～8%。

（2）磺化剂用量　当磺化剂起始浓度确定后，利用被磺化物的 π 值概念，可用下式计算出磺化剂用量。

$$x=\frac{80(100-\pi)n}{a-\pi}$$

式中　x——原料酸（磺化剂）的用量，kg/kmol 被磺化物；

a——原料酸（磺化剂）起始浓度，用 SO_3 质量分数表示；

n——被磺化物分子上引入的磺（酸）基数。

由上式可以看出，当用 SO_3 作磺化剂，对有机化合物进行一磺化时，其用量为 80kg SO_3/kmol 被磺化物，即相当于理论量；当采用硫酸或发烟硫酸作磺化剂时，其起始浓度降低，磺化剂用量则增加；当 a 降低到接近于 π 值时，磺化剂的用量将增加到无穷大。

需要指出的是，利用 π 值的概念，只能定性地说明磺化剂的起始浓度对磺化剂用量的影响。实际上，对于具体的磺化过程，所用硫酸的浓度及用量以及磺化温度和时间，都是通过大量最优化实验而综合确定的。

3. 磺（酸）基的水解与异构化

芳磺酸在一定温度下于含水的酸性介质中可发生脱磺水解反应，即磺化的逆反应。此时，亲电质点为 H_3O^+，它与带有供电子基的芳磺酸作用，使其磺（酸）基水解。

$$ArSO_3H+H_2O \rightleftharpoons ArH+H_2SO_4$$

对于带有吸电子基的芳磺酸，芳环上的电子云密度降低，其磺（酸）基不易水解；相反，对于带有供电子基的芳磺酸，磺（酸）基易水解。此外，介质中 H_3O^+ 浓度越高，水解速度越快。

磺（酸）基不仅可以发生水解反应，且在一定条件下还可以从原来的位置转移到其他热力学更稳定的位置上去，这称为磺基的异构化。

由于磺化-水解-再磺化和磺（酸）基异构化的共同作用，使芳烃衍生物最终的磺化产物含有邻、间、对位的各种异构体。随着温度的变化以及磺化剂种类、浓度及用量的不同，各种异构体的比例也不同，尤其是温度对其影响更大。表 3-5 列出了用浓硫酸对甲苯一磺化时，反应温度和原料配比对异构产物分布的影响。

表 3-5 用硫酸对甲苯一磺化时反应温度和甲苯/硫酸摩尔比对异构产物分布的影响

反应温度/℃	硫酸含量(摩尔分数)/%	甲苯/硫酸(摩尔比)	异构体分布/%			反应温度/℃	硫酸含量(摩尔分数)/%	甲苯/硫酸(摩尔比)	异构体分布/%		
			对位	间位	邻位				对位	间位	邻位
0	96	1∶2	56.4	4.1	39.5	75	96	1∶1	75.4	6.3	19.3
0	96	1∶6	53.8	4.3	41.9	75	96	1∶6.4	72.8	7.0	20.2
35	96	1∶2	66.9	3.9	29.2	100	94	1∶8	76.0	7.6	16.2
35	96	1∶6	61.4	5.3	33.3	100	94	1∶41.5	78.5	6.2	15.3
						100	94	1∶6	72.5	10.1	17.4

4. 磺化温度和时间

磺化反应是可逆反应，正确地选择温度与时间，对于保证反应速率和产物组成有十分重要的影响。通常，反应温度较低时，反应速率慢，反应时间长；温度高时，反应速率快而时间短，但易引起多磺化、氧化、生成砜和树脂物等副反应。温度还能影响磺（酸）基引入芳环的位置，见表 3-5，对于甲苯一磺化过程，采用低温反应时，则主要为邻、对位磺化产物，随着温度升高，则间位产物比例升高，邻位产物比例明显下降，对位产物比例也下降。再如萘一磺化，低温时磺（酸）基主要进入 α 位，而高温时，则主要在 β 位，见表 3-6。

表 3-6 温度对萘磺化异构体比例的影响

温度/℃	80	90	100	110.5	124	129	138.5	150	161
α 异构体/%	96.5	90.0	83.0	72.6	52.4	44.4	23.4	18.3	18.4
β 异构体/%	3.5	10.0	17.0	27.4	47.6	55.6	76.4	81.7	81.6

此外，用硫酸磺化时，到达反应终点后不应延长反应时间，否则将促使磺化产物发生水解反应，若采用高温反应，则更有利于水解反应的进行。

在醇类硫酸化时，烯烃和羰基化合物的生成量随温度升高而增多，这些副产物将会影响表面活性剂的质量。抑制副反应的一项重要措施就是使温度保持在 20～40℃。

5. 添加剂

磺化过程中加入少量添加剂，对反应常有明显的影响，主要表现在以下方面。

（1）抑制副反应　磺化时的主要副反应是多磺化、氧化及不希望有的异构体和砜的生成。当磺化剂的浓度和温度都比较高时，有利于砜的生成：

$$ArSO_3H + 2H_2SO_4 \rightleftharpoons ArSO_2^+ + H_3O^+ + 2HSO_4^-$$

$$ArSO_2^+ + ArH \longrightarrow ArSO_2Ar + H^+ \quad \text{（Ar代表芳香基）}$$

在磺化液中加入无水硫酸钠可以抑制砜的生成，这是因为硫酸钠在酸性介质中能解离产生 HSO_4^-，使平衡向左移动。加入乙酸与苯磺酸钠也有同样作用。

在羟基蒽醌磺化时，常常加入硼酸，它能与羟基作用形成硼酸酯，以阻碍氧化副反应的发生。在萘酚进行磺化时，加入硫酸钠可以抑制硫酸的氧化作用。

（2）改变定位　蒽醌在使用发烟硫酸磺化时，加入汞盐与不加汞盐分别得到 α-蒽醌磺酸和 β-蒽醌磷酸。此外，钯、铊和铑等也对蒽醌磺化有很好的 α 定位效应。又如，萘的高温磺化，要提高 β-萘磺酸的含量达 95%以上，可加入 10%左右的硫酸钠或 S-苄基硫脲。

（3）使反应变易　催化剂的加入有时可以降低反应温度，提高收率和加速反应。例如，当吡啶用三氧化硫或发烟硫酸磺化时，加入少量汞可使收率由 50%提高到 71%。又如，2-氯苯甲醛与亚硫酸钠的磺（酸）基置换反应，铜盐的加入可使反应容易进行。

6. 搅拌

在磺化反应中，良好的搅拌可以加速有机物在酸相中的溶解，提高传热、传质效率，防止局部过热，提高反应速率，有利于反应的进行。

第三节　磺化方法及硫酸化方法

一、　磺化方法

根据使用不同的磺化剂，磺化可分为过量硫酸磺化法、三氧化硫磺化法、氯磺酸磺化法以及恒沸脱水磺化法等。此外，按操作方式还可以分为间歇磺化法和连续磺化法。

1. 三氧化硫磺化法

三氧化硫（SO_3）磺化法具有反应迅速；磺化剂用量接近于理论用量，磺化剂利用率高达 90%以上；反应无水生成，无大量废酸，产生的“三废”少；经济合理等优点。常用于脂肪醇、烯烃和烷基苯的磺化。随着工业技术的发展，以 SO_3 为磺化剂的工艺日益增多。

（1）用 SO_3 磺化的主要方式

① 气体 SO_3 法。此法主要用于由十二烷基苯制备十二烷基苯磺酸钠。磺化采用双膜式反应器，SO_3 用干燥的空气稀释至 2%～8%。此法生产能力大、工艺流程短、副产物少、产品质量好，已替代了发烟硫酸磺化法，在工业上得到了广泛的应用（见本章第五节）。

$$C_{12}H_{25}C_6H_5 \xrightarrow[\text{磺化}]{SO_3} C_{12}H_{25}C_6H_4SO_3H \xrightarrow[\text{中和}]{NaOH} C_{12}H_{25}C_6H_4SO_3Na$$

② 液体 SO_3 法。此法主要用于不活泼液态芳烃的磺化，生成的磺酸在反应温度下必须是液态，而且黏度不大。例如，硝基苯在液态 SO_3 中的磺化：

$$C_6H_5NO_2 + SO_3\text{(液态)} \xrightarrow{95\sim120℃} m\text{-}O_2NC_6H_4SO_3H \xrightarrow{NaOH} m\text{-}O_2NC_6H_4SO_3Na$$

其操作是将稍过量的液态 SO_3 慢慢滴加至硝基苯中，温度自动升至 70～80℃，然后在 95～120℃下保温，直至硝基苯完全消失，再将磺化物稀释、中和，即得到间硝基苯磺酸钠。此法也可用于对硝基甲苯的磺化。

液体 SO_3 的制备是将 20%～25%的发烟硫酸加热到 250℃，蒸出的 SO_3 蒸气通过一个填充粒状硼酐的固定床层，再经冷凝，即可得到稳定的 SO_3 液体。液态 SO_3 使用方便，但成本较高。

③ SO_3-溶剂法。此法应用广泛，优点是反应温和且易于控制；副反应少，产物纯度和磺化收率较高；适用于被磺化物或磺化产物是固态的情况。常用的溶剂有硫酸、二氧化硫等无机溶剂和二氯甲烷、1,2-二氯乙烷、四氯乙烷、石油醚、硝基甲烷等有机溶剂。

无机溶剂硫酸可与 SO_3 混溶，并能破坏有机磺酸的氢键缔合，降低磺化反应物的黏度。其操作是先向被磺化物中加入质量分数为 10%的硫酸，再通入气体或滴加液体 SO_3，逐步进行磺化。此过程技术简单、通用性强，可代替一般的发烟硫酸磺化。

有机溶剂价廉、稳定，易于回收，可与有机物混溶，对 SO_3 的溶解度常在 25%以上。这些溶剂一般不能溶解磺酸，磺化液常常变得很黏稠。因此，有机溶剂要根据被磺化物的化学活泼性和磺化条件来选择确定。磺化时，可将被磺化物加到 SO_3-溶剂中；也可以先将被磺化物溶于有机溶剂中，再加入 SO_3-溶剂的溶液或通入 SO_3 气体进行反应。

萘的二磺化多用此法：

$$C_{10}H_8 + SO_3 \xrightarrow[\text{或二氯甲烷}]{H_2SO_4} 1,5\text{-}C_{10}H_6(SO_3H)_2$$

④ SO_3-有机络合物法。SO_3 能与许多有机物生成络合物，其稳定次序如下：

$$(CH_3)_3N\cdot SO_3 > C_5H_5N\cdot SO_3 > C_4H_8O_2\cdot SO_3 > R_2O\cdot SO_3 > H_2SO_4\cdot SO_3$$

有机络合物的稳定性都比发烟硫酸大，即 SO_3-有机络合物的反应活泼性比发烟硫酸小。所以，用 SO_3-有机络合物磺化，反应温和，有利于抑制副反应，可得到高质量的磺化产品；适用于活泼性大的有机物的磺化。应用最广泛的是 SO_3 与叔胺和醚的络合物。

(2) 采用 SO_3 磺化法应注意的问题

① SO_3 的液相区狭窄（熔点为 16.8℃，沸点为 44.8℃），室温下易自聚形成固态聚合体，使用不便。为防止 SO_3 形成聚合体，可添加适量的稳定剂，如硼酐、二苯砜和硫酸二甲酯等。其添加量以 SO_3 的质量计，硼酐为 0.02%，二苯砜为 0.1%，硫酸二甲酯为 0.2%。

② SO_3 反应活性高，反应激烈，副反应多，特别是使用纯 SO_3 磺化时。为避免剧烈的反应，工业上常用干燥的空气稀释 SO_3，以降低其浓度。对于容易磺化的苯、甲苯等有机物，可加入磷酸或羧酸以抑制砜的生成。

③ 用 SO_3 磺化，反应热效应显著，瞬时放热量大，易造成局部过热而使物料焦化。由于有机物的转化率高，所得磺酸黏度大。为防止局部过热，抑制副反应，避免物料焦化，必须保持良好的换热条件，及时移除反应热。此外，还要适当控制转化率或使磺化在溶剂中进

行，以免磺化产物黏度过大。表 3-7 列出了烷基苯磺化反应热的相对值。

表 3-7 烷基苯磺化反应热的相对值

磺化剂	反应热的相对值
100%硫酸	100
20%发烟硫酸	150
65%发烟硫酸	190
液态三氧化硫	206
气态 SO_3+空气	306

④ SO_3 不仅是活泼的磺化剂，而且是氧化剂。使用时必须注意安全，特别是使用纯净的 SO_3。要注意控制温度和加料秩序，防止发生爆炸事故。

2. 过量硫酸磺化法

被磺化物在过量的硫酸或发烟硫酸中进行磺化称为过量硫酸磺化法，生产上也称为“液相磺化”。硫酸在体系中起到磺化剂、溶剂及脱水剂作用。过量硫酸磺化法虽然副产较多的酸性废液，而且生产能力较低，但因该法适用范围广而受到广泛的重视。

过量硫酸磺化法可连续操作，也可间歇操作。连续操作常采用多釜串联操作法。采用间歇操作时，加料次序取决于原料的性质、反应温度以及引入磺（酸）基的位置和数目。若被磺化物在磺化温度下呈液态，常常是先将被磺化物加入釜中，然后升温，在反应温度下将磺化剂徐徐加入。这样可避免生成较多的二磺化物。如果被磺化物在反应温度下呈固态，则先将磺化剂加入釜中，然后在低温下加入固体被磺化物，待其溶解后再缓慢升温反应。例如，萘和 2-萘酚的低温磺化。

当制备多磺酸时，常采用分段加酸法。即在不同的时间和不同的温度条件下，加入不同浓度的磺化剂。目的是使每一个磺化阶段都能选择最适宜的磺化剂浓度和磺化温度，以使磺酸基进入预定位置。例如，由萘制备 1,3,6-萘三磺酸采用的就是分段加酸磺化法。

100% H_2SO_4 / 145℃；SO_3H；65%发烟硫酸 / 60～80℃；SO_3H，HO_3S

异构化；HO_3S，SO_3H；65%发烟硫酸 / 155℃；SO_3H，HO_3S，SO_3H

收率 89% ～ 91%

磺化过程要按照确定的温度-时间规程来控制。加料之后通常需要升温并保持一定的时间，直到试样的总酸度降至规定数值。磺化终点可根据磺化产物的性质来判断，如试样能否完全溶于碳酸钠溶液、清水或食盐水中。

过量硫酸磺化法通常采用钢或铸铁的反应釜。磺化反应釜需配有搅拌器，以促进物料迅速溶解和反应均匀。搅拌器的形式主要取决于磺化物的黏度，常用的是锚式或复合式搅拌器。复合式搅拌器是由下部为锚式或涡轮式和上部为桨式或推进搅拌器组合而成。

磺化是放热反应，但反应后期因反应速率较慢而需要加热保温。一般可用夹套进行冷却或加热。

3. 共沸脱水磺化法

为克服采用过量硫酸法用酸量大、废酸多、磺化剂利用效率低的缺点，工业上对挥发性较高的芳烃常采用共沸脱水磺化法进行磺化。此法是用过量的过热芳烃蒸气通入较高温度的浓硫酸中进行磺化，反应生成的水与未反应的过量芳烃形成共沸蒸气一起蒸出，从而保持磺化剂的浓度下降不多，并得到充分利用。未转化的过量芳烃经冷凝分离后，可以循环利用。

工业上又称此法为“气相磺化”。

此法仅适用于沸点较低易挥发的芳烃（如苯、甲苯）的磺化。所用硫酸浓度不宜过高，一般为 92%～93%，否则，起始时的反应速率过快，温度较难控制，容易生成多磺酸和砜类副产物；此外，当反应进行到磺化液中游离硫酸的含量下降到 3%～4%时，应停止通芳烃，否则将生成大量的二芳砜副产物。

共沸脱水磺化采用的磺化设备也为铸铁或铸钢制成，带有夹套，长径比为（1.5～2）：1，比普通反应锅大。

4. 氯磺酸磺化法

氯磺酸的磺化能力仅次于 SO_3，比硫酸强，是一种强磺化剂。在适宜的条件下，氯磺酸和有机物几乎可以定量反应，副反应少，产品纯度高。副产物氯化氢可在负压下排出，用水吸收制成盐酸。但是氯磺酸的价格较高，其应用受到了限制。

用氯磺酸磺化，根据氯磺酸用量不同，可制得芳磺酸或芳酰氯。通常是把有机物慢慢地加入氯磺酸中，反过来加料会产生较多砜副产物。对于固体有机物则有时需使用溶剂，常用的溶剂有硝基苯、邻硝基乙苯、邻二氯苯、二氯乙烷、四氯乙烷、四氯乙烯等。

应该指出，氯磺酸遇水立即水解为硫酸和氯化氢，并且大量放热。若向氯磺酸突然加水会引起爆炸。因此，使用本法磺化时，原料、溶剂和反应器均须干燥无水。

$$ClSO_3H + H_2O \longrightarrow H_2SO_4 + HCl\uparrow$$

若用等物质的量的或稍过量的氯磺酸磺化，所得产物是芳磺酸，例如：

$$\text{2-萘酚(OH)} + ClSO_3H \xrightarrow[\text{邻硝基乙苯}]{-5℃,\ 53.3kPa} \text{1-}SO_3H\text{-2-萘酚(OH)} + HCl$$

$$\text{1-硝基蒽醌}(O,\ O,\ NO_2) + ClSO_3H \xrightarrow[\text{二氯苯}]{130℃} \text{1-硝基蒽醌-2-}SO_3H + HCl$$

若用过量很多的氯磺酸磺化，所得产物是芳磺酰氯。

$$ArH + ClSO_3H \longrightarrow ArSO_3H + HCl$$

$$ArSO_3H + ClSO_3H \rightleftharpoons ArSO_2Cl + H_2SO_4$$

后一反应是可逆的，所以制芳磺酰氯要用过量的氯磺酸，一般为 1∶(4～5)(摩尔比)。过量的氯磺酸还可以使反应物保持良好的流动性。有时也加入适量的添加剂以除去硫酸。例如，在制备苯磺酰氯时加入适量的氯化钠，可使收率由 76%提高到 90%。这是因为氯化钠与硫酸作用生成硫酸氢钠和氯化氢，从而使平衡向右移动的结果。

如果单独使用氯磺酸不能使磺酸全部转化成磺酰氯时，可加入少量的氯化亚砜：

$$ArSO_3H + SOCl_2 \longrightarrow ArSO_2Cl + SO_2\uparrow + HCl\uparrow$$

芳磺酰氯一般不溶于水，在冷水中分解较慢，温度较高时容易水解。因此，只要将氯磺化物倒入冰水中，芳磺酰氯即可析出，然后迅速分出液层或滤出固体产物，再用冰水洗去酸性以防水解。对于不易水解的芳磺酰氯（如 2,4,5-三氯苯磺酰氯）也可以用热水洗涤。

磺酰氯基是一个活泼的基团。由芳磺酰氯可以制得一系列有价值的芳磺酸衍生物，如芳磺酰胺、芳磺酸烷基酯、烷基芳基砜、硫酚等，它们都是化工生产中非常有价值的中间体。

5. 其他磺化法

（1）烘焙磺化法　这种方法多用于芳伯胺的磺化。反应过程为：将芳伯胺与等物质的量的硫酸混合制成芳胺硫酸盐，然后在高温下烘焙脱水，同时发生分子内重排，主要生成对胺基芳磺酸。当对位存在取代基时则进入邻位，生成邻氨基芳磺酸。例如，苯胺磺化得到对氨基苯磺酸。

$$C_6H_5NH_2 \xrightarrow{H_2SO_4} C_6H_5\overset{+}{N}H_3 \cdot HSO_4^- \xrightarrow[-H_2O]{180\sim190℃} C_6H_5NH_2 \cdot SO_3H \xrightarrow{\text{分子内重排}} p\text{-}H_2NC_6H_4SO_3H$$

烘焙磺化法在工业上有三种方式：

① 芳胺与硫酸以等物质的量混合制得固态硫酸盐，然后在烘焙炉内于180～230℃下进行烘焙；

② 芳胺与硫酸以等物质的量混合直接在转鼓式球磨机中进行成盐烘焙；

③ 芳胺与等物质的量硫酸在三氯苯介质中，于180℃下磺化并蒸出反应生成的水。

三种方法中，前两种方式操作笨重，生产能力低，而且容易引起苯胺中毒，目前已很少采用，而大多数采用第三种方法。

烘焙磺化是高温反应，当芳环上带有羟基、甲氧基、硝基或多卤基（如邻氨基苯甲醚、2,5-二氯苯胺和5-氨基水杨酸等）时，为防止其发生氧化、焦化和树脂化而不宜采用此法，需用过量硫酸或发烟硫酸磺化。

（2）用亚硫酸盐磺化法　这是一种利用亲核置换引入磺（酸）基的方法，用于将芳环上的卤素或硝基置换成磺（酸）基，通过这种途径可制得某些不易由亲电取代得到的磺酸化合物，例如：

$$2\ \text{(2,4-二硝基氯苯)}\ ClC_6H_3(NO_2)_2 + 2NaHSO_3 + MgO \xrightarrow[\text{水介质}]{60\sim65℃} 2\ NaO_3SC_6H_3(NO_2)_2 + MgCl_2 + H_2O$$

$$\text{1-硝基蒽醌} + Na_2SO_3 \xrightarrow{100\sim102℃} \text{1-蒽醌磺酸钠} + NaNO_2$$

亚硫酸盐磺化法也被用来精制苯系多硝基化合物。例如：在二硝基苯的三种异构体中，邻二硝基苯和对二硝基苯的硝基易与亚硫酸钠发生亲核置换反应，生成水溶性的邻硝基苯磺酸或对硝基苯磺酸；间二硝基苯则保持不变，由此可精制提纯间二硝基苯。

$$o\text{-}C_6H_4(NO_2)_2\ (\text{或}\ p\text{-}C_6H_4(NO_2)_2) + Na_2SO_3 \longrightarrow o\text{-}O_2NC_6H_4SO_3Na\ (\text{或}\ p\text{-}O_2NC_6H_4SO_3Na) + NaNO_2$$

二、硫酸化方法

1. 高级醇的硫酸化

具有较长碳链的高级醇（$C_{12}\sim C_{18}$）经硫酸化可制备阴离子型表面活性剂。高级醇与硫酸的反应是可逆的：

$$ROH + H_2SO_4 \rightleftharpoons ROSO_3H + H_2O$$

为防止逆反应，醇类的硫酸化常采用发烟硫酸、三氧化硫或氯磺酸作反应剂。

$$ROH + SO_3 \longrightarrow ROSO_3H$$

$$ROH + ClSO_3H \longrightarrow ROSO_3H + HCl$$

用氯磺酸硫酸化遇到的一个特殊问题是氯化氢的移除，因为反应物料逐渐变稠，所以解决的办法是选用比表面大的反应设备，以利于氯化氢的释出。此外，若原料配比采用等摩尔比，所得表面活性剂中不含无机盐，产品质量好。

2. 天然不饱和油脂和脂肪酸酯的硫酸化

天然不饱和油脂或不饱和蜡经硫酸化后再中和所得产物总称为硫酸化油。天然不饱和油脂常用蓖麻籽油、橄榄油、棉籽油、花生油等；硫酸化除使用硫酸以外，发烟硫酸、氯磺酸及 SO_3 等均可使用。

$$\underset{\text{OH}}{CH_3(CH_2)_5-\underset{|}{CH}}-CH_2-CH{=}CH(CH_2)_7-\overset{\overset{\text{O}}{\|}}{C}-O-G \xrightarrow[\text{硫酸化}]{H_2SO_4\text{ 或 }SO_3} CH_3(CH_2)_5-\underset{\underset{\text{O}-SO_3H}{|}}{CH}-CH_2-CH{=}CH(CH_2)_7-\overset{\overset{\text{O}}{\|}}{C}-O-G$$

蓖麻油（G 代表甘油基）（三蓖麻油酸甘油酯）　　　　土耳其红油

由于硫酸化过程中易发生分解、聚合、氧化等副反应，因此需要控制在低温下进行。一般反应生成物中残存有原料油脂与副产物，组成复杂。例如：蓖麻油的硫酸化产物称红油，在蓖麻籽油的硫酸化产物中，实际上只有一部分羟基硫酸化，可能有一部分不饱和键也被硫酸化，还含有未反应的蓖麻籽油、蓖麻籽油脂肪酸等。这种混合产物经中和以后，就成为市面上出售的土耳其红油，外观为浅褐色透明油状液体，对油类有优良的乳化能力，耐硬水性较肥皂强，润湿、浸透力优良。小批量生产时，一般用98%的硫酸在40℃左右进行硫酸化。用 SO_3-空气混合物进行硫酸化，不仅可大大缩短反应时间，而且产品中无机盐含量和游离脂肪酸含量较少。

除了天然油类外，还有不饱和脂肪酸的低碳酸酯，它经过硫酸化也能制得阴离子表面活性剂。例如：油酸与丁醇反应制得的油酸丁酯在0～5℃与过量20%的发烟硫酸反应，然后加水稀释、破乳、分出油层、中和，即可得到磺化油 AH。它是合成纤维的上油剂。

$$CH_3(CH_2)_7CH{=}CH(CH_2)_7COOC_4H_9 \xrightarrow[0\sim5℃]{+H_2SO_4\text{ 硫酸化},NaOH\text{ 中和}} CH_3(CH_2)_7\underset{\underset{OSO_3Na}{|}}{CH}-CH_2(CH_2)_7COOC_4H_9$$

碳原子数为 $C_{12} \sim C_{18}$ 的不饱和烯烃，经硫酸化后，可制得性能良好的硫酸酯型表面活性剂。其代表产品为梯波尔（Teepol）。

梯波尔是由石蜡高温裂解所得的 $C_{12} \sim C_{18}$ 的 α-烯烃经硫酸化后所制成的洗涤剂。

$$R-CH{=}CH_2 + H_2SO_4 \rightleftharpoons R-\underset{\underset{OSO_3H}{|}}{CH}-CH_3 \xrightarrow{NaOH} R-\underset{\underset{OSO_3Na}{|}}{CH}-CH_3 + H_2O$$

硫酸酯不连在端基碳原子上，而是连在相邻的一个碳原子上。产品极易溶于水，可制成浓溶液，是制造液体洗涤剂的重要原料。

第四节 磺化产物的分离

磺化产物的后处理有两种情况：一种是磺化后不分离出磺酸，直接进行硝化和氯化等反应；另一种是需要分离得到磺化产物磺酸或磺酸盐，再加以利用。而磺酸产物中常常含有过剩的酸及副产物（多磺化物、异构体或砜等），选择适当的分离方法，对提高收率和保证产品质量至关重要。

磺化产物的分离具有两层意思，即它与硫酸等磺化剂的分离和它与副产物之间的分离。磺化产物难以用蒸馏等分离方法，但芳磺酸及其相应的钾、钠、钙、镁和钡等磺酸盐都易溶于水，且可以盐析结晶。因此，磺化产物的分离常根据磺酸或磺酸盐在酸性溶液中或无机盐溶液中溶解度的不同来进行，常见的有下面几种分离方法。

一、 加水稀释法

某些磺酸化合物在中等浓度硫酸（50%～80% H_2SO_4）中的溶解度很小，高于或低于此浓度则溶解度剧增，因此可以在磺化结束后，将磺化液加入水中适当稀释，磺酸即可析出。如：十二烷基苯磺酸、对硝基氯苯邻磺酸、1,5-蒽醌二磺酸等可用此法分离。

二、 直接盐析法

利用磺酸盐在无机盐溶液中的溶解度不同，向稀释后的磺化物中直接加入氯化钠、硫酸钠或氯化钾，使一些磺酸盐析出。

$$ArSO_3H + NaCl \rightleftharpoons ArSO_3Na\downarrow + HCl$$

反应是可逆的，但只要加入适当浓度的盐水并冷却，就可以使平衡移向右方。盐析法被用来分离许多常见的磺酸化合物，如硝基苯磺酸、硝基甲苯磺酸、萘磺酸、萘酚磺酸等。

此外，利用不同磺酸的金属盐具有不同溶解度，还可分离某些异构磺酸。例如：2-萘酚磺化同时生成2-萘酚-6,8-二磺酸（G酸）和2-萘酚-3,6-二磺酸（R酸），根据G酸的钾盐溶解度较小和R酸的钠盐溶解度较小，即可分离出G酸和R酸。通常向稀释的磺化液中加入氯化钾溶液，G酸即以钾盐形式析出，在过滤后的母液中再加入NaCl，R酸即以钠盐形式析出。

采用氯化钾或氯化钠直接盐析分离的缺点是有盐酸生成，对设备有强的腐蚀性。因此，此法的应用受到了限制。

三、 中和盐析法

稀释后的磺化物用亚硫酸钠、氢氧化钠、碳酸钠、氨水或氧化镁进行中和，利用中和生成的硫酸钠、硫酸铵或硫酸镁可以使磺酸以钠盐、铵盐及镁盐形式盐析出来。这种分离方法对设备的腐蚀小，是生产上常用的分离手段。例如：用磺化-碱熔法制2-萘酚时，可以利用碱熔副产物亚硫酸钠来中和磺化产物，中和时生成的二氧化硫气体又可用于碱熔物的酸化。

$$2ArSO_3H + Na_2SO_3 \xrightarrow{\text{中和}} 2ArSO_3Na + H_2O + SO_2\uparrow$$

$$2ArSO_3Na + 4NaOH \xrightarrow{\text{碱熔}} 2ArONa + 2Na_2S_2O_3 + 2H_2O$$

$$2ArONa + SO_2 + H_2O \xrightarrow{\text{酸化}} 2ArOH + Na_2SO_3$$

从总的物料平衡看，此方法可以节省大量的酸碱。

四、 脱硫酸钙法

当磺化物中含有大量废 H_2SO_4 时，可先把磺化物在稀释后用氢氧化钙的悬浮液进行中和，生成的磺酸钙能溶于水，而硫酸钙则沉淀下来。过滤，得到不含无机盐的磺酸钙溶液；将此溶液再用碳酸钠溶液处理，使磺酸钙盐转变为钠盐，生成的碳酸钙经过滤除去。

$$(ArSO_3)_2Ca + Na_2CO_3 \longrightarrow 2ArSO_3Na + CaCO_3 \downarrow$$

此方法可减少磺酸盐中的无机盐，适用于将磺化产物（特别是多磺酸）与过量硫酸的分离。但是，此法操作复杂，而且需要处理大量的硫酸钙滤饼，因此一般尽量避免使用。

五、 萃取分离法

萃取分离法是用有机溶剂将磺化产物从磺化液中萃取出来。例如，将萘高温磺化，稀释水解除去1-萘磺酸后的溶液，用叔胺的甲苯溶液萃取，叔胺与2-萘磺酸形成的络合物可被萃取到甲苯层中，分出有机层，用碱液中和，磺酸即转入水层，蒸发至干可得纯度达86.8%的萘磺酸钠，叔胺和甲苯均可回收再用。这种分离方法为芳磺酸的分离和废酸的回收开辟了新途径。

第五节　磺化与硫酸化反应的应用实例

一、 用三氧化硫磺化生产十二烷基苯磺酸钠

十二烷基苯磺酸钠是合成洗涤剂工业中产量最大、用途最广的阴离子表面活性剂，它是由直链烷基苯经磺化、中和而得。目前，世界上合成的十二烷基苯磺酸大多是采用 SO_3 气相薄膜磺化连续生产法。

1. 气相 SO_3 磺化十二烷基苯的反应特点

① 反应属于气-液非均相反应，反应速率很快，几乎在瞬间完成。总反应速率取决于气相 SO_3 分子至液相烷基苯的扩散速率。

② 反应是一个强放热过程，反应热达到 711.75kJ/kg 烷基苯。大部分反应热在反应初期放出。因此，控制反应速率，快速移走反应热是生产的关键。

③ 反应系统黏度急剧增加。烷基苯在50℃时，黏度为 1×10^{-3} Pa·s，而磺化产物的黏度为1.2Pa·s，黏度增加使传质传热困难，容易产生局部过热，加剧过磺化等副反应。

④ 副反应极易发生。过程中的反应时间、SO_3 用量等因素如控制不当，极易发生许多副反应，如多磺化、生成砜、氧化、树脂化等。

2. SO_3 气相薄膜磺化反应器及工艺条件的确定

基于气相 SO_3 磺化反应特点，工业生产时应选用合理的磺化反应器，并充分考虑磺化工艺条件，以确保生产的正常进行和产品质量。

（1）SO_3 气相薄膜磺化反应器　SO_3 气相薄膜磺化法的关键技术是薄膜磺化反应器，迄今为止，已经出现了许多类型的三氧化硫薄膜磺化反应器，如多管降膜反应器、双膜反应

器和 TO 反应器（等温反应器）等。图 3-3 是目前应用比较广泛的一种双膜式磺化反应器。该反应器由一套直立式并备有内、外冷却夹套的两个不锈钢同心圆筒组成。整个装置分原料分配区、反应区和产物分离区三部分。液相烷基苯经顶部环形分布器均匀分布，沿内、外反应管壁自上而下流动，形成均匀的内膜和外膜。空气-SO_3 的混合物也被输送到分布器的上方，进入两同心圆管间的环隙（即反应区），与有机液膜并流下降，气液两相接触而发生反应。在反应区，SO_3 浓度自上而下逐渐降低，烷基苯的磺化率逐渐增加，磺化液的黏度逐渐增大，到反应区底部磺化反应基本完成，反应热由夹套冷却水移除。废气与磺酸产物在分离区进行分离，分离后的磺酸产品和尾气由不同的出口排出。

（2）SO_3 气相薄膜磺化法工艺条件的确定

① SO_3 浓度及用量。由于 SO_3 反应活性很高，为避免反应速率过快和减少副反应，须使用 SO_3-干空气混合气，其中 SO_3 含量一般为 4%～7%（体积分数）。原料配比采用 SO_3：烃＝(1.0～1.03)：1(摩尔比)，接近理论量。

② 气体停留时间。由于反应几乎在瞬间完成，且反应总速率受气体扩散控制，因此，进入连续薄膜反应器的气体应保持高速，以保证气-液接触呈湍流状态；同时，为避免发生副反应，要求气体在反应器内的停留时间一般应小于 0.2s。

③ 反应温度。温度能直接影响反应速率、副产物的生成和产品的黏度。由于磺化反应是强放热反应，且反应主要集中在反应区的上半部，因此，应快速移热、充分冷却，控制反应温度。一般控制反应器出口温度在 35～53℃；温度过低，磺化物黏度过高，不利于分离。

3. SO_3 气相薄膜磺化法的工艺流程

用 SO_3 气相薄膜磺化法连续生产十二烷基苯磺酸的工艺流程如图 3-4 所示。其工艺过程如下：由贮罐 9 用比例泵将十二烷基苯打到降膜磺化反应器顶部的分配区，使其形成薄膜

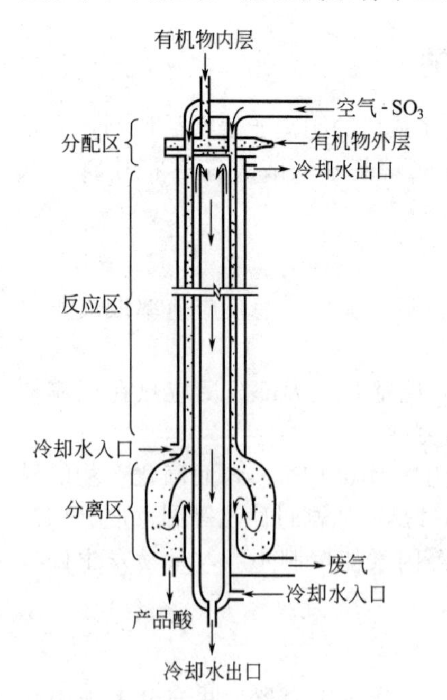

图 3-3 双膜式磺化反应器

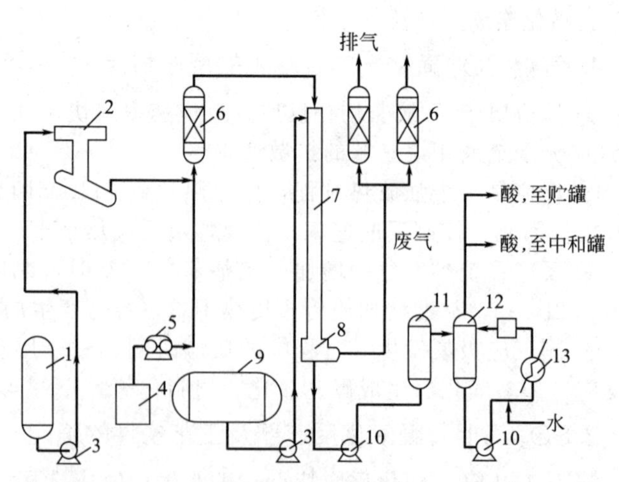

图 3-4 用 SO_3 气相薄膜磺化法连续生产十二烷基苯磺酸

1—液体 SO_3 贮罐；2—汽化器；3—比例泵；4—干空气；5—鼓风机；6—除沫器；7—薄膜反应器；8—分离器；9—十二烷基苯贮罐；10—泵；11—老化罐；12—水解罐；13—热交换器

沿着反应器壁向下流动。另一台比例泵将所需比例的液体 SO_3 送入汽化器，出来的 SO_3 气体用来自鼓风机的干空气稀释、去除微量雾状硫酸后，进入薄膜反应器中。当有机原料薄膜与含 SO_3 气体接触，反应立即发生，然后边反应边流向反应器底部的气-液分离器，分出磺化液后的废气含有少量磺酸、SO_2 和 SO_3，经捕集、碱洗后放空。从底部分离得到的磺化液用泵送往老化罐（磺化液送入老化罐之前，须先经过一个能控制 SO_3 进气量的自控装置），在老化罐中老化 30min，以促使磺化液中的焦磺酸（$RPhSO_2OSO_3H$）和未反应原料反应完全生成烷基苯磺酸，然后送往水解罐，约加入 0.5%的水以破坏少量残存的酸酐。

二、 用过量硫酸磺化法生产萘系磺化物

用过量硫酸磺化法生产萘系磺化物的品种很多，现以 2-萘磺酸钠生产为例加以说明。2-萘磺酸钠是白色结晶或粉末，易溶于水而不溶于醇，主要用途是制取 2-萘酚和扩散剂 NNO，也可进一步磺化制成萘-1,6-二磺酸、萘-2,6-二磺酸、萘-2,7-二磺酸以及萘-1,3,6-三磺酸等。由萘合成 2-萘磺酸包括磺化、水解-吹萘及中和盐析三道工序，各步反应式如下。

磺化：

$$C_{10}H_8 + H_2SO_4 \xrightleftharpoons[2h]{160℃} C_{10}H_7\text{-}SO_3H\ (2\text{-}) + C_{10}H_7\text{-}SO_3H\ (1\text{-}) + H_2O$$

水解-吹萘：

$$2\ C_{10}H_7\text{-}SO_3H\ (1\text{-}) + H_2O(\text{气}) \xrightleftharpoons{H_2SO_4} C_{10}H_8\uparrow + H_2SO_4$$

中和盐析：

$$2\ C_{10}H_7\text{-}SO_3H + Na_2SO_3 \longrightarrow 2\ C_{10}H_7\text{-}SO_3Na + H_2O + SO_2\uparrow$$

$$H_2SO_4 + Na_2SO_3 \longrightarrow Na_2SO_4 + H_2O + SO_2\uparrow$$

（1）磺化　将已熔融的精萘加入带有锚式搅拌和夹套的磺化锅中，加热到 140℃，慢慢加入 98%的 H_2SO_4，两者摩尔比为 1∶1.09，在 160～162℃保温 2h，这时有少量萘及反应水蒸出，当磺化液总酸度达 25%～27%、2-萘磺酸含量为 67.5%～69.5%时，停止反应。

（2）水解-吹萘　将磺化液送入水解锅，并加入少量水稀释，再加入少量碱液，将小部分 2-萘磺酸转变成相应的盐并作为下步盐析的晶种。在 140～150℃通入水蒸气，使大部分 1-萘磺酸水解成萘，并与未反应的萘一起随水蒸气蒸出，冷却后回收再用。

（3）中和盐析　在装有桨式搅拌和耐酸衬里的中和锅中加入水解吹萘后的磺化液，并在 90℃左右缓缓加入 Na_2SO_3 溶液（碱熔副产），中和 2-萘磺酸和过剩的硫酸。利用负压将中和产生的 SO_2 气体送往酸化锅，酸化碱熔产物 2-萘酚钠盐。将中和液冷却至 32℃左右，离心过滤（这时 Na_2SO_3 溶解度最大），用 15%的盐水洗涤，得到的湿滤饼即为产品 2-萘磺酸钠，可作为碱熔制 2-萘酚的原料。

三、 用共沸脱水磺化法生产苯磺酸

苯磺酸钠是按磺化-碱熔路线制苯酚的重要中间体，随着异丙苯法制苯酚路线的兴起，这条路线的重要性已显著下降。除苯以外，所用的主要原料是硫酸和苛性钠。碱熔过程中的副产物亚硫酸钠，除可用于中和磺化物外，还可供造纸厂使用。

苯磺化制苯磺酸包括下列反应式。

$$C_6H_6 + H_2SO_4 \longrightarrow C_6H_5{-}SO_3H + H_2O$$

$$C_6H_5{-}SO_3H + H_2SO_4 \longrightarrow HO_3S{-}C_6H_4{-}SO_3H + H_2O$$

$$C_6H_6 + C_6H_5{-}SO_3H \longrightarrow C_6H_5{-}SO_2{-}C_6H_5 + H_2O$$

其工艺过程为：向磺化锅中加入 92.5%的硫酸，预热至 90～120℃，苯经汽化并过热至150℃后，连续鼓泡送入磺化锅中，利用反应热自动升温至 180～190℃，在 160～170℃保温，当磺化液中游离酸含量下降到 3.0%～3.5%，即停止反应。磺化液中含苯磺酸88.5%～91.5%，苯二磺酸 1%，砜约 1%。在减压下脱苯，用 Na_2SO_3 溶液中和，得到的苯磺酸钠溶液含量为 43%～50%，可直接作为碱熔的原料。图 3-5 所示是苯的磺化工艺流程。

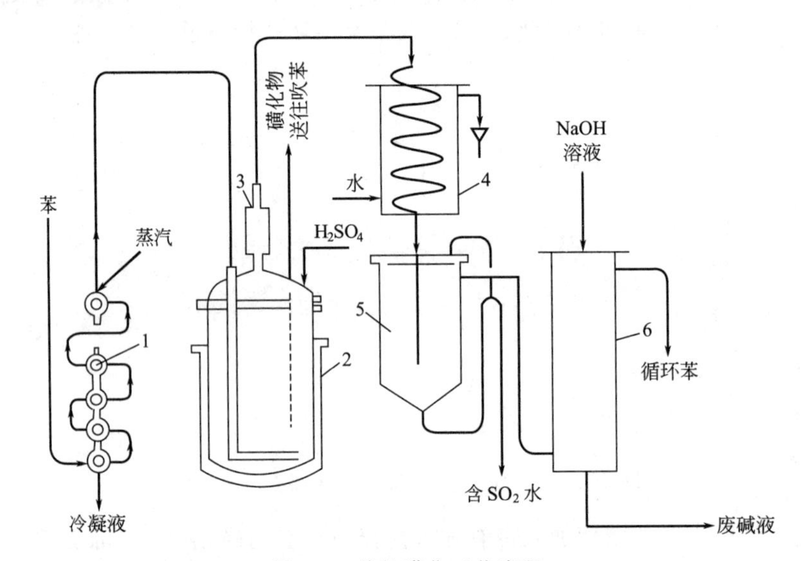

图 3-5 苯的磺化工艺流程

1—苯的汽化器；2—磺化锅；3—泡沫捕集器；4—回流苯冷凝器；5—苯水分离器；6—中和器

通入的苯量为理论量的 6～8 倍，过量的苯蒸气经中和、冷凝、干燥后循环使用。苯的气相磺化也可以采用连续法。

采用 Na_2SO_3 中和磺化液，中和时放出的 SO_2 用来酸化碱熔物，从试剂消耗上看，这种做法是经济合理的。但也需要指出，SO_2 不仅是强刺激性的有毒气体，而且腐蚀性较强，要求设备密闭化和选用耐腐蚀的材质，因而也有些工厂宁愿改用 Na_2CO_3 来中和磺化物，而将全部 Na_2SO_3 作为副产物出售。

四、 用三氧化硫或氯磺酸硫酸化生产脂肪醇硫酸钠

脂肪醇硫酸钠盐简称 AS，它是一种性能优良的阴离子表面活性剂，也是一类重要的表面活性剂。它具有乳化、起泡、渗透和去污性能好、生物降解快等特点，在洗涤用品和牙膏配方中广泛使用，是重垢型洗涤剂的主活性物之一。它以高碳脂肪酸为原料，采用 SO_3、氯磺酸、硫酸和氨基磺酸等反应试剂进行硫酸化，而后中和制得。目前工业上大都采用 SO_3 硫酸化制得。

1. 采用 SO_3 硫酸化制备 AS

SO_3 与脂肪醇硫酸化制备 AS 的反应式如下。

硫酸化：$R—OH+2SO_3 \longrightarrow R—O—SO_2—O—SO_3H$（烷基焦硫酸酯，极快）

老化：$R—O—SO_2—O—SO_3H+R—OH \longrightarrow 2R—O—SO_3H$（烷基硫酸酯）

中和：$ROSO_3H+NaOH \longrightarrow ROSO_3Na+H_2O$

硫酸化反应高度放热，且反应速率很快。由于硫酸单酯热稳定性差，温度高时会分解为原料醇和生成二烷基硫酸酯（$R—O—SO_2—O—R$）、二烷基醚（$R—O—R$）、异构醇和烯烃等副产物，故硫酸化与老化反应温度都不能太高。用降膜反应器时，其主要反应条件如下：SO_3-空气混合气中 SO_3 浓度为 4%～7%（体积分数）；SO_3 与醇的配比(摩尔比)为(1.02～1.03)∶1；醇的进料温度为略高于醇的熔点（如 C_{12} 醇，30℃）；硫酸化温度为 C_{12}～C_{14} 醇 35～40℃、C_{16}～C_{18} 醇 45～55℃；中和温度≤60℃；老化时间为 1min。

由于老化反应时间短，所以实际上不需要单独的老化器，从降膜反应器流出的反应液经过一定长度的管道后，即可直接进行中和。

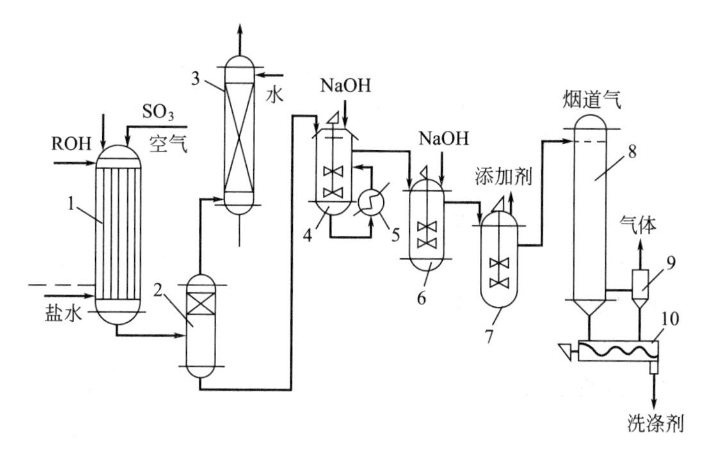

图 3-6 脂肪醇硫酸盐洗涤剂的生产流程

1—反应器；2—分离器；3—吸收塔；4,6—中和设备；5—冷却器；
7—混合器；8—喷雾干燥塔；9—旋风分离器；10—螺旋输送机

图 3-6 是用 SO_3 与脂肪醇进行硫酸化制备脂肪醇硫酸盐洗涤剂的生产流程。向薄膜反应器 1 中连续通入醇、空气及由空气稀释的 SO_3 气体，再送入分离器 2，从液体中分出的废气在吸收塔 3 除去残留 SO_3，得到脂肪醇硫酸在设备 4 中用浓的苛性钠中和，然后再在设备 6 中调到 pH=7，送往混合器 7，在此设备中加入其他添加剂（磷酸盐或焦磷酸盐、纯碱、漂白剂、羧甲基纤维素）。然后用泵打到喷雾干燥塔 8，干燥后的粉状物料在旋风分离器 9 捕集下来，通过螺旋输送机 10 进行成品包装。

不饱和高碳脂肪醇用 SO_3-空气混合物在降膜反应器中进行硫酸化时，硫酸化收率约为 92%，双键保留率约为 95%。

2. 采用氯磺酸硫酸化制备 AS

用氯磺酸为硫酸化时的反应式如下：

$$ROH+ClSO_3H \longrightarrow ROSO_3H+HCl\uparrow$$
$$ROSO_3H+NaOH \longrightarrow ROSO_3Na+H_2O$$

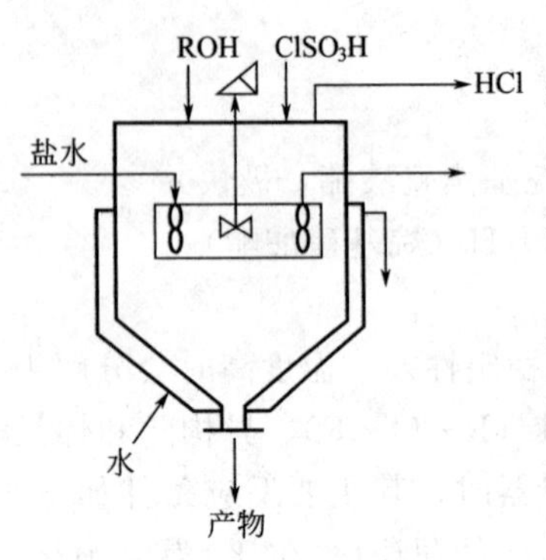

图 3-7 醇用氯磺酸硫酸盐化反应器

脂肪醇硫酸钠主要是月桂醇或椰油醇硫酸钠。月桂醇与氯磺酸按物质的量之比 1∶1.03 进行酯化，而后加碱中和生成月桂醇硫酸钠，调整 pH，加入絮凝剂絮凝除去杂质，用双氧水漂白，最后喷雾干燥得到成品。

前已述及，在用氯磺酸进行醇类硫酸化时，需采用大比表面积的反应设备，以利于生成的氯化氢释出。图 3-7 是这类设备的示意图。设备中装有带侧冷却管的浅盘、夹套及搅拌，氯磺酸与醇加到浅盘的中部，一部分参加反应的物料穿过侧冷却管沿被夹套冷却的反应器壁向下流动，处于薄膜状态的物料在流动过程中完成反应，并释放出 HCl 气体，得到的反应物送往中和单元。

本章小结

1. 工业上常见的磺化剂主要有 SO_3、浓 H_2SO_4、发烟硫酸、氯磺酸，芳香烃的磺化是典型的亲电取代反应，亲电质点是不同溶剂化的 SO_3 分子；而烯烃的磺化常常是亲电加成反应机理，烷烃磺化则为自由基反应，而采用的磺化剂为 SO_2+Cl_2、SO_2+O_2。

2. 磺化反应的影响因素主要有：被磺化物的结构、磺化剂及其用量、磺化物的异构化与水解、磺化与时间、添加剂和搅拌等。

3. 磺化工业方法主要有 SO_3 磺化法、过量硫酸磺化法、共沸脱水磺化法、氯磺酸磺化法、烘焙磺化法、亚硫酸盐磺化法、氧磺化与氯磺化法等。磺化方法通常根据反应物及产物结构和磺化剂的性质而定。

4. 磺化液的分离方法有加水稀释、直接盐析、中和盐析、脱硫酸钙和溶剂萃取等。

5. 磺化反应设备特点及典型磺化产品的合成工艺条件分析与确定。

习题与思考题

1. 工业上最常用的磺化剂有哪些？用三氧化硫磺化应注意什么问题？

2. c_{SO_3} 为 65%的发烟硫酸换算成 H_2SO_4 的含量，$c_{H_2SO_4}$ 是多少？

3. 用 600kg 质量分数为 98%的硫酸和 500kg c_{SO_3} 为 20%的发烟硫酸混合，试计算所得硫酸的浓度？以 c_{SO_3} 表示。

4. 甲苯在用质量分数为 100%的硫酸进行一磺化制对甲苯磺酸时，萘用质量分数为 97%的硫酸进行一磺化制萘-2-磺酸时，应选用什么温度？为什么？

5. 间二甲苯用浓硫酸在 150℃长时间一磺化，主要产物是什么？

6. 用 98%的浓硫酸磺化 2kmol 苯以制备磺酸，该硫酸的最低理论用量为多少？（已知苯的$\pi=66.4\%$）

7. 写出由 2-萘酚制 2-羟基萘-1,6-二磺酸的合成路线和各步反应的主要反应条件。

8. 写出从苯制备 4-氨基苯-1,3-二磺酸的合成路线。

9. 常用的工业磺化方法有哪些？并指出各方法的工艺特点及操作特点。

10. 指出以 SO_3 为磺化剂磺化十二烷基苯的工艺路线、工艺条件及其确定依据。

11. 指出双膜磺化反应器的结构特征。

12. SO_3-空气混合物中为何会含有雾状硫酸？它对磺化反应有何影响？如何使 SO_3-空气混合物中尽量少含雾状硫酸？

13. 指出浓硫酸磺化萘制 2-萘酚的工艺原理及过程。

14. 写出蓖麻油用浓硫酸或发烟硫酸进行硫酸化反应时的主要反应式，指出其反应特点。

第四章　硝化及亚硝化

本章学习目标

知识目标：1. 了解硝化及亚硝化反应的分类、特点及其工业应用；了解硝化及亚硝化反应机理及动力学；了解硝化的工业方法。
2. 理解硝化反应的基本规律及其影响因素；理解硝化产物的分离方法。
3. 掌握非均相混酸硝化方法、基本计算、反应设备特点和安全技术；掌握典型硝化产品工艺条件的确定及工艺过程的组织。

能力目标：1. 能根据反应底物特性、硝化反应基本规律及生产要求选择适合的硝化剂及硝化方法。
2. 能根据硝化基本理论分析和确定典型硝化产品的工艺条件与组织工艺过程。
3. 能根据硝化工艺要求，对非均相混酸硝化进行工艺计算、配酸操作及硝化反应和“废酸”处理操作。

素质目标：培养学生对易腐蚀品、易燃易爆化学品等危化品的安全规范使用意识，增强学生对化工生产流程和质量的控制意识，逐步形成安全生产、节能环保的职业意识和遵章守规的职业操守，养成良好的综合职业素质。

第一节　概述

一、硝化反应及其重要性

将硝基引入有机化合物分子中的反应称为硝化反应。在硝化反应中，硝基往往取代有机化合物中的氢原子而生成硝化产物。硝化时，若硝基与有机物分子中的碳原子相连接，则称C-硝化，所得产物为硝基化合物；若硝基与氮原子相连接则称 N-硝化，所得产物为硝胺；若硝基与氧原子相连接则称 O-硝化，所得产物为硝酸酯。少数情况下硝基也可取代卤基、磺基、酰基和羧基等基团而生成硝化产物。

硝化是极其重要的单元反应。作为硝化反应的产物，硝基化合物在燃料、溶剂、炸药、香料、医药、农药等许多化工领域中均可直接或间接地找到应用实例。向有机化合物中引入硝基的目的可归纳为以下几个方面。

① 作为制备氨基化合物的重要途径。

② 为促进芳环上的亲核置换反应，引入强吸电性的硝基可使其他取代基活化。有时硝基本身也可作为离去基团而被亲核基团所置换。

③ 利用硝基的极性使染料的颜色加深。

④ 可制备炸药，如有的多硝基化合物是烈性炸药；还可用作氧化剂或溶剂等。

在精细化工生产中，芳烃的亲电性硝化更为常见，且理论和生产工艺的研究也最多，本章将重点讨论芳烃的硝化。

二、 硝化反应的特点

硝化反应的特点可归纳为：

① 在进行硝化反应的条件下，反应是不可逆的；

② 硝化反应速率快，是强放热反应，其放热量约为 126kJ/mol；

③ 在多数场合下，反应物与硝化剂是不能完全互溶的，常常分为有机层和酸层。

三、 硝化反应的方法

硝化的方法主要有五种。

(1) 稀硝酸硝化　稀硝酸硝化常用于含有强的第一类定位基的芳香族化合物，如酚类、酚醚类和某些 N-酰化的芳胺的硝化。反应在不锈钢或搪瓷设备中进行，硝酸过量10%～65%。

(2) 浓硝酸硝化　浓硝酸硝化一般需要用过量许多倍的硝酸，过量的硝酸必须设法回收利用。单用硝酸作硝化剂的主要问题，是在反应过程中，硝酸不断被反应生成的水稀释，硝化能力不断下降，直至停止，使硝化作用不完全，硝酸的使用极不经济。所以，工业上应用的较少，只用于少数硝基化合物的制备。

(3) 浓硫酸介质中的均相硝化　当在反应温度下，被硝化物或硝化产物是固态时，就需要把被硝化物溶解在大量的浓硫酸中，然后加入硫酸和硝酸的混合物进行硝化。这种方法只需要使用过量很少的硝酸，一般产率较高，缺点是硫酸用量过大。

(4) 非均相混酸硝化　当在反应温度下，被硝化物和硝化产物是液态时，常常采用非均相混酸硝化的方法。通过强烈搅拌，使有机相被分散到酸相中以完成硝化反应。此法有许多优点，是目前工业上最常用、最重要的方法，也是本章讨论的重点。

(5) 有机溶剂中硝化　某些在混酸中易被磺化的化合物，可在乙酸酐、二氯甲烷或二氯乙烷等介质中用硝酸硝化。这种方法可避免使用大量的硫酸作溶剂，在工业上具有广阔的前景。

第二节　硝化反应的基本原理

一、 硝化剂及其硝化活泼质点

1. 硝化剂

硝化剂是指能生成硝基阳离子（NO_2^+）的反应试剂。工业上常见的硝化剂有各种浓度的硝酸、混酸、硝酸盐与过量硫酸的混合物、硝酸与乙酸或乙酸酐的混合物等。通常的浓硝酸是具有最高共沸点的 HNO_3 和水的共沸混合物，沸点为 120.5℃，含 68%的 HNO_3，其硝化能力不是很强。混酸是浓硝酸与浓硫酸的混合物，常用的比例为 1∶3（质量比），具有硝化能力强、硝酸的利用率高和副反应少的特点，它已成为应用最广泛的硝化剂，其缺点是酸度大，对某些芳香族化合物的溶解性较差，从而影响硝化结果。硝酸钾（钠）与硫酸作用可产生硝酸和硫酸盐，它的硝化能力相当于混酸。硝酸与乙酸酐的混合物也是一种常用的优良硝化剂，乙酸酐对有机物有良好的溶解度，作为去水剂十分有效，而且酸度小，所以特别适用于易被氧化或易为混酸所分解的芳香烃的硝化反应。此外，硝酸与三氟化硼、氟化氢或硝酸汞等组成的混合物也可作为硝化剂。

2. 硝化剂的活泼质点

在硝化反应中，硝基阳离子（NO_2^+）被认为是参加反应的活泼质点，它由硝化剂离解得到。通常，硝化剂离解能力越大（即产生 NO_2^+ 的能力越大），则硝化能力越强。

无水硝酸作硝化剂时，存在如下平衡：

$$2HNO_3 \rightleftharpoons NO_2^+ + NO_3^- + H_2O$$
$$2HNO_3 \rightleftharpoons H_2NO_3^+ + NO_3^-$$

其中 NO_2^+ 的质量分数只有 1%，未离解的硝酸为 97%，NO_3^- 约为 1.5%，H_2O 约为 0.5%。

若把少量硝酸溶于硫酸中（即混酸作硝化剂时），将发生如下反应：

$$HNO_3 + 2H_2SO_4 \rightleftharpoons NO_2^+ + H_3O^+ + 2HSO_4^-$$

实验表明，在混酸中硫酸浓度增加，有利于 NO_2^+ 的离解。硫酸浓度在 75%～85%时，NO_2^+ 浓度很低，当硫酸浓度增加至 89%或更高时，硝酸全部离解为 NO_2^+，从而硝化能力增强，见表 4-1。

表 4-1 由硝酸和硫酸配成混酸中 NO_2^+ 的含量

混酸中的 HNO_3 含量/%	5	10	15	20	40	60	80	90	100
转化成 NO_2^+ 的 HNO_3/%	100	100	80	62.5	28.8	16.7	9.8	5.9	1

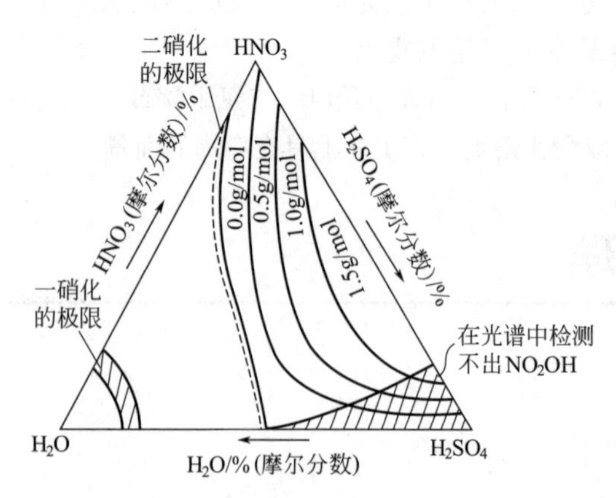

图 4-1 H_2SO_4-HNO_3-H_2O 三元系统中 NO_2^+ 的浓度（单位：mol/1000g 溶液）

硝酸、硫酸和水的三元体系作硝化剂时，其 NO_2^+ 含量可用一个三角坐标图来表示，如图 4-1 所示。由图可见，随着混酸中水的含量增加，NO_2^+ 的浓度逐渐下降，代表 NO_2^+ 可测出极限的曲线与可发生硝化反应所需混酸组成极限的曲线基本重合。

除了 NO_2^+ 是主要的硝化活泼质点外，$H_2NO_3^+$ 也是有效的活泼质点。稀硝酸硝化时还可能有 NO^+、N_2O_4 或 NO_2 作为活泼质点，但反应历程有所不同。

二、 硝化反应历程及动力学

1. 硝化反应历程

芳烃的硝化反应符合芳环上亲电取代反应的一般规律。以苯为例，其反应历程如下：

$$2HNO_3 \overset{慢}{\rightleftharpoons} NO_2^+ + NO_3^- + H_2O$$

$$C_6H_6 + NO_2^+ \rightleftharpoons [C_6H_6 \cdot NO_2^+]\ (\pi\text{-络合物}) \overset{慢}{\rightleftharpoons} [C_6H_6NO_2]^+\ (\sigma\text{-络合物}) \xrightarrow{快} C_6H_5NO_2 + H^+$$

π-络合物　　σ-络合物

反应的第一步是硝化剂离解，产生硝基阳离子 NO_2^+；第二步是亲电活泼质点 NO_2^+ 向芳环上电子云密度较高的碳原子进攻，生成 π-络合物，然后转变成 σ-络合物，最后脱除质子得到硝化产物。在浓硝酸或混酸硝化反应过程中，其中转变成 σ-络合物这一步的速率最慢，因而是整个反应的控制步骤。在硝基盐（如 NO_2BF_4 和 NO_2PF_6）硝化中，它们硝化能力比浓硝酸或混酸强得多，控制反应速率的步骤是 π-络合物的生成。

2. 硝化反应动力学

（1）均相硝化动力学　动力学研究指出，均相硝化反应芳烃的硝化与所使用的溶剂关系非常紧密。芳烃在硝酸中的硝化，硝酸既是硝化剂，又是溶剂，当硝酸过量使其浓度在硝化过程中可视为常数时，其动力学方程表现为一级反应。

$$r=k[ArH]$$

在硫酸存在下的硝化，当加入的硫酸量较少时，硝化反应仍为一级反应，但硝化反应速率明显提高。当加入硫酸量足够大时，硫酸起到溶剂作用，硝酸仅作为硝化剂，此时表现为二级反应。

$$r=k[ArH][HNO_3]$$

式中　k——表观反应速率常数，其大小与硫酸的浓度密切相关。

当硫酸浓度在 90%左右时，k 值为最大。表 4-2 列出了一些有机物在不同硫酸浓度下的硝化速率常数。

表 4-2　在不同浓度硫酸中的硝化速率常数（25℃）

被　作　用　物	90%硫酸中 k	100%硫酸中 k	k(90%)/k(100%)
芳基三甲基铵盐	2.08	0.55	3.8
对氯苯基三甲基铵盐	0.333	0.084	4.0
对硝基氯苯	0.432	0.057	7.6
硝基苯	3.22	0.37	8.7
蒽醌	0.148	0.0053	47

（2）非均相硝化动力学　非均相硝化除受化学反应规律影响外，还受传质规律的影响。研究表明，非均相硝化反应主要在两相的界面处或酸相中进行，在有机相中反应极少（<0.001%），可以忽略。近些年来，通过对芳烃类在不同条件下进行非均相硝化反应动力学的研究，认为可将非均相硝化反应分为三种类型：缓慢型、快速型和瞬间型。

① 缓慢型。也称动力学型。化学反应的速率是整个反应的控制阶段，硝化反应主要发生在酸相中。其反应速率与酸相中芳烃的浓度和硝酸的浓度成正比。甲苯在 62.4%～66.6%的 H_2SO_4 中的硝化属于这种类型。

② 快速型。也称慢速传质型。其特征是反应主要在酸膜中或两相的边界层上进行，此时，芳烃向酸膜中的扩散速率成为整个硝化反应过程的控制阶段，即反应速率受传质控制。其反应速率与酸相容积的交换面积、扩散系数和酸相中芳烃的浓度成正比。甲苯在

66.6%～71.6%的 H_2SO_4 中硝化属于这种类型。

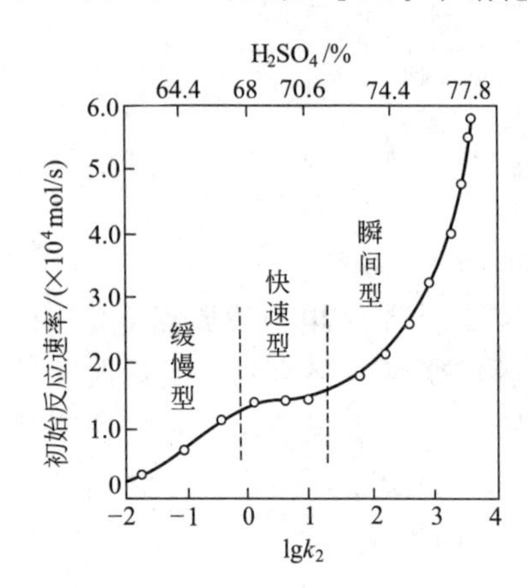

图 4-2 在无挡板容器中甲苯的初始反应速率与 lg$k$ 的变化关系（25℃，2500r/min）

③ 瞬间型。亦称快速传质型。其特征是反应速率快，以至于使处于液相中的反应物不能在同一区域共存，即反应在两相界面上发生。甲苯在 71.6%～77.4%的 H_2SO_4 中硝化时属于这种类型，其反应总速率与传质速率和化学反应速率都有关。

如图 4-2 所示是根据动力学实验数据按甲苯一硝化的初始反应速率对 lg$k$ 作图得到的曲线。

应该指出，硝化过程中硫酸浓度不断被生成的水稀释，硝酸不断参与反应而消耗，因而对于每一个硝化过程来说，不同的硝化阶段可归属于不同的动力学类型。例如，甲苯混酸硝化生产一硝基甲苯采用多釜串联操作时，第一硝化釜酸相中的硫酸、硝酸浓度都比较高，反应受传质控制；而在第二釜中，由于硫酸浓度降低，硝酸含量减少，反应速率受动力学控制。一般来说，芳烃在酸相中的溶解度越大，反应速率受动力学控制的可能性越大。

三、 硝化反应的影响因素

影响硝化反应的因素主要有反应物的性质、硝化剂、反应介质、反应温度、催化剂及硝化过程的副反应等，对于非均相硝化反应，搅拌的影响也不容忽略。为了使硝化反应顺利进行，应了解各种因素对反应的影响。

1. 被硝化物的性质

硝化反应是芳环上的亲电取代反应，芳烃硝化反应的难易程度，与芳环上取代基的性质有密切关系。当芳环上存在给电子基团时，硝化速度较快，在硝化产品中常以邻、对位产物为主；反之，当芳环上连有吸电子基时，硝化速度降低，产品中常以间位异构体为主。然而卤代芳烃例外，引入卤素虽然使芳环钝化，但得到的产品几乎都是邻、对位异构体。单取代苯的硝化反应速率按以下顺序递增：

$$—NO_2<—SO_3H<—CO_2H<—Cl<—H<—Me<—OMe<—OEt<—OH$$

在进行萘的一硝化时，产物以 α-硝基萘为主。蒽醌环的性质则要复杂得多，它中间的两个羰基使两侧的苯环钝化，因此蒽醌的硝化比苯困难，产物大部分为 α 位异构体，小部分为 β 位异构体，也有二硝化物生成。

硝化反应也受取代基团空间效应的影响，具有位阻较大的给电子取代基的芳烃，其邻位硝化比较困难，而对位硝化产物常常占优势。例如，甲苯硝化时，邻位与对位产物的比例是 40∶57，而叔丁基苯硝化时，其比例下降为 12∶79。

2. 硝化剂

不同的硝化剂具有不同的硝化能力。通常，对易于硝化的有机物可选用活性较低的硝化剂，以避免过度硝化和减少副反应的发生，而难于硝化的有机物则宜选用强硝化剂进行硝化。此外，对相同的被硝化物，若采用不同的硝化剂，常常会得到不同的产物组成。因此在进行硝化反应时，必须合理地选择硝化剂。

硝化剂浓度以及硝化剂与被硝化物之间的配比对硝化反应也有影响，在浓度低和配比小的情况下，硝化反应不易进行；反之，硝化反应易于进行，甚至可得到多硝基化合物。

混酸硝化时，混酸的组成是重要的影响因素，硫酸浓度越大，硝化能力越强。例如，甲苯一硝化时硫酸浓度每增加1%，反应活化能约下降2.8kJ/mol。对于极难硝化物质，可采用HNO_3-SO_3作硝化剂，以便提高硝化反应速率和大幅度降低硝化废酸量。混酸中硫酸的浓度还影响产物异构体的比例。例如，1,5-萘二磺酸在浓硫酸中硝化，主要生成1-硝基萘-4,8-二磺酸，而在发烟硫酸中硝化，主要生成2-硝基萘-4,8-二磺酸。混酸中加入某些添加剂也能改变产物异构体的比例，如甲苯硝化时向混酸中加入适量磷酸，可增加对位异构体的比例。

不同的硝化介质也常常改变异构体组成的比例。带有强供电子基的芳烃化合物（如苯甲醚、乙酰苯胺）在非质子化溶剂中硝化时，得到较多的邻位异构体，而在可质子化溶剂中硝化得到较多的对位异构体。这是由于在可质子化溶剂中硝化，电子富有的原子可能容易被氢键溶剂化，从而增大了取代基的体积，使邻位攻击受到空间阻碍。表4-3列出了乙酰苯胺在不同介质中硝化时的异构体组成。

表4-3 乙酰苯胺在不同介质中硝化时的异构体组成

硝化剂	温度/℃	邻位/%	间位/%	对位/%	邻位/对位
$HNO_3+H_2SO_4$	20	19.4	2.1	78.5	0.25
HNO_3(90%)	−20	23.5		76.5	0.31
HNO_3(80%)	−20	40.7		59.3	0.69
HNO_3(在乙酸酐中)	20	67.8	2.5	29.7	2.28

3. 硝化温度

对于均相硝化反应，温度直接影响反应速率和生成物异构体的比例。一般易于硝化和易于发生氧化副反应的芳烃（如酚、酚醚等）可采用低温硝化，而含有硝基或磺基等较稳定的芳烃则应在较高温度下硝化。

对于非均相硝化反应，温度还将影响芳烃在酸相中的物理性能（如溶解度、乳化液黏度、界面张力）和总反应速率等。由于非均相硝化反应过程复杂，因而温度对其影响呈不规则状态，需视具体品种而定。例如，甲苯一硝化的反应速率常数为每升高10℃增加1.5～2.2倍。

温度还直接影响生产安全和产品质量。硝化反应是一个强放热反应。混酸硝化时，反应生成水稀释硫酸并将放出稀释热，这部分热量相当于反应热的7.5%～10%。苯的一硝化反应热可达到143kJ/mol。一般芳环一硝化的反应热也有约126kJ/mol。这样大的热量若不及时移走，会发生超温，造成多硝化、氧化等副反应，甚至还会发生硝酸大量分解，产生大量红棕色NO_2气体，使反应釜内压力增大；同时主副反应速率的加快，还将继续产生更大量的热量，如此恶性循环使得反应失去控制，将导致爆炸等生产事故。因此在硝化设备中一般都带有夹套、蛇管等大面积换热装置，以严格控制反应温度，确保安全和得到优质产品。

4. 搅拌

大多数硝化过程属于非均相体系，良好的搅拌是反应顺利进行和提高传热效率的保证。加强搅拌，有利于两相的分散，从而提高传质和传热效率，加速硝化反应。因此，硝化反应必须有良好的搅拌装置和适宜的搅拌转速。工业上常用的搅拌装置为推进式、涡轮式和桨式搅拌器，其转速一般根据硝化反应器及配套的搅拌装置类型而定。如对于硝化釜，一般要求为 100～400r/min；对于环式或泵式硝化器，一般为 2000～3000r/min。

在间歇硝化过程中，尤其是在反应的加料阶段，停止搅拌或桨叶脱落，将是非常危险的！因为这时两相快速分层，大量活泼的硝化剂在酸相积累，一旦重新搅拌，就会突然发生激烈反应，瞬时放出大量的热，导致温度失控，以至于发生事故。因此，要求在硝化设备上设置自控和报警装置，采取必要的安全措施。

5. 相比与硝酸比

相比是指混酸与被硝化物的质量比，有时也称酸油比。选择适宜的相比是保证非均相硝化反应顺利进行的保证。相比过大，设备的负荷加大，生产能力下降，废酸量大大增多；相比过小，反应初期酸的浓度过高，反应过于剧烈，使得温度难以控制；实际工业生产中，常采用向硝化釜中加入适量废酸的方法来调节相比，以确保反应平稳和减少废酸处理量。

硝酸与被硝化物的摩尔比称为硝酸比。按照化学方程式，一硝化时的硝酸比理论上应为 1，但是在工业生产中硝酸的用量常常高于理论量，以促使反应进行完全。当硝化剂为混酸时，对于易被硝化的芳烃，硝酸比为 1.01～1.05；而对于难被硝化的芳烃，硝酸比为 1.1～1.2 或更高。由于环境保护的要求日益强烈，20 世纪 70 年代开发的绝热硝化法正在逐步取代传统的过量硝酸硝化工艺。此法的特点之一是采用过量的芳烃。

6. 硝化副反应

硝化副反应主要是多硝化、氧化和生成络合物。避免多硝化副反应的主要方法是控制混酸的硝化能力、硝酸比、循环废酸的用量、反应温度和采用低硝酸含量的混酸。

氧化是影响最大的副反应，主要是在芳环上引入羟基，例如，在甲苯一硝化时总会生成少量的硝基酚类。硝化后分离出的粗品硝基物异构体混合物必须用稀碱液充分洗涤，除净硝基酚类，否则，在粗品硝基物脱水和用精馏法分离异构体时有发生爆炸的危险。研究表明，NO_2 和 HNO_2 的存在是造成芳烃侧链氧化的原因，其他一些副反应也与氮的氧化物有关。因此，生产中应严格控制硝化条件，防止硝酸分解，以阻止或减少副反应的发生。必要时可加入适量的尿素将硝酸分解产生的 NO_2 破坏掉，可以抑制氧化副反应。

$$3N_2O_4+4CO(NH_2)_2 \longrightarrow 8H_2O+4CO_2\uparrow+7N_2\uparrow$$

同时，为了使生成的 NO_2 气体能及时排出，硝化器上应配有良好的排气装置和吸收 NO_2 的装置。另外，硝化器上还应该有防爆孔以防意外。

硝化过程中另一个重要的副反应是生成一种有色络合物。这种络合物是由烷基苯与亚硝基硫酸和硫酸形成的，其结构式如下。

$$C_6H_5CH_3 \cdot 2ONOSO_3H \cdot 3H_2SO_4$$

由于这种络合物的生成，使硝化过程中，尤其是反应后期接近终点时，出现硝化液颜色变深、发黑发暗的现象。其原因往往是硝酸用量不足，故可在 45～55℃下，及时补加硝酸，则很容易将络合物破坏。但温度若大于 65℃，络合物将自动沸腾，使温度上升到 85～90℃，此时再补加硝酸也无济于事，最终成为深褐色树脂状物质。

络合物的形式与已有取代基的结构、数量、位置等因素有关。长链烷基苯最容易生成此络合物，短侧链的稍差，苯则最难生成，而带有吸电子基的苯系衍生物则介于两者之间。

第三节 混酸硝化

混酸硝化是工业上广泛采用的一种硝化方法，特别是用于芳烃的硝化。混酸硝化的特点是：硝化能力强，反应速率快，生产能力高；硝酸用量接近于理论量，几乎全部被利用；硫酸的热容量大，可使硝化反应平稳进行；浓硫酸可溶解多数有机物，以增加有机物与硝酸的接触，使硝化反应易于进行；混酸对铁的腐蚀性很小，可采用普通碳钢或铸铁作反应器，不过对于连续化装置则需采用不锈钢材质。一般的混酸硝化工艺过程如图 4-3 所示。

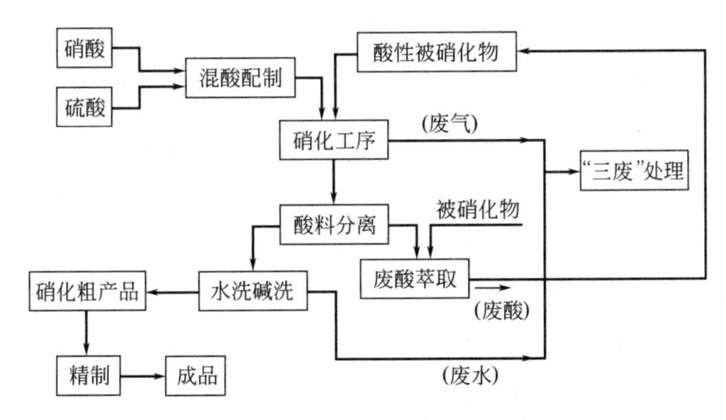

图 4-3 混酸硝化工艺过程示意

一、混酸组成的选择

混酸的组成标志着混酸的硝化能力，合理选择混酸组成对生产过程的顺利进行十分重要。工业上常用硫酸脱水值和废酸计算浓度，表示混酸的硝化能力。

1. 硫酸脱水值

硫酸脱水值是指硝化终了时废酸中硫酸和水的计算质量之比，也称作脱水值，用符号 D. V. S.（dehydrating value of sulfuric acid 的缩写）表示。

$$\text{D. V. S.}=\frac{\text{废酸中硫酸的质量}}{\text{废酸中水的质量}}$$

当已知混酸的组成和硝酸比时，脱水值的计算如下（假设一硝化反应进行完全，且无副反应）：

$$\text{D. V. S.}=\frac{S}{100-S-N+\frac{2}{7}\times\frac{N}{\phi}}$$

式中 S——混酸中硫酸的质量分数；

N——混酸中硝酸的质量分数；

ϕ——硝酸比。

当 $\phi=1$ 时，则上式可简化为：

$$\text{D. V. S.}=\frac{S}{100-S-\frac{5}{7}N}$$

若D. V. S. 值大，表示硝化能力强，适用于难硝化的物质，反之亦然。

2. 废酸计算浓度

废酸计算浓度是指混酸硝化终了时，废酸中硫酸的计算浓度，亦称硝化活性因素。用符号F. N. A.（factor of nitration activity 的缩写）表示。

当$\phi=1$时，可表示如下：

$$\text{F. N. A.}=\frac{140S}{140-N}$$

或

$$S=\frac{140-N}{140}\text{F. N. A.}$$

当$\phi=1$时，则D. V. S. 与F. N. A. 的换算关系有：

$$\text{D. V. S.}=\frac{\text{F. N. A.}}{100-\text{F. N. A.}}\text{或 F. N. A.}=\frac{\text{D. V. S.}}{1+\text{D. V. S.}}\times 100$$

从F. N. A. 计算式可知，当F. N. A. 为常数，S和N为变量时，该式为一个直线方程。这说明：在这一直线上的所有混酸组成都满足相同的F. N. A. 值或D. V. S. 值，但真正具有实际意义的混酸组成仅是该直线中的一小段而已。

3. 选择混酸组成的一般原则

混酸硝化时，混酸组成的选择一般应符合如下原则：①可充分利用硝酸；②可充分发挥硫酸的作用；③在原料酸所能配出的范围以内；④废酸对设备的腐蚀性小。

这些原则的贯彻可通过表4-4来说明。表4-4给出用于氯苯一硝化的三种混酸组成，其F. N. A. 值和D. V. S. 值均相同。选择第一种混酸时，硫酸的用量最省，但相比太小，操作难以控制，容易发生多硝化和其他副反应，硝酸得不到有效的充分利用。选择第三种混酸时，则生产能力低，废酸量大，硫酸的作用得不到充分发挥。因此，具有实用价值的是第二种混酸。

表4-4 氯苯一硝化时选用三种不同混酸的比较

硝酸比 $\phi=1.05$	混酸组成/%			F. N. A.	D. V. S.	1mol 氯苯		
	H_2SO_4	HNO_3	H_2O			所需混酸/kg	所需100% H_2SO_4/kg	废酸生成量/kg
混酸Ⅰ	44.5	55.5	0.0	73.7	2.80	119	53.0	74.1
混酸Ⅱ	49.0	46.9	4.1	73.7	2.80	141	69.1	96.0
混酸Ⅲ	59.0	27.9	13.1	73.7	2.80	237	139.8	192.0

总之，为了保证硝化过程顺利进行，对于每个具体产品都应通过实验确定适宜的D. V. S. 或F. N. A. 值、相比、硝酸比和混酸组成。表4-5是某些重要硝化过程的技术数据。

表4-5 某些重要硝化过程的技术数据

被硝化物	主要硝化产物	硝酸比	D. V. S.	F. N. A.	混酸组成/%		备注
					H_2SO_4	HNO_3	
萘	1-硝基萘	1.07～1.08	1.27	56	27.84	52.28	加58%废酸
苯	硝基苯	1.01～1.05	2.33～2.58	70～72	40～49.5	44～47	连续法
甲苯	邻硝基甲苯和对硝基甲苯	1.01～1.05	2.18～2.28	68.5～69.5	56～57.5	26～28	连续法
氯苯	邻硝基氯苯和对硝基氯苯	1.02～1.05	2.45～2.8	71～72.5	47～49	44～47	连续法
氯苯	邻硝基氯苯和对硝基氯苯	1.02～1.05	2.50	71.4	56	30	间歇法
硝基苯	间二硝基苯	1.08	7.55	约88	70.04	28.12	间歇法
氯苯	2,4-二硝基氯苯	1.07	4.9	约83	62.88	33.13	连续法

二、 混酸的配制

1. 配酸计算

用几种不同的原料配制混酸时，可根据各组分酸在配制前后，其总重不变的原则，建立物料衡算式，可求出各原料酸的质量。

【例 4-1】 设 1kmol 萘在一硝化时用质量分数为 98%的硝酸和 98%的硫酸，要求混酸的脱水值为 1.35，硝酸比 ϕ 为 1.05，试计算要用 98%的硝酸和 98%的硫酸各多少千克、所配混酸的组成、废酸计算浓度和废酸组成（在硝化锅中预先加有适量上一批的废酸，计算中可不考虑，即假设本批生成的废酸的组成与上批循环废酸的组成相同）。

解：计算步骤为

100%的硝酸用量＝1.05kmol　约 66.15kg

98%的硝酸用量＝66.15/0.98＝67.50（kg）

所用硝酸中含 H_2O＝67.50－66.15＝1.35（kg）

理论消耗 HNO_3＝1.00kmol　约 63.00（kg）

剩余 HNO_3＝66.15－63.0＝3.15（kg）

反应生成 H_2O＝1.00kmol　约 18.00kg

设所用 98%的硫酸的质量为 x kg；所用 98%的硫酸中含 H_2O ＝0.02x kg，则：

$$\mathrm{D.V.S.}=\frac{0.98x}{1.35+18+0.02x}=1.35$$

解得：

所用 98%的硫酸的质量 x＝27.41kg

混酸中含 H_2SO_4＝27.41×0.98＝26.86（kg）

所用 98%的硫酸中含 H_2O＝27.41－26.86＝0.55（kg）

混酸中含 H_2O＝1.35＋0.55＝1.90（kg）

混酸质量＝67.50＋27.41＝94.91（kg）

混酸组成（质量分数）：H_2SO_4 为 28.30%；HNO_3 为 69.70%；H_2O 为 2.00%

废酸质量＝26.86＋3.15＋1.35＋0.55＋18＝49.91（kg）

废酸计算浓度 F.N.A.＝ 26.86/49.91＝53.82%

废酸中 HNO_3 含量(质量分数)＝ 3.15/49.91＝6.31%

废酸中 H_2O 含量(质量分数)＝(1.35＋0.55＋18)/49.91＝ 39.87%

应该指出：用上述方法计算出的废酸浓度是简化的理论计算值，这里没有考虑硝化不完全、多硝化以及氧化副反应所消耗的硝酸和生成的水。

2. 配酸工艺

混酸配制有间歇操作与连续操作两种。间歇操作生产效率虽低，但适用于小批量多品种生产；连续操作配酸生产能力大，适用于大吨位产品的生产。

配制混酸的设备要求具有防腐能力并装有冷却和机械混合装置。混酸配制过程产生的混合热须由冷却装置及时移除。为减少硝酸的挥发和分解，配酸温度一般控制在 40℃以下。

间歇式配酸，其操作要严格控制原料酸的加料顺序和加料速度。在无良好混合条件下，严禁将水突然加入大量的硫酸中。否则，会引起局部瞬间剧烈放热，造成喷酸或爆炸事故。

比较安全的配酸方法应是在有效的混合和冷却条件下，将浓硫酸先缓慢、后渐快地加入水或废酸中，并控制温度在40℃以下，最后再以先缓慢、后渐快的加酸方式加入硝酸。连续式配酸也应遵循这一原则。配制的混酸必须经过检验分析，若不合格，则需补加相应的酸，调整组成直至合格。

三、 硝化操作方式及硝化反应器

硝化过程有间歇和连续两种方式。连续硝化设备小，效率高，易于实现自动化，适用于大吨位产品的生产；间歇硝化具有较高的灵活性和适应性，适用于小批量多品种的生产。

1. 硝化操作方法

由于生产方式和被硝化物的不同，以混酸为硝化剂的液相硝化，其操作一般有正加法、反加法和并加法三种加料顺序。

（1）正加法　该法是将混酸逐渐加入被硝化物中，其优点是反应比较缓和，可避免多硝化；缺点是反应速率较慢。此法常用于被硝化物容易硝化的过程。

（2）反加法　反加法是将被硝化物逐渐加入混酸中，其优点是在反应过程中始终保持过量的混酸与不足量的被硝化物，反应速率快。这种加料方式适用于制备多硝基化合物和难硝化的过程。

（3）并加法　并加法是将被硝化物与混酸按一定比例同时加入硝化反应器的方法，常用于连续硝化过程。连续硝化操作常采用多釜串联方式，被硝化物和混酸一并加入多台串联的第一台硝化釜（也称主锅）中，并在此完成大部分反应，然后再依次到后面的硝化釜（也称副锅或成熟锅）中进行硝化。多釜串联连续硝化的优点是可以提高反应速率，减少物料短路，并且可在不同硝化釜中控制不同的温度，有利于提高生产能力和产品质量。表4-6是氯苯采用四釜串联连续一硝化的主要技术数据。

表4-6　氯苯采用四釜串联连续一硝化的主要技术数据

名　称	第一硝化釜	第二硝化釜	第三硝化釜	第四硝化釜
反应温度/℃	45～50	50～55	60～65	65～75
酸相中 HNO_3(质量分数)/%	6.5	3.5～4.2	2.0～2.7	0.7～1.5
有机相中氯苯(质量分数)/%	22～30	8.2～9.5	2.5～3.2	<1.0
氯苯转化率/%	65	23	7.8	2.7

实际上，正加法和反加法的选择不仅取决于硝化反应的难易，而且还要考虑到被硝化物的物理性质和硝化产物的结构等因素。

2. 硝化反应器

连续操作的硝化反应器是用不锈钢制成的，间歇操作的硝化反应器通常采用普通碳钢或铸铁制成。硝化后废酸的浓度一般不低于68%～70%的 H_2SO_4，原因在于浓度低于68%的硫酸对碳钢有强腐蚀作用。

硝化反应为强放热反应，放出的热量必须及时移出。工业上常用夹套、蛇管或列管传出热量。冷却效率以蛇管最大，列管次之，夹套最小。

硝化反应是非均相液-液反应，需要强制搅拌使两相充分混合。为了增强混合效果，在釜中安装导流筒，或利用釜内紧密排列的蛇管兼起导流筒的作用，蛇管之间必须进行焊接，以免物料在蛇管的缝隙产生短路。

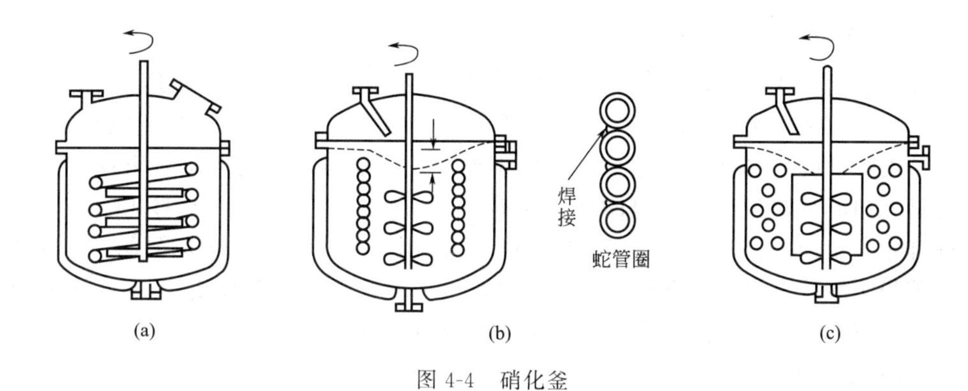

图 4-4 硝化釜

硝化反应器的结构很多，有釜式、U 形管式和泵式循环连续硝化装置，以及近年发展起来的环形反应器等。环形反应器具有传效好和产品质量高的优点，国内外已有一些大型工厂改用这种新型硝化器，但这种硝化器不适用于凝固点比较高的反应物系。图 4-4 所示为几种常见的硝化釜结构：（a）是间歇设备；（b）是利用蛇管作导流筒的连续硝化釜，适用于小量生产；（c）的传热面较大，适用于大型连续硝化装置。图 4-5 所示为环形硝化器，这是近年来开发出的一种效果较好的连续硝化器。其工作原理为：有机物与混酸从右侧加入，与从左侧过来的冷循环物料经过多层推进式搅拌器使之强烈混合，并使反应热被冷的循环物料所吸收，混合后的反应物进入左侧的冷却区，冷却后的物料一部分作为出料，大部分作为循环料，使右侧进入的反应物冷却并使酸相中的硝酸稀释。因为物料的循环速度快、循环量大，实际上两侧的温度差只有 1～2℃。操作时既可以多个串联，也可以与锅式反应器串联。环形硝化器造价高、生产能力大，只适用于连续硝化，已用于苯、甲苯、氯苯的一硝化。

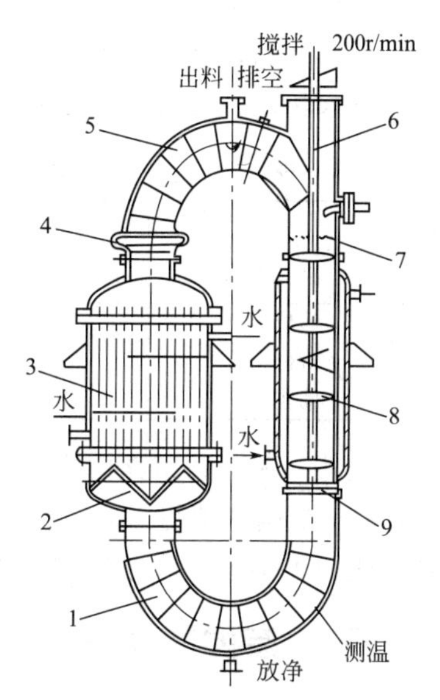

图 4-5 环形硝化器结构

1—下弯管；2—匀流折板；3—换热器；4—伸缩节；5—上弯管；6—搅拌轴；7—弹性支承；8—搅拌器；9—底支承

四、 硝化产物的分离

硝化产物的分离包括硝化液中硝化产物与废酸的分离、硝化主产物与副产物之间的分离和硝化异构产物的分离。

1. 硝化产物与废酸的分离

硝化反应完成后，首先需要将硝化产物与废酸分离，若产物在常温下呈液态或低熔点的固态，则可利用它与废酸具有较大密度差实现分离。一般废酸（硫酸）浓度越低，硝化产物与废酸的互溶性越小，分离越易。因此，有时在分离前可先加入少量的水稀释。但加水量应考虑到设备的耐腐蚀程度，硝化产物与废酸的易分离程度，以及废酸循环或浓缩所需的经济浓度。操作时，让硝化混合物以切线进料方式进入带有蒸汽夹套的连续分层分离器。同时，为加速硝化物与废酸的分层，可在硝化混合液中加入叔辛胺，其用量为硝化物质量的 0.0015%～0.0025%。此外，废酸中的硝基物有时也可用有机溶剂（如二氯乙烷、二氯丙烷等）萃取回收，从而实现产物与废酸的分离。

2. 硝化产物中副产物及无机酸的分离

分出废酸后的硝化物中，除含少量无机酸外，还有氧化副产物，主要是酚类。通常采用洗涤法，即采用水洗、碱洗，以除去这些杂质。但需防止乳化，否则，硝基酚类难以分离，造成潜在的爆炸危险。其处理措施有：搅拌不能太快；加破乳剂。近年来出现了解离萃取法，此法是利用混合磷酸盐（$Na_2HPO_4 \cdot 2H_2O$ 64.2g/L，$Na_3PO_3 \cdot 12H_2O$ 21.9g/L）的水溶液处理中性粗硝基物，酚类解离成盐，被萃取到水相中，达到分离的目的。水相还可以用苯或甲苯异丁酮等有机溶剂进行反萃取，重新得到混合磷酸盐循环使用。与洗涤法相比，此法减少了“三废”和化学试剂的消耗，但投资费用较高。

3. 硝化异构产物的分离

硝化产物往往是异构混合物，需进行分离提纯。方法通常有两种：化学法和物理法。

（1）化学法　它是利用各种异构体在某一反应中的不同化学性质而实现分离的。如：在制备间二硝基苯时，会同时生成少量的邻、对位异构体。可利用间二硝基苯与亚硫酸钠不反应，而副产邻、对位异构体则发生亲核置换生成可溶于水的硝基苯磺酸钠的原理来实现分离。

$$\text{邻二硝基苯}\ (\text{或对二硝基苯}) \xrightarrow[NaOH]{Na_2SO_3} \text{邻硝基苯磺酸钠}\ (\text{或对硝基苯磺酸钠}) + NaNO_2$$

（2）物理法　它是利用各种异构体的沸点和凝固点不同，用精馏和结晶相配合的方法将其分离。例如，氯苯一硝化产物可用此法分离精制。产物的组成和物理性质见表 4-7。随着精馏技术和设备的发展与更新，有些产品已可采用精馏法直接分离。

表 4-7　氯苯一硝化产物的组成及其物理性质

异构体	组成/%	凝固点/℃	沸点/℃	
			0.1MPa	1kPa
邻位	33～34	32～33	245.7	119
对位	65～66	83～84	242.0	113
间位	1	44	235.6	

此外，还可利用异构体在不同有机溶剂和不同酸度时其溶解度不同的原理实现分离。例如，1,5-二硝基萘与 1,8-二硝基萘用二氯乙烷作溶剂进行分离；1,5-二硝基蒽醌与 1,8-二硝基蒽醌用 1-氯萘、环丁砜或二甲苯作溶剂进行分离等。

五、废酸的处理

硝化后的废酸除主要成分为 73%～75%的硫酸外，还含有小于 0.2%的硝基化合物、约 0.3%的亚硝酰硫酸（$HNOSO_4$）和约 0.2%的硝酸。根据不同的硝化产品和硝化方法，废酸的处理可采用以下方法：

① 将多硝化后的废酸再用于下一批的单硝化中；

② 硝化后部分废酸直接循环套用，其余废酸可用芳烃萃取后浓缩成 92.5%～95%硫酸再用于配制混酸；

③ 含微量硝基物的低浓度废酸（30%～50%），可通过浸没燃烧法提浓至60%～70%或直接闪蒸浓缩除去少量水和有机物后，用于配酸；

④ 利用萃取、吸附或过热蒸汽吹出等手段来除去废酸中所含氮氧化物、剩余硝酸和有机杂质，然后加氨水制成化肥。

废酸在蒸发浓缩前需脱硝，其方法是：加热废酸（硫酸浓度≤75%）至一定温度，使废酸液中的硝酸和亚硝酰硫酸等无机物发生分解，释放出的氧化氮气体再用碱液吸收处理。

第四节 应用实例

硝基化合物的品种很多，本节将结合不同硝化剂的特点，介绍几个典型品种的制备方法。

一、用混酸硝化法制备苯系硝化物

1. 硝基苯的合成

硝基苯主要用于制取苯胺和聚氨酯泡沫塑料等。早期采用混酸间歇硝化法。随着苯胺需用量的迅速增长，20世纪60年代后逐步开发了采用混酸硝化的锅（釜）式串联、泵-列管串联、塔式、管式、环形串联等常压冷却连续硝化法和加压绝热连续硝化法。

（1）常压冷却连续硝化法 图4-6所示是目前我国广泛采用的锅式串联连续硝化流程示意。其工艺过程为：首先按表4-5给出的配料比与部分冷的循环废酸连续地加入硝化锅1

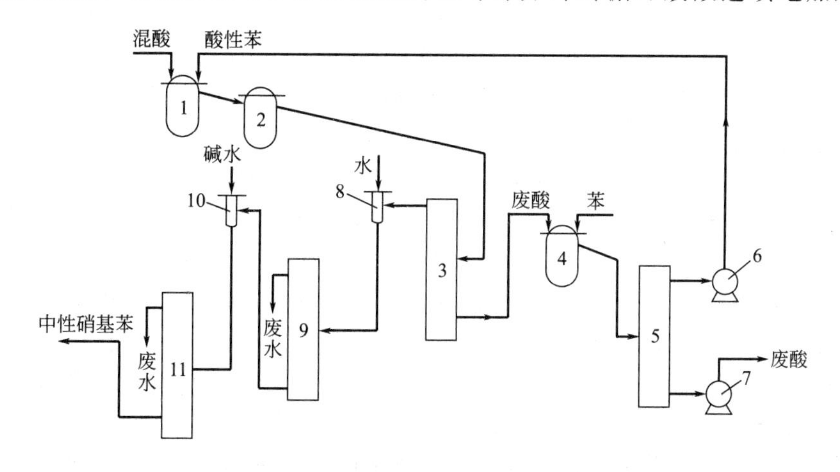

图4-6 苯连续一硝化流程示意

1,2—硝化锅；3,5,9,11—分离器；4—萃取锅；6,7—泵；8—水洗器；10—碱洗器

中，控制反应温度在68～70℃，反应物再经过三个串联的硝化锅2，保持温度在65～68℃，停留时间10～15min，然后进入连续分离器3分离出废酸和酸性硝基苯，废酸进入连续萃取锅4，用苯萃取废酸中的硝基苯，然后经分离器5分离出萃取苯（俗称酸性苯，酸性苯中含2%～4%的硝基苯），并用泵6连续地送往硝化锅1，萃取后的废酸用泵7送去浓缩成质量分数为90%～93%或76%～78%的硫酸，套用于配制混酸。酸性硝基苯经水洗器8、分离器9、碱洗器10和分离器11除去所含的废酸和副产的硝基酚，即得到中性硝基苯。

近年来，国内许多厂家对此工艺进行了改进。如改用四台环形硝化器串联或三环一锅串联等方法，该方法具有以下优点：①换热面积大，传热系数高，冷却效果好，节省冷却水；②物料停留时间分布的散度小，物料混合状态好，温度均匀，有利于生产控制；与锅式法比较，未反应苯的质量分数由1%左右下降到0.5%左右；③减少了滴加混酸处的局部过热和硝酸的受热分解，排放的NO_2少，有利于安全生产；④与锅式法比较，酸性硝基苯中二硝基苯的质量分数由0.3%下降到0.1%以下，硝基酚质量分数下降到0.05%～0.06%。

常压冷却连续硝化法的优点是投资相对不高，工艺对设备要求较低，生产过程中传热效率高，可使硝化反应平稳地进行。主要缺点是对于硝化设备冷却要求非常高，硝化步骤需要用大量的冷却水，公用工程费高。特别是当规模在5万吨/年以上时，反应传热会受到一定影响，导致副反应增加，废酸处理和硝化产物洗涤时会产生大量废水。

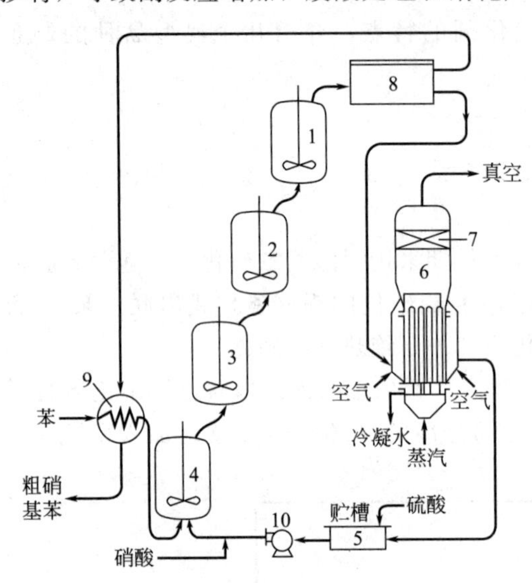

图4-7 苯绝热硝化工艺流程示意

1～4—硝化器；5—酸槽；6—闪蒸器；7—除沫器；8—分离器；9—预热器；10—泵

(2) 带压绝热连续硝化法 20世纪70年代，国外又开发成功了加压绝热连续硝化法。其生产流程如图4-7所示。原料苯（过量5%～10%）在预热器9中预热至90℃后，与预热到约90℃的混酸（含$H_2SO_4$68%、HNO_3约5%）连续进入一级硝化器，当转化率达到50%以上时，再经后三级硝化器（四个串联的管式硝化器均无冷却装置）继续升温反应，最终物料出口温度达到135～140℃，停留时间2～4min。产物在分离器8中进行分离，分离出的废酸（硫酸浓度约65%）进入闪蒸器6，利用反应产生热量对其进行浓缩，浓缩后的废酸（硫酸浓度约68%）循环使用。分离出的粗硝基苯经水洗、碱洗、精馏后得到工业硝基苯，收率99.3%，二硝基物质量含量低于0.03%。

与传统常压冷却硝化法相比，绝热硝化法具有以下特点：无冷却装置，比传统方法节能90%；反应在封闭系统和压力下进行，有效避免了苯的挥发，降低了苯的消耗和污染；绝热硝化最高温度为140℃，与危险温度190℃相比低了很多，操作安全，同时设备上配有防爆膜，一旦超压，苯和水都会大量挥发带走热量。但绝热硝化对设备材质要求高，投资较大。

目前，邯郸滏阳化工集团引进了加拿大Chemetics公司的绝热硝化技术，已建成了一套2万吨/年的绝热法硝基苯装置；山西天脊煤化工集团和吉林康奈尔化学工业公司引进了德国MEISSNER公司的绝热硝化技术，分别建成了18万吨/年和24万吨/年的绝热法硝基苯装置。

2. 硝基氯苯的合成

对（或邻）硝基氯苯是重要的有机中间体，由氯苯一硝化制得。我国主要采用混酸硝化的多釜串联连续硝化法。其生产工艺过程与苯的多釜串联连续硝化基本相同，其配料比、反应条件等主要技术数据可参见表4-5和表4-6。在国外，绝热连续硝化法也成功地应用于硝基氯苯的生产。

二、 用浓硝酸硝化制备1,4-二甲氧基-2-硝基苯

1,4-二甲氧基-2-硝基苯是生产染料的中间体，主要用于生产黑色盐ANS。1,4-二甲氧基-2-硝基苯是以浓硝酸为硝化剂，由对二甲氧基苯进行硝化而得。

$$\text{1,4-(OMe)}_2C_6H_4 \xrightarrow{HNO_3} \text{1,4-(OMe)}_2\text{-2-}NO_2C_6H_3$$

其工艺过程为：在搪瓷反应釜内加入505kg水和345kg对二甲氧基苯，搅拌并加热至52℃使对二甲氧基苯溶解于水。在65℃以下，缓慢加入259kg浓硝酸，约持续4h。加料完毕后，升温至85℃反应4h。然后，冷却至60℃后加水稀释，再冷却到35℃以下，产物便结晶析出，经抽滤、水洗至中性、干燥后即得产品。本品为金黄色针状结晶，能溶于苯、乙醇、氯仿和硫酸中，不溶于水。

第五节 亚硝化反应

在有机物分子的碳原子上引入亚硝基，生成C—NO键的反应称亚硝化反应。与硝基化合物相比，亚硝基化合物显示不饱和键的性质，可进行缩合、加成、氧化和还原等反应，用以制备各类中间体。

一、 亚硝化剂及反应活泼质点

亚硝化的反应试剂是亚硝酸，亚硝酸在反应中的活泼质点是亚硝基正离子NO^+，与硝基正离子NO_2^+相比，NO^+的亲电能力较弱，只能向芳环或其他电子云密度较大的碳原子进攻，仅限于和酚类、芳胺类等活泼芳烃化合物反应，而且主要得到对位取代产物，当对位被占据时则进入邻位。仲胺在亚硝化时，亚硝基优先进入氮原子上。所以，亚硝化的应用范围比较窄。

由于亚硝酸很不稳定，受热或在空气中易分解，故亚硝化一般以亚硝酸盐为反应试剂，在强酸性水溶液中、0℃左右进行反应。

二、 典型的亚硝化反应

1. 酚类的亚硝化

在低温下，酚类化合物与亚硝酸可进行亚硝化反应。比较重要的亚硝化产品有对亚硝基苯酚、1-亚硝基-2-萘酚等。

对亚硝基苯酚是制取硫化蓝的重要中间体，也可用于生产橡胶交联剂、解热镇痛药扑热息痛等。对亚硝基苯酚是由苯酚与亚硝酸钠在硫酸存在下进行亚硝化反应而得。

$$C_6H_5ONa + NaNO_2 + H_2SO_4 \longrightarrow \text{HO-}C_6H_4\text{-NO} + Na_2SO_4 + H_2O$$

其操作是将苯酚溶于等物质的量的 NaOH 水溶液中，然后加入亚硝酸钠（控制溶液温度在 0～2℃，并搅拌），并在上述溶液中加入稀硫酸，在 0℃搅拌反应 1h 左右，即可得到对亚硝基苯酚沉淀，经离心过滤后即得到产品。

1-亚硝基-2-萘酚是制备 1-氨基-2-萘酚-4-磺酸的中间产物，后者是制取含金属偶氮染料的重要中间体。

$$C_{10}H_7ONa + NaNO_2 + H_2SO_4 \longrightarrow C_{10}H_6(NO)OH + Na_2SO_4 + H_2O$$

其操作是将 2-萘酚在搅拌下加入氢氧化钠水溶液中，使其溶解，冷却后加亚硝酸钠得 2-萘钠与亚硝酸钠的水悬浮液，在 4～8℃以下，向上述水悬浮液中（向液面下）滴加稀硫酸，直到 pH 值为 2～3，再搅拌 0.5h 后过滤，滤饼用水洗至不呈酸性，经精制即得产品。

2. 芳仲胺与芳叔胺的亚硝化

芳仲胺进行亚硝化时，一般先生成 N-亚硝基衍生物，然后在酸性介质中发生异构化，分子内重排（费歇尔-赫普重排）而制得 C-亚硝基衍生物。例如，对亚硝基二苯胺是通过二苯胺的 N-亚硝基化合物重排而制取的。

$$C_6H_5{-}NH{-}C_6H_5 \xrightarrow[-H_2O]{HNO_2} C_6H_5{-}N(NO){-}C_6H_5 \xrightarrow[重排]{HCl} C_6H_5{-}NH{-}C_6H_4{-}NO$$

反应是将 $NaNO_2$ 和硫酸水溶液与溶于三氯甲烷中的二苯胺作用，而后向三氯甲烷中加入甲醇盐酸进行重排，即可得到对亚硝基二苯胺。对亚硝基二苯胺是制备橡胶防老剂 4010NA 和安定蓝染料的中间体。*N*-亚硝基二苯胺也是一种精细化学品，在橡胶硫化过程中具有防焦和阻聚作用。

在叔芳胺的环上引入亚硝基时，主要得到相应的对位取代产物。例如，*N*,*N*-二甲基苯胺盐酸水溶液在 0℃与微过量的 $NaNO_2$ 水溶液搅拌数小时，即可得到对亚硝基-*N*,*N*-二甲基苯胺盐酸盐。它是染料、香料、医药和印染助剂的重要中间体。

$$C_6H_5N(CH_3)_2 + NaNO_2 + HCl \longrightarrow ON{-}C_6H_4{-}N(CH_3)_2\cdot HCl + H_2O + NaCl$$

本章小结

1. 工业上常见的硝化剂主要有：浓 HNO_3、混酸、硝酸盐和硫酸、硝酸的乙酐（或乙酸）溶液；芳烃的硝化是典型的亲电取代反应，亲电质点是硝酰正离子 NO_2^+；芳烃的亚硝化也是亲电取代反应，其亲电质点是 NO^+。

2. 硝化反应的影响因素主要有：被硝化物的结构、硝化剂与硝化介质、硝化温度、硝酸比与相比、搅拌、硝化副反应等。

3. 工业硝化方法主要有：稀硝酸硝化、浓硝酸硝化、浓硫酸介质中的均相硝化、非均相混酸硝化、有机溶剂中的硝化等。其中以非均相混酸硝化为最重要。

4. 非均相混酸硝化技术：混酸硝化能力的评价、配酸计算、配酸操作、硝化反应设备与硝化操作、硝化产物的分离、废酸的处理、硝化安全。

5. 典型硝化产品（如硝基苯）的合成工艺条件分析与工艺参数的确定。

习题与思考题

1. 工业上有哪些硝化操作方法？各自的特点如何？

2. 结合非均相硝化的三种动力学类型，试说明硫酸在混酸硝化中的作用。

3. 解释下列两组名词：

（1）相比及硝酸比　（2）D. V. S. 及 F. N. A.

4. 由硝基苯制备间二硝基苯时，需配制组成为 H_2SO_4（72%）、HNO_3（26%）、H_2O（2%）的混酸6000kg，需要20%发烟硫酸、85%废酸及98%硝酸各多少千克？若采用间歇式工艺，且 $\phi=1.08$，试求酸油比及 D. V. S. 值。

5. 配酸及硝化操作时，应注意哪些安全事项？

6. 混酸硝化时，工艺上为什么须严格控制反应温度及始终保持良好的搅拌？

7. 怎样最大限度地减少硝化产生的废酸量？

8. 试述苯低温硝化制备硝基苯工艺过程，并指出对硝化产物的分离方法及分离时应注意的因素。

9. 何谓绝热硝化？其有何特点？

10. 写出由甲苯制备下列化合物的合成路线。

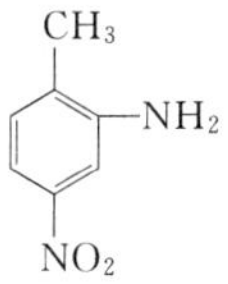

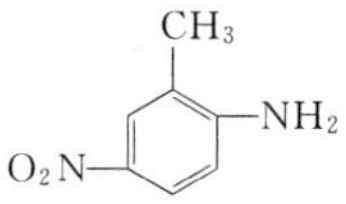

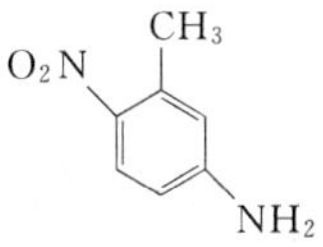

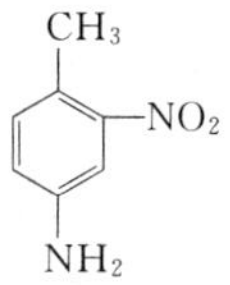

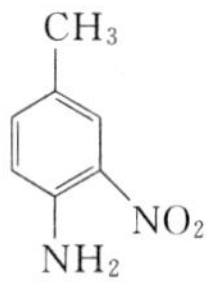

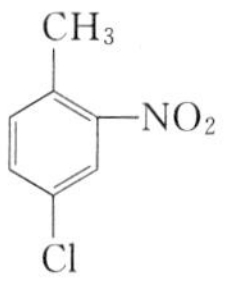

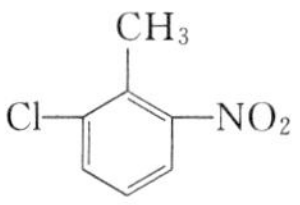

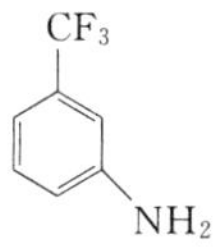

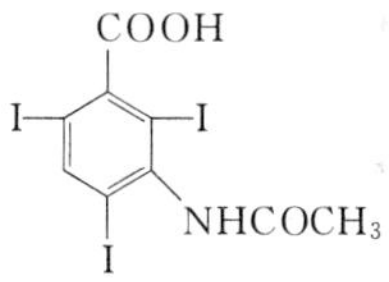

第五章　卤化

本章学习目标

知识目标：1. 了解卤化反应的分类、特点及其应用；了解各类卤化方法及应用实例。
2. 理解不饱和烃加成卤化常用的卤化剂及加成卤化基本规律，置换卤化常用的卤化剂及可被置换的常见基团。
3. 掌握芳环上取代卤化、脂肪烃和芳环侧基取代卤化的基本规律以及重要工业产品的生产工艺与技术。

能力目标：1. 能运用卤化反应的基本知识与基本理论，设计典型含卤产物或中间体的合成路线及方法。
2. 能根据卤化反应的基本理论分析和确定典型卤化产品（如氯苯、氯化石蜡等）的合成工艺条件与组织工艺过程。

素质目标：1. 增强学生对有毒有害、易燃易爆化学品等危险化学品的安全规范使用意识和职业保护意识。
2. 培养学生理论联系实际、既规范操作又善思革新，逐步养成知识应用和创新素质。

第一节　概述

一、卤化反应及其重要性

向有机化合物分子中引入卤素（X）生成C—X键的反应称为卤化反应。按卤原子的不同，可以分成氟化、氯化、溴化和碘化。卤化有机物通常有卤代烃、卤代芳烃、酰卤等。在这些卤化物中，由于氯的衍生物制备最经济，氯化剂来源广泛，所以氯化在工业上大量应用；溴化、碘化的应用较少；氟的自然资源较广，许多氟化物具有较突出的性能，近年来人们对含氟化合物的合成十分重视。

卤化是精细化学品合成中的重要反应之一。通过卤化反应，可实现如下主要目的。

① 增加有机物分子极性，从而可以通过卤素的转换制备含有其他取代基的衍生物，如卤素置换成羟基、氨基、烷氧基等。其中溴化物中的溴原子比较活泼，较易为其他基团置换，常被应用于精细有机合成中的官能团转换。

② 通过卤化反应制备的许多有机卤化物本身就是重要的中间体，可以用来合成染料、农药、香料、医药等精细化学品。

③ 向某些精细化学品中引入一个或多个卤原子，还可以改进其性能。例如，含有三氟甲基的染料有很好的日晒牢度；铜酞菁分子中引入不同氯、溴原子，可制备不同黄光绿色调的颜料；向某些有机化合物分子中引入多个卤原子，可以增进有机物的阻燃性。

二、 卤化类型及卤化剂

卤化反应主要包括三种类型：卤原子与不饱和烃的卤加成反应、卤原子与有机物氢原子之间的卤取代反应和卤原子与氢以外的其他原子或基团的卤置换反应。

卤化时常用的卤化剂有卤素单质、卤素的酸和氧化剂、次卤酸、金属和非金属的卤化物等，其中卤素应用最广，尤其是 Cl_2。但对于 F_2，由于活性太高，一般不能直接用作氟化剂，只能采用间接的方法获得氟衍生物。

上述卤化剂中，用于取代和加成卤化的卤化剂有卤素（Cl_2、Br_2、I_2）、氢卤酸和氧化剂（$HCl + NaClO$、$HCl + NaClO_3$、$HBr + NaBrO$、$HBr + NaBrO_3$）及其他卤化剂（SO_2Cl_2、$SOCl_2$、HOCl、$COCl_2$、SCl_2、ICl）等，用于置换卤化的卤化剂有 HF、KF、NaF、SbF_3、HCl、PCl_3、HBr 等。

第二节 取代卤化

取代卤化是合成有机卤化物最重要的途径，主要包括芳环上的取代卤化、脂肪烃及芳烃侧链的取代卤化。取代卤化以取代氯化和取代溴化最为常见。

一、 芳环上的取代卤化

1. 反应历程

芳环上的取代卤化是在催化剂作用下，芳环上的氢原子被卤原子取代的过程。其反应通式为：

$$ArH + X_2 \longrightarrow ArX + HX$$

其反应机理属于典型的亲电取代反应。进攻芳环的亲电质点是卤正离子（X^+）。反应时，X^+ 首先对芳环发生亲电进攻，生成 σ-络合物，然后脱去质子，得到环上取代卤化产物。例如，苯的氯化：

$$C_6H_6 + Cl^+ \underset{}{\overset{快}{\rightleftharpoons}} \underset{\pi\text{-络合物}}{[C_6H_6 \rightarrow Cl^+]} \overset{慢}{\rightleftharpoons} \underset{\sigma\text{-络合物}}{[C_6H_6Cl]^+} \longrightarrow C_6H_5Cl + H^+$$

反应一般需使用催化剂，其作用是促使卤分子极化并转化成亲电质点卤正离子。常用的催化剂为路易斯酸，如 $FeCl_3$、$AlCl_3$、$ZnCl_2$、$SnCl_4$、$TiCl_4$ 等；工业上广泛采用 $FeCl_3$，其与 Cl_2 作用，使 Cl_2 离解成 Cl^+ 反应历程是：

$$Cl_2 + FeCl_3 \rightleftharpoons [FeCl_3 - \overset{\delta-}{Cl} - \overset{\delta+}{Cl}] \rightleftharpoons FeCl_4^- + Cl^+$$

反应过程中，催化剂的需要量很少。以苯氯化为例，在苯中的 $FeCl_3$ 浓度达到 0.01%（质量分数）时，即可满足氯化反应的需要。

除了金属卤化物外，有时也采用硫酸或碘作催化剂，这些催化剂也能使 Cl_2 转化为 Cl^+。

2. 反应动力学特征

芳环上的取代氯化是一个典型的连串反应，即先得到的卤代产物可以继续发生取代卤化反应，生成卤化程度较高的产物。以苯的取代氯化为例：

$$C_6H_6 + Cl_2 \xrightarrow[k_1]{FeCl_3} C_6H_5Cl + HCl$$

$$C_6H_5Cl + Cl_2 \xrightarrow[k_2]{FeCl_3} C_6H_4Cl_2 + HCl$$

$$C_6H_4Cl_2 + Cl_2 \xrightarrow[k_3]{FeCl_3} C_6H_3Cl_3 + HCl$$

……

苯的一氯化与氯苯的进一步氯化反应的速率常数相差只有 10 左右（$k_1/k_2=10$），实验证明，在卤化反应中，随着反应生成物浓度的不断变化，连串反应中各级反应速率也发生较大的变化。例如，在苯的氯化中，当苯中的氯苯含量为 1%（质量分数）时，一氯化速率 r_1 比二氯化速率 r_2 大 842 倍；当苯中氯苯含量为 73.5%（质量分数）时，苯的一氯化与二氯化反应速率相等。也就是说，在苯的氯化中，随着一氯苯的不断生成，二氯苯的生成速率不断增加，以致生成较多的二氯化物和多氯化物。图 5-1 所示是苯在间歇氯化时产物组成变化情况。它体现了连串反应的一般特征。从图中可以看到，苯与 Cl_2 作用首先生成氯苯，当苯的转化率达 20%左右时，氯苯开始与 Cl_2 反应生成二氯苯。二氯化的速率随着苯中氯苯浓度的增加而明显加快，在氯化深度为 1.07 左右时，氯苯的生成量达到最大值。如氯苯是目标产物，则可以控制氯化反应深度停留在较浅的阶段。

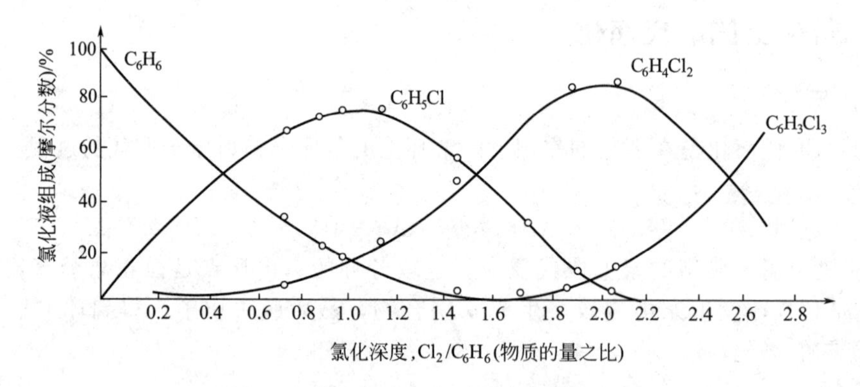

图 5-1 苯在间歇氯化时的产物组成变化

3. 影响因素及反应条件的选择

芳环上取代基的电子效应和卤化的定位规律与一般芳环上的亲电取代反应相同，其主要因素有被卤化芳烃的结构、反应温度、卤化剂和反应溶剂等。

（1）被卤化芳烃的结构　芳环上取代基可通过电子效应使芳环上的电子云密度增大或减小，从而影响芳烃的卤化取代反应。芳环上有给电子基团时，有利于形成 σ-络合物，卤化容易进行，主要形成邻、对位异构体，但常出现多卤代现象；反之，芳环上有吸电子基团时，因其降低了芳环上电子云密度而使卤化反应较难进行，需要加入催化剂并在较高温度下反应。例如：苯酚与溴的反应，在无催化剂存在时便能迅速进行，并几乎定量地生成

2,4,6-三溴苯，而硝基苯的溴化，需加铁粉并加热至135～140℃才发生反应。

含多个π电子的杂环化合物（如噻吩、吡咯和呋喃等）的卤化反应容易发生；而缺π电子、芳香性较强的杂环化合物如吡啶等，其卤化反应较难发生。

S COCH$_3$ $\xrightarrow[\text{室温}]{Br_2/AcOH\text{（乙酸）}}$ Br S COCH$_3$

N $\xrightarrow[\text{130℃，封管}]{Br_2/SO_3}$ Br N

（2）卤化剂　在芳烃的卤代反应中，必须注意选择合适的卤化剂，因为卤化剂往往会影响反应速率、卤原子取代的位置、数目及异构体的比例等。

NH$_2$ $\xrightarrow[HCl]{Br_2}$ NH$_2$ Br Br Br

NH$_2$ $\xrightarrow[\text{室温/24h}]{N\text{-溴代丁二酰亚胺（NBS）/DMF}}$ NH$_2$ Br

卤素是合成卤代芳烃最常用的卤化剂。其反应活性顺序为：$Cl_2>BrCl>Br_2>ICl>I_2$。

对于芳烃环上的氟化反应，直接用氟与芳烃作用制取氟代芳烃，因反应十分激烈，需在氩气或氮气稀释下于－78℃进行，故无实用意义。

取代氯化时，常用的氯化剂有氯气、次氯酸钠、硫酰氯等。不同氯化剂在苯环上氯化时的活性顺序为：$Cl_2>ClOH>ClNH_2>ClNR_2>ClO^-$。

常用的溴化剂有溴、溴化物、溴酸盐和次溴酸的碱金属盐等。溴化剂按照其活泼性的递减可排列成以下次序：$Br^+>BrCl>Br_2>BrOH$。芳环上的溴化可用金属溴化物作催化剂，如溴化镁、溴化锌，也可用碘。

溴资源比氯少，价格也比较高。为回收副产物溴化氢，常在反应中加入氧化剂（如NaClO、$NaClO_3$、Cl_2、H_2O_2等），使生成的HBr氧化成Br_2而得到充分利用。

$$2BrH+NaOCl\xrightarrow{H_2O}Br_2+NaCl+H_2O$$

碘是芳烃取代反应中活泼性最低的反应试剂，而且碘化反应是可逆的。为使反应进行完全，必须移除并回收反应中生成的HI。HI具有较强的还原性，可在反应中加入适当的氧化剂（如HNO_3、HIO_3、H_2O_2等），使HI氧化成I_2继续反应；也可加入NH_3、NaOH和Na_2CO_3等碱性物质，以中和除去HI；一些金属氧化物（如HgO、MgO等）能与HI形成难溶于水的碘化物，也可以除去HI。

氯化碘、羧酸的次碘酸酐（RCOOI）等碘化剂，可提高反应中碘正离子的浓度，增加碘的亲电性，有效地进行碘取代反应，例如：

COOH NH$_2$ $\xrightarrow[\text{室温}\rightarrow 98\sim100℃]{ICl}$ COOH I I NH$_2$ I

(3) 反应介质 如果被卤化物在反应温度下呈液态，则不需要介质而直接进行卤化，如苯、甲苯、硝基苯的卤化。若被卤化物在反应温度下为固态，则可根据反应物的性质和反应的难易，选择适当的溶剂。常用的有水、乙酸、盐酸、硫酸、氯仿及其他卤代烃类。

对于性质活泼、容易卤化的芳烃及其衍生物，可以水为反应介质；将被卤化物分散悬浮在水中，在盐酸或硫酸存在下进行卤化。例如对硝基苯胺的氯化。

对于较难卤化的物料，可以浓硫酸、发烟硫酸等为反应溶剂，有时还需加入适量的催化剂碘。如蒽醌在浓硫酸中氯化制取 1,4,5,8-四氯蒽醌。先将蒽醌溶于浓硫酸中，再加入 0.5%～4%的碘催化剂，在 100℃下通氯气，直到含氯量 36.5%～37.5%时为止。

当要求反应在较缓和的条件下进行，或是为了定位的需要，有时可选用适当的有机溶剂。如萘的氯化采用氯苯为溶剂，水杨酸的氯化采用乙酸作溶剂等。

选用溶剂时，还应考虑溶剂对反应速率、产物组成与结构、产率等的影响。表 5-1 列出了不同溶剂对产物组成的影响。

表 5-1 不同溶剂对产物组成的影响

原料	溶剂(温度)	主产物及其产率/%	
苯酚＋Br_2	CS_2(＜5℃)	对溴苯酚	80～84
	SO_2		84
	H_2O(室温)	2,4,6-三溴苯酚	约 100
N,*N*-二甲基苯胺＋Br_2	H_2O(室温)	*N*,*N*-二甲基-2,4,6-三溴-苯胺	约 100
	二噁烷(5℃)	*N*,*N*-二甲基-4-溴-苯胺	80～85
苯酚＋Br_2(2mol)	$C_6H_5CH_3$(－70℃)	2,6-二溴苯酚[①]	87

① 叔丁胺作催化剂。

(4) 反应温度 一般反应温度越高，反应速率越快。对于卤取代反应而言，反应温度还影响卤素取代的定位和数目。通常是反应温度高，卤取代数多，有时甚至会发生异构化。如萘在室温、无催化剂下溴化，产物是 α-溴萘；而在 150～160℃和铁催化下溴化，则得到 β-溴萘。较高的温度有利于 α-体向 β-体异构化。在苯的取代氯化中，随着反应温度的升高，二氯化反应速率比一氯化增加得还快；在 160℃时，二氯苯还将发生异构化。

卤化温度的确定，要考虑到被卤化物的性质和卤化反应的难易程度，工业生产上还需考虑主产物的产率及装置的生产能力。如氯苯的生产，由于温度的升高，使二氯化物产率增加，即一氯代选择性下降，故早期采用低温（35～40℃）生产。但由于氯化反应是强放热反应，每生成 1mol 氯苯放出大约 131.5kJ 的热量，因此维持低温反应需较大的冷却系统，且反应速率低，限制了生产能力的提高。为此普遍采用在氯化液的沸腾温度下（78～80℃），用塔式反应器进行反应。其原因有：①采用填料塔式反应器，可有效消除物料的返混现象，使温度的提高对 k_2/k_1（二氯化速率常数与一氯化速率常数之比）增加不显著；②过量苯的汽化可带走大量反应热，便于反应温度的控制和有利于连续化生产。

(5) 原料纯度与杂质 原料纯度对芳环取代卤化反应有很大影响。例如，在苯的氯化反应中，原料苯中不能含有含硫杂质（如噻吩等）。因为它易与催化剂 $FeCl_3$ 作用生成不溶于苯的黑色沉淀并包在铁催化剂表面，使催化剂失效；另外，噻吩在反应中生成的氯化物在氯化液的精馏过程中分解出氯化氢，对设备造成腐蚀。其次，在有机原料中也不能含有水，因为水能吸收反应生成的 HCl 成为盐酸，对设备造成腐蚀，还能萃取苯中的催化剂 $FeCl_3$，导致催化剂离开反应区，使氯化速度变慢，当苯中含水量达 0.02%（质量分数）时，反应便停止。此外，还不希望 Cl_2 中含 H_2，当 $H_2>4\%$（体积分数）时，会引起火灾甚至爆炸。

（6）反应深度　以氯化为例，反应深度即为氯化深度，它表示原料烃被氯化程度的大小。通常用烃的实际氯化增重与理论单氯化增重之比来表示，也可以用氯化烃的含氯量或反应转化率来表示。由于芳烃环上氯化是一个连串反应，因此要想在一氯化阶段少生成多氯化物，就必须严格控制氯化深度。工业上采用苯过量，控制苯氯比为 4∶1（摩尔比），低转化率反应。

对于苯氯化反应，由于二氯苯、一氯苯和苯的相对密度依次递减，因此，反应液密度越低，说明苯的含量越高，反应转化率越低，氯化深度就越低，生产上采用控制反应器出口液的相对密度来控制氯化深度。表 5-2 是采用沸腾法的苯氯化生产数据。

表 5-2　氯化液相对密度与产物组成的关系

氯化液的相对密度（15℃）	氯化液组成（质量分数）/%			氯苯/二氯苯（质量比）
	苯	氯苯	二氯苯	
0.9417	69.36	30.51	0.13	235
0.9529	63.16	36.49	0.35	104

（7）混合作用　在苯的氯化中，如果搅拌不好或反应器选择不当，会造成传质不匀和物料的严重返混，从而对反应不利，并会使一氯代选择性下降。在连续化生产中，减少返混现象是所有连串反应，特别是当连串反应的两个反应速率常数 k_1 和 k_2 相差不大，而又希望得到较多的一取代衍生物时常遇到的问题。为了减轻和消除返混现象，可以采用塔式连续氯化器，苯和氯气都以足够的流速由塔的底部进入，物料便可保持柱塞流通过反应塔，生成的氯苯，即使相对密度较大也不会下降到反应区下部，从而可以有效克服返混现象，保证在塔的下部氯气和纯苯接触。

二、 脂肪烃及芳烃侧链的取代卤化

脂肪烃和芳烃侧链的取代卤化是在光照、加热或引发剂存在下卤原子取代烷基上氢原子的过程。它是合成有机卤化物的重要途径，也是精细有机合成中的重要反应之一。

1. 脂肪烃及芳烃侧链取代卤化的反应特点

（1）反应是典型的自由基反应　其历程包括链引发、链增长和链终止三个阶段。具体见第二章第二节的游离基反应甲烷的氯化历程。反应一经引发，便迅速进行。

（2）反应具有连串反应特征　与芳烃环上的取代卤化一样，脂肪烃及芳烃侧链取代卤化反应也是一个连串反应。如烷烃氯化时，在生成一氯代烷的同时，氯自由基可与一氯代烷继续反应，生成二氯代烷，进而生成三氯代烷、四氯代烷乃至多氯代烷。

（3）反应的热力学特征　发生取代卤化时，氟化是高度放热反应，氯化是较高放热反应，溴化是中等放热反应，而碘化则是吸热反应。烷烃取代卤化的反应热（$-\Delta H_{25℃}$）如下：取代烷烃分子中一个氢被氟取代为 460.5kJ/mol，被氯取代为 104.7kJ/mol，被溴取代为 33.5kJ/mol，而被碘取代为－50.2kJ/mol。

2. 影响因素及反应条件的选择

（1）被卤化物的性质　若无立体因素的影响，各种被卤化物氢原子的活性次序为：$ArCH_2—H > CH_2═CH—CH_2—H \gg$ 叔 C—H＞仲 CH＞伯 C—H＞$CH_2═CH—H$，这与反应中形成的碳游离基的稳定性规律相同。

苄位和烯丙位氢原子比较活泼，容易进行游离基取代卤化反应。如果在苄位或其邻、对位带有推电子基团，苄位的卤化更容易进行；若带有吸电子基团，则卤化相对困难。烯丙位进行卤化时，如果分子中存在不同的烯丙基 C—H 键，其反应活性取决于相对应的碳游离基的稳定性，活性顺序为：叔 C—H＞仲 C—H＞伯 C—H。例如：

$$(CH_3)_2C═CHCH_3 \xrightarrow[\text{回流 16h}]{N\text{-溴代丁二酰亚胺(NBS)}/CCl_4} (CH_3)_2C═CHCH_2Br$$

$$(CH_3)_2C═CHCH_2CH_2CH_3 \xrightarrow[\text{回流约 2h}]{NBS/CCl_4} (CH_3)_2C═CHCH(Br)CH_2CH_3$$

（2）卤化剂　在烃类的取代卤化中，卤素是常用的卤化剂，它们在光照、加热或引发剂存在下产生卤游离基。其反应活性顺序为：$F_2 > Cl_2 > Br_2 > I_2$，但其选择性与此相反。碘的活性差，通常很难直接与烷烃反应；而氟的反应性极强，用其直接进行氟化反应过于剧烈，常常使有机物裂解成为碳和氟化氢。所以，有实际意义的只是烃类的氯代和溴代反应。

由于卤素可以与脂肪烃中的双键发生加成反应，一般不宜采用卤素进行烯丙位取代卤化反应；而芳环上不易发生卤素的加成反应，则可采用卤素进行苄位取代卤化反应。NBS 用于烯丙位或苄位氢的卤代反应，具有反应条件温和、选择性高和副反应少的特点。例如分子中存在多种可被卤代的活泼氢时，用 NBS 卤化的主产物为苄位溴化物或烯丙位溴化物：

$$C_6H_5—CH_2CH_2CH_2CO—C_6H_5 \xrightarrow[h\nu\text{，回流}]{NBS/CCl_4} C_6H_5—CHBrCH_2CH_2CO—C_6H_5$$

$$CH_2═C(CH_3)—CH_2C(CH_3)_3 \xrightarrow[\text{过氧化二苯甲酰，回流}]{NBS/CCl_4} CH_2═CH(CH_3)—CHBrC(CH_3)_3$$

（3）引发条件及温度　烃类化合物的取代卤化反应发生的快慢主要取决于引发游离基的条件。光照引发和热引发是经常采用的两种方法。

光照引发以紫外光照射最为有利。以氯化为例，氯分子的光离解能是 250kJ/mol，与此对应的引发光波长是 478nm。波长越短的光，其能量越强，有利于引发游离基，但波长小于 300nm 的紫外光透不过普通玻璃。因而，实际生产中常将发射波长范围为 400～700nm 的日光灯作为照射光源；光引发时，其反应温度一般控制在 60～80℃。

热引发可分为中温液相氯化与高温气相氯化，氯分子的热离解能是 239kJ/mol，一般液相氯化反应的热引发温度范围为 100～150℃，而气相氯化反应温度则高达 250℃以上。其余卤素分子的离解能量要略低些，反应温度可以相应降低。表 5-3 为卤素分子离解所需能量。

提高反应温度有利于取代反应，也有利于减少环上加成氯化副反应，还可促进卤化剂均裂成游离基，所以一般在高温下进行苄位和烯丙位的取代卤化反应。

表 5-3 卤素分子离解所需能量

卤素	光照极限波长/nm	光离解能/(kJ/mol)	热离解能/(kJ/mol)
Cl_2	478	250	239
Br_2	510	234	193
I_2	499	240	149

(4) 催化剂及杂质　在有催化剂时，芳烃环上取代氯化要比环上加成或侧链氯化快得多，即在催化剂存在时，通常只能得到环上取代产物。在光照、加热或引发剂下通 Cl_2，侧链取代氯化又比环上加成氯化快得多。因此通过游离基反应进行芳烃侧链的卤化时，应该注意不要使反应物中混入能够发生环上取代氯的催化剂。

对于自由基反应，原料需有较高的纯度和严格控制其杂质，否则会阻止反应。

① 杂质铁。若有铁存在，通氯时会转变成 $FeCl_3$，则对自由基反应不利，并起抑制作用，同时若原料为烯烃或芳烃时，还会加快加成氯化及环上取代氯化。因此，原料中不能有铁，反应设备不能用普通钢设备，需用衬玻璃、镍、搪瓷或石墨反应器。

② 氧气。对反应有阻碍作用，需严格控制其浓度。对于光引发：烃中氧含量$<1.25\times10^{-4}$时，Cl_2 中需$<5.0\times10^{-5}$；或烃中氧含量$=5.0\times10^{-5}$时，Cl_2 中需$<2.0\times10^{-4}$。

③ 水。原料中有少量水的存在，也不利于游离基取代反应的进行。因此，工业上常用干燥的氯气。

此外，固体杂质或具有粗糙反应器内壁，会使链终止。为了除去反应物中可能存在的痕量杂质，有时加入乌洛托品。

(5) 反应介质　CCl_4 是经常采用的反应介质，因为它属于非极性惰性溶剂，可避免游离基反应的终止和一些副反应的发生。其他可用的溶剂还有苯、石油醚和氯仿等。反应物若为液体，则可不用溶剂。

(6) 氯化深度及原料配比　由于芳烃侧链及烷烃的取代氯化都具有连串反应的特点，因此，氯化产物的组成是由氯化深度来决定的。氯化深度越深，单氯化选择性越低，即多氯化物组成越高。当氯化条件不变时，一氯代烃与多氯代烃的质量比 x 与烃、氯的摩尔比（称烃氯比）y 有如下关系：

$$x=ky$$

式中　k——烃的特性常数。

选择适当的氯化深度及烃氯化，对提高单氯化选择性是有利的，烃氯比大，一氯代烷的选择性高，一般适宜的烃氯比为（5～3）∶1。

三、应用实例

1. 氯苯的生产

氯苯是制备农药、医药、染料、助剂及其他有机合成产品的重要中间体，也可以直接作溶剂，生产吨位较大。氯苯的生产目前普遍采用沸腾氯化法，工艺流程如图 5-2 所示。生产过程如下：将经过固体食盐干燥的苯和氯气，按苯氯比约 4∶1（物质的量之比）的比例，从充满铁环填料（作催化剂）的氯化塔底部送入，部分氯气与铁环反应生成 $FeCl_3$ 并溶解于苯中，保持塔顶的绝对压力为 0.105～0.109MPa，此时的反应温度为 75～82℃，使其在沸腾状态下进行反应。生成的氯化液从氯化塔上侧出口溢出入液封槽，经冷却后进入贮罐，控制氯化液的相对密度为 0.935～0.950，此时温度控制在 15℃，氯化产物的质量组成大致为氯苯 25%～30%、苯 66%～74%、多氯苯<1%。经水洗、中和、精馏，得到产品氯苯、副

产混合二氯苯和回收苯。回收苯经固体食盐干燥后循环使用；混合二氯苯进一步分离可得到对二氯苯和邻二氯苯。反应塔顶部溢出的热的气体经过石墨冷凝器 4 和 5，使大部分苯蒸气和氯苯蒸气冷凝下来，经酸苯分离器 6 分离掉微量的盐酸后，循环回氯化塔；经初步冷却的氯化氢气体，送至氯化氢吸收系统作进一步处理，可得到副产盐酸。特别注意，氯化氢吸收系统产生的尾气中含有氢气，为确保安全，需用空气稀释后才能放空。副产盐酸中仍含微量苯，使用时需注意安全，防止着火，不能用于食品工业。

沸腾氯化器是一种塔式设备（图 5-3），内壁衬耐酸砖，塔底装有炉条以支承铁环，塔顶是扩大区，安装有两层导流板以促进气液分离，利用苯的气化带出热量。在设计氯化器时，必须防止出现滞留区，否则容易出现多氯苯，导致设备堵塞，甚至发生生成碳的副反应而引起燃烧。

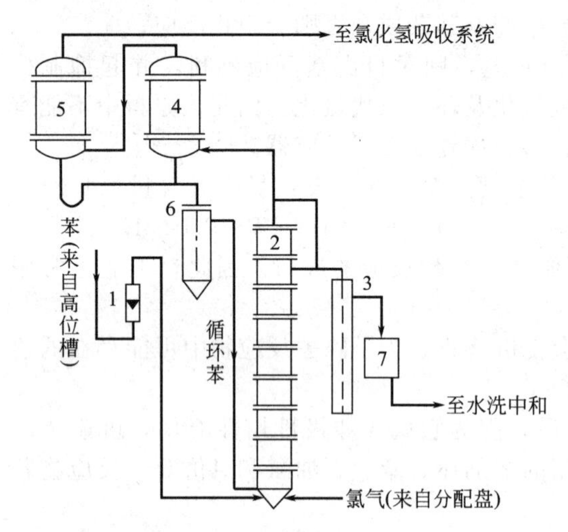

图 5-2 苯的沸腾氯化流程

1—转子流量计；2—氯化器；3—液封槽；4,5—管式石墨冷却器；6—酸苯分离器；7—氯化液冷却器

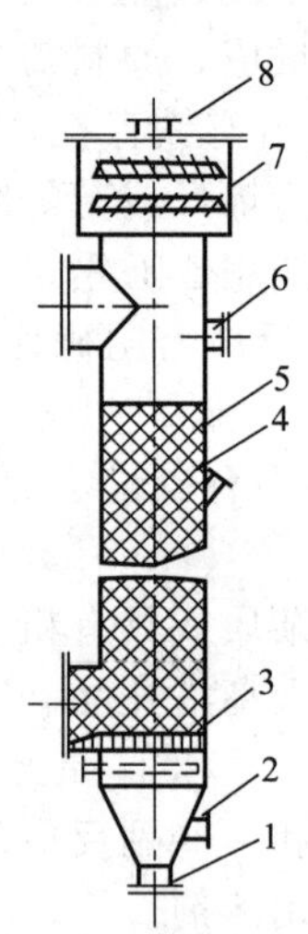

图 5-3 沸腾氯化器

1—酸水排放口；2—苯及氯气入口；3—炉条；4—填料铁圈；5—钢壳衬耐酸砖；6—氯化液出口；7—挡板；8—气体出口

用沸腾氯化法生产氯苯的主要优点是生产能力大，在相同的氯化深度下二氯苯的生成量较少，这是由于减少了返混的缘故。

2. 萘的氯化

萘的氯化比苯容易得多，氯化时甚至可以采用苯作溶剂。萘的氯化既有平行反应又有连串反应，氯化反应动力学与苯十分相似，也出现 1-氯萘的极大值。

工业上萘的氯化是以 $FeCl_3$ 为催化剂，在 110～120℃向熔融的萘中通氯气，控制氯化液相对密度为 1.2（20℃），用 NaOH 中和后，利用真空蒸馏分离产物。产物组成中主要是 1-氯萘，同时副产 9%～10%的 2-氯萘和多氯萘。

在催化剂存在下向熔融萘中分段升温通氯，可得到不同含氯量的多氯萘。例如在 160℃下氯化，分子中可引入 3～4 个氯原子，在 200℃下反应可生成八氯萘。深度氯化所得到的多氯萘混合物，因具有较高的介电常数，可用作电子工业中的绝缘材料，也可用于纺织物的表面涂层，使其具有防火性能。

3. 2,4,6-三溴苯酚的合成

2,4,6-三溴苯酚是亚磷酸酯、磷酸酯等新型高性能阻燃剂的重要中间体，也可以作为木

材、纸张的防腐剂，有着广泛的应用。由于环境问题，欧盟已经禁用了多溴联苯及多溴联苯醚类阻燃剂。因此，以2,4,6-三溴苯酚为中间体，合成新型溴系和磷酸酯类阻燃剂的市场需求快速增加。

目前，2,4,6-三溴苯酚的生产方法主要分为苯酚-溴水溴化法、氯化溴溴化法和溴化氢溴化法。苯酚-溴水溴化法是将溴素直接通入苯酚水溶液中，此法溴的利用率只有50%，有大量溴化氢副产，后处理成本高，污染严重；氯化溴溴化法以卤代烃为溶剂，用氯化溴和苯酚反应，虽然溴素利用率高，但是副产物多，反应时间长；溴化氢溴化法是以氢溴酸为溴源，以醇类、苯类为溶剂，以双氧水为氧化剂进行溴化反应，解决了传统工艺中以溴素为溴化剂时，副产氢溴酸的污染问题，工艺安全性更高，是目前国内外较多采用的方法。

$$3HBr + C_6H_5OH + 3H_2O_2 \longrightarrow 2,4,6\text{-}Br_3C_6H_2OH$$

溴化氢溴化法生产工艺过程如下：将苯酚、氢溴酸水溶液加入反应器中，待溶解后滴加H_2O_2，使之发生取代反应，并升温至90～100℃，保温回流一定时间，降温至50℃以下，过滤得粗品，加95%乙醇溶解、冷却，重结晶，得到产品三溴苯酚。

4. 氯化石蜡的生产

氯化石蜡是氯化脂肪烷烃（或称石蜡）所得产品的总称，其通式为：$C_nH_{2n+2-m}Cl_m$，通常n=10～30，m=1～17。石蜡氯化是脂肪烃取代氯化的一个重要应用。按其用途不同，石蜡氯化的工业产品有几种不同的规格，主要品种有氯化石蜡－42（CP-42）、氯化石蜡－52（CP-52）和氯化石蜡－70（CP-70）三种。CP-42（$C_{25}H_{45}Cl_7$）的含氯量为40%～44%，CP-52（$C_{15}H_{26}Cl_6$）的含氯量为50%～54%，均为液体氯化石蜡，被用作聚氯乙烯的辅助增塑剂和润滑油的添加剂。CP-70（$C_{20}H_{24}Cl_{18}$～$C_{24}H_{29}Cl_{21}$）含氯量达68%～72%，为固体氯化石蜡，可作阻燃剂添加于塑料或合成橡胶制品中。氯化石蜡是以软石蜡或固体石蜡为原料经氯化而得到的。我国氯化石蜡年产量和消费量均在20万吨以上，是全球最大的氯化石蜡生产和消费国。

石蜡氯化工艺流程如图5-4所示。它是由氯化塔、预氯化塔、尾气吸收塔等设备组成的。石蜡经预热至45～50℃，进入尾气回收塔，喷射吸收残存于尾气中的游离氯后，进入预氯化塔与氯气接触而进行预氯化，预氯化后的烷烃再与氯气通过喷射混合器混合后进入氯化塔，由塔底自下而上地进入5个石墨反应孔道进行氯化反应，反应温度为65～70℃。氯气的通入量根据反应深度来调节，并测定各塔的含氯量来控制反应深度，各塔分别放出尾气，经分离器进入HCl吸收器，用水吸收尾气中的HCl气体，大部分氯气不被水吸收，经水冲泵、水封管、干燥器返回至预氯化塔。

卤化剂和卤化物常常具有高毒性，因此要求设备的密闭性好，车间或实验室必须有良好的通风，同时在工作地点应备有防毒面具。卤素能与烃类及一氧化碳构成爆炸混合物，较低级烷烃和烯烃与卤素构成的混合物的爆炸范围为5%～60%（烃的体积分数），因此在烃类与卤素混合时，特别对高温气相反应应格外重视。分子中卤原子数目增多，爆炸危险性则减少。

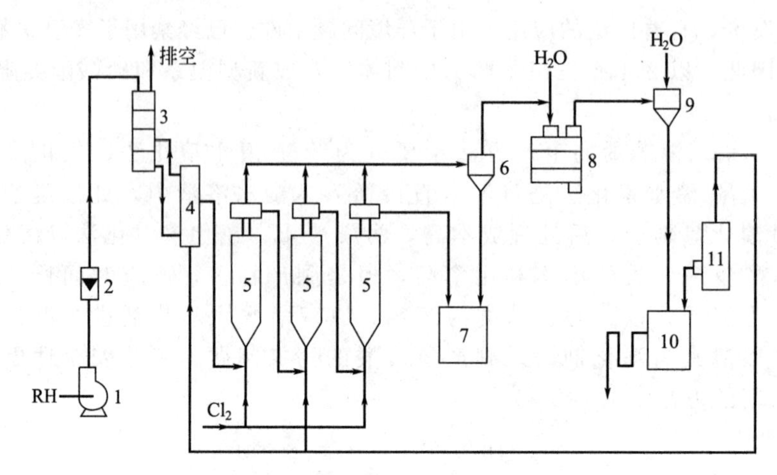

图 5-4 石蜡氯化工艺流程示意

1—RH 泵；2—转子流量计；3—尾气吸收塔；4—预氯化塔；5—氯化塔；6—气液分离器；7—RCl 贮缸；8—HCl 吸收器；9—水冲泵；10—水封；11—尾气干燥器

第三节 加成卤化

加成卤化是卤素、卤化氢及其他卤化物与不饱和烃进行的加成反应。含有双键、三键和某些芳烃等有机物常采用卤加成的方法进行卤化。

一、 卤素与不饱和烃的加成卤化

在加成卤化反应中，由于氟的活泼性太高，反应剧烈且易发生副反应，无实用意义。碘与烯烃的加成是一个可逆反应，生成的二碘化物不仅收率低，而且性质也不稳定，故很少应用。因此，在卤素与烯烃的加成反应中，只有氯和溴的加成，应用比较普遍。卤素与烯烃的加成，按反应历程的不同可分为亲电加成和自由基加成两类。

1. 卤素的亲电加成卤化

（1）反应历程 卤素对双键的加成反应，一般经过两步，首先卤素向双键作亲电进攻，形成过渡态 π-络合物，然后在催化剂（$FeCl_3$）作用下，生成卤代烃。

催化剂的作用是加速 π-络合物转化成 σ-络合物，并且促使 Cl_2 与 $FeCl_3$ 形成 $Cl\rightarrow Cl:FeCl_3$ 络合物，有利于亲电进攻。

$$CH_2=CH_2 \xrightleftharpoons{+Cl_2} \underset{\underset{Cl\rightarrow Cl}{\downarrow}}{CH_2=CH_2} \xrightarrow{+FeCl_3} CH_2Cl-\overset{+}{C}H_2FeCl_4^- \longrightarrow CH_2Cl-CH_2Cl+FeCl_3$$

（2）主要影响因素

① 烯烃的结构。当烯烃上带有给电子取代基（如—OH、—OR、—$NHCOCH_3$、—C_6H_5、—R 等）时，其反应性能提高，有利于反应的进行；而当烯烃上带有吸电子取代基（如—NO_2、—COOH、—CN、—COOR、—SO_3H、—X 等）时，则起相反作用。烯烃卤加成反应活泼次序如下：$R_2C=CH_2>RCH=CH_2>CH_2=CH_2>CH_2=CHCl$。

② 溶剂。卤素与烯烃的亲电加成反应，一般采用 CCl_4、$CHCl_3$、CS_2、CH_3COOH 和

$CH_3COOC_2H_5$ 等作溶剂。而醇和水不宜用作溶剂，因为它们同时可作为亲核试剂，向过渡态 π-络合物作亲核进攻，可能会有卤代醇或卤代醚副产物形成，例如：

$$ArCH{=}CHAr \xrightarrow[0℃]{Br_2/CH_3OH} ArCH(Br){-}CH(Br)Ar + ArCH(Br){-}CH(OCH_3)Ar$$

③ 反应温度。卤加成反应温度不宜太高，否则易导致消除（脱卤化氢）和取代副反应。

2. 卤素的自由基加成卤化

卤素在光、热或引发剂（如有机过氧化物、偶氮二异丁腈等）存在下，可与不饱和烃发生加成反应，其反应历程按自由基机理进行。

链引发：
$$Cl_2 \xrightarrow{h\nu} 2Cl\cdot$$

链传递：
$$CH_2{=}CH_2 + Cl\cdot \longrightarrow CH_2Cl{-}CH_2\cdot$$
$$CH_2Cl{-}CH_2\cdot + Cl{-}Cl \longrightarrow CH_2Cl{-}CH_2Cl + Cl\cdot$$

链终止：
$$Cl\cdot + Cl\cdot \longrightarrow Cl_2$$
$$2CH_2Cl{-}CH_2\cdot \longrightarrow CH_2Cl{-}CH_2{-}CH_2{-}CH_2Cl$$
$$CH_2Cl{-}CH_2\cdot + Cl\cdot \longrightarrow CH_2Cl{-}CH_2Cl$$

光卤化加成的反应特别适合双键上具有吸电子基的烯烃。例如，三氯乙烯中有三个氯原子，进一步加成氯化很困难，但在光催化下可氯化制取五氯乙烷。五氯乙烷经消除一分子的氯化氢后，可制得驱钩虫药物四氯乙烯。

$$ClCH{=}CCl_2 \xrightarrow[60\sim70℃]{Cl_2,\ h\nu} Cl_2CH{-}CCl_3 \xrightarrow{-HCl} Cl_2C{=}CCl_2$$

卤素和炔烃的加成反应与烯烃相同，但比烯烃反应难。

二、 卤化氢与不饱和烃的加成卤化

卤化氢与不饱和烃发生加成作用，可得到饱和卤代烃。其反应历程可分为离子型亲电加成和自由基加成两类。

1. 卤化氢的亲电加成卤化

（1）反应历程　卤化氢与双键的亲电加成也是分两步进行的：首先是质子对分子进行亲电进攻，形成一个碳正离子中间体，然后卤负离子与之结合，形成加成产物。

$$\gt C{=}C\lt + H^+ \overset{慢}{\rightleftharpoons} \gt C(H){-}\overset{+}{C}\lt \xrightarrow{X^-} \gt CH{-}C(X)\lt$$

在反应中加入 $AlCl_3$ 或 $FeCl_3$ 等催化剂，可提高反应速率。反应时可采用卤化氢的饱和有机溶液或浓的卤化氢水溶液。卤化氢与烯烃加成反应的活泼性次序是：HI＞HBr＞HCl。

（2）定位规律　由于是亲电加成反应，因此，当烯烃上带有给电子取代基时，有利于反应的进行，且卤原子的定位符合马尔科夫尼柯夫规则，即氢原子加在含氢较多的碳原子上。

$$(CH_3)_2C{=}CH_2 \xrightarrow{HCl} CH_3{-}C(CH_3)(Cl){-}CH_3$$

$$\text{1-甲基环戊烯} \xrightarrow[CH_3NO_2,25℃]{HCl} \text{1-氯-1-甲基环戊烷（环戊烷 C 上连 Cl 和 } CH_3\text{）}$$

当烯烃上带有强吸电子取代基，如—COOH、—CN、—CF_3、—$N^+(CH_3)_3$ 时，烯烃的 π 电子云向取代基方向转移，双键上电子云密度下降，反应速率减慢，同时不对称烯烃与卤化氢的加成与马尔科夫尼柯夫规则相反，例如：

$$\text{(环己烯基)}-COC_6H_5 \xrightarrow[Et_2O]{HCl} \text{(3-氯环己基)}-COC_6H_5$$

卤化氢与不饱和烃亲电加成反应的实例有氯化氢和乙炔加成生产氯乙烯、乙烯和氯化氢或溴化氢加成生成氯乙烷或溴乙烷。

2. 卤化氢的游离基加成卤化

在光和引发剂作用下，溴化氢与烯烃的加成属于游离基加成反应。其定位主要受到双键极化方向、位阻效应和烯烃游离基的稳定性等因素的影响，一般为反马尔科夫尼柯夫规则。

$$CH_3CH{=}CH_2 + HBr \xrightarrow[\text{或引发剂}]{h\nu} CH_3CH_2CH_2Br$$

$$CH_2{=}CH{-}CH_2Cl + HBr \xrightarrow[\text{或引发剂}]{h\nu} BrCH_2CH_2CH_2Cl$$

$$ArCH{=}CHCH_3 + HBr \xrightarrow[\text{或引发剂}]{h\nu} ArCH_2CHBrCH_3$$

三、其他卤化物与不饱和烃的加成卤化

除卤素、卤化氢外，次卤酸、*N*-卤代酰胺和卤代烷等也是不饱和烃加成反应常用的卤化剂。它们与不饱和烃发生亲电加成反应，生成卤代化合物。

1. 次卤酸与烯烃的加成

常用的次卤酸为次氯酸，次氯酸不稳定，难以保存，通常是将氯气通入水或氢氧化钠水溶液中，也可以通入碳酸钙悬浮水溶液中，制取次氯酸及其盐。制备后须立即使用。次卤酸与烯烃的加成属于亲电加成，定位规律符合马尔科夫尼柯夫规则。

工业上典型的例子是次氯酸水溶液与乙烯或丙烯反应生成 β-氯乙醇或氯丙醇。两者都是十分重要的有机化工原料，反应如下：

$$CH_2{=}CH_2 \xrightarrow[60℃]{Cl_2/H_2O} \underset{\beta\text{-氯乙醇}}{ClCH_2CH_2OH} + HCl$$

$$Cl_2 + H_2O \longrightarrow HOCl + HCl$$

$$2CH_3CH{=}CH_2 + 2HOCl \longrightarrow \underset{OH}{CH_3\underset{|}{C}HCH_2Cl} + \underset{Cl}{CH_3\underset{|}{C}HCH_2OH}$$

氯丙醇

次氯酸与丙烯加成得到的氯丙醇可直接用来生产环氧丙烷，这是工业上生产环氧丙烷的重要方法，反应式如下：

$$2\underset{OH}{CH_3\underset{|}{C}HCH_2Cl}\ [\text{或}(\underset{Cl}{CH_3\underset{|}{C}HCH_2OH})] + Ca(OH)_2 \longrightarrow CH_3\overset{}{CH{-}CH_2}(\text{-O-}) + CaCl_2 + 2H_2O$$

反应在鼓泡塔反应器中进行，丙烯、氯气和水在塔的不同部位通入，控制塔内反应温度为 35～50℃，反应产物由塔顶溢出，反应液中氯丙醇含量为 4.5%～5.0%，氯丙醇的理论收率为 90%左右。氯丙醇混合物可不经分离，直接送往皂化塔，用过量 10%～20%、浓度为 10%的石灰乳皂化。皂化在常压和 34℃下进行，控制 pH=8～9，生成的环氧丙烷自反应

液中溢出，经精馏后得到环氧丙烷产品。同时，副产少量1,2-二氯丙烷和二氯二异丙基醚。

2. *N*-卤代酰胺与烯烃的加成

在酸催化下，*N*-卤代酰胺与烯烃加成可制得α-卤醇。反应历程类似于卤素与烯烃的亲电加成反应，卤正离子由*N*-卤代酰胺提供，负离子来自溶剂，反应如下：

$$\rangle C{=}C\langle + R{-}\overset{\overset{O}{\|}}{C}{-}NHBr \xrightarrow{\text{酸}} \rangle\underset{\underset{Br}{|}}{C}{-}\overset{\overset{OH}{|}}{C}\langle + RCONH_2$$

常用的*N*-卤代酰胺有*N*-溴（氯）代乙酰胺NBA(NCA)和*N*-溴（氯）代丁二酰亚胺NBS（NCS）等。其反应特点为：可避免二卤化物的生成，产品纯度高，收率高；此外，该卤化剂能溶于有机溶剂，故可与不溶于水的烯烃在有机介质中进行有效的均相反应，得到相应的α-卤醇及其衍生物。

$$CH_3CH{=}CHCH_3 + CH_3CONHBr \xrightarrow[0\sim25^\circ C]{H_2SO_4/CH_3OH} CH_3\underset{\underset{OCH_3}{|}}{C}H{-}\overset{\overset{Br}{|}}{C}HCH_3 + CH_3CONH_2$$

3. 卤代烷与烯烃的加成

在路易斯酸存在下，叔卤代烷可对烯烃双键进行亲电进攻，得到叔卤代烷与烯烃的加成产物。例如：氯代叔丁烷与乙烯加成可得到1-氯-3,3-二甲基丁烷，收率为75%。

$$(CH_3)_3CCl + CH_2{=}CH_2 \xrightarrow{AlCl_3} (CH_3)_3C{-}CH_2CH_2Cl$$

多卤代甲烷衍生物可与双键发生自由基加成反应，在双键上形成碳-卤键，使双键的碳原子上增加一个碳原子。例如，丙烯和四氯化碳在过氧化二苯甲酰作用下生成1,1,1-三氯-3-氯丁烷，收率为80%。

$$CH_3CH{=}CH_2 + CCl_4 \xrightarrow{(PhCOO)_2} CCl_3CH_2\underset{\underset{Cl}{|}}{C}HCH_3$$

多卤代甲烷衍生物有氯仿、四氯化碳、一溴三氯甲烷、溴仿和一碘三氟甲烷等。这些多卤代甲烷衍生物中被取代的卤原子的活泼性次序为I>Br>Cl。

四、 应用实例

1. 五氯乙烷的生产

前已述及，五氯乙烷是由三氯乙烯与氯气在光照条件下，发生自由基加成而得。五氯乙烷是一种无色液体，能与醇、醚混溶，不溶于水，具有氯仿气味。它是良好的极性溶剂、清洁剂、矿石浮选剂和木材干燥剂，还可用于制造驱钩虫药四氯乙烯。

生产过程为：将三氯乙烯加入氯化锅内，在日光灯照射下，缓慢通入氯气反应，温度控制在60～70℃，通氯至相对密度达到1.680～1.684（20℃）为止。用碳酸钠-尿素水溶液除去过剩的氯气，经水洗和干燥后得到收率达90%以上的产品。

2. 3-氯丙腈的生产

3-氯丙腈为无色液体，能与醇、醚、丙酮、苯和四氯化碳等混溶，具有辛辣气味，可用于药物及高分子合成。它可由丙烯腈与氯化氢加成而得。其工艺过程为：在冷却下，将干燥的 HCl 通入丙烯腈中，HCl 很快被吸收反应。停止通气后，减压蒸馏收集 68～71℃/2.1kPa 的馏分，用 10%的碳酸钠溶液洗涤后，用无水硫酸钠干燥。再一次减压蒸馏，取 70～71℃/2.1kPa 的馏分即为产品。

第四节 置换卤化

置换卤化是以卤基置换有机物分子中其他基团的反应。与直接取代卤化相比，置换卤化具有无异构产物、多卤化和产品纯度高的优点，在药物合成、染料及其他精细化学品的合成中应用较多。可被卤基置换的有羟基、硝基、磺酸基、重氮基。卤化物之间也可以互相置换，如氟可以置换其他卤基，这也是氟化的主要途径。

一、 羟基的置换卤化

醇羟基、酚羟基以及羧羟基均可被卤基置换，常用的卤化剂有氢卤酸、含磷及含硫卤化物等。

1. 置换醇羟基

（1）用氢卤酸置换醇羟基　氢卤酸和醇的置换反应是一个可逆平衡反应。

$$ROH + HX \rightleftharpoons RX + H_2O$$

增加反应物的浓度及不断移出产物和生成的水，有利于加快反应速率，提高收率。此反应属于亲核取代反应。醇的结构和酸的性质都能影响反应速率。醇羟基的活性大小，一般是：叔醇羟基>仲醇羟基>伯醇羟基。氢卤酸的活性是根据卤素负离子的亲核能力大小而定的，其顺序是：HI>HBr>HCl>HF。因此，伯醇和仲醇与盐酸反应时常常需要在催化剂作用下完成，常用的催化剂为 $ZnCl_2$。例如：

$$(CH_3)_3COH \xrightarrow[\text{室温}]{\text{HCl 气体}} (CH_3)_3CCl$$

$$n\text{-}C_4H_9OH \xrightarrow[\text{回流}]{NaBr/H_2O/H_2SO_4} n\text{-}C_4H_9Br$$

$$C_2H_5OH + HCl \underset{\text{加热}}{\overset{ZnCl_2}{\rightleftharpoons}} C_2H_5Cl + H_2O$$

（2）卤化磷和氯化亚砜置换醇羟基　氯化亚砜和卤化磷也可以用于置换羟基，氯化亚砜是进行醇羟基置换的优良卤化剂，反应中生成的氯化氢和二氧化硫气体易于挥发而无残留物，所得产品可直接蒸馏提纯，因此在生产上被广泛采用。例如：

$$(C_2H_5)_2NC_2H_4OH + SOCl_2 \xrightarrow[\text{室温}]{\text{苯}} (C_2H_5)_2NC_2H_4Cl + HCl\uparrow + SO_2\uparrow$$

卤化磷对羟基的置换，多于对高碳醇、酚或杂环羟基的置换反应。如：

$$3CH_3(CH_2)_3CH_2OH + PI_3 \longrightarrow 3CH_3(CH_2)_3CH_2I + P(OH)_3$$

$$3CH_3(CH_2)_2CH_2OH + PBr_3 \longrightarrow 3CH_3(CH_2)_2CH_2Br + P(OH)_3$$

2. 置换酚羟基

酚羟基的卤素置换相当困难，需要活性很强的卤化剂，如五氯化磷和三氯氧磷等。

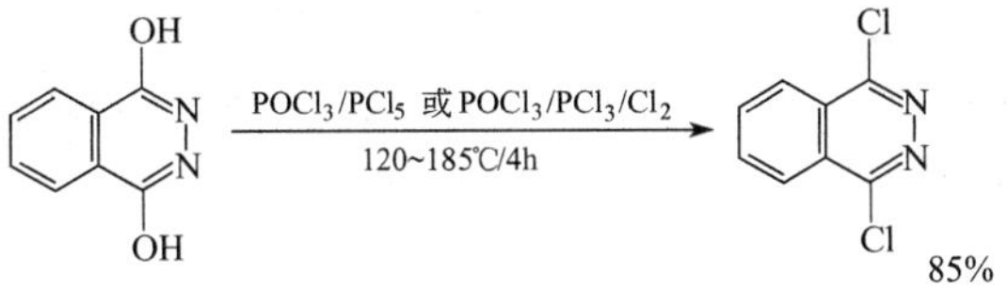

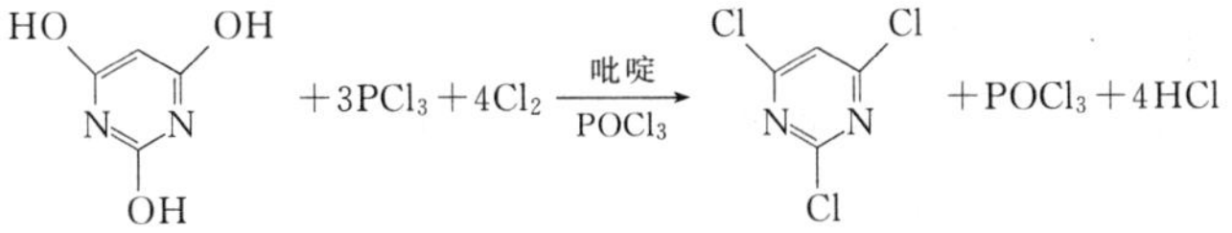

$$\text{1,4-二羟基酞嗪} \xrightarrow[120\sim185℃/4h]{POCl_3/PCl_5 \text{ 或 } POCl_3/PCl_3/Cl_2} \text{1,4-二氯酞嗪}\ 85\%$$

$$\text{2,4,6-三羟基嘧啶} + 3PCl_3 + 4Cl_2 \xrightarrow[POCl_3]{\text{吡啶}} \text{2,4,6-三氯嘧啶} + POCl_3 + 4HCl$$

五卤化磷置换酚羟基的反应温度不宜过高，否则五卤化磷受热会离解成三卤化磷和卤素。这不仅降低其置换能力，而且卤素还可能引起芳环上的取代或双键上的加成等副反应。

使用氧氯化磷作卤化剂时，其配比要大于理论配比。因为 $POCl_3$ 中的三个氯原子，只有第一个置换能力最大，以后逐渐递减。

酚羟基的置换使用三苯膦卤化剂在较高温度下反应，收率一般较好。

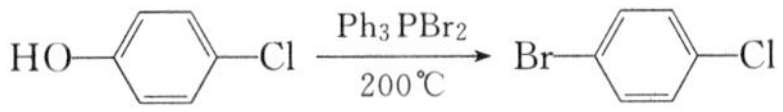

$$HO-C_6H_4-Cl \xrightarrow[200℃]{Ph_3PBr_2} Br-C_6H_4-Cl$$

3. 置换羧羟基

用 $SOCl_2$ 或 PCl_3 与羧酸反应是合成酰氯最常用的方法。即：

$$RCOOH + SOCl_2 \longrightarrow RCOCl + SO_2 + HCl$$

五氯化磷可将脂肪族或芳香族羧酸转化成酰氯。由于五氯化磷的置换能力极强，所以羧酸分子中不应含有羟基、醛基、酮基等敏感基团，以免发生氯的置换反应。三氯化磷的活性较小，仅适用于脂肪羧酸中羧羟基的置换；氯化亚砜的活性并不大，但若加入少量催化剂（如 DMF、路易斯酸等），则可增大反应活性。如：

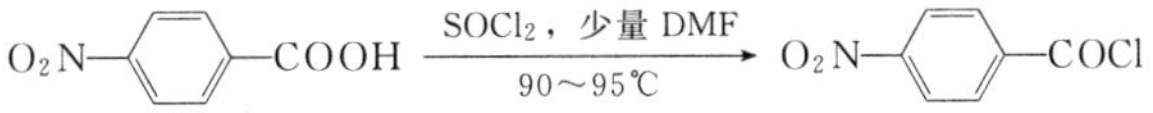

$$O_2N-C_6H_4-COOH \xrightarrow[90\sim95℃]{SOCl_2\text{，少量 DMF}} O_2N-C_6H_4-COCl$$

二、 芳环上硝基、磺酸基和重氮基的置换卤化

1. 置换硝基

硝基被置换的反应为游离基反应，其反应历程如下。

$$Cl_2 \longrightarrow 2Cl\cdot$$
$$ArNO_2 + Cl\cdot \longrightarrow ArCl + \cdot NO_2$$
$$\cdot NO_2 + Cl_2 \longrightarrow NO_2Cl + Cl\cdot$$

工业上，间二氯苯是由间二硝基苯在 222℃下与氯反应制得：1,5-二硝基蒽醌在邻苯二甲酸酐存在下，在 170～260℃通氯气，硝基被氯基置换而制得 1,5-二氯蒽醌。以适量的 1-氯蒽醌为助熔剂，在 230℃向熔融的 1-硝基蒽醌中通入氯气，可制得 1-氯蒽醌。

通氯的反应器应采用搪瓷或搪玻璃的设备。这是因为氯与金属可产生极性催化剂，使得在置换硝基的同时，发生离子型取代反应，生成芳环上取代的氯化副产物。

2. 置换磺酸基

在酸性介质中，氯基置换蒽醌环上磺酸基的反应也是一个自由基反应。采用氯酸盐与蒽醌磺酸的稀盐酸溶液作用，可将蒽醌环上的磺酸基置换成氯基。

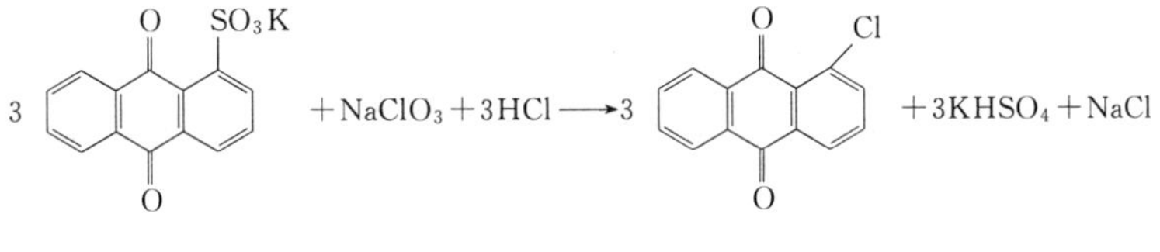

$$3\ \text{(蒽醌-1-磺酸钾, }SO_3K\text{)} + NaClO_3 + 3HCl \longrightarrow 3\ \text{(1-氯蒽醌)} + 3KHSO_4 + NaCl$$

工业上常常采用这一方法生产1-氯蒽醌以及由相应的蒽醌磺酸制备1,5-二氯蒽醌和1,8-二氯蒽醌。方法是在96～98℃下将氯酸钠溶液加入蒽醌磺酸的稀盐酸溶液中，并保温一段时间，反应即可完成，收率为97%～98%。

3. 置换重氮基

用卤原子置换重氮基是制取芳香卤化物的方法之一。先由芳胺制成重氮盐，再在催化剂（亚铜型）作用下得到卤化物。它被称作桑德迈尔（Sandmeyer）反应，即：

$$ArNH_2 \xrightarrow{NaNO_2+HX} ArN_2^+X^- \xrightarrow{CuX} ArX+N_2 \quad (X=Cl、Br)$$

在反应过程中同时生成的副产物有偶氮化合物和联芳基化合物。芳香氯化物的生成速度与重氮盐及一价铜的浓度成正比。增加氯离子浓度可以减少副产物的生成。

重氮基被氯原子置换的反应速率，受对位取代基的影响。通常，当芳环上有其他吸电子基存在时有利于反应。取代基对反应速率的影响如下列顺序减小：$NO_2>Cl>H>CH_3>OCH_3$。

置换重氮基的反应温度一般为40～80℃，催化剂的用量为重氮盐的1/10～1/5（化学计算量）。例如：

NO$_2$ / CHO（间硝基苯甲醛） $\xrightarrow[②NaNO_2/HCl]{①Zn/HCl}$ $N_2^+Cl^-$ / CHO $\xrightarrow{CuCl/HCl}$ Cl / CHO

HO_3S / NH_2（萘） $\xrightarrow[HCl]{HNO_2}$ ^-O_3S / N_2^+ $\xrightarrow[HCl]{CuCl}$ HO_3S / Cl

（1-氯-8-萘磺酸）

1-氯-8-萘磺酸是合成硫靛黑的中间体。

用铜粉代替亚铜盐催化剂加入重氮盐的盐酸或氢溴酸溶液中也可进行卤基置换重氮基的反应，此时称为盖特曼（Gatterman）反应，如：

CH_3 / NH_2 $\xrightarrow{NaNO_2/HBr}$ CH_3 / $N_2^+Br^-$ $\xrightarrow[温热]{Cu粉}$ CH_3 / Br

生成的邻溴甲苯是合成医药的中间体。

三、置换氟化

目前工业上制备有机氟化物的方法主要采用置换氟化法。

1. 伯胺基的置换

许多芳香族的氟衍生物是通过氟原子置换芳环上的重氮基而制得的。通常是将芳伯胺的重氮盐与氟硼酸盐反应，生成不溶于水的重氮氟硼酸盐；或芳胺在氟硼酸存在下重氮化，生成重氮氟硼酸盐，后者经加热分解，可制得产率较高的氟代芳烃。此类反应称希曼（Schieman）反应。

$$ArN_2^+X^- \xrightarrow{BF_4^-} ArN_2^+BF_4^- \xrightarrow{\triangle} ArF+N_2\uparrow+BF_3$$

应该指出，重氮氟硼酸盐分解必须在无水条件下进行，否则易分解成酚类和树脂状物质。

$$ArN_2^+BF_4^- + H_2O \xrightarrow{\triangle} ArOH + HF + BF_3 + N_2 + 树脂状物$$

2. 卤素的亲核置换(卤素交换反应)

卤素交换反应是在有机卤化物与无机卤化物之间进行的。对于有机氟化物的制备，工业上常用 HF、KF、NaF、AgF_2、SbF_5 等无机氟化剂通过置换有机卤化物中的卤原子来实现。反应所用的溶剂有 DMF、丙酮、CCl_4 等。如 2,4,6-三氟-5-氯嘧啶的合成即是由四氯嘧啶与氟化钠在 180～220℃、环丁砜中回流制得的，收率可达 87.5%，它是合成活性染料的重要中间体。

$$\text{2,4,5,6-四氯嘧啶} + 3NaF \xrightarrow{环丁砜} \text{2,4,6-三氟-5-氯嘧啶} + 3NaCl$$

又如,1,1,1,2-四氟乙烷是对大气臭氧层无破坏作用的制冷剂组分，商品名 HFC-134a。工业上普遍采用三氯乙烯气相二步氟化法而得。

$$CCl_2{=}CHCl + 3HF \xrightarrow[320\sim345℃]{CrF_3\ 催化} CF_3{-}CH_2Cl + 2HCl$$

加成氟化和置换氟化

$$CF_3{-}CH_2Cl + HF \xrightarrow[约\ 350℃，置换氟化]{CrF_3/AlCl_3\ 催化} CF_3{-}CH_2F + HCl$$

四、 应用实例

1. 1-氯丙烷的生产

1-氯丙烷是无色液体，能与醇和醚混溶，微溶于水，可用于生产农药、医药等。它是由正丙醇与盐酸在氯化锌的催化作用下进行置换反应而得。

$$CH_3CH_2CH_2OH + HCl \xrightarrow{ZnCl_2} CH_3CH_2CH_2Cl + H_2O$$

其工艺过程为：将氯化锌溶解于盐酸中，在搅拌下慢慢加入正丙醇，进行回流反应，以带出反应生成的水。反应结束后，蒸馏出氯丙烷粗品。然后用工业硫酸洗涤、水洗、10%的碳酸钠溶液洗涤，再用水洗涤。经氯化钙干燥后进行精馏，收集 45～48℃的馏分，即得产品。

2. 2,4-二氟苯胺的合成

2,4-二氟苯胺是有机合成的中间体，用于氟苯水杨酸的合成。氟苯水杨酸是羧酸类非甾抗炎药，是水杨酸药物最具发展前途的品种。

2,4-二氟苯胺的合成有两条路线，一条是以 1,2,4-三氯苯为原料，经硝化、氟代、还原脱氯而得到产品。

$$\text{1,2,4-三氯苯} \xrightarrow[H_2SO_4]{HNO_3} \text{2,4,5-三氯硝基苯} \xrightarrow{KF} \text{2,4-二氟-5-氯硝基苯} \xrightarrow[Pd/C]{H_2} \text{2,4-二氟苯胺}$$

另一条合成路线是以间苯二胺为原料，经重氮化、置换、硝化、还原而得到 2,4-二氟苯胺。其合成步骤如下：

$$m\text{-}C_6H_4(NH_2)_2 \xrightarrow[HBF_4 \cdot HCl]{NaNO_2} m\text{-}C_6H_4(N_2^+BF_4^-)_2 \longrightarrow m\text{-}C_6H_4F_2 \xrightarrow{HNO_3} \text{2,4-}F_2C_6H_3NO_2 \xrightarrow[NH_4Cl]{Fe} \text{2,4-}F_2C_6H_3NH_2$$

（1）重氮化、置换　将含有亚硝酸钠的水溶液和含有间苯二胺盐酸盐的水溶液在搅拌条件下，分别缓慢地滴入冷却的56%的氟硼酸溶液中。反应结束后，过滤得到黄色固体，干燥后得间二氟硼重氮盐。将其加热分解，经蒸馏可得间二氟苯，收率60.3%。

（2）硝化　将间二氟苯逐渐滴入冷却的发烟硝酸中，加毕，继续搅拌反应1h。然后将反应液倾入冰水中，用乙醚提取，提出液用碳酸氢钠溶液及水洗涤，干燥后减压蒸馏，收集58～59℃［533.3Pa(4mmHg)］馏分，得2,4-二氟硝基苯，收率为93.2%。

（3）还原　将2,4-二氟硝基苯滴加入铁粉和氯化铵水溶液的混合液中，加毕，继续回流反应2h。反应结束后进行水蒸气蒸馏，馏出液用乙醚提取，干燥，回收乙醚后减压蒸馏，收集46～47℃［1200Pa(9mmHg)］馏分，得2,4-二氟苯胺，收率为84.6%。

本章小结

1. 根据反应机理的不同可将卤化反应分为取代卤化、加成卤化及置换卤化三类。常用的卤化剂有：单质卤素、氢卤酸和氧化剂、次卤酸、金属和非金属卤化物等，其中Cl_2最常见，F_2不能直接使用。

2. 取代卤化中，芳环上取代卤化为典型的亲电取代反应，且具有连串反应的特点，其反应影响因素有被卤化物结构、卤化剂、卤化介质与卤化温度、原料纯度与介质、反应深度与混合程度等；脂肪烃与芳烃侧基的取代卤化为自由基反应机理，也具有连串反应的特点，其影响因素也主要有被卤化物性质、卤化剂、引发条件与温度、催化剂与杂质、反应介质、反应深度与原料配比等。

3. 加成卤化的反应底物为不饱和烃，卤化剂有卤素、氢卤酸、次卤酸、*N*-卤代酰胺和卤代烷，反应机理有亲电加成与自由基加成两类，影响因素有反应底物的结构、溶剂及反应温度等。

4. 置换卤化常用的卤化剂有卤素、氢卤酸、含磷及含硫的卤化物等，可被卤基置换的基团有羟基、磺基、重氮基和硝基等，其特点是反应无异构产物、纯度高，在制药与染料工业中应用较多，是氟化的主要途径。

5. 典型卤化产物（如氯苯、氯化石蜡）的生产技术及工艺条件的分析确定。

习题与思考题

1. 芳环上的取代卤化有何特点？

2. 解释以下事实：苯氯化过程中，当苯中的氯苯含量为1%时，一氯化速率比二氯化速率约大842倍，而当苯中的氯苯含量为73.5%时，一氯化及二氯化反应速率几乎相等。

3. 为什么溴化或碘化过程中，要加入氧化剂？常用的氧化剂是什么？

4. 对硝基苯胺二氯化时，为何可得到高纯度产品？

5. 指出苯氯化生产氯苯的反应特点和主要影响因素，并简述苯的沸腾氯化反应器的结构特征和沸腾氯化工艺流程。

6. 石蜡氯化反应的机理特征如何？有哪些影响因素？如何影响？

7. 不饱和烃的氯化常用哪些物质作氯化剂？

8. 写出由甲苯制 2-氯三氟甲苯、3-氯三氟甲苯的合成路线和主要反应条件。

9. 置换卤化在有机合成中有何意义？可被卤基置换的取代基有哪些？

10. 写出下列化合物的环上氯化时可能的主要产物。

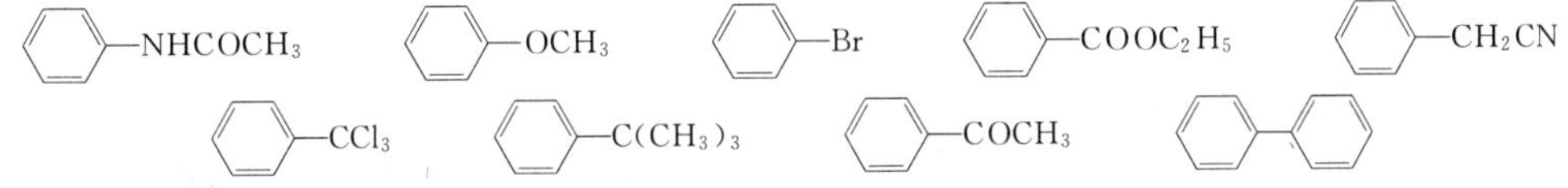

11. 完成下列合成，并写出反应条件。

(1) 以丙炔为原料，并选用必要的无机试剂，合成 2,2-二溴丙烷。

(2) 以丙烯为原料，并选用必要的无机试剂，合成 2-溴丙烷和 1-溴丙烷。

(3) 以乙烯为原料，并选用必要的试剂，合成 1,1,1-三氯乙烷。

12. 完成下列反应。

C_6H_5—CH_3 $\xrightarrow{Cl_2,Fe}$ (A: C_7H_7Cl) $\xrightarrow{Cl_2,h\nu}$ (B: $C_7H_4Cl_4$) $\xrightarrow{NaF,溶剂}$ (C: $C_7H_4ClF_3$) $\xrightarrow{NH(CH_3)_2}$ (D: $C_9H_{10}F_3N$)

$\xrightarrow{HNO_3,H_2SO_4}$ (E: $C_9H_8F_3N_3O_4$)

第六章　烷基化

本章学习目标

知识目标：1. 了解烷基化反应的概念、通式及其重要性；了解相转移催化在烷基化反应中的应用。

2. 理解对三类烷基化（C-烷基化、O-烷基化、N-烷基化）的反应历程、影响因素、催化剂、烷化剂种类及烷基化方法。

3. 掌握 Friedel-Crafts 反应及其应用；掌握重要的工业烷基化方法和典型烷基化产品工艺条件的确定及工艺过程的组织。

能力目标：1. 能根据反应底物特性及生产要求选择适合的烷基化剂及催化剂。

2. 能依据各种烷基化及烷基化反应的基本规律和影响趋势，对具体的被烷基化物选择合理的方法。

3. 能结合实例分析和确定烷基化的主要工艺条件与参数。

素质目标：1. 培养学生自我学习能力和发现问题、分析问题与解决问题的能力。

2. 学会对危险化学品（如环氧乙烷等）的安全使用及处理规范，逐步形成安全生产、节能环保的职业意识、遵章守规的职业操守和尊重科学、实事求是的工作作风。

第一节　概述

一、烷基化反应及其重要性

把烃基引入有机化合物分子中的碳、氮、氧等原子上的反应称为烷基化反应，简称烷基化。所引入的烃基可以是烷基、烯基、芳基等。其中以引入烷基（如甲基、乙基、异丙基等）最为重要。广义的烷基化还包括引入具有各种取代基的烃基（$—CH_2COOH$、$—CH_2OH$、$—CH_2Cl$、$—CH_2CH_2Cl$ 等）。

烷基化反应在精细有机合成中是一类极为重要的反应，其应用广泛，经其合成的产品涉及诸多领域。最早的烷基化是有机芳烃化合物在催化剂的作用下，用卤烷、烯烃等烷化剂直接将烷基引入到芳环的碳原子上，即所谓 C-烷基化（Friedel-Crafts 反应，简称 F-C 反应）。利用该反应所合成的苯乙烯、乙苯、异丙苯、十二烷基苯等烃基苯，是塑料、医药、溶剂、合成洗涤剂的重要原料。通过烷基化反应合成的醚类、烷基胺是极为重要的有机合成中间体，有些烷基化产物本身就是药物、染料、香料、催化剂、表面活性剂等功能产品。如环氧化物烷基化（O-烷基化）可制得重要的聚乙二醇型非离子表面活性剂。采用卤烷进行氨或胺的烷基化（N-烷基化）合成的季铵盐是重要的阳离子表面活性剂、相转移催化剂、杀菌剂等。

例如，消毒防腐药度米芬（Domiphen Bromide）的合成，采用了烷基化反应。

$$C_6H_5\text{—}OH \xrightarrow[110℃,\ 6h\quad BrCH_2CH_2Br]{O\text{-烷基化}} C_6H_5\text{—}OCH_2CH_2Br \xrightarrow[85℃,\ 8h\quad (CH_3)_2NH]{N\text{-烷基化}}$$

$$C_6H_5\text{—}OCH_2CH_2N(CH_3)_2 \xrightarrow[80\sim90℃,\ 8h\quad CH_3(CH_2)_{11}Br]{N\text{-烷基化}} C_6H_5\text{—}OCH_2CH_2\overset{+}{N}(CH_3)_2\text{⁅}CH_2\text{⁆}_{11}CH_3Br^-\quad 63\%$$

二、 烷基化反应的类型

精细有机合成中经烷基化反应可将不同的烷基引入到结构不同的化合物分子中，所得到的烷基化产物种类与数量众多，结构繁简不一。但从反应产物的结构上来看，它们都是由下述三种反应来制备的。

1. *C*-烷基化反应

在催化剂作用下向芳环的碳原子上引入烷基，得到取代烷基芳烃的反应。如烷基苯的制备反应：

$$C_6H_6 + RCl \xrightarrow{AlCl_3} C_6H_5\text{—}R + HCl$$

2. *N*-烷基化反应

向氨或胺类（脂肪胺、芳香胺）氨基中的氮原子上引入烷基，生成烷基取代胺类（伯胺、仲胺、叔胺、季铵）的反应。如 *N*,*N*-二甲基苯胺的制备反应：

$$C_6H_5NH_2 + 2CH_3OH \xrightarrow[210℃/3MPa]{H_2SO_4} C_6H_5N(CH_3)_2 + 2H_2O$$

3. *O*-烷基化反应

向醇羟基或酚羟基的氧原子上引入烷基，生成醚类化合物的反应。如壬基酚聚氧乙烯醚（它是用途极为广泛的非离子型表面活性剂 TX-10、OP-10）的制备反应：

$$C_9H_{19}\text{—}C_6H_4\text{—}OH + \underset{O}{CH_2\text{—}CH_2} \xrightarrow{NaOH} C_9H_{19}\text{—}C_6H_4\text{—}OCH_2CH_2OH$$

$$\xrightarrow{n\ \underset{O}{CH_2\text{—}CH_2}} C_9H_{19}\text{—}C_6H_4\text{—}O\text{⁅}CH_2CH_2\text{⁆}_nCH_2CH_2OH$$

第二节 芳环上的 C-烷基化反应

芳环上的 *C*-烷基化反应最初是在 1877 年由巴黎大学的法国化学家 Friedel 和美国化学家 Crafts 两人发现的，故也称为 Friedel-Crafts 反应。利用这类烷基化反应可以合成一系列烷基取代芳烃，其在精细有机合成中有着重要意义。

一、 C-烷基化反应基本原理

1. 烷化剂

C-烷基化剂主要有卤烷、烯烃和醇类，以及醛、酮类。

（1）卤烷 卤烷（R—X）是常用的烷化剂。不同的卤素原子以及不同的烷基结构，对卤烷的烷基化反应影响很大。当卤烷中烷基相同而卤素原子不同时，其反应活性次序为：

$$RI > RBr > RCl$$

当卤烷中卤素原子相同，而烷基不同时，反应活性次序为：

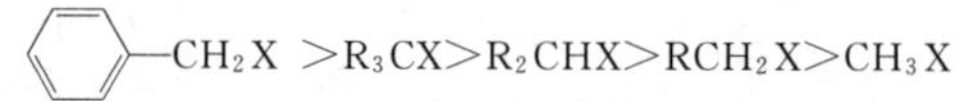

应明确指出，不能用卤代芳烃，如氯苯或溴苯来代替卤烷，因为连在芳环上的卤素受到共轭效应的稳定作用，其反应活性较低，不能进行烷基化反应。

（2）烯烃 烯烃是另一类常用的烷基化剂，由于烯烃是各类烷化剂中生产成本最低、来源最广的原料，故广泛用于芳烃、芳胺和酚类的C-烷基化。常用的烯烃有乙烯、丙烯、异丁烯以及一些长链α-烯烃，它们是生产长碳链烷基苯、异丙苯、乙苯等最合理的烷化剂。

（3）醇、醛和酮 它们都是较弱的烷化剂，醛、酮用于合成二芳基或三芳基甲烷衍生物。

醇类和卤烷烷化剂除活性上有差别外，均特别适合于小吨位的精细化学品，在引入较复杂的烷基时使用。

2. 催化剂

芳香族化合物的C-烷基化反应最初用的催化剂是三氯化铝，后来研究证明，其他许多物质也同样具有催化作用。目前，工业上使用的主要有两大类。

（1）路易斯酸 主要是金属卤化物，其中常用的是 $AlCl_3$。催化活性如下：

$$AlCl_3 > FeCl_3 > SbCl_5 > SnCl_4 > BF_3 > TiCl_4 > ZnCl_2$$

路易斯酸催化剂分子的共同特点是都有一个缺电子中心原子，如 $AlCl_3$ 分子中的铝原子只有6个外层电子，能够接受电子形成带负电荷的碱性试剂，同时形成活泼的亲电质点。

无水 $AlCl_3$ 是各种F-C反应中使用最广泛的催化剂。它由金属铝或氧化铝和焦炭在高温下与氯气作用而制得。为使用方便，一般制成粉状或小颗粒状。其熔点为192℃，180℃开始升华。无水 $AlCl_3$ 能溶于大多数的液态氯烷中，并生成烷基正离子（R^+）。也能溶于许多供电子型溶剂中形成络合物。此类溶剂有 SO_2、CS_2、硝基苯、二氯乙烷等。

工业上生产烷基苯时，通常采用的是 $AlCl_3$-盐酸络合物催化溶液，它由无水 $AlCl_3$、多烷基苯和微量水配制而成，其色较深，俗称红油。它不溶于烷化产物，反应后经分离，能循环使用。烷基化时使用这种络合物催化剂比直接使用 $AlCl_3$ 要好，副反应少，非常适合大规模的连续化工业烷基化过程，只要不断补充少量 $AlCl_3$ 就能保持稳定的催化活性。

用卤烷作烷化剂时，也可以直接用金属铝作催化剂，因烷基化反应中生成的氯化氢能与金属铝作用生成三氯化铝络合物。在分批操作时常用铝丝，连续操作时可用铝锭或铝球。

无水 $AlCl_3$ 能与NaCl等盐形成复盐，如 $AlCl_3 \cdot NaCl$，其熔点为185℃，在140℃开始流体化。若需要较高的烷化温度（140～250℃）而又无合适溶剂时，可使用此种复盐，它既是催化剂又是反应介质。

采用无水 $AlCl_3$ 作催化剂的优点是价廉易得，催化活性好；缺点是有大量铝盐废液生成，有时由于副反应而不适于活泼芳烃（如酚、胺类）的烷基化反应。

无水 $AlCl_3$ 具有很强的吸水性，遇水会立即分解放出氯化氢和大量热，严重时甚至会引起爆炸；与空气接触也会吸收其水分水解，并放出氯化氢，同时结块并失去催化活性。

$$AlCl_3 + H_2O \longrightarrow Al(OH)_3 + HCl$$

因此，无水 $AlCl_3$ 应装在隔绝空气和耐腐蚀的密闭容器中，使用时也要注意保持干燥，并要求其他原料和溶剂以及反应容器都是干燥无水的。

（2）质子酸　其中主要是氢氟酸、硫酸和磷酸，催化活性次序如下：

$$HF > H_2SO_4 > H_3PO_4 、阳离子交换树脂$$

无水氟化氢的活性很高，常温就可使烯烃与苯反应。氟化氢沸点为 19.5℃，与有机物的相溶性较差，所以烷基化时需要注意扩大相接触面积；反应后氟化氢可与有机物分层而回收，残留在有机物中的少量氟化氢可以加热蒸出，这样便可使氟化氢循环利用，消耗损失较少。采用氟化氢作催化剂，不易引起副反应。当使用其他催化剂而有副反应时，通常改用氟化氢会取得较好效果。但氟化氢遇水后具有强腐蚀性，其价格较贵，因而限制了它的应用。目前在工业上主要用于十二烷基苯的合成。

以烯烃、醇、醛和酮为烷化剂时，广泛应用硫酸作催化剂。在硫酸作催化剂时，必须特别注意选择适宜的硫酸浓度。因为当硫酸浓度选择不当时，可能会发生芳烃的磺化，烷化剂的聚合、酯化、脱水和氧化等副反应。如对于丙烯要用 90%以上的硫酸，乙烯要用 98%的硫酸，即便如此，这种浓度的硫酸也足以引起苯和烷基苯的磺化反应，因此苯用乙烯进行乙基化时不能采用硫酸作催化剂。

磷酸是较缓和的催化剂，无水磷酸（H_3PO_4）在高温时能脱水变为焦磷酸。

$$2H_3PO_4 \rightleftharpoons H_4P_2O_7 + H_2O$$

工业上使用的磷酸催化剂多是将磷酸沉积在硅藻土、硅胶或沸石载体上的固体磷酸催化剂，常用于烯烃的气相催化烷基化。由于磷酸的价格比三氯化铝、硫酸贵得多，因此限制了它的广泛应用。

阳离子交换树脂也可作为烷基化反应催化剂，其中最重要的是苯乙烯-二烯乙苯共聚物的磺化物。它是烯烃、卤烷或醇进行苯酚烷基化反应的有效催化剂。优点是副反应少，通常不与任何反应物或产物形成络合物，所以反应后可用简单的过滤即可回收阳离子交换树脂，循环使用。缺点是使用温度不高，芳烃类有机物能使阳离子交换树脂发生溶胀，且树脂催化活性失效后不易再生。

此外还有一些其他类型催化剂，如：酸性氧化物、分子筛、有机铝等。酸性氧化物，如 SiO_2-Al_2O_3 也可作为烷基化催化剂。烷基铝是用烯烃作烷基化剂时的一种催化剂，其中铝原子也是缺电子的，对于它的催化作用还不十分清楚。酚铝［$Al(OC_6H_5)_3$］是苯酚邻位烷基化的催化剂，是由铝屑在苯酚中加热而制得的。苯胺铝［$Al(NHC_6H_5)_3$］是苯胺邻位烷基化催化剂，是由铝屑在苯胺中加热而制得的。此外，也可用脂肪族的烷基铝（R_3Al）或烷基氯化铝（AlR_2Cl），但其中的烷基必须要与引入的烷基相同。

3. *C*-烷基化反应历程

芳烃上的烷基化反应都属于亲电取代反应。催化剂大多是路易斯酸、质子酸或酸性氧化物，催化剂的作用是使烷化剂强烈极化，以转变成为活泼的亲电质点。

（1）用烯烃烷基化的反应历程　烯烃常用质子酸进行催化，质子先加成到烯烃分子上形成活泼亲电质点碳正离子。

$$R—CH═CH_2+H^+ \rightleftharpoons R—\overset{+}{C}H—CH_3$$

用 $AlCl_3$ 作催化剂时，还必须有少量助催化剂氯化氢存在。$AlCl_3$ 先与 HCl 作用生成络合物，该络合物与烯烃反应而形成活泼的碳正离子。

$$AlCl_3+HCl \rightleftharpoons \overset{\delta^+}{H}\cdots\overset{\delta^-}{Cl}:AlCl_3$$

$$R—CH═CH_2+\overset{\delta^+}{H}\cdots\overset{\delta^-}{Cl}:AlCl_3 \rightleftharpoons [R—\overset{+}{C}HCH_3]AlCl_4^-$$

活泼的碳正离子与芳烃形成 σ-络合物，再进一步脱去质子生成芳烃的取代产物烷基苯。

$$C_6H_6+R\overset{+}{C}HCH_3 \rightleftharpoons [C_6H_6(H)(CHCH_3R)]^+ \xrightarrow{-H^+} C_6H_5—CH(R)CH_3$$

上述亲电质点（碳正离子）的形成反应中，H^+ 总是加到含氢较多的烯烃碳原子上，遵循马尔克夫尼可夫（Markovnikov）规则，以得到稳定的碳正离子。

（2）用卤烷烷化的反应历程　Lewis 酸催化剂三氯化铝能使卤烷极化，形成分子络合物、离子络合物或离子对：

$$\overset{\delta^+}{R}—\overset{\delta^-}{Cl}+AlCl_3 \rightleftharpoons \underset{\text{分子络合物}}{\overset{\delta^+}{R}—\overset{\delta^-}{Cl}:AlCl_3} \rightleftharpoons \underset{\text{离子络合物}}{R^+\cdots AlCl_4^-} \rightleftharpoons \underset{\text{离子对}}{R^++AlCl_4^-}$$

其以何种形式参加后继反应主要视卤烷结构而定。由于碳正离子的稳定性顺序是：

$$C_6H_5—\overset{+}{C}H_2 \approx CH_2═CH—\overset{+}{C}H_2 > R_3\overset{+}{C} > R_2\overset{+}{C}H > R\overset{+}{C}H_2 > \overset{+}{C}H_3$$

因此伯卤烷不易生成碳正离子，一般以分子络合物参与反应。而叔卤烷、烯丙基卤、苄基卤因有 σ-π 超共轭或 p-π 共轭，则比较容易生成稳定的碳正离子，常以离子对的形式参与反应。仲卤代烷则常以离子络合物的形式参与反应。

（3）用醇烷基化的反应历程　当以质子酸作催化剂时，醇先被质子化，然后解离为烷基正离子和水：

$$R—OH+H^+ \rightleftharpoons R—\overset{+}{O}H_2 \rightleftharpoons R^++H_2O$$

如用无水 $AlCl_3$ 为催化剂，则因醇烷基化生成的水会分解三氯化铝，所以需用与醇等物质的量之比的三氯化铝。

$$C_6H_6+ROH+AlCl_3 \longrightarrow C_6H_5R+Al(OH)Cl_2+HCl$$

烷基化反应的活泼质点是按下面途径生成的：

$$ROH+AlCl_3 \xrightarrow{-HCl} ROAlCl_2 \rightleftharpoons R^++\overset{-}{O}AlCl_2$$

（4）用醛、酮烷基化的反应历程　催化剂常用质子酸。醛、酮首先被质子化得到活泼亲电质点，与芳烃加成得产物醇；其产物醇再按醇烷基化的反应历程与芳烃反应，得到二芳基甲烷类产物。

$$R^1R^2C═O+H^+ \rightleftharpoons R^1R^2C═\overset{+}{O}H \rightleftharpoons R^1R^2\overset{+}{C}—OH$$

$$R^1R^2\overset{+}{C}—OH+C_6H_6 \longrightarrow C_6H_5—C(R^1)(R^2)—OH \xrightarrow{+H^+} C_6H_5—C(R^1)(R^2)—\overset{+}{O}H_2 \rightleftharpoons C_6H_5—\overset{+}{C}(R^1)(R^2)+H_2O$$

$$C_6H_6 + C_6H_5C^+R^1R^2 \longrightarrow (C_6H_5)_2CR^1R^2 + H^+$$

4. 芳环上 C-烷基化反应特点

C-烷基化既是连串反应又是可逆反应，而且引入烷基的烷基正离子会发生重排，生成更为稳定的碳正离子，使生成的烷基苯趋于支链化。这是芳环上 *C*-烷基化反应的三大特点。

（1）*C*-烷基化是连串反应　由于烷基是供电子基团，芳环上引入烷基后因电子云密度增加而比原先的芳烃反应物更加活泼，有利于其进一步与烷化剂反应生成二取代烷基芳烃，甚至生成多烷基芳烃。但随着烷基数目增多，空间效应会阻止进一步引入烷基，使反应速率减慢。因此烷基苯的继续烷基化反应速率是加快还是减慢，需视两种效应的强弱而定，且与所催化剂有关。一般说来，单烷基苯的烷基化速度比苯快，当苯环上取代基的数目增加，由于空间效应，实际上四元以上取代烷基苯的生成是很少的。为了控制烷基苯和多烷基苯的生成量，必须选择适宜的催化剂和反应条件，其中最重要的是控制反应原料和烷基化剂的摩尔比，常使苯过量较多，反应后再加以回收循环使用。

（2）*C*-烷基化是可逆反应　烷基苯在强酸催化剂存在下能发生烷基的歧化和转移，即苯环上的烷基可以从一个苯环上转移到另一个苯环上，或从一个位置转移到另一个位置上，如：

$$C_6H_6 + C_6H_4R_2 \rightleftharpoons 2\,C_6H_5R$$

$$C_6H_4R_2 + H^+ \rightleftharpoons [C_6H_5(H)(R)R]^+ \rightleftharpoons C_6H_5R + R^+$$

当苯量不足时，有利于二烷基或多烷基苯的生成；苯过量时，则有利于发生烷基转移，使多烷基苯向单烷基苯转化。因此在制备单烷基苯时，可利用这一特性使副产物多烷基减少，并增加单烷苯总收率。

C-烷基化反应的可逆性也可由烷基的给电子特性加以解释。给电子的烷基连于苯环，使芳环上的电子云密度增加，特别是与烷基相连的那个芳环碳原子上的电子云密度增加更多，H^+ 进攻此位置较易，转化为 σ-络合物，其可进一步脱除 R^+ 而转变为起始反应物。

（3）烷基正离子能发生重排　*C*-烷基化中的亲电质点烷基碳正离子会重排成较稳定的碳正离子。如用正丙基氯在无水 $AlCl_3$ 作催化剂与苯反应时，得到的正丙苯只有 30%，而异丙苯却高达 70%。这是因为反应过程中生成的 $CH_3CH_2\overset{+}{C}H_2$ 会发生重排形成更加稳定的 $CH_3\overset{+}{C}HCH_3$。

$$CH_3CH_2Cl_2—Cl: + AlCl_3 \rightleftharpoons [CH_3CH_2\overset{+}{C}H_2]\ AlCl_4^-$$

$$CH_3—CH(H)—\overset{+}{C}H_2 \xrightarrow[\text{H 连同一对电子转移}]{\text{重排}} CH_3\overset{+}{C}HCH_3$$

伯碳正离子　　　　仲碳正离子

因此上述烷基化反应生成的是两者的混合物。

当用碳链更长的卤烷或烯烃与苯进行烷基化时，则烷基正离子的重排现象更加突出，生成的产物异构体种类也增多，但支链烷基苯占优的趋势不变。

二、 C-烷基化方法

1. 用烯烃的 C-烷基化

在 *C*-烷基化反应中，烯烃是最便宜和活泼的烷化剂，广泛应用于工业上芳烃（另有芳胺和酚类）的 *C*-烷基化，常用烯烃有乙烯、丙烯以及长链 α-烯烃，其可大规模地制备乙苯、异丙苯和高级烷基苯。由于烯烃反应活性较高，在发生 *C*-烷基化反应的同时，还可发生聚合、异构化和成酯等副反应，因此，在烷基化时应控制好反应条件，以减少副反应的发生。

工业上广泛使用的烷基化方法有液相法和气相法两类。液相法的特点是，用液态催化剂、液态苯和气相（乙烯、丙烯）或液相烷化剂在鼓泡塔、多级串联反应釜或釜式反应器内完成 *C*-烷基化反应。液相法所用的催化剂有路易斯酸和质子酸。气相法的特点是使用气态苯和气态烷化剂在一定的温度和压力条件下，通过固体酸催化剂在气固相反应器内完成烷基化反应。气相法所用的催化剂有磷酸-硅藻土、BF_3-γ-Al_2O_3 等。

2. 用卤烷的 C-烷基化

卤烷是活泼的 *C*-烷基化剂。工业上通常使用的是氯烷，如苯系物与氯代高级烷烃在 $AlCl_3$ 催化下可得高级烷基苯。此类反应常采用液相法，与烯烃作烷基化剂不同的是，在生成烷基芳烃的同时，反应会放出氯化氢。故用氯烷烷基化时应注意以下几点。

① 可不直接使用无水 $AlCl_3$，而是将铝锭或铝球放入烷基化塔内，就地生成 $AlCl_3$ 作为催化剂。

② 进入烷基化塔的氯烷和苯要预先做干燥处理，以免 $AlCl_3$ 水解、破坏络合物催化剂，造成铝锭消耗增大、管道堵塞，出现生产事故。

③ 管道和设备均应作防腐处理，一般采用搪瓷、搪玻璃或其他耐腐材料衬里。

④ 为防止氯化氢气体外逸，相关设备可在微负压条件下进行操作。

⑤ 须有氯化氢吸收系统，以回收反应生成的大量氯化氢。

由于氯烷比烯烃价高，芳烃烷基化较少使用氯烷，具有活泼甲基与亚甲基化合物的 *C*-烷基化常用氯烷。

3. 用醇、醛和酮的 C-烷基化

醇、醛和酮均属于反应能力相对较弱的烷化剂，仅适用于活泼芳烃的 *C*-烷基化，如苯、萘、酚和芳胺等。常用的催化剂有路易斯酸和质子酸等，如 $AlCl_3$、$ZnCl_2$、H_2SO_4、H_3PO_4。用醇、醛、酮等类进行 *C*-烷基化反应时，共同特点是均有水生成。

（1）醇的 *C*-烷基化　在酸性条件下，用醇对芳胺进行烷化时，如果条件温和，则烷基首先取代氮原子上的氢，发生 *N*-烷基化。

$$C_6H_5{-}NH_2 + C_4H_9OH \xrightarrow[210℃,\ 0.8MPa]{ZnCl_2} C_6H_5{-}NHC_4H_9 + H_2O$$

若将反应温度升高，则氮原子上的烷基将转移到芳环的碳原子上，并主要生成对位烷基芳胺。

$$C_6H_5{-}NHC_4H_9 \xrightarrow[240℃,\ 2.2MPa]{ZnCl_2} H_9C_4{-}C_6H_4{-}NH_2 \cdot ZnCl_2$$

萘与正丁醇和发烟硫酸可以同时发生 *C*-烷基化和磺化反应。

$$C_{10}H_8 + 2C_4H_9OH + H_2SO_4 \xrightarrow{55\sim60℃} C_{10}H_5(SO_3H)(C_4H_9)_2 + 3H_2O$$

生成的二丁基萘磺酸即为渗透剂 BX，俗称拉开粉。其为纺织印染工业中大量使用的渗透剂，还可在合成橡胶生产中用作乳化剂。

（2）用醛和酮的 *C*-烷基化　用脂肪醛和芳烃衍生物进行的 *C*-烷基化反应可制得对称的二芳基甲烷衍生物。如过量的苯胺与甲醛在浓盐酸中反应，可制得 4,4′-二氨基-二苯甲烷。

$$2H_2N-C_6H_5 + HCHO \xrightarrow[100℃]{浓\ HCl} H_2N-C_6H_4-CH_2-C_6H_4-NH_2 + H_2O$$

该产品是偶氮染料的重氮组分，又是制造压敏染料的中间体，还可作为聚氨酯树脂的单体。

甲醛与 2-萘磺酸在稀硫酸中反应，其产物为扩散剂 N，是重要的纺织印染助剂。

$$2\ C_{10}H_7-SO_3H + HCHO \xrightarrow{130℃} HO_3S-C_{10}H_6-CH_2-C_{10}H_6-SO_3H + H_2O$$

用芳醛与活泼的芳烃衍生物进行烷基化反应，可制得三芳基甲烷衍生物。

$$2H_2N-C_6H_5 + C_6H_5-CHO \xrightarrow[145℃]{30\%HCl} H_2N-C_6H_4-CH(C_6H_5)-C_6H_4-NH_2 + H_2O$$

苯酚与丙酮在酸催化下，得到 2,2-双（对羟基苯基）丙烷，俗称双酚 A。

$$2HO-C_6H_5 + CH_3\overset{O}{\overset{\|}{C}}CH_3 \xrightarrow{H^+} HO-C_6H_4-C(CH_3)_2-C_6H_4-OH + H_2O$$

产物双酚 A 是制备新型高分子材料环氧树脂、聚碳酸酯及聚砜等的主要原料，也可用于涂料、抗氧剂和增塑剂等制备，用途极为广泛。

工业上常用硫酸、盐酸或阳离子交换树脂为催化剂完成此反应。前两种无机酸虽反应催化活性很高，但对设备腐蚀严重，且产生大量含酸、酚的废水，污染极大。阳离子交换树脂法则具有后处理简单、腐蚀性小、环保经济，同时对设备材质要求低，树脂可重复使用、寿命较长等优点。

三、 相转移催化 *C*-烷基化

碳负离子的烷基化，由于其在合成中的重要性，是相转移催化反应中研究最早和最多的反应之一。例如，乙腈在季铵盐催化下进行烷基化反应。

$$PhCH_2CN \xrightarrow[28\sim35℃,\ 3\sim5h]{EtBr/浓\ NaOH/TEBAC(1\%,\ 摩尔分数)} PhCH(Et)CN\quad(78\%\sim84\%)$$

又如，醛、酮类化合物采用相转移催化剂，可以顺利地进行 α-碳的烷基化反应。

$$PhCH_2COCH_3 \xrightarrow{MeI/NaOH/TBAHS/CH_2Cl_2} PhCH(Me)COCH_3\quad(92\%)$$

合成抗癫痫药物丙戊酸钠时，可采用 TBAB 催化进行 *C*-烷基化反应。

$$H_2C(CO-O)_2C(CH_3)_2 \xrightarrow[K_2CO_3/TBAB]{n\text{-}C_3H_7Br} (n\text{-}C_3H_7)_2C(CO-O)_2C(CH_3)_2 \xrightarrow{NaOH/H_2O} (n\text{-}C_3H_7)_2CH-COONa$$

第三节 N-烷基化反应

N-烷基化反应是制备各种脂肪族和芳香族伯胺、仲胺和叔胺的主要方法。其在工业上的应用极为广泛，反应通式如下。

$$NH_3 + R-Z \longrightarrow RNH_2 + HZ$$

$$R'NH_2 + R-Z \longrightarrow RNHR' + HZ$$

$$R'NHR + R-Z \longrightarrow R_2NR' + HZ$$

$$R_2NR' + R-Z \longrightarrow R_3\overset{+}{N}R' + Z^-$$

式中，R—Z 代表烷基化剂；R 代表烷基；Z 则代表离去基团，依据烷基化剂的种类不同，Z 也不尽相同。

N-烷基化产物是制造医药、表面活性剂及纺织印染助剂时的重要中间体。氨基是合成染料分子中重要的助色基团，烷基的引入可加深染料颜色，故 N-烷基化反应在染料工业有着极为重要的意义。

一、 N-烷基化剂及反应类型

1. N-烷基化剂

N-烷基化剂是完成 N-烷基化反应必需的物质，其种类和结构决定着 N-烷基化产物的结构。N-烷基化剂的种类很多，常用的有以下六类。

① 醇和醚类。如甲醇、乙醇、甲醚、乙醚、异丙醇、丁醇等。

② 卤烷类。如氯甲烷、氯乙烷、溴乙烷、苄氯、氯乙酸、氯乙醇等。

③ 酯类。如硫酸二甲酯、硫酸二乙酯、对甲苯磺酸酯等。

④ 环氧类。如环氧乙烷、环氧氯丙烷等。

⑤ 烯烃衍生物类。如丙烯腈、丙烯酸、丙烯酸甲酯等。

⑥ 醛和酮类。如各种脂肪族和芳香族的醛、酮。

在上述 N-烷基化剂中，前三类反应活性最强的是硫酸的中性酯，如硫酸二甲酯；其次是卤烷；醇、醚类的活性较弱，须用强酸催化或在高温下才可发生反应。后三类的反应活性次序大致为：环氧类＞烯烃衍生物＞醛和酮类。

2. N-烷基化反应类型

N-烷基化反应依据所使用的烷化剂种类不同，可分为如下三种类型。

（1）取代型　所用 N-烷基化剂为醇、醚、卤烷、酯类。

$$NH_3 \xrightarrow[-HZ]{R^1-Z} R^1NH_2 \xrightarrow[-HZ]{R^2-Z} R^1NHR^2 \xrightarrow[-HZ]{R^3-Z} R^1-\underset{R^3}{\overset{R^2}{N}} \xrightarrow{R^4-Z} \left[R^1-\underset{R^4}{\overset{R^2}{N^+}}-R^3 \right] Z^-$$

其反应可看作是烷基化剂对胺的亲电取代反应，离去基团 Z 分别为—OH、—X、—OSO_3H等基团。

（2）加成型　所用 N-烷基化剂为环氧化合物和烯烃衍生物。

$$RNH_2 \xrightarrow{\underset{O}{CH_2-CH_2}} RNHCH_2CH_2OH \xrightarrow{\underset{O}{CH_2-CH_2}} RN(CH_2CH_2OH)_2$$

$$RNH_2 \xrightarrow{CH_2=CH-CN} RNHCH_2CH_2CN \xrightarrow{CH_2=CH-CN} RN(CH_2CH_2CN)_2$$

其反应可看作是烷基化剂对胺的亲电加成反应，无离去基团。

（3）缩合-还原型　所用 N-烷基化剂为醛和酮类。

$$RNH_2 \xrightarrow[\text{缩合}]{R'CHO} RN=CHR' \xrightarrow[\text{还原}]{[H]} RNHCH_2R' \xrightarrow{R'CHO} R-\underset{HO-CHR'}{\overset{CH_2R'}{N}} \xrightarrow{[H]} RN(CH_2R')_2$$

其反应可看作是胺对烷基化剂的亲核加成、再消除、最后还原。N-烷基化时，无离去基团。

应该指出，无论哪种反应类型，都是利用胺(氨)结构中氮原子上孤对电子的活性来完成的。

二、 N-烷基化的方法

1. 用醇和醚作烷化剂的 N-烷基化

用醇和醚作烷化剂时，其烷化能力较弱，所以反应需在较强烈的条件下才能进行，但某些低级醇（甲醇、乙醇）因价廉易得，供应量大，工业上常用其作为活泼胺类的烷化剂。

（1）醇的 N-烷基化反应特点　醇烷基化常用强酸（浓硫酸）作催化剂，其催化作用是将醇质子化，进而脱水得到活泼的烷基正离子 R^+。R^+ 与胺氮原子上的孤对电子形成中间络合物，其脱去质子得到产物。

$$H-\underset{H}{\overset{H}{N}}: + R^+ \rightleftharpoons \left[H-\underset{H}{\overset{H}{N^+}}-R \right] \rightleftharpoons R-\underset{H}{\overset{H}{N}}: + H^+$$

$$R-\underset{H}{\overset{H}{N}}: + R^+ \rightleftharpoons \left[R-\underset{H}{\overset{H}{N^+}}-R \right] \rightleftharpoons R-\underset{H}{\overset{R}{N}}: + H^+$$

$$R-\underset{H}{\overset{R}{N}}: + R^+ \rightleftharpoons \left[R-\underset{R}{\overset{R}{N^+}}-H \right] \rightleftharpoons R-\underset{R}{\overset{R}{N}}: + H^+$$

$$R-\underset{R}{\overset{R}{N}}: + R^+ \rightleftharpoons \left[R-\underset{R}{\overset{R}{N^+}}-R \right]$$

可见，胺类用醇烷化是一个亲电取代反应。胺的碱性越强，越易反应。对于芳胺，环上带供电子基时，反应加快；环上带吸电子基时，则反应较难进行。

用醇的 N-烷基化反应是连串反应，同时又是可逆反应。通常情况下，N-烷基化产物是伯、仲叔胺的混合物。

（2）醇的 N-烷基化实施方法　用醇类的 N-烷基化可采用液相法和气相法。液相法操作一般需在高压釜中、200～230℃和一定压力下进行，常用浓 H_2SO_4 作催化剂，也可以用 PCl_3、$ArSO_3H$、脂肪胺或碘作催化剂。应该指出，在醇 N-烷基化时，温度不能太高，否则，引入的烷基会从胺基 N 原子上转移到芳环上氨基对位或邻位的 C 原子上，主要得到 C-烷基化合物。如苯胺进行甲基化，制备 N,N-二甲基苯胺时，便采用液相法。具体内容见本章第五节。

对易于汽化的醇和胺，烷基化反应还可以用气相方法。反应采用固定床反应器。一般是使胺和醇的混合蒸气在 280～500℃的高温下，通过固体催化剂（如 Al_2O_3、TiO_2、SiO_2 等）床层进行反应，反应后的混合气经冷凝脱水，得到 N-烷基化粗品。例如，工业上大规模生产的甲胺就是由氨和甲醇气相烷基化反应生成的。

$$NH_3 + CH_3OH \xrightarrow[350\sim500℃,\ 1\sim3MPa]{Al_2O_3 \cdot SiO_2} CH_3NH_2 + H_2O \quad \Delta H = -21kJ/mol$$

烷基化反应并不停留在一甲胺阶段，还同时得到二甲胺、三甲胺混合物。其中二甲胺的用途最广，一甲胺需求量次之。为减少三甲胺的生成，烷基化反应时，一般取氨与甲醇的摩尔比大于 1，使氨过量，再加适量水和循环三甲胺（可与水进行逆向分解反应），使烷基化反应向一烷基化和二烷基化转移。例如：在 500℃，$NH_3 : CH_3OH = 2.4 : 1$（摩尔比），反应后的产物组成为一甲胺 54%，二甲胺 26%，三甲胺 20%。工业上三种甲胺的产品是浓度为 40%的水溶液。一甲胺和二甲胺为制造医药、农药、染料、炸药、表面活性剂、橡胶硫化促进剂和溶剂等的原料。三甲胺用于制造离子交换树脂、饲料添加剂及植物激素等。

甲醚是合成甲醇时的副产物，也可用作烷化剂，其反应式如下。

$$C_6H_5{-}NH_2 + (CH_3)_2O \xrightarrow[230℃]{Al_2O_3} C_6H_5{-}NHCH_3 + CH_3OH$$

$$C_6H_5{-}NHCH_3 + (CH_3)_2O \longrightarrow C_6H_5{-}NH(CH_3)_2 + CH_3OH$$

此烷基化反应可在气相进行。使用醚类烷化剂的优点是反应温度可以较使用醇类的低。

2. 用卤烷作烷化剂的 N-烷基化

卤烷作 N-烷化剂时，反应活性较醇要强。卤烷主要用于引入长碳链烷基和活泼性较低的胺类（如芳胺的磺酸或硝基衍生物）的 N 烷基化。卤烷活性次序为：

$$RI > RBr > RCl \quad 脂肪族 > 芳香族 \quad 短链 > 长链$$

用卤烷进行的 N-烷基化反应有卤化氢气体放出，因此反应是不可逆的。

反应放出的卤化氢能与胺反应生成盐，从而阻止 N-烷基化反应的进行。为使反应顺利进行，需向反应系统中加入一定的碱（氢氧化钠、碳酸钠、氢氧化钙等）作为缚酸剂，以中和卤化氢。

卤烷的烷基化反应可以在水介质中进行，若卤烷的沸点较低（如一氯甲烷、溴乙烷），反应要在高压釜中进行。

N-烷基化产物多为仲胺与叔胺的混合物，为了制备仲胺，则必须使用过量的伯胺，以抑制叔胺的生成。有时还需要用特殊的方法来抑制二烷化副反应，例如：由苯胺与氯乙酸制苯基氨基乙酸时，除了要使用不足量的氯乙酸外，在水介质中还要加入氢氧化亚铁，使苯基氨基乙酸以亚铁盐的形式析出，以避免进一步二烷化。

$$2C_6H_5NH_2+2ClCH_2COOH+Fe(OH)_2+2NaOH \longrightarrow (C_6H_5NHCH_2COO)_2Fe\downarrow 2NaCl+4H_2O$$

然后将亚铁盐滤饼用氢氧化钠水溶液处理，使之转变成可溶性钠盐。

制备 *N*,*N*-二烷基芳胺可使用定量的苯胺和氯乙烷，加入装有氢氧化钠溶液的高压釜中，升温至 120℃，当压力为 1.2MPa 时，靠反应热可自行升温至 210～230℃，压力 4.5～5.5MPa，反应 3h，即可完成烷基化反应。

$$C_6H_5NH_2+2C_2H_5Cl \xrightarrow[120\sim220℃]{NaOH} C_6H_5N(C_2H_5)_2+2HCl$$

长碳链卤烷与胺类反应也能制取仲胺和叔胺。如用长碳链氯烷可使二甲胺烷基化，制得叔胺。

$$RCl+NH(CH_3)_2 \xrightarrow[130\sim140℃]{NaOH} RN(CH_3)_2+HCl$$

反应生成的氯化氢用氢氧化钠中和。

3. 用酯作烷化剂的 N-烷基化

硫酸酯、磷酸酯和芳磺酸酯都是活性很强的烷基化剂，其沸点较高，反应可在常压下进行。因酯类价格比醇和卤烷都高，所以其实际应用受到限制。硫酸酯与胺类烷基化反应通式如下。

$$R'NH_2+ROSO_2OR \longrightarrow R'NHR+ROSO_2H$$

$$R'NH_2+ROSO_2ONa \longrightarrow R'NHR+NaHSO_4$$

硫酸中性酯易给出其所含的第一个烷基，而给出第二烷基则较困难。常用的是硫酸二甲酯，但其毒性极大，可通过呼吸道及皮肤进入人体，使用时应格外小心。用硫酸酯烷化时，常需要加碱中和生成的酸，以便提高其给出烷基正离子的能力。如对甲苯胺与硫酸二甲酯于 50～60℃时，在碳酸钠、硫酸钠和少量水存在下，可生成 *N*,*N*-二甲基对甲苯胺，收率可达 95%。此外，用磷酸酯与芳胺反应也可高收率、高纯度地制得 *N*,*N*-二烷基芳胺，反应式如下。

$$3ArNH_2+2(RO)_3PO \longrightarrow 3ArNR_2+2H_3PO_4$$

芳磺酸酯作为强烷基化剂也可发生如上类的反应。

$$ArNH_2+ROSO_2Ar' \longrightarrow ArNHR+Ar'SO_3H$$

4. 用环氧乙烷作烷化剂的 N-烷基化

环氧乙烷是一种活性很强的烷基化剂，其分子具有三元环结构，环张力较大，容易开环，与胺类发生加成反应得到含羟乙基的产物。例如：芳胺与环氧乙烷发生加成反应，生成 *N*-(*β*-羟乙基) 芳胺，若再与另一分子环氧乙烷作用，可进一步得到叔胺：

$$ArNH_2+\underset{\diagdown O \diagup}{CH_2—CH_2} \longrightarrow ArNHCH_2CH_2OH \xrightarrow{\underset{\diagdown O \diagup}{CH_2—CH_2}} ArN(CH_2CH_2OH)_2$$

当环氧乙烷与苯胺的摩尔比为 0.5∶1，反应温度为 65～70℃，并加入少量水时，主要产物为 *N*-(*β*-羟乙基) 苯胺。如果使用稍大于 2mol 的环氧乙烷，并在 120～140℃和 0.5～0.6MPa 压力下进行反应，则得到的主要是 *N*,*N*-二 (*β*-羟乙基) 苯胺。

环氧乙烷活性较高，易与含活泼氢的化合物（如水、醇、氨、胺、羧酸及酚等）发生加成反应，碱性和酸性催化剂均能加速此类反应。例如 *N*,*N*-二 (*β*-羟乙基) 苯胺与过量环氧乙烷反应，将生成 N,N-二（β-羟乙基）芳胺衍生物。

$$ArN(CH_2CH_2OH)_2+2m\ \underset{\displaystyle \diagdown O \diagup}{CH_2-CH_2} \longrightarrow ArN[(CH_2CH_2O)_mCH_2CH_2OH]_2$$

氨或脂肪胺和环氧乙烷也能发生加成烷基化反应，例如制备乙醇胺类化合物。

$$NH_3+\underset{\displaystyle \diagdown O \diagup}{CH_2-CH_2} \longrightarrow H_2NCH_2CH_2OH+HN(CH_2CH_2OH)_2+N(CH_2CH_2OH)_3$$

产物为三种乙醇胺的混合物。反应时先将25%的氨水送入烷基化反应器，然后缓通气化的环氧乙烷；反应温度为35～45℃，反应后期，升温至110℃以蒸除过量的氨；后经脱水，减压蒸馏，收集不同沸程的三种乙醇胺产品。乙醇胺是重要的精细化工原料，它们的脂肪酸脂可制成合成洗净剂。乙醇胺可用于净化许多工业气体，脱除气体中的酸性杂质（如 SO_2、CO_2 等）。乙醇胺碱性较弱，常用来配制肥皂、油膏等化妆品。此外，乙醇胺也常用于杂环化合物的合成。

环氧乙烷沸点较低（10.7℃），其蒸气与空气的爆炸极限很宽（空气3%～98%），所以在通环氧乙烷前，务必用惰性气体置换反应器内的空气，以确保生产安全。

5. 用烯烃衍生物作烷化剂的 N-烷基化

烯烃衍生物与胺类也可发生 N-烷基化反应，此反应是通过烯烃衍生物中的碳-碳双键与氨基中的氢加成来而完成的。常用的烯烃衍生物为丙烯腈和丙烯酸酯，其分别向胺类氮原子上引入氰乙基和羧酸酯基。

$$RNH_2+CH_2=CHCN \longrightarrow RNHCH_2CH_2CN \xrightarrow{CH_2=CHCN} RN(CH_2CH_2CN)_2$$

$$RNH_2+CH_2=CHCOOR' \longrightarrow RNHCH_2CH_2COOR' \xrightarrow{CH_2=CHCOOR'} RN(CH_2CH_2COOR')_2$$

其产物均为生产染料、表面活性剂和医药的重要中间体。

丙烯腈与胺类反应时，常要加入少量酸性催化剂。由于丙烯腈易发生聚合反应，还需要加入少量阻聚剂（对苯二酚）。例如：苯胺与丙烯腈反应时，其摩尔比为1∶1.6时，在少量盐酸催化下，水介质中回流温度进行 N-烷基化，主要生成 N-(β-氰乙基）苯胺；取其摩尔比为1∶2.4，反应温度为130～150℃，则主要生成 N,N-二（β-氰乙基）苯胺。

丙烯腈和丙烯酸酯分子中含有较强吸电子基团—CN、—COOR，使其分子中β-碳原子上带部分正电荷，从而有利于与胺类发生亲电加成，生成 N-烷基取代产物。

$$R\ddot{N}H_2+\overset{\delta^+}{CH_2}=\overset{\delta^-}{CH}-CN \longrightarrow RNHCH_2CH_2CN$$

$$R\ddot{N}H_2+\overset{\delta^+}{CH_2}=\overset{\delta^-}{CH}-\underset{\delta^+}{\overset{O^{\delta^-}}{\overset{\|}{C}}}-OR' \longrightarrow RNH(CH_2CH_2COOR')$$

与卤烷、环氧乙烷和硫酸酯相比，烯烃衍生物的烷化能力较弱，为提高反应活性，常需加入酸性或碱性催化剂。酸性催化剂有乙酸、硫酸、盐酸、对甲苯磺酸等；碱性催化剂有三甲胺、三乙胺、吡啶等。需要指出，丙烯酸酯类的烷基化能力较丙烯腈弱，故其反应时需要更剧烈的反应条件。胺类与烯烃衍生物的加成反应是一个连串反应。

6. 用醛或酮作烷化剂的 N-烷基化

醛或酮可与胺类发生缩合-还原型 N-烷基化反应，其反应通式如下。

$$R-\overset{\overset{\displaystyle H}{|}}{C}=O+NH_3 \xrightarrow{-H_2O} \left[R-\overset{\overset{\displaystyle H}{|}}{C}=NH\right] \xrightarrow{[H]} RCH_2NH_2$$

$$R-\overset{R'}{\overset{|}{C}}=O + NH_3 \xrightarrow{-H_2O} \left[R-\overset{R'}{\overset{|}{C}}=NH \right] \xrightarrow{[H]} R-\overset{R'}{\overset{|}{C}}HNH_2$$

反应最初产物为伯胺，若醛、酮过量，则可相继得到仲胺、叔胺。在缩合-还原型 *N*-烷基化中应用最多的是甲醛水溶液，如脂族十八胺用甲醛和甲酸反应可以生成 *N*,*N*-二甲基十八烷胺：

$$CH_3(CH_2)_{17}NH_2+2CH_2O+2HCOOH \longrightarrow CH_3(CH_2)_{17}N(CH_3)_2+2CO_2+2H_2O$$

反应在常压液相条件下进行。脂肪胺先溶于乙醇中，再加入甲酸水溶液，升温至 50～60℃，缓慢加入甲醛水溶液，再加热至 80℃，反应完毕。产物液经中和至强碱性，静置分层，分出粗胺层，经减压蒸馏得叔胺。此法优点为反应条件温和，易操作控制，缺点是消耗大量甲酸，且对设备有腐蚀性。在骨架镍存在下，可用氢代替甲酸，但这种加氢还原需要采用耐压设备。此法合成的含有长碳链的脂肪族叔胺是表面活性剂、纺织助剂等的重要中间体。

三、 相转移催化 N-烷基化

吲哚和溴苄在季铵盐的催化下，可高收率得到 *N*-苄基化产物。

$$\text{吲哚(N-H)} \xrightarrow[33℃,\ 18h]{PhCH_2Br/50\%NaOH/TBAHS/C_6H_6} \text{N-}CH_2Ph\text{吲哚}\ (93\%)$$

此反应在无相转移催化剂时将无法进行。

抗精神病药物氯丙嗪的合成也采用了相转移催化反应。

$$\text{吩噻嗪(N-H)} \xrightarrow[C_6H_6/TBAB]{Cl(CH_2)_3N(CH_3)_2/NaOH} \text{吩噻嗪-N-}CH_2(CH_2)_2N(CH_3)_2$$

1,8-萘内酰亚胺，因分子中羰基的吸电子效应，使氮原子上的氢具有一定的酸性，很难 *N*-烷基化，即使在非质子极性溶剂中或是在含吡啶的碱性溶液中，反应速率也很慢，且收率低。但 1,8-萘内酰亚胺易与氢氧化钠或碳酸钠形成钠盐。

$$\text{萘环-}(O=C-N-H) + NaOH \rightleftharpoons \text{萘环-}(O=C-N^-\ Na^+) + H_2O$$

它易被相转移催化剂萃取到有机相，而在温和的条件下与溴乙烷或氯苄反应。若用氯丙腈为烷基化剂，为避免其水解，需使用无水碳酸钠，并选择使用能使钠离子溶剂化的溶剂（如 *N*-甲基-2-吡咯烷酮），以利于 1,8-萘内酰亚胺负离子被季铵正离子带入有机相而发生固-液相转移催化反应。

$$\text{萘环-}(O=C-N-H) + ClCH=CHCN \xrightarrow[\text{无水}\ Na_2CO_3]{PTC/\text{溶剂}} \text{萘环-}(O=C-N-CH=CHCN)$$

第四节 O-烷基化反应

O-烷基化反应是醇羟基或酚羟基的氢被烷基取代的反应，常用来制备醚类化合物。常用的*O*-烷基化剂有卤烷、酯、环氧乙烷和醇。*O*-烷基化反应是亲电取代反应，醇羟基的反应活性通常较酚羟基的高。因酚羟基不够活泼，所以需要使用活泼的烷基化剂，只有很少情况会使用醇类烷化剂。

一、 用卤烷的 O-烷基化

此类反应容易进行，一般只要将酚先溶解于稍过量的苛性钠水溶液中，使它形成酚钠盐，然后在适当的温度下加入适量卤烷，即可得良好收率的产物。但当使用沸点较低的卤烷时，则需要在压热釜中进行反应。如在高压釜中加入氢氧化钠水溶液和对苯二酚，压入氯甲烷（沸点－23.7℃）气体，密闭，逐渐升温至 120℃和 0.39～0.59MPa，保温 3h，直到压力下降至 0.22～0.24MPa 为止。处理后，产品对苯二甲醚的收率可达 83%。反应式如下：

$$HO-C_6H_4-OH \xrightarrow[-2H_2O]{2NaOH} NaO-C_6H_4-ONa \xrightarrow[-2NaCl]{2CH_3Cl} CH_3O-C_6H_4-OCH_3$$

在*O*-甲基化时，为避免使用高压釜，或为使反应在温和条件下进行，常改用碘甲烷（沸点 42.5℃）或硫酸二甲酯作烷基化剂。

二、 用酯的 O-烷基化

硫酸酯及磺酸酯均是活性较高的良好烷化剂。它们的共同优点是高沸点，因而可在高温、常压下进行反应，缺点是价格较高。但对于产量小、价值高的产品，常采用此类烷基化剂。特别是硫酸二甲酯应用最为广泛。例如，在碱性催化剂存在下，硫酸酯与酚、醇在室温下既能顺利反应，又可以良好的产率生成醚类。

$$C_6H_5-OH + (CH_3)_2SO_4 \xrightarrow[10℃]{NaOH} C_6H_5-OCH_3 + CH_3OSO_3Na$$

$$C_6H_5-CH_2CH_2OH + (CH_3)_2SO_4 \xrightarrow[NaOH]{(n\text{-}C_4H_9)_4N^+I^-} C_6H_5-CH_2CH_2OCH_3 + CH_3OSO_3Na$$

若用硫酸二乙酯作烷化剂时，可不需碱催化剂；且醇、酚分子中含有羰基、氰基、羟基及硝基时，对反应均不会产生不良影响。

除上述硫酸酯和磺酸酯（无机酸酯）外，还可用原甲酸酯、草酸二烷酯、羧酸酯（有机酸酯）等作烷基化剂，例如：

$$2\ o\text{-}NO_2C_6H_4-OK + H_5C_2OOC-COOC_2H_5 \xrightarrow[120℃]{DMF} 2\ o\text{-}NO_2C_6H_4-OC_2H_5 + KOOC-COOK$$

三、 用环氧乙烷 O-烷基化

醇或酚用环氧乙烷的*O*-烷基化是在醇羟基或酚羟基的氧原子上引入羟乙基。这类反应可在酸或碱催化剂作用下完成，但生成的产物往往不同。

$$\underset{\diagdown O \diagup}{RCH—CH_2} \xrightarrow{H^+} [R\overset{+}{C}HCH_2OH] \xrightarrow{R'OH} \underset{|\atop OR'}{RCHCH_2OH} + H^+$$

$$\underset{\diagdown O \diagup}{RCH—CH_2} \xrightarrow{R'O^-} \left[\underset{|\atop O^-}{RCHCH_2OR'}\right] \xrightarrow{R'OH} \underset{|\atop OH}{RCHCH_2OR'} + R'O^-$$

由低碳醇（$C_1 \sim C_6$）与环氧乙烷作用可生成各种乙二醇醚，这些产品都是重要的溶剂。可根据市场需要，调整醇和环氧乙烷的摩尔比，来控制产物组成。反应常用的催化剂是BF_3-乙醚或烷基铝。

$$ROH + \underset{\diagdown O \diagup}{CH_2—CH_2} \longrightarrow ROCH_2CH_2OH$$

高级脂肪醇或烷基酚与环氧乙烷加成可生聚醚类产物，它们均是重要的非离子表面活性剂，反应一般用碱催化。由于各种羟乙基化产物的沸点都很高，不宜用减压蒸馏法分离。因此，为保证产品质量，控制产品的分子量分布在适当范围，就必须优选反应条件。例如用十二醇为原料，通过控制环氧乙烷的用量以控制聚合度为 20～22 的聚醚生成。产品是一种优良的非离子表面活性剂，商品名为乳化剂 O 或匀染剂 O。

$$C_{12}H_{25}OH + n\,\underset{\diagdown O \diagup}{CH_2—CH_2} \xrightarrow{NaOH} C_{12}H_{25}O(CH_2CH_2O)_nH \quad n=20\sim22$$

将辛基酚与其质量分数为 1%的氢氧化钠水溶液混合，真空脱水，氮气置换，于 160～180℃通入环氧乙烷，经中和漂白，得到聚醚产品，其商品名为 OP 型乳化剂。

$$C_8H_{17}—C_6H_4—OH + n\,\underset{\diagdown O \diagup}{CH_2—CH_2} \xrightarrow{NaOH} C_8H_{17}—C_6H_4—O(CH_2CH_2O)_nH$$

四、 相转移催化 O-烷基化

在碱性溶液中正丁醇用氯化苄 *O*-烷基化，相转移催化剂的使用与否，反应收率相差很大。

$$n\text{-BuOH} \xrightarrow[45℃,\ 6h]{PhCH_2Cl/50\%NaOH} n\text{-BuOCH}_2\text{Ph} \quad (4\%)$$

$$n\text{-BuOH} \xrightarrow[35℃,\ 1.5h]{PhCH_2Cl/50\%NaOH/TBAHS/C_6H_6} n\text{-BuOCH}_2\text{Ph} \quad (92\%)$$

活性较低的醇不能直接与硫酸二甲酯反应得到醚，使用醇钠也较困难，加入相转移催化剂则可顺利反应。

$$Ph—\overset{CH_3}{\underset{OH}{C}}—CH_3 \xrightarrow[33℃,\ 18h]{Me_2SO_4/50\%NaOH/TBAI/PE} Ph—\overset{CH_3}{\underset{OMe}{C}}—CH_3 \quad (85\%)$$

相转移烃化应用于酚类，也有良好的效果，如：

$$C_6H_5—OH + BrCH_2CO_2C_2H_5 \xrightarrow[TEBAB]{CH_2Cl_2/NaOH} C_6H_5—OCH_2CO_2C_2H_5 \quad (86\%)$$

第五节 应用实例

一、 芳烃 C-烷基化应用实例

1. 长链烷基苯的生产

长链烷基苯主要用于生产洗涤剂、表面活性剂等，有烯烃和卤氯烷两种原料路线，目前都在使用。

以烯烃为烷化剂，氟化氢为催化剂的制造方法常被称为氟化氢法。

$$R-CH_2CH=CH-R' + C_6H_6 \xrightarrow[30\sim40℃]{FH} R-CH_2CH(C_6H_5)-CH_2R'$$

以氯代烷为烷化剂，三氯化铝为催化剂的制造方法常被称为三氯化铝法。

$$R-CH(Cl)-R' + C_6H_6 \xrightarrow[70℃]{AlCl_3} R-CH(C_6H_5)-R' + HCl$$

式中，R 和 R′为烷基或氢。

(1) 氟化氢法　苯与长链正构烯烃的烷基化反应一般采用液相法，也有采用在气相中进行的。凡能提供质子的酸类都可以作为烷基化的催化剂，由于 HF 性质稳定，副反应少，且易与目的产物分离，产品成本低及无水 HF 对设备几乎没腐蚀性等优点，使它在长链烯烃烷基化中应用最为广泛。

苯与长链烯烃的烷基化反应较复杂，依原料来源不同主要有以下几个方面：①烷烃、烯烯中的少量杂质，如二烯烃、多烯烃、异构烯烃及芳烃参与反应；②因长链单烯烃双键位置不同，形成许多烷基苯的同分异构体；③在烷基化反应中可能发生异构化、分子重排、聚合和环化等副反应。上述副反应的程度随操作条件、原料纯度和组成的变化而变化，其总量往往只占烷基苯的千分之几甚至万分之几，但它们对烷基苯的质量影响却很大，主要表现为烷基苯的色泽偏深等。

氟化氢法长链烷基苯生产工艺流程如图 6-1 所示。图 6-1 中的反应器 1、2 是筛板塔。将含烯烃 9%～10%的烷烃、烯烃混合物及 10 倍于烯烃的物质的量的苯以及有机物两倍体积的氟化氢在混合冷却器中混合，保持 30～40℃，这时大部分烯烃已经反应。将混合物塔底送入反应器 1。为保持氯化氢（沸点 19.6℃）为液态，反应在 0.5～1MPa 下进行。物料由顶部排出至静置分离器 8，上层的有机物和静置分离器 9 下部排出的循环氟化氢及蒸馏提纯的新鲜氟化氢进入反应器 2，使烯烃反应完全。反应产物进入静置分离器 9，上层的物料经脱氟化氢塔 4 及脱苯塔 5，蒸出氟化氢和苯；然后至脱烷烃塔 6 进行减压蒸馏，蒸出烷烃；最后至成品塔 7，在 96～99kPa 真空度、170～200℃蒸出烷基苯成品。静置分离器 8 下部排出的氟化氢溶解了一些重要的芳烃，这种氟化氢一部分去反应器 1 循环使用，另一部分在蒸馏塔 3 中进行蒸馏提纯，然后送至反应器 2 循环使用。

(2) $AlCl_3$法　此法采用的长链氯代烷是由煤油经分子筛或尿素抽提得到的直链烷烃经氯化制得的。在与苯反应时，除烷基化主反应外，其副反应及后处理与上述以烯烃为烷化剂

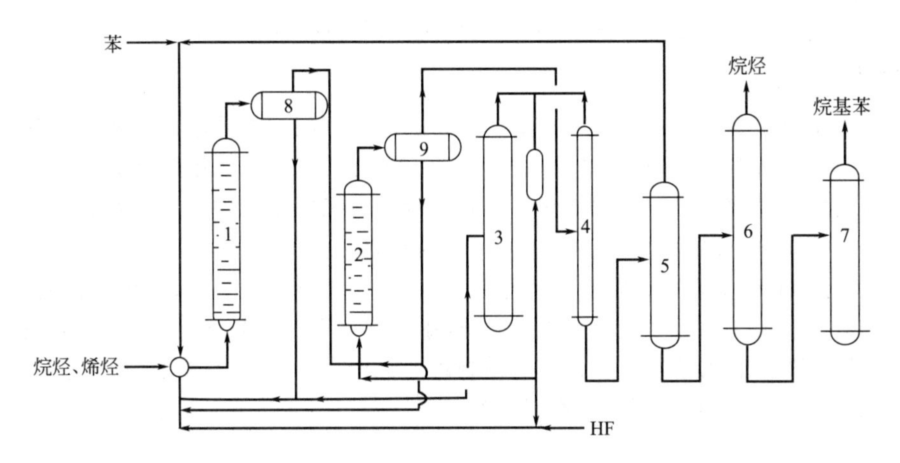

图 6-1 氟化氢法生产烷基苯工艺流程

1,2—反应器；3—氟化氢蒸馏塔；4—脱氟化氢塔；5—脱苯塔；6—脱烷烃塔；7—成品塔；8,9—静置分离器

的情况类似，不同点在于烷化器的结构、材质及催化剂不同。

长链氯代烷与苯烷基化的工艺过程随烷基化反应器的类型不同而不同。主要采用连续操作，其烷基化设备有多釜串联式和塔式两种。目前，国内广泛采用的都是以金属铝作催化剂，在三个按阶梯形串联的搪瓷塔组中进行，工艺流程如图 6-2 所示。

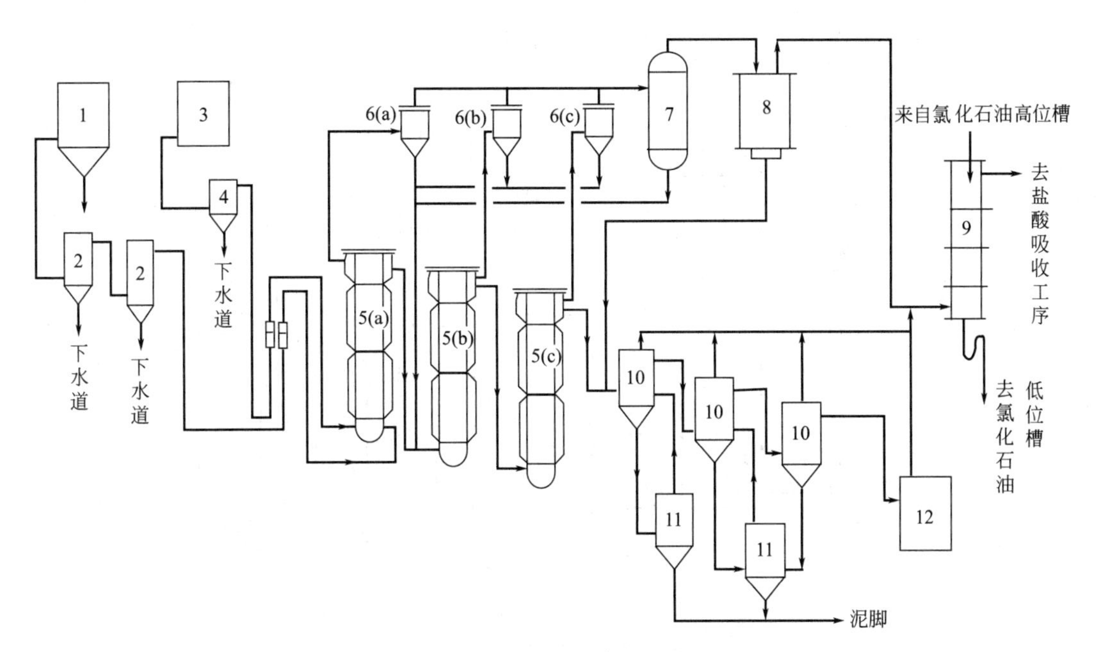

图 6-2 金属铝催化缩合工艺流程图

1—苯高位槽；2—苯干燥器；3—氯化石油高位槽；4—氯化石油干燥器；5—缩合塔；
6—分离器；7—气液分离器；8—石墨冷凝器；9—洗气塔；10—静置缸；11—泥脚缸；12—缩合液贮缸

反应器为带冷却夹套的搪瓷塔，塔内放有小铝块，苯和氯代烷由下口进入，反应温度在70℃左右，总的停留时间约为 0.5h，实际上 5min 时转化率即可达 90%左右。为了降低物料的黏度和抑制多烃化，苯与氯代烷的摩尔比为（5～10）：1。由反应器出来的液体物料中有未反应的苯、烷基苯、正构烷烃、少量 HCl 及 $AlCl_3$ 络合物，后者静置分离出红油（泥脚）。其一部分可循环使用，余下部分用硫酸处理转变为 $Al_2(SO_4)_3$ 沉淀下来。上层有机物用氨或氢氧化钠中和，水洗，然后进行蒸馏分离，得到产品。

2. 异丙苯的生产

异丙苯的主要用途是经过氧化和分解，制备苯酚和丙酮，产量非常巨大。异丙苯法合成苯酚联产丙酮是比较合理的先进生产方法，工业上苯与丙烯的烷基化是该法的第一步。三氯化铝和固体磷酸是目前广泛使用的催化剂，新建投产的工厂几乎均采用固体磷酸法。三氯化硼也是可用的催化剂，以沸石为代表的复合氧化物催化剂是近年较活跃的开发领域。

工业上丙烯和苯的连续烷基化用液相法（$AlCl_3$ 法）和气相法（固体磷酸法）均可生产。丙烯来自石油加工过程，允许有丙烷类饱和烃，可视为惰性组分，不会参加烷基化反应。苯的规格除要控制水分含量外，还要控制硫的含量，以免影响催化剂活性。

（1）$AlCl_3$ 法　苯和丙烯的烷基化反应如下。

$$C_6H_6 + CH_3CH{=}CH_2 \xrightarrow{AlCl_3\text{-}HCl} C_6H_5CH(CH_3)_2 \qquad \Delta H = -113\text{kJ/mol}$$

该法所用的三氯化铝-盐酸络合催化剂溶液，通常是由无水三氯化铝、多烷基苯和少量水配制而成的。此催化剂在温度高于 120℃会产生严重的树脂化，所以烷基化温度一般应控制在 80～100℃。工艺流程如图 6-3 所示。

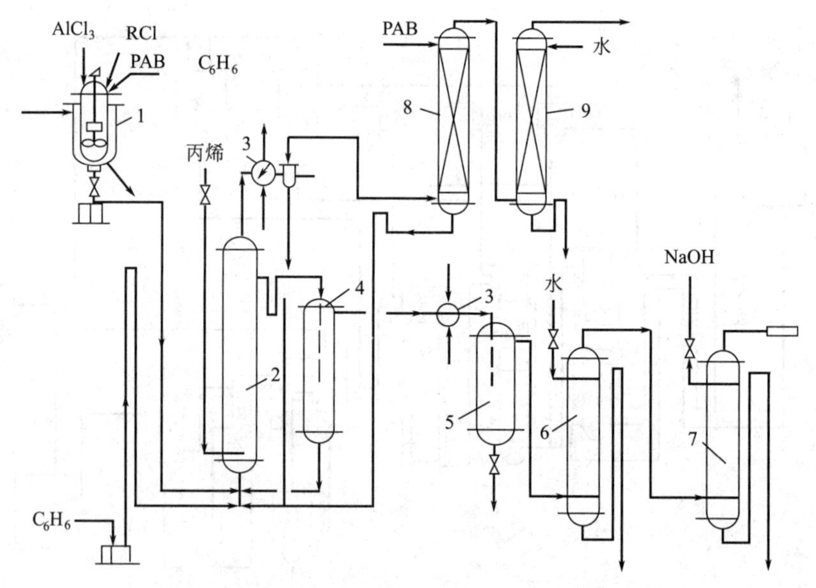

图 6-3　三氯化铝法合成异丙苯工艺流程

1—催化剂配制罐；2—烷化塔；3—换热器；4—热分离器；5—冷分离器；
6—水洗塔；7—碱洗塔；8—多烷基苯（PAB）吸收塔；9—水吸收塔

首先在催化剂配制罐 1 中配制催化络合物，该反应器为带加热夹套和搅拌器的间歇反应釜。先加入多烷基苯（PAB）或其和苯的混合物及 $AlCl_3$，$AlCl_3$ 与芳烃的摩尔比为 1∶(2.5～3.0)，然后在加热和搅拌下加入氯丙烷，以合成得到催化络合物红油。制备好的催化络合物周期性地注入烷化塔 2。烷基化反应是连续操作，丙烯、经共沸除水干燥的苯、多烷基苯及热分离器下部分出的催化剂络合物由烷化塔 2 底部加入，塔顶蒸出的苯被换热器 3 冷凝后回到烷化塔，未冷凝的气体经多烷基苯（PAB）吸收塔 8 回收未冷凝的苯，在水吸收塔

9 捕集 HCl 后排放。烷化塔上部溢流的烷化物经热分离器 4 分出大部分催化络合物。热分离器排出的烷化物含有苯、异丙苯和多异丙苯，同时还含有少量其他苯的同系物。烷化物的组成为（质量分数）：苯 45%～55%、异丙苯 35%～40%、二异丙苯 8%～12%，副产物（包括其他烷基苯及焦油）占 3%。烷化物进一步被冷却后，在冷分离器 5 中分出残余的催化络合物，再经水洗塔 6 和碱洗塔 7，除去烷化物中溶解的 HCl 和微量 $AlCl_3$，然后进行多塔蒸馏分离。异丙苯收率可达 94%～95%，每吨异丙苯约消耗 10kg $AlCl_3$。

(2) 固体磷酸法　固体磷酸气相烷化工艺以磷酸-硅藻土作催化剂，可以采用列管式或多段塔式固定床反应器，工艺流程如图 6-4 所示。

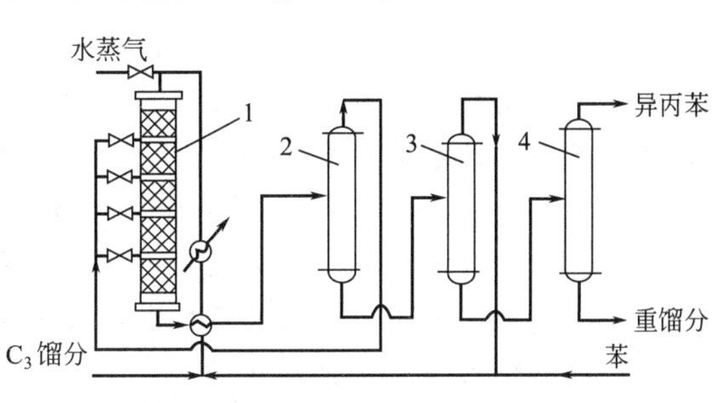

图 6-4　磷酸法生产异丙苯工艺流程

1—反应器；2—脱丙烷塔；3—脱苯塔；4—成品塔

反应操作条件一般控制在 230～250℃，2.3MPa，苯与丙烯的摩尔比为 5∶1。将丙烯-丙烷馏分与苯混合，经换热器与水蒸气混合后由上部进入反应器。各段塔之间加入丙烷调节温度。反应物由下部排出，经脱烃塔、脱苯塔进入成品塔，蒸出异丙苯。脱丙烷塔蒸出的丙烷有部分作为载热体送往反应器，异丙苯收率在 90%以上。催化剂使用寿命一年。

二、 N-烷基化生产实例——N,N-二甲基苯胺生产

N,*N*-二甲基苯胺是制备染料、橡胶硫化促进剂、炸药及医药的重要中间体。通常用甲醇作 *N*-烷基化剂与苯胺反应而得。工业上常采用液相法及气相法制备。

苯胺与甲醇的 *N*-烷基化反应是可逆的连串反应。

$$C_6H_5NH_2 + CH_3OH \overset{K_1}{\rightleftharpoons} C_6H_5NHCH_3 + H_2O$$

$$C_6H_5NHCH_3 + CH_3OH \overset{K_2}{\rightleftharpoons} C_6H_5N(CH_3)_2 + H_2O$$

以硫酸为催化剂，225℃下，上述两步反应的平衡常数：$K_1=9.2\times10^2$，$K_2=6.8\times10^5$。K_1、K_2 均较大，且 K_2 比 K_1 大 739 倍，因此只要使用适当过量的甲醇，就可以使苯胺完全转化为 *N*,*N*-二甲基苯胺。

液相法制备 *N*,*N*-二甲基苯胺，可将苯胺∶甲醇∶硫酸按 1∶3.56∶0.1 的摩尔比加入高压釜中，210～215℃、3～3.3MPa 保温 4h，放压，蒸出过量甲醇和副产的二甲醚。烷化液用氢氧化钠中和，静置分层。有机层主要是粗 *N*,*N*-二甲基苯胺，水层含有硫酸钠、*N*,*N*,*N*-三甲基苯胺氢氧化物、季铵盐等。水层在高压釜中 165℃和 1.6MPa 反应 3h，使 *N*,*N*,*N*-三甲基苯胺氢氧化物、季铵盐水解为 *N*,*N*-二甲基苯胺和甲醇，并回收 *N*,*N*-二甲基苯胺。有机层经水洗、减压蒸馏可得工业品 *N*,*N*-二甲基苯胺，按苯胺计理论收率可达 96%。

气相法制备 *N*,*N*-二甲基苯胺是将苯胺和甲醇的混合蒸气在常压下通过 320℃的硫酸盐/玻璃催化剂，接触时间 6s，苯胺转化率 99.5%，产品的理论收率可达 98%。所采

用的固体催化剂为球状氧化铝。据报道，其活性高，使用寿命在5000h以上。

与液相法比较，气相法具有：反应在接近常压下进行；可实现连续操作，生产能力大；副反应少，收率高，产品纯度高；废水少等特点。其成功的关键是催化剂的筛选与制备。

本章小结

1. 芳环上的*C*-烷基化是芳环碳原子上的氢被烷基取代，生成烷基芳烃或芳烃衍生物的化学过程；其反应机理是亲电取代反应，在催化剂作用下，烷化剂转变成烷基正离子R^+，然后取代芳环上的氢发生*C*-烷基化。

2. *C*-烷基化反应常用的烷化剂有：烯烃衍生物、卤烷、环氧化合物、醇、醚、酯、醛和酮等。不同烷基化试剂，反应能力不同。常用的催化剂主要有：路易斯酸、质子酸、酸性氧化物等，催化剂不同，其反应活性和特点不同。

3. *C*-烷基化的特点是：连串反应，存在二烷基化和多烷基化反应；可逆反应，存在脱烷基、烷基转移和异构反应；烷基重排，烷基正离子R^+常重排为较稳定的仲碳或叔碳烷基正离子R^+。

4. *C*-烷基化反应的方法有：用烯烃的*C*-烷基化法、用卤代烷的*C*-烷基化法、用醇的*C*-烷基化法和用醛、酮的*C*-烷基化法。

5. *N*-烷基化是氨、脂肪胺和芳香胺中的氨基上氢原子被烷基取代，或在氮原子上引入烷基的反应。*N*-烷基化的产物是伯胺、仲胺、叔胺的混合物，需要物理和化学方法将其分离。*N*-烷基化的反应类型有：取代型、加成型和缩合-还原型；常用的烷化剂有醇与醚、卤代烷、酯、环氧化合物、烯烃衍生物、醛与酮等。

6. *O*-烷基化和*O*-芳基化是醇或酚羟基上的氢原子被烷基或芳基取代，生成二烷基醚、烷基芳基醚或二芳基醚的化学过程，常用活泼的卤烷、醇、醚、酯、环氧化合物等为烷基化试剂。

7. *N*-烷基化及*O*-烷基化多采用相转移催化方法。

8. 典型的烷基化反应生产实例有：长链烷基苯的生产、异丙苯的生产、*N*,*N*-二甲基苯胺的生产。

习题与思考题

1. 什么是烷基化反应？什么是*C*-烷基化、*N*-烷基化、*O*-烷基化？

2. *F*-*C*烷基化反应时，对芳香族化合物的活性有何要求？为什么？反应常用的催化剂为哪种？有何优缺点？

3. 相转移催化反应原理是什么？相转移烃化反应与一般烃化反应相比有什么优点？

4. 甲醇与甲苯、苯胺或苯酚反应，可制得哪些产品？写出反应式及主要反应条件。

5. 甲醛与甲苯、苯胺、苯酚反应，可制得哪些产品？写出反应式及主要反应条件。

6. 丙烯与甲苯、苯胺或苯酚反应，可制得哪些产品？写出反应式及主要反应条件。

7. 环氧乙烷与甲苯、苯胺或苯酚反应，可制得哪些产品？写出反应式及主要反应条件。

8. 氯乙酸与萘、苯胺或苯酚反应，可制得哪些产品？写出反应式及主要反应条件。

9. 氯苄与苯，苯胺或苯酚反应，可制得哪些产品？写出反应式及主要反应条件。

10. 丙烯酸（酯）及丙烯腈与苯胺或苯酚反应，可得哪些产品？写出反应式及主要反应条件。

11. 用卤烷为烷化剂发生 N-烷基化反应时，为何要加入缚酸剂？

12. 中性硫酸酯为烷化剂发生烷基化反应时，为何加入苛性钠？

13. 写出苯酚与丙酮反应的反应式及主要条件。

14. 由 2-氯-5-硝基苯磺酸与对氨基乙酰苯胺反应制 4′-乙酰氨基-4-硝基二苯胺-2-磺酸时，为何用 MgO 作缚酸剂，而不用 NaOH 或 Na_2CO_3 作缚酸剂？

15. 写出由苯制备以下产品的实用合成路线，每个烃化反应条件有何不同？

（1）二苯胺　（2）4,4′-二氨基二苯胺　（3）4-氨基-4′-甲氧基二苯胺　（4）4-羟基二苯胺

16. 以甲苯、环氧乙烷、二乙胺为原料，选择适当试剂和条件合成 $H_2N-C_6H_4-COOCH_2CH_2N(C_2H_5)_2 \cdot HCl$（局麻药盐酸普鲁卡因）。

第七章　酰基化

本章学习目标

知识目标：1. 了解酰基化反应的分类、 特点及其应用； 了解各类酰化剂与各类酰化反应机理。

2. 理解 *N*-酰化、 *C*-酰化反应的主要影响因素及酰化方法； 理解 *O*-酰化（ 酯化 ） 反应的基本类型、 酯化基本理论和催化剂类型。

3. 掌握酸醇直接酯化技术和以酸酐为原料的酯化技术以及重要工业产品（ 如 DOP ） 的生产工艺与技术。

能力目标：1. 能运用酰化反应的基本知识与基本理论， 设计典型酰化产物或中间体的合成路线及方法。

2. 能根据酯化反应的基本理论分析典型酯化产品（ 如乙酸丁酯、 DOP 等 ） 的合成工艺方案的选择与工艺条件的确定。

素质目标：1. 培养学生对自主学习与比较学习的能力、 分析演绎与知识应用的能力。

2. 增强学生安全使用化学品的意识、 注重培养学生工程技术观念与技术经济观念。

第一节　概述

一、 酰基化反应及其重要性

酰基是指从含氧的无机酸、有机酸或磺酸等分子中除去一个或多个羟基后所剩余的基团，如硫酰基（$—SO_2OH$）、砜基（$—SO_2—$）、甲酰基（$—HCO$）、乙酰基（$—COCH_3$）、苯甲酰基（$—COC_6H_5$）、苯磺酰基（$—SO_2C_6H_5$）等。有机分子中与碳、氮、氧、硫等原子相连的 H 原子被酰基取代的反应则称为酰基化反应。碳原子上的氢被酰基取代的反应叫作 *C*-酰化，生成的产物是醛、酮或羧酸；氨基氮原子上的氢被酰基取代的反应叫作 *N*-酰化，生成的产物是酰胺；羟基（酚基）氧原子上的氢被酰基取代的反应叫作 *O*-酰化，生成的产物是酯，因此 *O*-酰化也叫作酯化。

通过向有机化合物分子中引入酰基，可以改变原化合物的性质和功能性。如染料分子中氨基或羟基酰化前后的色光、染色性能和牢度指标将有所改变。有些酚类用不同羧酸酯化后会产生不同的香气，医药分子中引入酰基可以改变药性。

酰基化反应的另一作用是提高游离氨基的化学稳定性或反应中的定位性能，满足合成工艺的要求。如有的氨基物在反应条件下容易被氧化，酰化后可以增强其抗氧性；有些芳氨在进行硝化、氯磺化、氧化或部分烷基化之前常常要把氨基进行“暂时保护”性酰化，反应完成再将酰基水解掉。

通过酰基化反应还可直接制备许多精细化工产品。其中最重要的是通过 O-酰化（酯化）得到的羧酸酯，可直接作为溶剂及增塑剂使用，还广泛用于树脂、涂料、合成润滑油、香料、化妆品、表面活性剂、医药等工业部门。

二、 酰化剂

常用的酰化剂主要有如下几类。

① 羧酸。如甲酸、乙酸、草酸、2 羟基-3-萘甲酸等。

② 酸酐。如乙酸酐、顺丁烯二酸酐、邻苯二甲酸酐等。

③ 酰氯。如乙酰氯、苯甲酰氯、对甲苯磺酰氯、光气、三氯化磷、三聚氯氰等。

④ 酰胺。如尿素、N,N'-二甲基甲酰胺等。

⑤ 羧酸酯。如氯乙酸乙酯、乙酰乙酸乙酯等。

⑥ 其他。如乙烯酮、双乙烯酮、二硫化碳等。

最常用的酰化剂是羧酸、酸酐和酰氯。

第二节 N-酰化反应

N-酰化是制备酰胺的重要方法。被酰化的物质可以是脂肪胺，也可以是芳胺。

一、 N-酰化反应基本原理

1. N-酰化反应历程

用羧酸及其衍生物作酰化剂时，酰基取代伯氨基氮原子上的氢，生成羧酰胺的反应历程如下。

$$R\ddot{N}H_2+\underset{\underset{O}{\|}}{\overset{\overset{Z}{|}}{C}}—R' \rightleftharpoons R—\underset{\underset{H}{|}}{\overset{\overset{H}{|}}{N^+}}—\underset{\underset{O^-}{|}}{\overset{\overset{Z}{|}}{C}}—R' \rightleftharpoons RNH—\underset{\underset{O}{\|}}{C}—R'+HZ$$

首先是酰化剂的羰基中带部分正电荷的碳原子向伯胺氨基氮原子上的未共用电子对作亲电进攻，形成过渡络合物，然后脱去 HZ 而形成羧酰胺。

在酰化剂分子中，Z 为—OH、—OCOR 或—Cl，对应的酰化剂分别是羧酸、酸酐或酰氯。

2. N-酰化影响因素

N-酰化属于酰化剂对氨基上氢的亲电取代反应，反应的难易与酰化剂的亲电性及被酰化氨基上孤对电子的活性有关。

（1）酰化剂的活性的影响 酰化剂的反应活性取决于羰基碳上部分正电荷的大小，正电荷越大反应活性越强。对于 R 相同的羧酸衍生物，离去基团 Z 的吸电子能力越强酰基上部分正电荷越大。所以其反应活性如下：

酰氯＞酸酐＞羧酸

芳香族羧酸由于芳环的共轭效应使酰基碳上部分正电荷被减弱，当离去基团相同时，脂肪羧酸的反应活性大于芳香族羧酸，低碳羧酸的反应活性大于高碳羧酸。

（2）胺类结构的影响　胺类被酰化的反应活性是：伯胺＞仲胺，无位阻胺＞有位阻胺，脂肪胺＞芳胺。即氨基氮原子上电子云密度越高，碱性越强，空间位阻越小，胺被酰化的反应性越强。对于芳胺，环上有供电子基时，碱性增强，芳胺的反应活性增强。反之，环上有吸电子基时，碱性减弱，反应活性降低。

通常对于活泼的胺，可以采用弱的酰化剂。对于不活泼的胺，则必须使用活泼的酰化剂。

二、 N-酰化方法

1. 用羧酸的 N-酰化

羧酸是最廉价的酰化剂，用羧酸酰化是可逆过程。

$$RNH_2 + R'COOH \rightleftharpoons RNHCOR' + H_2O$$

为了使酰化反应尽可能完全，必须及时除去反应生成的水，并使羧酸适当过量。如果反应物和生成物都是难挥发物，则可以直接不断地蒸出水；如果反应物能与水形成共沸物，冷凝后又可与水分层，则可以采用共沸蒸馏，冷凝后使有机层返回反应器。也可以加苯或甲苯等能与水形成共沸物帮助脱水。少数情况可以加入化学脱水剂如五氧化二磷、三氯化磷等。

乙酰化，不论是永久性还是暂时保护性目的，都是最常见的酰化反应过程。由于反应是可逆的，一般要加入过量的乙酸，当反应达到平衡以后逐渐蒸出过量的乙酸，并将水分带出。如合成乙酰苯胺时将苯胺与过量10%～50%的乙酸混合，在120℃（乙酸的沸点118℃）以下回流一段时间，使反应达到平衡，然后停止回流，逐渐蒸出过量的乙酸和生成水，即可使反应趋于完全。邻位或对位甲基苯胺，以及邻位或对位烷氧基苯胺，也可以用类似的方法酰化。

甲酸在暂时保护性酰化时常常使用，用过量的甲酸与芳胺作用：

$$ArNH_2 + HCOOH \rightleftharpoons ArNHCHO + H_2O$$

反应是在保温一段时间以后，真空下在150℃把生成水全部蒸出，反应即可完成。

合成苯甲酰苯胺时，由于反应物沸点都较高，可以采用高温加热除水的方法：

$$C_6H_5NH_2 + HOOC{-}C_6H_5 \xrightarrow{180\sim190℃} C_6H_5NHCOC_6H_5 + H_2O\uparrow$$

2. 用酸酐的 N-酰化

酸酐是比酸活性高的酰化剂，但比酸贵，多用于活性较低的氨基或羟基的酰化。常用的酸酐是乙酐和邻苯二甲酸酐。用乙酐的 N-酰化反应如下：

$$(CH_3CO)_2O + HNR'R'' \longrightarrow CH_3C(=O){-}NR'{-}R'' + CH_3C(=O){-}OH$$

式中，R′可以是氢、烷基或芳基；R″可以是氢或烷基。

由于乙酸酐活性较大，且反应又无水生成，因此反应不可逆。此类酰化反应温度一般控制在20～90℃。乙酐的用量一般只需过量5%～10%即可。

胺类酰化时可以用硫酸或盐酸作催化剂，碱性较强的胺酰化时一般不需要加催化剂。伯胺和仲胺都能与乙酐反应，脂肪族伯胺与乙酐反应时，主要产物是 N,N-二乙酰胺；芳香族伯胺与乙酐反应的主产物是一酰化物，芳胺长时间与乙酐作用也可以得到二乙酰化物，但它在水中不稳定，容易水解脱去一个酰基。

苯胺与水的混合物在常温下滴加乙酐，酰化反应立即进行，并放出热量，物料搅拌冷却后即可析出乙酰苯胺。

将 H-酸悬浮在水中，用 NaOH 调节 pH 值为 6.7～7.1，在 30～50℃滴加稍过量的乙酐可以制得 *N*-乙酰基-H-酸。

$$\text{(OH, NH}_2\text{; NaO}_3\text{S, SO}_3\text{Na)} \xrightarrow{(CH_3CO)_2O} \text{(OH, NHCOCH}_3\text{; NaO}_3\text{S, SO}_3\text{Na)}$$

对于二元胺类，如果只酰化其中一个氨基时，可以先用等物质的量的盐酸，使二元胺中的一个氨基成为盐酸盐，加以保护。例如：间苯二胺与等物质的量的盐酸作用，生成间苯二胺的单盐酸盐，然后控制在 40℃以下加入过量 5%的乙酐，将得到间乙酰氨基苯胺的盐酸盐，它是一个有用的中间体。

$$\text{(NH}_2\text{, NH}_2\text{)} + HCl \rightleftharpoons \text{(NH}_2\text{HCl, NH}_2\text{)} \xrightarrow{(CH_3CO)_2O} \text{(NH}_2\text{HCl, NHCOCH}_3\text{)}$$

3. 用酰氯的 *N*-酰化

酰氯是最强的酰化剂，适用于活性低的氨基或羟基的酰化。常用的酰氯有长碳链脂肪酸酰氯、芳羧酰氯、芳磺酰氯、光气等。用酰氯进行 *N*-酰化的反应通式如下：

$$R—NH_2 + Ac—Cl \longrightarrow R—NHAc + HCl$$

式中，R 表示烷基或芳基；Ac 表示各种酰基，此类反应是不可逆的。

酰氯都是相当活泼的酰化剂，其用量一般只需稍微超过理论量即可。酰化的温度也不需太高，有时甚至要在 0℃或更低的温度下反应。

酰化产物通常是固态，所以用酰氯的 *N*-酰化反应必须在适当的介质中进行。如果酰氯的 *N*-酰化速率比酰氯的水解速率快得多，反应可在水介质中进行。如果酰氯较易水解，则需要使用惰性有机溶剂，如苯、甲苯、氯苯、乙酸、氯仿、二氯乙烷等。

由于酰化时生成的氯化氢与游离氨结合成盐，降低了 *N*-酰化反应的速率，因此在反应过程中一般要加入缚酸剂来中和生成的氯化氢，使介质保持中性或弱碱性，并使胺保持游离状态，以提高酰化反应速率和酰化产物的收率。常用的缚酸剂有：氢氧化钠、碳酸钠、碳酸氢钠、乙酸钠及三乙胺等有机叔胺。当酰氯与氨或易挥发的低碳脂肪胺反应时，则可以用过量的氨或胺作为缚酸剂。在少数情况下，也可以不用缚酸剂而在高温下进行气相反应。

（1）羧酰氯的 *N*-酰化　羧酰氯一般是由羧酸与亚硫酰氯、三氯化磷、三氯化磷加氯气或光气相作用而制得的。

脂肪羧酰氯的酰化活性随碳链增长而减弱，但高碳脂肪羧酰氯仍有相当的活性，适用于在氨基上引入长碳链酰基。高碳脂肪羧酰氯的亲水性差，容易水解，需在有机溶剂和较高温度下进行，吡啶或叔胺作缚酸剂。例如壬酰氯 *N*-酰化，将 3,4-二氯苯胺溶于含吡啶的二氯乙烷溶液，在室温下滴加壬酰氯得到壬酰化产物：

$$\text{(NH}_2\text{, Cl, Cl)} + C_8H_{17}COCl \xrightarrow{\text{吡啶}} \text{(NHCOC}_8\text{H}_{17}\text{, Cl, Cl)} + HCl$$

低碳链的羧酰氯酰化速率快，可以水为溶剂，为避免发生酰氯水解等副反应，在滴加酰氯的同时，需不断滴加 NaOH、Na_2CO_3 水溶液或加入固体 Na_2CO_3，始终维持 pH 为 7～8。氯代乙酰氯是一种非常活泼的酰化剂，可在低温下完成酰化反应。可用于空间位阻较大的胺类或含热敏性基团被酰化物的酰化。例如：

NH₂ H₃C CH₃ + Cl–CH₂–C(=O)–Cl —乙酸，乙酸钠 / <10℃，30min→ NH–C(=O)–CH₂–Cl H₃C CH₃ + HCl

NaO₃S NH₂ OH + Cl–CH₂–C(=O)–Cl —水，NaOH / 0～5℃→ NaO₃S NH–C(=O)–CH₂Cl OH + HCl

（2）芳酰氯及芳磺酰氯的 *N*-酰化　常用的这类酰氯有苯酰氯、苯甲酰氯、硝基苯酰氯、苯磺酰氯等。与低碳链的羧酰氯相比，芳酰氯、芳磺酰氯反应活性低，不易水解，可直接滴加在强碱性水介质中进行反应。例如

OC₂H₅ NH₂ OC₂H₅ + COCl —H₂O，NaOH / 85～90℃→ OC₂H₅ NH–C(=O)– OC₂H₅ + HCl

NH₂ CH₃ + SO₂Cl —H₂O，NaOH / 85～95℃→ NH–SO₂– CH₃ + HCl

（3）光气的 *N*-酰化　光气是碳酸的酰氯，它是非常活泼的酰化剂。用光气作酰化剂制造的产品有三类：一是脲衍生物；二是氨基甲酸衍生物；三是异氰酸酯类。

① 制备脲衍生物。将芳胺在水介质或水-有机溶剂介质中，在 Na_2CO_3、$NaHCO_3$ 等缚酸剂的存在下，在 20～70℃通入光气，可制得对称二芳基脲。如猩红酸的制备。在 Na_2CO_3 水溶液中于 80℃下加入 2-氨基-5 萘酚-7-磺酸（J 酸），使生成 J 酸钠盐，然后在 40℃和 pH 为 7.2～7.5 下通入光气，再通过盐析、过滤、干燥可以得到猩红酸。它是常用的染料中间体。

2 NaO₃S NH₂ OH (J-酸) + COCl₂ —H₂O，NaOH / Na₂CO₃，40℃→ NaO₃S NH–C(=O)–NH SO₃Na OH OH (猩红酸)

② 氨基甲酸衍生物的制备。此类酰化物有两种制备方法。第一种方法是采用低温法，即低温下在有机溶剂中光气与胺类反应得到取代的甲酰氯。如芳胺在甲苯或氯苯中低温通入光气则发生以下反应：

$$ArNH_2 + COCl_2 \xrightarrow[\text{氯苯}]{0℃} ArNHCOCl + HCl$$

第二种方法是气相法。即胺类气体在较高温度下，短时间内与光气作用，然后快速冷却或用冷的溶剂吸收，得到氨基甲酰氯。

$$CH_3NH_2 + COCl_2 \xrightarrow{250 \sim 300℃} CH_3NHCOCl + HCl$$

③ 异氰酸酯的制备。合成异氰酸酯是将胺类溶在有机溶剂中，先在较低温度下通入光气，再在较高温度下脱除氯化氢。例如，在 80℃将光气通入十八胺与氯苯混合物中，然后在 130℃左右脱除氯化氢，可得到十八烷基异氰酸酯。它是合成纤维柔软剂的中间体。

$$C_{18}H_{37}NH_2 + COCl_2 \longrightarrow C_{18}H_{37}NHCOCl \xrightarrow[\triangle]{} C_{18}H_{37}NCO$$

为了避免低温操作，也可以先将胺溶于甲苯、氯苯或邻二氯苯中，通入干燥的氯化氢或二氧化碳气体生成铵盐，然后在 40～160℃通入光气就可以直接制得异氰酸酯。

值得一提的是，4,4′-二苯基甲烷二异氰酸酯（MDI）、甲苯二异氰酸酯（TDI）等重要的异氰酸酯，最初也是通过光气酰化、脱除 HCl 两步法而制得。但由于光气法毒性大、环境污染和生产流程长等问题，目前工业上有被其他方法所取代的趋势。如工业上开发了二硝基甲苯的一氧化碳羰基合成-热分解法生产 TDI、苯胺与碳酸二甲酯的甲氧羰基化-甲醛缩合-热分解生产 MDI 的方法等。

二硝基甲苯的一氧化碳羰基合成-热分解法生产 TDI：

$$CH_3C_6H_3(NO_2)_2 + 6CO + 2C_2H_5OH \xrightarrow[175 \sim 180℃,7.07MPa,30min]{SeO_2,LiOH,CH_3COOH} CH_3C_6H_3(NHCOOC_2H_5)_2 + 4CO_2$$

$$CH_3C_6H_3(NHCOOC_2H_5)_2 \xrightarrow{Mo(CO)_4,\text{十六烷}} CH_3C_6H_3(NCO)_2 + 2C_2H_5OH$$

苯胺与碳酸二甲酯的甲氧羰基化-甲醛缩合-热分解生产 MDI：

$$2\,C_6H_5NH_2 \xrightarrow[\text{甲氧羰基化, 催化剂}]{+CH_3O-CO-OCH_3/-CH_3OH} C_6H_5NH-CO-OCH_3 \xrightarrow[C\text{-烷化, 酸催化}]{+HCHO/-H_2O}$$

$$H_3CO-CO-NH-C_6H_4-CH_2-C_6H_4-NH-CO-OCH_3 \xrightarrow[-2CH_3OH]{\text{热分解}} OCN-C_6H_4-CH_2-C_6H_4-NCO$$

4. 用其他酰化剂的 *N*-酰化

(1) 用三聚氯氰酰化　三聚氯氰可以看作是三聚氰酸的酰氯，也可以看作是芳香杂环的氯代物，其结构式如下。

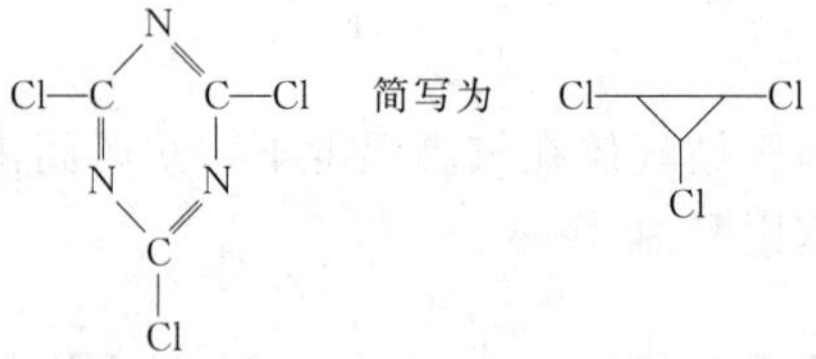

N
Cl—C　C—Cl　简写为　Cl—△—Cl
N　N　　　　　　　　　　　Cl
C
Cl

三聚氯氰分子中与氯原子相连的碳原子都有酰化能力，能够置换氨基、羟基、巯基等官能团上的氢原子，可以合成大量具有功能性的精细化学品，这些精细化学品包括活性染料、水溶性荧光增白剂、表面活性剂及农药等，随着三聚氯氰生产技术的进步，用三聚氯氰生产的精细化学品在不断增加。

三聚氯氰分子上的三个氯原子参加反应时，可表现出不同的反应活性。这是因为它们连在共轭体系中，第一个氯原子被亲核试剂取代后其余两个氯原子的反应活性将明显下降，同理，两个氯原子被取代后，第三个氯原子的反应活性将进一步下降。利用这一规律，控制适当的条件，可以用三种不同的亲核试剂置换分子中三个氯原子。

三个氯原子被逐个取代主要是通过控制反应温度来实现的。实践证明，在水介质中反应活性表现在温度上的差异是：第一个氯原子在 0～5℃就可以反应，第二个氯原子在 40～45℃比较合适，第三个氯原子则在 90～95℃才能反应。在某些有机溶剂中反应温度可以提高。

三聚氯氰在水中溶解度较小，多数反应是将三聚氯氰悬浮在水介质中参加反应，必要时还可以加入表面活性剂或相转移催化剂。也可以在有机溶剂中进行，如丙酮-水、氯仿-水等。

在水介质中酰化将遇到酰化剂的水解问题，因为水也是亲核试剂。三聚氯氰在中性介质中性质比较稳定，随着介质酸度和碱度的增加，氯的反应活性增加，水解速率也要增加。碱度增加使羟基负离子增加，从而加快了水解。酸度对反应活性的促进是由于质子与环上氮原子结合，增加了氮原子的吸电子性，从而增加了碳原子上的部分正电荷，使反应活性增加。

因此，正确地控制介质的 pH 值是提高产品质量和收率的关键，缚酸剂多使用氢氧化钠或碳酸钠水溶液，也可以使用碳酸氢钠或氨水。

下面以荧光增白剂-VBL 为例，介绍不对称三取代过程，产品的结构式为：

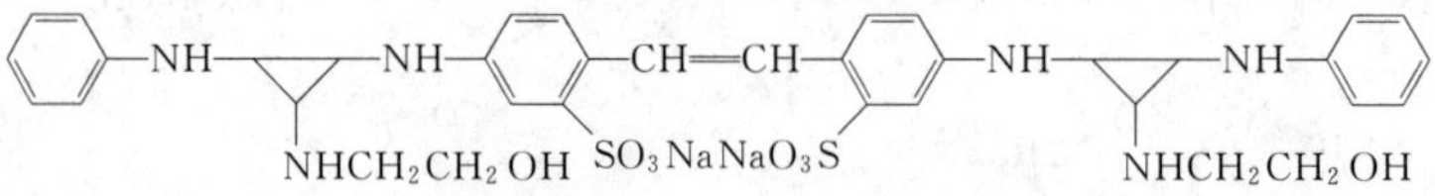

C₆H₅—NH—△—NH—C₆H₃—CH═CH—C₆H₃—NH—△—NH—C₆H₅
NHCH₂CH₂OH　SO_3Na　NaO_3S　NHCH₂CH₂OH

① 第一次酰化。首先将三聚氯氰悬浮在冰水中并加入一些乳化剂，在 0～3℃滴加 4,4′-二氨基-2,2′-二苯乙烯二磺酸（DSD 酸）的水溶液，同时滴加碳酸钠溶液控制 pH 值为 5～6，DSD 酸加完后，反应至 pH 值不再变化为反应终点。

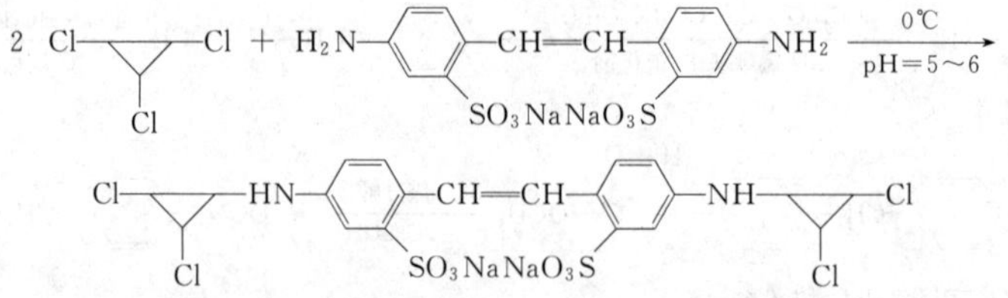

2 Cl—△(Cl)—Cl + H_2N—C₆H₃(SO_3Na)—CH═CH—C₆H₃(NaO_3S)—NH_2 $\xrightarrow[pH=5\sim6]{0℃}$

Cl—△(Cl)—HN—C₆H₃(SO_3Na)—CH═CH—C₆H₃(NaO_3S)—NH—△(Cl)—Cl

② 第二次酰化。向第一次酰化物中加入碳酸钠溶液使 pH 值为 6～7，然后加入苯胺并缓慢升温至 30℃，并用碳酸钠溶液调节 pH 值为 6～7。

$$2\,C_6H_5NH_2 + (\text{二氯三嗪基})\text{—HN—}C_6H_3(SO_3Na)\text{—CH=CH—}C_6H_3(SO_3Na)\text{—NH—}(\text{二氯三嗪基}) \xrightarrow[pH=6\sim7]{30^\circ C}$$

$$C_6H_5\text{—NH—}(\text{氯代三嗪基})\text{—HN—}C_6H_3(SO_3Na)\text{—CH=CH—}C_6H_3(SO_3Na)\text{—NH—}(\text{氯代三嗪基})\text{—NH—}C_6H_5$$

③ 第三次酰化。向二次酰化物中一次加入乙醇胺，升温至 80～85℃，再加入适量氨水，密闭情况下在 105℃左右反应 3h，冷却过滤，滤液酸化即析出产物。

$$C_6H_5\text{—NH—}(\text{Cl-三嗪基})\text{—HN—}C_6H_3(SO_3Na)\text{—CH=CH—}C_6H_3(SO_3Na)\text{—NH—}(\text{Cl-三嗪基})\text{—NH—}C_6H_5 + 2H_2NCH_2CH_2OH$$

$$\xrightarrow{85\sim105^\circ C} C_6H_5\text{—NH—}(NHCH_2CH_2OH\text{-三嗪基})\text{—HN—}C_6H_3(SO_3Na)\text{—CH=CH—}C_6H_3(SO_3Na)\text{—NH—}(NHCH_2CH_2OH\text{-三嗪基})\text{—NH—}C_6H_5$$

$$\xrightarrow{H^+} C_6H_5\text{—NH—}(NHCH_2CH_2OH\text{-三嗪基})\text{—HN—}C_6H_3(SO_3H)\text{—CH=CH—}C_6H_3(SO_3H)\text{—NH—}(NHCH_2CH_2OH\text{-三嗪基})\text{—NH—}C_6H_5$$

对称的取代物合成方法比较简单，可以一步完成。

(2) 用二乙烯酮的 *N*-酰化　二乙烯酮也叫双乙烯酮，室温下为无色透明液体，具有强烈的刺激性，其蒸气催泪性极强。它是由乙酸在 700～800℃的高温下裂解为乙烯酮，再在 −15℃下用二乙烯酮吸收，室温下双聚合而制得。它的特点是反应活性高，能与大多数芳胺在低温水介质中进行酰化，酰化时间短，酰化收率高，产品质量好。

$$ArNH_2 + \underset{\text{O—C=O}}{CH_2\text{=C—CH}_2} \xrightarrow[\text{水介质}]{0\sim20^\circ C} ArNHCOCH_2COCH_3$$

反应中二乙烯酮的用量为理论用量的 1.05 倍，收率高于 95%。

5. 酰基的水解

酰基可以在酸或碱催化下水解，这是暂时保护性酰化的后续工序。

$$ArNHCOR + H_2O \longrightarrow ArNH_2 + RCOOH$$

酰化物既可以在稀酸中水解，也可以在稀碱中水解。它们各有优缺点，碱性水解对设备的腐蚀性小，但生成的胺类和酚类在碱性介质中高温下容易被氧化，不如在酸中稳定。而稀酸对设备的腐蚀性要比碱严重得多，在较浓的酸中腐蚀性较小。

选择水解介质的另一个因素是各类酰化物在不同介质中的水解活性不同，一般情况下在酸性介质中不同酰化物的反应活性是：

$$ArNHCOCH_3 > ArNHCOR > ArNHSO_2Ar' > ArNHCOAr'$$

在碱性条件下磺酰胺不易水解，这是由于在磺酰基的作用下氢原子的酸性增加，在碱的作用下可以给出质子，形成稳定的氮-硫键。利用上述规律可以进行选择性水解，如：

$$p\text{-}CH_3CONH\text{—}C_6H_4\text{—}NHSO_2\text{—}C_6H_5 \xrightarrow[\triangle]{\text{稀 NaOH}} p\text{-}H_2N\text{—}C_6H_4\text{—}NHSO_2\text{—}C_6H_5$$

$$\text{(4-NHSO}_2\text{C}_6\text{H}_5\text{)C}_6\text{H}_4\text{NHCO-C}_6\text{H}_4\text{-NO}_2 \xrightarrow[25\sim30℃]{\text{稀 }H_2SO_4} \text{(4-NH}_2\text{)C}_6\text{H}_4\text{NHCO-C}_6\text{H}_4\text{-NO}_2$$

酸性水解时大多采用稀盐酸溶液，有时也加入少量的硫酸以加速水解反应。碱性水解时采用 NaOH 水溶液，对有些加热仍不溶的胺，则用 NaOH 的醇-水溶液。

三、 应用实例

1. 苯胺及其衍生物的 N-酰化

（1）乙酰苯胺的合成 合成反应式如下：

$$C_6H_5NH_2 + CH_3COOH \longrightarrow C_6H_5NHOCCH_3 + H_2O$$

配料比为：苯胺∶乙酸＝1∶(0.65～0.70)（质量比）。

工业生产中采用四台呈梯形排列的反应釜，最高一台（第一台）反应釜装有分馏柱。苯胺从分馏柱顶部连续加入，回收的乙酸和苯胺的混合物从第二台反应釜连续加入，乙酸从第三台反应釜连续加入。控制第三台反应釜温度为 160～170℃，第四台为 200～210℃，使乙酸与苯胺进行气液相对流反应。反应生成的水从分馏柱顶部蒸出，乙酰化物流入第四台反应釜，再抽入蒸馏釜，减压蒸出未反应的苯胺及乙酸，产品经冷却成片状，呈灰褐色至淡棕色，乙酰苯胺含量≥98.8%，熔点为 112℃，收率为 99.5%。市售商品纯度为 97%，熔点为 113～115℃，沸点为 304℃。

（2）对氨基乙酰苯胺的合成 首先由乙酰苯胺经混酸硝化生成对硝基乙酰苯胺，然后用铁粉还原为对氨基乙酰苯胺，反应液经中和、结晶、干燥得成品。其反应式如下：

$$C_6H_5\text{-NHCOCH}_3 \xrightarrow[H_2SO_4]{HNO_3} O_2N\text{-}C_6H_4\text{-NHCOCH}_3 \xrightarrow[\text{乙酸}]{Fe} H_2N\text{-}C_6H_4\text{-NHCOCH}_3$$

第一步：硝化。在反应釜内加入浓硫酸（98%）615kg，搅拌，在 20～25℃，于 2～2.5h 内加入乙酰苯胺（99%）225kg，加毕，使其全溶。降温至 7℃，在 4～7℃，约 20h 内滴加混酸（由 63kg 水、60kg 98%的硫酸及 107kg 96%的硝酸配成）。滴加完毕，反应液用 4000L 冰水稀释，静置 1h。上层废酸虹吸分离，下层物料过滤分离，用水洗涤至中性，得对硝基乙酰苯胺。

第二步：还原。在还原木桶内加水 700kg，搅拌，加入铁粉 110kg 及乙酸（98%）4kg，升温至 80℃，于 2～2.5h 内加入上述一半硝基物，温度控制在 72～75℃。加毕，保温 1h，静置 1h。将上层料液吸入中和釜，在 70～75℃，以纯碱（约 4kg）中和至 pH＝8，并加入少量硫化碱去除铁离子。静置 1h，将上层清液吸入刮板式结晶槽中，冷却至 18℃。离心过滤，干燥，得对氨基乙酰苯胺 200kg 左右，总收率 80%。

工业品含量≥98%，熔点≥161℃，每吨产品消耗乙酰苯胺（98%）1210kg，硫酸（98%）4000kg，硝酸（95%）577kg。

生产对氨基乙酰苯胺也可以从对硝基苯胺出发，将其与乙酸、乙酐混合均匀，加热 4～5h。冷却、加水，滤出结晶，水洗，过滤。再将洗好的对硝基乙酰苯胺加入水、铁粉和乙酸，加热搅拌保温 4h。脱色，过滤，除去氧化铁，滤液冷却，析出结晶。过滤，用乙醇重结晶，即得成品。其反应式如下：

$$O_2N-C_6H_4-NH_2 + (CH_3CO)_2O \longrightarrow O_2N-C_6H_4-NHCOCH_3 + CH_3COOH$$

$$O_2N-C_6H_4-NHCOCH_3 \xrightarrow[CH_3COOH]{Fe} H_2N-C_6H_4-NHCOCH_3 + H_2O$$

2. 对乙酰氨基酚（扑热息痛）的合成

合成反应式如下，该反应为可逆反应，在反应时采用蒸馏脱水法可以使反应正向进行，提高收率。

$$HO-C_6H_4-NH_2 + CH_3COOH \xrightarrow[Na_2SO_3\text{ 水溶液}]{110℃，回流 4h} HO-C_6H_4-NHCOCH_3 + H_2O$$

（1）酰化　将含量约 35%的冰乙酸和少量亚硫酸钠加入酰化釜中，加热至 110℃后加入对氨基苯酚，随后回流反应约 4h，其间控制稀乙酸蒸出速度为每小时蒸出总量的 10%，当釜内温度升至 135℃，取样检测原料含量低于 2.5%后，反应结束，随后加入含量 50%的稀乙酸，转入结晶釜。离心脱溶后，首先用少量稀乙酸漂洗，再用水洗至淡黄色或无色，得到对乙酰氨基酚粗品。

（2）精制　将粗品加热水使其溶解，加入活性炭（脱色），加热至沸腾，过滤，滤液放入预先盛有适量的 $NaHSO_3$ 的结晶釜内，冷却结晶（必要时重结晶一次）。离心过滤，甩干，100℃以下干燥，过筛，得成品。总收率 77.7%～84.0%（以对氨基酚计）。

第三节　C-酰化反应

C-酰化反应主要用于制备各种芳酮、芳醛以及羟基芳酸。

一、 C-酰化反应原理

1. C-酰化反应历程

当用酰氯作酰化剂、以无水 $AlCl_3$ 为催化剂时，其反应历程大致如下。

首先酰氯与无水 $AlCl_3$ 作用生成各种正碳离子活性中间体（a）、（b）、（c）。

$$R-\overset{O}{\overset{\|}{C}}-Cl + AlCl_3 \rightleftharpoons \underset{(a)}{R-\overset{O}{\overset{\|}{C}}{}^{\delta+}-Cl^{\delta-}:AlCl_3} \rightleftharpoons \underset{(b)}{R-\overset{{}^{\delta-}O:AlCl_3}{\overset{\|}{C}}{}^{\delta+}-Cl} \rightleftharpoons \underset{(c)}{R-\overset{O}{\overset{\|}{C^+}}} + AlCl_4^-$$

这些活性中间体在溶液中呈平衡状态，进攻芳环的中间体可能是（b）或（c），它们与芳环作用生成芳酮-$AlCl_3$ 络合物，例如：

$$\underset{(b)}{R-\overset{{}^{\delta-}O:AlCl_3}{\overset{\|}{C}}{}^{\delta+}-Cl} + C_6H_6 \rightleftharpoons \left[C_6H_6^+(H)-C(O^-AlCl_3)(R)(Cl)\right] \xrightarrow{-HCl} C_6H_5-\overset{O:AlCl_3}{\overset{\|}{C}}-R$$

$$R-\overset{O}{\overset{\|}{C^+}} + AlCl_4^- + C_6H_6 \rightleftharpoons \left[C_6H_6^+(H)(RCO)\right]AlCl_4^- \xrightarrow{-HCl} C_6H_5-\overset{O:AlCl_3}{\overset{\|}{C}}-R$$

芳酮-$AlCl_3$ 络合物经水解即可得到芳酮。

$$C_6H_5-\overset{O:AlCl_3}{\overset{\|}{C}}-R \xrightarrow{H_2O} C_6H_5-\overset{O}{\overset{\|}{C}}-R+AlCl_3$$

无论何种反应历程，生成的芳酮总是和 $AlCl_3$ 形成 1∶1 的络合物。这是因为络合物中的 $AlCl_3$ 不能再起催化作用，故 1mol 酰氯在理论上要消耗 1mol $AlCl_3$。实际上要过量 10%～50%。

当用酸酐作酰化剂时，它首先与 $AlCl_3$ 作用生成酰氯。

$$(R-\overset{O}{\overset{\|}{C}})_2O+AlCl_3 \rightleftharpoons (R-\overset{O}{\overset{\|}{C}})_2O:AlCl_3 \longrightarrow R-\underset{O}{\underset{\|}{C}}-Cl+R-\underset{O}{\underset{\|}{C}}-OAlCl_2$$

然后酰氯再按照上述的反应历程参加反应。

由以上反应可知，如果只有一个酰基参加酰化反应，1mol 酸酐至少需要 2mol 三氯化铝。这个反应的总方程式可简单表示如下：

$$(R-\overset{O}{\overset{\|}{C}})_2O+2AlCl_3+C_6H_6 \longrightarrow C_6H_5-\overset{R}{C}{=}O:AlCl_3+R-\underset{O}{\underset{\|}{C}}-OAlCl_2+HCl\uparrow$$

上式中的 $RCOOAlCl_2$ 在 $AlCl_3$ 存在下也可以转变为酰氯，即：

$$R-\underset{O}{\underset{\|}{C}}-OAlCl_2 \xrightarrow{AlCl_3} R-\underset{O}{\underset{\|}{C}}-Cl+\underset{O}{\underset{\|}{AlCl}}$$

但是此反应的转化率不高，因此实际反应中总是让酸酐中的一个酰基参加反应。

2. *C*-酰化的影响因素

影响 *C*-酰化反应的因素主要有：被酰化物的结构、酰化剂的结构、催化剂和溶剂。

（1）被酰化物结构的影响　*C*-酰化属于傅列德尔-克拉夫茨（Friedel-Crafts）反应，该反应是亲电取代反应。因此，当芳环上有供电子基（$-CH_3$、$-OH$、$-OR$、$-NR_2$、$-NHAc$）时反应容易进行。因为酰基的空间位阻比较大，所以酰基主要进入芳环上已有取代基的对位。当对位已被占据时，才进入邻位。氨基虽然也是活化基，但是它容易发生 *N*-酰化，因此在 *C*-酰化以前应该先对氨基进行过渡性 *N*-酰化加以保护。

芳环上有吸电子基（$-Cl$、$-NO_2$、$-SO_3H$、$-COR$）时，*C*-酰化反应难以进行。因此当芳环上引入一个酰基后，芳环被钝化而不易发生多酰化、脱酰基和分子重排等副反应，所以 *C*-酰化的收率可以很高。但是，对于 1,3,5-三甲苯和萘等活泼的化合物，在一定条件下可以引入两个酰基。硝基使芳环强烈钝化，因此硝基苯不能被 *C*-酰化，有时可用作 *C*-酰化反应的溶剂。

（2）酰化剂的结构　*C*-酰化反应的难易与酰化剂的亲电性有关。这是由于 *C*-酰化是亲电取代反应，酰化剂是以亲电质点参加反应的。酰化剂的反应活性取决于羰基碳上部分正电荷的大小，正电荷越大，反应活性越强。烷基相同的羧酸衍生物，离去基团的吸电子能力越强，酰基上部分正电荷越大。反应活性如下：

酰氯＞酸酐＞羧酸

芳香族羧酸由于芳环的共轭效应，使酰基碳上部分正电荷被减弱。当离去基团相同时，脂肪羧酸的反应活性大于芳香羧酸，高碳羧酸的反应活性低于低碳羧酸。

（3）催化剂 催化剂的作用是通过增强酰基上碳原子的正电荷，来增强进攻质点的反应能力。由于芳环上碳原子的给电子能力比氨基氮原子和羟基氧原子弱，所以 *C*-酰化通常需要使用强催化剂。路易斯酸与质子酸可用作 *C*-酰化反应的催化剂。其催化活性大小次序如下。

路易斯酸：$AlBr_3$＞$AlCl_3$＞$FeCl_3$＞BF_3＞$ZnCl_2$＞$SnCl_4$＞$SbCl_5$＞$CuCl_2$。

质子酸：HF＞H_2SO_4＞$(P_2O_5)_2$＞H_3PO_4。

一般来说，路易斯酸的催化作用强于质子酸，其中尤以无水 $AlCl_3$ 为最常用。它的优点是价廉易得，催化活性高，技术成熟。缺点是产生大量含铝盐废液，对于活泼的芳香族化合物在 *C*-酰化时容易引起副反应。适用于以酰卤或酸酐为酰化剂的反应。

用 $AlCl_3$ 作催化剂的 *C*-酰化一般可以在不太高的温度下进行反应，温度太高会引起副反应甚至会生成结构不明的焦油物。$AlCl_3$ 的用量一般要过量 10%～50%，过量太多将会生成焦油状化合物。

由于 *C*-酰化时生成的芳酮-$AlCl_3$ 络合物遇水会放出大量的热，因此将 *C*-酰化反应物放入水中进行水解时，需要特别小心。

对于活泼的芳香族化合物和杂环化合物，若选用 $AlCl_3$ 作 *C*-酰化的催化剂，则容易引起副反应，一般需选用温和的催化剂，如无水 $ZnCl_2$、磷酸、多聚磷酸和 BF_3 等。

（4）*C*-酰化的溶剂 在 Friedel- Crafts 反应中，芳酮- $AlCl_3$ 络合物大部分都是固体或黏稠的液体，为了使反应物具有良好的流动性，反应能够顺利进行，常常需要使用有机溶剂。溶剂的选择有以下三种情况。

① 用过量的低沸点芳烃作溶剂。例如在由邻苯二甲酸酐与苯制取邻苯甲酰基苯甲酸时，可用过量 6～7 倍的苯作溶剂，因为苯易于回收使用。用类似的方法可以从苯酐和过量的氯苯制得邻-（对氯苯甲酰基）-苯甲酸，从苯酐与过量的甲苯制得邻-（对甲基苯甲酰基）-苯甲酸，它们均是染料中间体。

② 用过量的酰化剂作溶剂。例如 3,5-二甲基叔丁苯在用乙酐酰化时可以用冰乙酸作溶剂。这是由于特丁基的空间位阻，使其只能在两个甲基之间引入一个乙酰基，因此可以使用与乙酐相应的冰乙酸作溶剂。

③ 另外加入适当的溶剂。当不宜采用某种过量的反应组分作溶剂时，就需要加入另外的适当溶剂。常用的有机溶剂有硝基苯、二氯乙烷、四氯化碳、二硫化碳和石油醚等。

硝基苯能与 $AlCl_3$ 形成络合物，该络合物易溶于硝基苯而呈均相。但是该络合物的活性低，所以只用于对 $AlCl_3$ 催化作用敏感的反应。

CS_2 不能溶解 $AlCl_3$，因此是非均相反应。另外，CS_2 不稳定而且常含有其他的硫化物而有恶臭，因此只用于需要温和条件的反应。

石油醚虽然不能溶解 $AlCl_3$，但是它相当稳定，可用作由异丁苯与乙酰氯制取对异丁基苯乙酮的溶剂。

二氯乙烷也不能溶解 $AlCl_3$，但是能够溶解 $AlCl_3$ 与酰氯形成的络合物，因此是均相反应。但应该注意在较高温度下，它可能参与芳环上的取代反应。

溶剂还会影响酰基进入芳环的位置。例如，从萘和乙酐制取 α-萘乙酮要用非极性溶剂二氯乙烷。而由萘和乙酰氯制 β-萘乙酮则需要使用强极性溶剂硝基苯。上述反应如果使用 CS_2 或石油醚作溶剂，则得到 α-萘乙酮和 β-萘乙酮的混合物。

二、 C-酰化方法

1. 用羧酸酐的 C-酰化

用邻苯二甲酸酐进行环化的 C-酰化是精细有机合成的一类重要反应。酰化产物经脱水闭环制成蒽醌、2-甲基蒽醌、2-氯蒽醌等中间体。如邻苯甲酰基苯甲酸的合成反应如下。

$$C_6H_4(CO)_2O + C_6H_6 + 2AlCl_3 \xrightarrow[\text{苯溶剂}]{55\sim60^\circ C} C_6H_4(C(=O{:}AlCl_3)C_6H_5)(COOAlCl_2) + HCl\uparrow$$

$$C_6H_4(C(=O{:}AlCl_3)C_6H_5)(COOAlCl_2) + 3H_2SO_4 \xrightarrow{\text{水介质}} C_6H_4(COC_6H_5)(COOH) + Al_2(SO_4)_3 + 5HCl$$

首先将邻苯二甲酸酐与 $AlCl_3$ 和过量 6～7 倍的苯（兼作溶剂）反应，然后将反应物慢慢加到水和稀硫酸中进行水解，用水蒸气蒸出过量的苯。冷却后过滤、干燥，得到邻苯甲酰基苯甲酸。然后将邻苯甲酰基苯甲酸在浓硫酸中 130～140℃时脱水闭环得到蒽醌。

2. 用酰氯的 C-酰化

萘在催化剂 $AlCl_3$ 作用下，用苯甲酰氯进行 C-酰化，其反应式为：

$$C_{10}H_8 + 2C_6H_5COCl \xrightarrow{AlCl_3} 1,5\text{-}(C_6H_5CO)_2C_{10}H_6 + 2HCl$$

该反应中过量的苯甲酰氯既作酰化剂又作溶剂。

C-酰化反应生成的芳酮与 $AlCl_3$ 的络合物需用水分解，才能分离出芳酮，水解会释放出大量热量，所以将酰化物放入水中时，要特别小心，以防局部过热。

3. 用其他酰化剂的 C-酰化

对于芳香族化合物，如果芳环上含有羟基、甲氧基、二烷氨基、酰氨基，在 C-酰化时会发生副反应。为了避免副反应的发生，应选用羧酸作酰化剂，并选用温和的催化剂，如无水氯化锌，有时也选用聚磷酸等，如间苯二酚与乙酸（或己酸）的反应：

$$C_6H_4(OH)_2 + CH_3COOH \xrightarrow[115\sim120^\circ C]{ZnCl_2} (HO)_2C_6H_3COCH_3 + H_2O$$

或

$$C_6H_4(OH)_2 + CH_3(CH_2)_4-\overset{\displaystyle O}{\overset{\|}{C}}-OH \xrightarrow[120^\circ C]{ZnCl_2} (HO)_2C_6H_3-\overset{\displaystyle O}{\overset{\|}{C}}-(CH_2)_4CH_3 + H_2O$$

生成的 2,4-二羟基苯乙酮或 2,4-二羟基苯基己酮均是医药中间体。

三、 生产实例

1. 米氏酮的合成

米氏酮又称 4,4-双（二甲氨基）二苯甲酮，它是制备碱性染料的重要中间体，由 *N*,*N*-二甲基苯胺与光气反应制得。光气是碳酸的酰氯，是很强的酰化剂。

$$(CH_3)_2N-C_6H_5 \xrightarrow[20℃]{COCl_2} (CH_3)_2N-C_6H_4-\underset{\underset{O}{\|}}{C}-Cl + HCl$$

$$(CH_3)_2N-C_6H_4-\underset{\underset{O}{\|}}{C}-Cl + (CH_3)_2N-C_6H_5 \xrightarrow[100℃]{ZnCl_2} (CH_3)_2N-C_6H_4-\overset{\overset{O}{\|}}{C}-C_6H_4-N(CH_3)_2$$

将 *N*,*N*-二甲基苯胺加入反应釜，在搅拌下冷却至 20℃以下时，开始通入光气。反应一定时间后，得到的对位二甲氨基苯甲酰氯在 40℃时加入 $ZnCl_2$ 催化剂，并慢慢升温到 90℃，反应结束后，用盐酸酸析至 pH＝3～4，冷却、过滤、水洗至中性，烘干，得米氏酮。

2. α-萘乙酮的合成

萘与乙酐在 $AlCl_3$ 存在下进行 *C*-酰化反应得到 *α*-萘乙酮。

$$C_{10}H_8 \xrightarrow[AlCl_3]{(CH_3CO)_2O} C_{10}H_7COCH_3$$

在干燥的铁锅中加入无水二氯乙烷 106L 及精萘 56.5kg，搅拌溶解。在干燥搪玻璃反应器中加入无水二氯乙烷 141L 及无水 $AlCl_3$ 151kg，在 25℃左右缓缓加入乙酐 51.5kg，保温 0.5h。再于此温度下加入上述配好的精萘二氯乙烷溶液，加完后保持温度为 30℃，反应 1h，然后将物料用氮气压至 800L 冰水中进行水解，稍静置后放去上层废水，用水洗涤下层反应液至刚果红试纸不变蓝为止。将下层油状液移至蒸馏釜中，先蒸去二氯乙烷，再进行真空蒸馏，真空度为 100kPa（750mmHg），于 160～200℃下蒸出 *α*-萘乙酮 65～70kg。*α*-萘乙酮是常用的医药和染料的中间体。

第四节 O-酰化（酯化）反应

O-酰化（酯化）反应的主要应用是制造各类羧酸酯，它们可广泛应用于香料、医药、农药、增塑剂和溶剂等。

一、 O-酰化（酰化）的工业方法与反应类型

工业上制造羧酸酯的方法主要有两类，即醇（或酚）与各种酰化剂的反应制得酯和羧酸与醇、酸、酯等反应的酯交换法。

1. 醇（或酚）与各种酰化剂反应的 O-酰化（酯化）法

此类反应常用酰化剂有羧酸、酸酐、酰卤、酰胺、腈、醛、酮等。其反应通式为：

$$R'OH + RCOZ \rightleftharpoons RCOOR' + HZ$$

R′可以是脂肪族或芳香族烃基；R′OH 可以是醇或酚；RCOZ 为酰化剂，可根据实际需要选择；R 和 R′可以是相同的或者是不同的烃基。

（1）羧酸法　此法又称直接酯化法。由于所用的原料醇与羧酸均容易获得，所以是合成酯类最重要的方法。羧酸法中最简单的反应是一元酸与一元醇在酸催化下的酯化，得到羧酸酯和水，这是一个可逆反应。

$$RCOOH + R'OH \rightleftharpoons RCOOR' + H_2O$$

若采用二元酸，可得两种酯：单酯（为酸性酯）和双酯（为中性酯）。其产率取决于反应剂间的摩尔比。

$$HOOC—R'—COOH \underset{-H_2O}{\overset{+ROH}{\rightleftharpoons}} HOOC—R'—COOR \underset{-H_2O}{\overset{+ROH}{\rightleftharpoons}} ROOC—R'—COOR$$

若采用多元醇，如丙三醇与一元酸反应，可得部分酯化产品及全部酯化产品，组成也与反应物的摩尔比有关。

$$\begin{matrix} CH_2OH \\ | \\ CHOH \\ | \\ CH_2OH \end{matrix} \overset{+RCOOH}{\rightleftharpoons} \begin{matrix} CH_2OCOR \\ | \\ CHOH \\ | \\ CH_2OH \end{matrix} \overset{+RCOOH}{\rightleftharpoons} \begin{matrix} CH_2OCOR \\ | \\ CHOH \\ | \\ CH_2OCOR \end{matrix} \overset{+RCOOH}{\rightleftharpoons} \begin{matrix} CH_2OCOR \\ | \\ CHOCOR \\ | \\ CH_2OCOR \end{matrix}$$

若用多元羧酸与多元醇进行酯化反应，生成物是高分子聚酯，这类反应除用作塑料及合成纤维的生产外，在涂料及黏合剂合成中也应用很广。

$$n HOOC—R'—COOH + n HO—R—OH \xrightarrow[-nH_2O]{} \left[OC—R'—COO—R—O \right]_n$$

一般常用的酯化催化剂为：硫酸、盐酸、芳磺酸等。采用催化剂后，反应温度在 70～150℃即可顺利发生酯化反应。也可采用非均相酸性催化剂，例如活性氧化铝、固体酸等，一般都在气相下进行酯化反应。

酯化反应也可不用催化剂，但为了加速反应的进行，必须采用 200～300℃的高温。若工艺过程对产品纯度要求极高，而采用催化剂时又分离不净，则宜采用高温无催化剂酯化工艺。

（2）酸酐法　羧酸酐是比羧酸强的酰化剂，适用于较难反应的酚类化合物及空间阻碍较大的叔羟基衍生物的直接酯化，此法也是酯类的重要合成方法之一，其反应过程为：

$$(RCO)_2O + R'OH \longrightarrow RCOOR' + RCOOH$$

反应中生成的羧酸不会使酯发生水解，所以这种酯化反应可以进行完全。羧酸酐可与叔醇、酚类、多元醇、糖类、纤维素及长碳链不饱和醇（沉香醇、香叶草醇）等进行酯化反应，例如乙酸纤维素酯及乙酰水杨酸（阿司匹林）就是用乙酸酐进行酯化而大量生产的。

常用的酸酐有乙酸酐、丙酸酐、邻苯二甲酸酐、顺丁烯二酸酐等。

用酸酐酯化时可用酸性或碱性催化剂加速反应。如硫酸、高氯酸、氯化锌、三氯化铁、吡啶、无水乙酸钠、对甲苯磺酸或叔胺等。酸性催化剂的作用比碱性催化剂强。目前工业上使用最多的是浓硫酸。

在用酸酐对醇进行酯化时，反应分为两个阶段：第一步生成物为 1mol 酯（单酯）及 1mol 酸，反应是不可逆的；第二步则由 1mol 酸再与醇脱水生成酯（双酯），反应与一般的羧酸酯化一样，为可逆反应，需要催化剂及较高的反应温度，并不断地去除反应生成的水。

目前，工业上广泛采用苯酐与各类醇反应，以制备各种邻苯二甲酸酯。邻苯二甲酸酯类是塑料工业广泛使用的增塑剂。例如，邻苯二甲酸二丁酯（DBP）的合成：

$$\text{邻苯二甲酸酐} + C_4H_9OH \xrightarrow{\text{稍过热}} C_6H_4(COOC_4H_9)(COOH)$$

$$C_6H_4(COOC_4H_9)(COOH) + C_4H_9OH \underset{150℃}{\overset{H_2SO_4}{\rightleftharpoons}} C_6H_4(COOC_4H_9)_2 + H_2O$$

当双酯的两个烷基不同时，应使苯酐先与较高级的醇直接酯化生成单酯，然后再与较低级的醇在硫酸催化下生成双酯。

(3) 酰氯法　酰氯和醇（或酚）反应生成酯：

$$RCOCl + R'OH \longrightarrow RCOOR' + HCl$$

酰氯与醇（或酚）的酯化具有如下特点：

① 酰氯的反应活性比相应的酸酐强，远高于相应的羧酸，可以用来制备某些羧酸或酸酐难以生成的酯，特别是与一些空间位阻较大的叔醇进行酯化。

② 酰氯与醇（或酚）的酯化是不可逆反应，一般不需要加催化剂，反应可在十分缓和的条件下进行，酯化产物的分离也比较简便。

③ 反应中通常需使用缚酸剂中和酯化反应生成的氯化氢，以避免对设备的腐蚀和减少副反应。

常用于酯化的酰氯有有机酰氯和无机酰氯两类。常用的有机酰氯有长碳脂肪酰氯、芳羧酰氯、芳磺酰氯、光气、氨基甲酰氯和三聚氯氰等。常用的无机酰氯主要为磷酰氯，如 $POCl_3$、$PSCl_3$、PCl_3、PCl_5 等。

酰氯酯化时常用的缚酸剂有碳酸钠、乙酸钠、吡啶、三乙胺或 *N*,*N*-二甲基苯胺等。为避免酰氯在碱存在下分解，缚酸剂通常采用分批加入或低温反应的方法，脂肪族酰氯活泼性较强，容易发生水解。因此，当酯化反应需要溶剂时，应采用苯、二氯甲烷等非水溶剂。

用各种磷酰氯制备酚酯时，可不加缚酸剂，允许氯化氢存在，而制取烷基酯时就需要加入缚酸剂，防止氯代烷的生成，加快反应速率。

由于酰氯的成本远高于羧酸，通常只有在特殊需要的情况下，才用羧酰氯合成酯。

(4) 腈醇解法　此法特别适用于制备多官能团的酯，工业上较为常用。

$$RCN + R'OH \xrightarrow{H_2SO_4} RCOOR' + NH_3$$

有机玻璃单体甲基丙烯酸甲酯就是由羟基腈用甲醇和浓硫酸处理，同时发生脱水、水解、酯化而得的。

$$H_3C-C(OH)(CH_3)-CN \xrightarrow[H_2SO_4]{CH_3OH} CH_2=C(CH_3)-COOCH_3$$

2. 羧酸酯与醇、酸、酯等反应生成另一种羧酸酯的酯交换法

该法是原料酯与醇、酸或其他酯分子中的烷氧基或烷基进行交换，生成新的酯的反应。此法有醇解法、酸解法和互换法三类。当用酸对醇进行直接酯化不易取得良好效果时，常采用酯交换法。

(1) 醇解法　也称作酯醇交换法。一般此法总是将酯分子中的伯醇基由另一个较高沸点的伯醇基或仲醇基所替代。反应用酸作催化剂。

$$RCOOR' + R''OH \rightleftharpoons RCOOR'' + R'OH$$

（2）酸解法　也称作酯酸交换法。此法常用于合成二元羧酸单酯和羧酸乙烯酯等。

$$RCOOR' + R''COOH \rightleftharpoons R''COOR' + RCOOH$$

（3）互换法　也称为酯酯交换法。此法要求所生成的新酯与旧酯的沸点差足够大，以便于采用蒸馏的方法分离。

$$RCOOR' + R''COOR''' \rightleftharpoons RCOOR''' + R''COOR'$$

这三种类型的酯交换都是利用反应的可逆性实现的，其中以酯醇交换法应用最为广泛。一个最典型的工业过程是用甲酸与天然油脂进行醇解以制得脂肪酸甲酯。后者是制取脂肪酸和表面活性剂的重要原料。

除上述方法外，酯化方法还有加成酯化法、羧酸盐与卤代烷反应生成酯、羧酸与重氮甲烷反应形成甲酯等方法。相关内容介绍请参阅有关书籍。

二、 酯化反应基本原理

1. 以醇为原料的酯化

（1）反应历程　羧酸与醇酯化时，其分子间的脱水可以有两种方式：一种是酸分子中的羟基与醇分子中的氢结合成水，其余的部分结合成酯，即称为酰氧键断裂；另一种是酸分子中的氢与醇分子中的羟基结合成水，其余部分结合成酯，即称为烷氧键断裂。

酸催化下，伯醇与羧酸的酯化通过酰氧键断裂的方式进行，为双分子反应历程。首先质子加成到羧酸中羧基上的氧原子上，然后醇分子对羰基碳原子发生亲核进攻，这一步是整个反应中最慢的阶段，所有的各步反应均处于平衡中。

$$R-\underset{\underset{O}{\|}}{C}-OH \underset{-H^+}{\overset{+H^+}{\rightleftharpoons}} \left[R-\underset{\underset{OH}{|}}{C}-OH\right]^+ \underset{-R'OH}{\overset{+R'OH}{\rightleftharpoons}} R-\underset{\underset{OH}{|}}{\overset{\overset{OH}{|}}{C}}-\underset{\underset{H}{|}}{\overset{+}{O}}-R'$$

$$\rightleftharpoons R-\underset{\underset{OH}{|}}{\overset{\overset{^+OH_2}{|}}{C}}-O-R' \underset{+H_2O}{\overset{-H_2O}{\rightleftharpoons}} R-\underset{+}{\overset{\overset{OH}{|}}{C}}-O-R' \underset{+H^+}{\overset{-H^+}{\rightleftharpoons}} R-\overset{\overset{O}{\|}}{C}-O-R'$$

叔醇与羧酸的酯化反应是按烷氧键断裂方式进行的，为单分子反应历程。其反应历程为：

$$(R')_3COH + H^+ \rightleftharpoons (R')_3C-\underset{+}{\overset{H}{O}}H \rightleftharpoons R'-\underset{\underset{R'}{|}}{\overset{\overset{R'}{|}}{C^+}} + H_2O$$

$$R-\overset{\overset{O}{\|}}{C}-OH + {}^+\underset{\underset{R'}{|}}{\overset{\overset{R'}{|}}{C}}-R' \rightleftharpoons R-\overset{\overset{O}{\|}}{C}-\underset{\underset{H}{|}}{\overset{+}{O}}-C(R')_3 \rightleftharpoons R-\overset{\overset{O}{\|}}{C}-O-C(R')_3 + H^+$$

用酰氯酯化时可不用酸催化，由于氯原子的吸电子性，明显地增加了中心碳原子的正电荷，对醇来说就很容易发生亲核进攻。

$$R-\overset{\overset{O}{\|}}{C}-Cl + R'OH \rightleftharpoons R-\underset{\underset{R'-\overset{+}{O}H}{|}}{\overset{\overset{O^-}{|}}{C}}-Cl \xrightarrow{-HCl} R-\underset{\underset{OR'}{|}}{\overset{\overset{O}{\|}}{C}}$$

这一反应是典型的双分子反应。

（2）酯化反应热力学及其影响因素

① 酯化反应的平衡常数。前已述及，对于羧酸与醇的液相直接酯化，其反应是一个可逆过程：

$$RCOOH + R'OH \rightleftharpoons RCOOR' + H_2O$$

在反应物和产物之间存在着动态平衡，其平衡常数 K_c 为：

$$K_c = \frac{[RCOOR'][H_2O]}{[RCOOH][R'OH]}$$

醇与酸直接酯化时，其 K_c 值一般都较小（参见表 7-1 和表 7-2）。为提高酯的产率，必须使反应平衡尽可能右移。根据化学热力学原理，可以采用两种方法。

a. 使某一种原料过量。通常采用来源广泛、价格便宜的原料过量，以改变反应达到平衡时反应物和产物的组成。

b. 蒸除反应生成的水或蒸出酯。可加入苯、甲苯、二甲苯等溶剂共沸蒸出水，若酯的沸点较低时，也可不断地蒸出酯，使平衡反应不断右移，完成酯化反应。

醇与酰氯酯化时，其平衡常数很大，一般可视为不可逆反应。

② 影响酯化平衡常数的因素。反应物结构和反应条件对酯化反应平衡有重要影响。

a. 醇或酚的结构。醇或酚的结构对酯化平衡常数的影响较为显著。表 7-1 中数据表明，各类醇或酚的反应活性顺序为：伯醇最大，仲醇、烯丙醇、苯甲醇次之，叔醇和酚反应最慢。这是因为醇或酚的分子结构所产生的电子效应和空间位阻效应共同作用的结果。因此，叔醇、酚一般很难与羧酸直接酯化，而是需用酸酐、酰氯等方法酯化。

表 7-1 乙酸与各种醇的酯化反应转化率、平衡常数（等摩尔比，155℃）

序号	醇或酚	转化率/%		平衡常数 K_c	序号	醇或酚	转化率/%		平衡常数 K_c
		1h 后	极限				1h 后	极限	
1	CH_3OH	55.59	69.59	5.24	9	$(C_2H_5)_2CHOH$	16.93	58.66	2.01
2	C_2H_5OH	46.95	66.57	3.96	10	$(CH_3)(C_6H_{13})CHOH$	21.19	62.03	2.67
3	C_3H_7OH	46.92	66.85	4.07	11	$(CH_2{=}CHCH_2)_2CHOH$	10.31	50.12	1.01
4	C_4H_9OH	46.85	67.30	4.24	12	$(CH_3)_3COH$	1.43	6.59	0.0049
5	$CH_2{=}CHCH_2OH$	35.72	59.41	2.18	13	$(CH_3)_2(C_2H_5)COH$	0.81	2.53	0.00067
6	$C_6H_5CH_2OH$	38.64	60.75	2.39	14	$(CH_3)_2(C_3H_7)COH$	2.15	0.83	—
7	$(CH_3)_2CHOH$	26.53	60.52	2.35	15	C_6H_5OH	1.45	8.64	0.0089
8	$(CH_3)(C_2H_5)CHOH$	22.59	59.28	2.12	16	$(CH_3)(C_3H_7)C_6H_3OH$	0.55	9.46	0.0192

b. 羧酸的结构。羧酸的结构对平衡常数的影响不如醇显著。一般来说，其影响规律与醇有相反倾向，即平衡常数随羧酸分子中碳链的增长或支链度的增加而增加，但酯化反应速率随空间位阻的增加而明显下降。芳香族羧酸一般比脂肪族羧酸酯化困难，主要是空间位阻的影响，见表 7-2。

表 7-2 异丁醇与各种羧酸的酯化反应转化率、平衡常数（等摩尔比，155℃）

序号	羧　酸	转化率(1h 后)/%	平衡常数 K_c	序号	羧　酸	转化率(1h 后)/%	平衡常数 K_c
1	$HCOOH$	61.69	3.22	8	$(CH_3)_2(C_2H_5)CCOOH$	3.45	8.23
2	CH_3COOH	44.36	4.27	9	$(C_6H_5)CH_2COOH$	48.82	7.99
3	C_2H_5COOH	41.18	4.82	10	$(C_6H_5)C_2H_4COOH$	40.26	7.60
4	C_3H_7COOH	33.25	5.20	11	$(C_6H_5)CH{=}CHCOOH$	11.55	8.63
5	$(CH_3)_2CHCOOH$	29.03	5.20	12	C_6H_5COOH	8.62	7.00
6	$(CH_3)(C_2H_5)CHCOOH$	21.50	7.88	13	p-$(CH_3)C_6H_4COOH$	6.64	10.62
7	$(CH_3)_3CCOOH$	8.28	7.06				

c. 反应温度。羧酸与醇在液相中进行酯化时几乎不吸收或放出热，因此平衡常数与温

度基本无关，但在气相中进行的酯化反应，为放热反应，此时平衡常数与温度有一定的关系，如制取乙酸乙酯时，150℃的平衡常数为30，而在300℃下降为9；当用酰氯或酸酐作酰化剂时，也是放热反应，温度对平衡常数同样有影响。

（3）酯化反应用催化剂 可以用作酯化反应催化剂的物质很多，目前采用的催化剂主要六类：无机酸、有机酸及其盐，杂多酸及固载杂多酸，强酸性离子交换树脂，固体超强酸，分子筛，非酸性催化剂。不同的酯化反应应选用不同的催化剂，在选择催化剂时应考虑到醇和酸的种类与结构、酯化温度、设备耐腐蚀情况、成本、催化剂来源及是否易于分离等。下面介绍几种工业上常用催化剂。

① 无机酸、有机酸及其盐。常用的无机酸催化剂有：硫酸、盐酸、磷酸等。在无机酸中硫酸的活性最强，也是应用最广泛的传统酯化催化剂。盐酸则容易发生氯置换醇中的羟基而生成氯烷。磷酸的反应速率较慢。以硫酸作催化剂的优点是硫酸可溶于反应体系中，使酯化在均相条件下进行、反应条件较缓和、催化效果好、性质稳定、吸水性强及价格低廉等。但缺点是具有氧化性，易使反应物发生磺化、碳化或聚合等副反应，对设备腐蚀严重，后处理麻烦，产品色泽较深等。因此一些大吨位产品如邻苯二甲酸二辛酯（DOP）的工艺中，已逐步为其他催化剂替代。此外，不饱和酸、羟基酸、甲酸、草酸和丙酮酸等的酯化，不宜用硫酸催化，因为它能引起加成、脱水或脱羧等副反应；碳链较长、分子量较大的羧酸和醇的酯化，因为反应温度较高也不宜用硫酸作催化剂。

常用的有机酸催化剂有甲磺酸、苯磺酸、对甲苯磺酸等。它们较硫酸的活性低，但无氧化性，其中对甲苯磺酸最为常用。对甲苯磺酸具有浓硫酸的一切优点，而且无氧化性，碳化作用较弱，但价格较高。常用于反应温度较高及浓硫酸不能使用的场合，如长碳链脂肪酸和芳香酸的酯化。

硫酸盐也可作为酯化催化剂。如用硫酸锆为催化剂合成丁酸乙酯。硫酸氢盐与硫酸盐有相似的催化性能，但能使产品的色泽变浅。

② 强酸性离子交换树脂。强酸性离子交换树脂能解离出 H^+ 而成为酯化催化剂。用离子交换树脂作酯化催化剂的主要优点有：反应条件温和，选择性好；产物后处理简单，无需中和及水洗；树脂可循环使用，并可进行连续化生产；对设备无腐蚀以及减少废水排放量。由于上述优点，强酸性离子交换树脂已广泛用于酯化反应，其中最常用的有酚磺酸树脂及磺化苯乙烯树脂。离子交换树脂目前已商品化，可由商品牌号查得该树脂的性质及组成。

③ 杂多酸及固载杂多酸。杂多酸（HPA）是一类具有确定组成的含氧桥多核配合物，具有酸性和氧化还原性。杂多酸的种类繁多，如磷钨酸 $H_3PW_{12}O_{40} \cdot 28H_2O$（简称 PW_{12}）、硅钨酸 $H_4SiW_{12}O_{40} \cdot 24H_2O$（简称 SiW_{12}）、磷钼酸 $H_3PMo_{12}O_{40} \cdot 19H_2O$（简称 PMo_{12}）和硅钼酸 $H_4SiMo_{12}O_{40} \cdot 23H_2O$（简称 $SiMo_{12}$），其中以 PW_{12} 最为常用。研究表明，PW_{12} 具有较高的催化活性。PW_{12} 的用量约为反应混合液的1%～2%，反应温度略低于硫酸催化。采用 PW_{12} 或 SiW_{12} 进行对羟基苯甲酸的酯化，效果良好。

杂多酸作为酯化催化剂存在回收较困难的问题。其改进方案是将杂多酸负载在活性炭、Al_2O_3、SiO_2、HZSM-5分子筛、阳离子交换树脂、膨润土等载体上，形成固载杂多酸，在完成酯化反应后，可通过过滤直接回收套用。

④ 非酸性催化剂。这类催化剂为近年发展起来的一个新方向，已在邻苯二甲酸酯增塑剂生产中应用。其主要优点是没有腐蚀性，产品的质量好，色泽浅，副反应少。这类催化剂

均为金属氧化物及其酯类，如 Al_2O_3、SiO_2、ZnO、MgO、SnO、TiO_2、钛酸四丁酯 [$Ti(OC_4H_9)_4$] 等；其中最常用的是铝、钛和锡的化合物，它们可单独使用，也可制成复合催化剂，它们的活性稍低，反应温度一般较硫酸高，需在 180～250℃下进行。

2. 以羧酸酯为原料的酯交换

（1）酯交换反应历程 酯交换反应中以醇解为最常用。反应需在催化剂作用下进行，常用酸或碱催化。催化剂不同其反应历程也不同。

酸催化的醇解反应历程如下：

$$\mathrm{R{-}\overset{\overset{\displaystyle O}{\|}}{C}{-}OR'} \xrightleftharpoons{+H^+} \mathrm{R{-}\overset{\overset{\displaystyle {}^{+}OH}{\|}}{C}{-}OR'} \xrightleftharpoons{+R''OH} \mathrm{R{-}\underset{\underset{\displaystyle \underset{H}{R''\overset{+}{O}}}{|}}{\overset{\overset{\displaystyle OH}{|}}{C}}{-}OR'} \rightleftharpoons \mathrm{R{-}\underset{\underset{\displaystyle OR''}{|}}{\overset{\overset{\displaystyle OH}{|}}{C}}{-}\overset{H}{\underset{+}{O}}R'} \xrightleftharpoons{-R'OH} \mathrm{R{-}\overset{\overset{\displaystyle {}^{+}OH}{\|}}{C}{-}OR''} \xrightleftharpoons{-H^+} \mathrm{R{-}\overset{\overset{\displaystyle O}{\|}}{C}{-}OR''}$$

碱催化的醇解反应历程如下：

$$\mathrm{R{-}\overset{\overset{\displaystyle O}{\|}}{C}{-}OR'} \xrightleftharpoons{+R''O^-} \mathrm{R{-}\underset{\underset{\displaystyle OR'}{|}}{\overset{\overset{\displaystyle O^-}{|}}{C}}{-}OR''} \xrightleftharpoons{-R'O^-} \mathrm{R{-}\overset{\overset{\displaystyle O}{\|}}{C}{-}OR''}$$

（2）酯交换反应平衡常数 醇解反应平衡常数 K_{alc} 的求解与酯化相仿，可表达为：

$$\mathrm{RCOOR'+R''OH \xrightleftharpoons{K_{alc}} RCOOR''+R'OH}$$

$$K_{alc}=\frac{[\mathrm{RCOOR''}][\mathrm{R'OH}]}{[\mathrm{RCOOR'}][\mathrm{R''OH}]}$$

在醇解反应中，由于羧酸的结构不发生变化，故 K_{alc} 将由醇的结构决定，其影响规律与酯化相似。即反应活性为：伯醇＞仲醇＞叔醇，因此，伯醇可以取代已结合在酯中的仲烷氧基，仲醇也可取代叔醇。但必须指出，烷基的碳原子数不同，结构不同，则影响也不一样。

提高醇解转化率的方法，与酯化基本相似，也可以采用把生成的低沸点醇从反应体系中移除的方案。这种方法适用于用高沸点醇来醇解低沸点醇与羧酸生成的酯，例如：

$$\mathrm{CH_2{=}CHCOOCH_3+\mathit{n}\text{-}C_4H_9OH \xrightarrow{CH_3-C_6H_4-SO_3H} CH_2{=}CHCOOC_4H_9+CH_3OH}$$

反应中，因甲醇的沸点远低于丁醇，故当把甲醇不断蒸出时，反应就能向右趋于完全。

（3）酯交换反应影响因素

① 催化剂。在碱性催化剂中，烷氧基碱金属化合物，如甲醇钠、乙醇钠是最常用的催化剂。在某些特殊的情况下，也用碱性较弱的催化剂，例如甲酸钠可用于将聚乙酸乙烯酯转化成聚乙烯醇，并可改善产品的色泽。对某些不饱和酯的醇解，可采用烷氧基铝，其他对反应十分敏感的酯类，也有用有机镁作催化剂的例子。有机锌对 α-卤代脂肪酸乙酯与烯丙醇或甲基烯丙醇进行醇解有明显的催化作用，并可避免副反应的发生。有机钛也可作为催化剂。

在酸性催化剂中，最常用的有硫酸及盐酸。当用多元醇进行醇解时，硫酸比盐酸更有效，因为后者会生成氯乙醇等副产物。

② 反应温度。在采用碱性催化剂时，醇解反应可在室温或稍高的温度下进行。采用酸性催化剂时，反应温度需提高到 100℃左右。若不用催化剂，则反应必须在≥250℃时才有足够的反应速率。

三、 酯化技术与反应装置

1. 提高酯化平衡转化率的工艺措施

由于酯化反应为可逆反应，为能制取更多的酯类产物，须采取一定的措施使酯化反应平衡右移，以提高酯化平衡转化率。从工业生产角度看采用一些简单的措施就可使转化率接近100%，主要可通过蒸出水和酯来实现。具体可分为如下三种类型。

（1）产品酯的挥发度很高的情况　这类产品酯的沸点均低于原料醇的沸点，如甲酸甲酯、甲酸乙酯和乙酸甲酯等（表 7-3），它们与水形成的共沸物的沸点也低于醇。因此可直接从反应体系中蒸出，此时酯含量可达到96%以上。如果进一步把水分除去，酯含量还可提高。采用常压催化的酯化技术，在过量甲醇或乙醇的条件下可以达到完全酯化的目的。

表 7-3　酯与醇的沸点

酯或醇	甲酸甲酯	甲酸乙酯	乙酸甲酯	甲醇	乙醇
沸点/℃	31.8	54.3	57.1	64.5	78.3

（2）产品酯具有中等挥发度的情况　这类酯，如甲酸的丙酯、丁酯和戊酯，乙酸的乙酯、丙酯、丁酯和戊酯，丙酸、丁酸和戊酸的甲酯和乙酯等，可采用在脂肪酸过量的条件下酯化，并将酯和水一起蒸出的方案。但有时蒸出的可能是醇、酯和水的三元共沸物，这需要视产品的性能来确定。例如，乙酸乙酯可全部蒸出，但混有原料醇及部分水，达到平衡时反应系统中剩余的是水。乙酸丁酯则相反，所有生成的水全部蒸出，但混有少量酯与醇，达到平衡时反应系统中留下酯。

（3）产品酯挥发度很低的情况　对于这烃类情况可根据所用原料醇，选用不同的方法以提高酯化反应的平衡转化率。若用中碳醇（C_4～C_8 醇，如丁醇、戊醇、辛醇等），可采用过量醇与生成水形成共沸物，蒸出分水；若用低碳醇（C_3 以下醇，如甲醇、乙醇或丙醇），则要添加苯或甲苯，以增加水的蒸出量；若用高碳醇（C_8 以上脂肪醇、苄醇、糠醇或 β-苯乙醇等），也必须添加辅助溶剂，以蒸出反应生成的水。

上述三种情况，在实际生产中均有一定应用。这里需要涉及共沸混合物的性质（表 7-4和表 7-5）。一般来说，醇-酯-水三元共沸混合物的沸点最低，但有时各种不同的组成比之间的沸点差别却很小。而酯-水二元共沸混合物的沸点却又与其三元共沸混合物的沸点非常接近，因此就需要有相当高效的分馏装置。醇-水二元共沸混合物蒸馏，可用于高沸点酯生产中生成水的移除。除甲醇外，C_{20} 以下的醇均可与水形成二元共沸混合物。低分子量的醇与水互溶，需用一些辅助的方法回收醇。分子量较大的醇则与水不互溶，可通过分层后回收醇再进行蒸馏提纯。

表 7-4　脂肪醇-酯体系的共沸温度

醇	酯	酯含量/%	共沸温度/℃	醇	酯	酯含量/%	共沸温度/℃
甲醇	丙酸甲酯	52.5	62.5	丁醇	甲酸丁酯	32.8	117.6
乙醇	乙酸乙酯	69	71.8	丁醇	乙酸丁酯	76.4	105.8
乙醇	丙酸乙酯	25	78.0	异丁醇	甲酸异丁酯	79.4	97.8
丙醇	乙酸丙酯	60	94.2	异丁醇	乙酸异丁酯	45	107.4
丙醇	甲酸丙酯	90.2	80.6	异戊醇	甲酸异戊酯	74.5	123.6
异丙醇	乙酸异丙酯	47.7	80.1	异戊醇	乙酸异戊酯	2.6	129.1

表 7-5 脂肪醇-酯-水三元体系的共沸温度

醇	酯	共沸物组成/%			共沸温度/℃	醇	酯	共沸物组成/%			共沸温度/℃
		醇	酯	水				醇	酯	水	
丙醇	甲酸丙酯	3	84	13	70.8	异丁醇	甲酸异丁酯	6.7	76	17.3	80.2
	乙酸丙酯	19.8	59.2	21	82.2		乙酸异丁酯	23	46.5	30.5	86.8
异丙醇	乙酸异丙酯	18	71	11	75.5	异戊醇	甲酸异戊酯	19.6	32.4	48	89.8
丁醇	甲酸丁酯	9.93	68.7	21.3	83.6		乙酸异戊酯	31.2	24	44.8	93.6
	乙酸丁酯	27.2	35.3	37.5	89.3						

2. 酯化反应装置

不论采用间歇或连续操作方式，在设计或选择酯化反应装置时的原则都是相似的，即应有利于共沸混合物的移除，以提高平衡转化率。图 7-1 列举了四种不同类型的酯化反应装置。

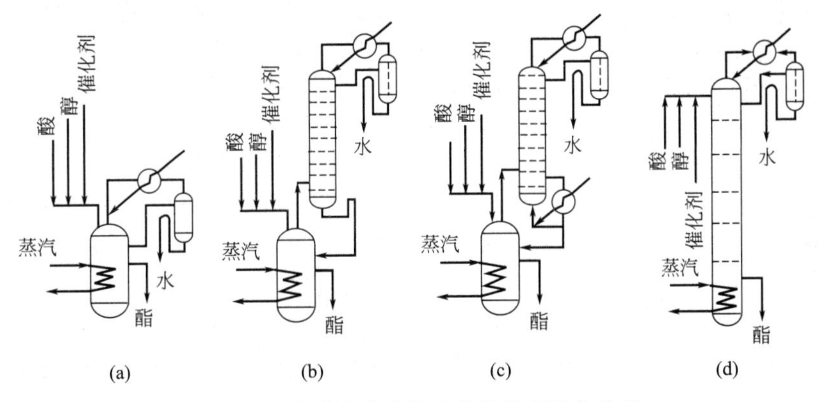

图 7-1 配有蒸出共沸混合物的液相酯化装置
(a) 带回流冷凝器的酯化装置；(b) 带蒸馏柱的酯化装置；
(c) 带分馏塔的酯化装置；(d) 塔盘式酯化装置

前三种类型装置的共同点是酯化器容积较大；采用外夹套或内蛇管加热；酯化器内呈沸腾状态，反应物料连续进入反应器，而共沸物则从反应体系中蒸出。这三种类型装置的区别仅在于分离系统的效率。第一种只带有回流冷凝器，水可直接从冷凝器底部分出，而与水不互溶的物料回流入反应器中。第二种带有蒸馏柱，可较好地从反应器中分离出生成水。第三种则将酯化器与分馏塔的底部联结，分馏塔本身带有再沸器，这样就有可能加大回流比及提高分离效率。这三种类型的装置适用于共沸点低、中、高的不同情况。有时也可把若干套单元反应装置串联起来，满足高转化率的要求。

第四种类型为塔盘式酯化装置。每一层塔盘可看作一个反应单元，催化剂及高沸点原料（一般都是羧酸）由塔顶送入，另一种原料则严格地按物料的挥发度在尽可能高的塔盘层送入。液体及蒸汽按逆向流动。这种装置特别适用于反应速率较低、蒸出物与塔底物料间的挥发度差别不大的体系。

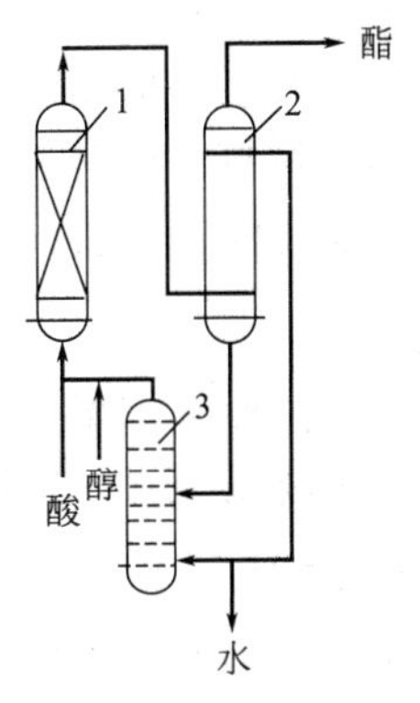

图 7-2 磺酸型离子交换树脂催化酯化装置
1—反应器；2—萃取塔；
3—醇回收塔

以磺酸型离子交换树脂为催化剂的酯化反应是一个非均相反应。其酯化反应装置如图 7-2 所示。主反应器为塔式，内装磺酸型离子交换树脂。反应在液相进行，物料通过离子交换树脂即发生酯化反应，由于反应热几乎为零，所以不设传热装置。过量的醇在萃取塔中用水萃取出来，然后由醇回收塔蒸出，循环进入反应系统，萃取用水排除反应生成水后在分离系统循环使用。萃取塔顶采出的粗酯送精馏系统分离提纯。

四、酯化工艺实例

工业上酯化反应广泛用于塑料增塑剂、溶剂及香料、涂料等其他方面的制造。其合成工艺可根据生产量的大小，采取间歇式和连续式两种工艺。

1. 间歇式生产工艺

在生产量不大的情况下，可采取间歇酯化工艺。以乙酸丁酯的生产为例。

$$CH_3COOH + C_4H_9OH \xrightleftharpoons{H^+} CH_3COOC_4H_9$$

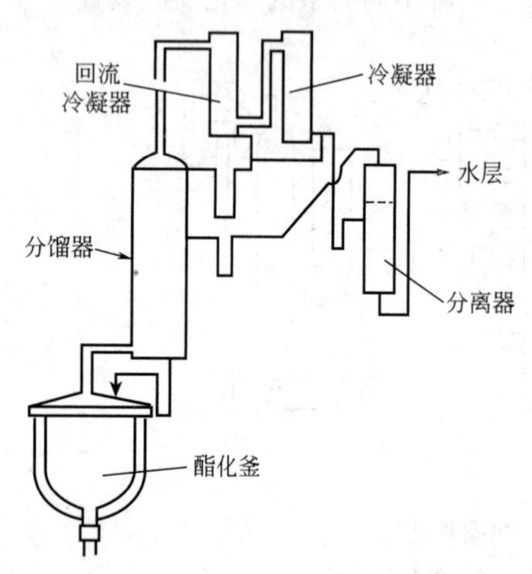

图 7-3 间歇生产乙酸丁酯流程示意

乙酸丁酯的沸点较低，为中挥发度产品，酯化反应时能与生成的水和部分原料醇形成三元共沸物而蒸出，其共沸温度为 89.3℃（表 7-5），与产品酯及水的沸点较接近。一般采用图 7-1（a）类型的反应装置。

反应过程中从酯化装置蒸出的三元共沸混合物蒸汽，经冷凝后易与水实现分离。其流程如图 7-3 所示。冰乙酸、丁酸及少量相对密度为 1.84 的硫酸催化剂均匀混合后加入酯化反应釜中。混合物用夹套蒸汽加热数小时使反应达到平衡，然后不断地蒸出生成水以提高收率（当不能再蒸出水时，即认为酯化反应已达到终点）。到达终点时，分馏柱顶部的温度会升高，同时有少量乙酸会被带入冷凝液中。向釜内加入氢氧化钠溶液中和残留的少量酸，静置后放去水层，然后用水洗涤，最后蒸出产物乙酸丁酯，残留的是丁醇。

上述间歇酯化工艺，原则上可适用于以羧酸与醇进行酯化生成羧酸酯的生产过程。羧酸酯用途广泛，对小批量生产来说，间歇酯化有一定的灵活性及通用性。

2. 连续式生产工艺

（1）乙酸乙酯的生产　乙酸乙酯是羧酸法合成酯的典型产品之一，广泛用于涂料、医药、感光材料、染料、食品等工业部门，是生产吨位较大的化学品。目前，工业上主要的生产方法是乙酸乙醇法，该法是乙酸与乙醇在质子酸存在下进行的液相反应。

$$CH_3COOH + C_2H_5OH \xrightleftharpoons{H^+} CH_3COOC_2H_5 + H_2O$$

由于反应的可逆性，生产上常使醇或酸过量，并不断移出反应产物酯和水。过量的醇或产物酯可作恒沸剂带出副产物水。乙酸乙酯的生产有间歇操作和连续操作两种。大吨位的生产常以连续操作为主。

由于产品酯的沸点较低（77.06℃），与原料醇的沸点（78.3℃）相近，且与水和乙醇均能形成二元及三元恒沸物，原料醇与塔顶蒸出的二元及三元恒沸物沸点相差不大。因此，连续操作的酯化反应装置如图 7-1(d) 所示。反应流程如图 7-4 所示。将原料乙酸、乙醇及浓硫酸按一定比例在高位槽混合后，通过流量计控制连续送入反应装置。物料先经过热交换器 2 与塔顶逸出的蒸汽热交换，然后送入酯化塔 4 的最高层塔盘。塔底用蒸汽加热，生成的酯与醇、水形成三元共沸物向塔顶移动，含水的液体物料由顶部流向塔底。选择合适的停留时间及原料配比使塔底釜内的液体仅含少量的未反应乙酸以及硫酸。釜底流出的废水经中和后排出。

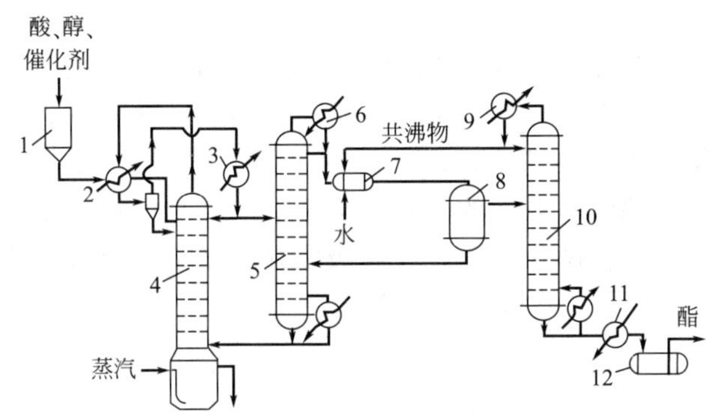

图 7-4　连续酯化生产乙酸乙酯工艺流程

1—高位槽；2—热交换器；3—冷凝器；4—酯化塔；5，10—分馏塔；
6，9—分凝器；7—混合器；8—分离器；11—冷却器；12—成品贮罐

塔顶逸出的蒸气约含 70%醇、20%酯及 10%水，物料经热交换后通过冷凝器 3，部分冷凝液与热交换器 2 中的冷凝液一起回流入塔内，其余部分送入分馏塔 5 中分离三元共沸混合物中的酯及含水乙醇，塔底为含水乙醇回入酯化塔 4 用于酯化。分馏塔 5 中逸出的蒸气冷凝后部分回流，其余部分在混合器 7 中与等量的水混合，使乙酸乙酯与水分层，以保证在分离器 8 中得到分离。上层为酯层（为粗酯，含有少量的水分、乙酸和高沸物），送入分馏塔 10。下层为水层（含乙醇和少量的酯），再回到分馏塔 5 中。分馏塔 10 顶部溢出的仍为低沸点三元共沸物，除部分回流外，其余的送往混合器 7。成品乙酸乙酯由塔底流出，经冷却器 11 后送往成品贮罐。

（2）邻苯二甲酸二（2-乙基己基）酯的生产　邻苯二甲酸酯类在精细化工的生产中有重要作用。它们是一类重要的增塑剂，约占整个增塑剂市场的 80%，其中产量最大的是邻苯二甲酸二（2-乙基己基）酯（俗称邻苯二甲酸二辛酯，英文缩写 DOP），广泛用于聚氯乙烯各种软质制品的加工及涂料、橡胶制品中。

DOP 是以 2-乙基己醇为原料，以邻苯二甲酸酐为酰化剂，在酸性催化剂作用下反应而得。

$$C_6H_4(CO)_2O + 2CH_3(CH_2)_3CH(C_2H_5)CH_2OH \xrightarrow{H_2SO_4} C_6H_4[COOCH_2CH(C_2H_5)(CH_2)_3CH_3]_2 + H_2O$$

催化剂用量一般以苯酐计为 0.2%～0.5%，物料配比常使 2-己基乙醇过量，反应生成的水由过量的醇带出，也可以使用苯、甲苯或环己烷作恒沸剂。生产方式有间歇式、半间歇式和连续式。目前世界上广泛使用的是连续式生产工艺，且国外公司最大规模的生产装置已达 10 万吨/年。

由于产品酯的沸点高，反应温度下不能被蒸出，但原料醇能与反应生成的水形成二元共沸物，且冷凝后很易分离而除水，因此，采用图 7-1(a) 类型的反应装置。

连续化生产的酯化反应器可分为塔式和阶梯式串联两大类。塔式反应器结构紧凑，投资较少，适用于采用酸性催化剂的酯化工艺。阶梯式串联反应器结构简单、操作方便，但是占地面积、动力消耗均较高，反应混合物停留时间较长，常用于非酸性催化剂或无催化剂的酯化过程。

图 7-5 所示为日本窒素公司 DOP 连续生产工艺流程示意。熔融苯酐和辛醇以一定的摩尔比［1∶(2.2～2.5)］在 130～150℃先制成单酯，预热后进入四个串联酯化器的第一级。非酸性催化剂也加入第一级酯化器中，温度控制不低于 180℃。最后一级酯化器的温度为 220～230℃。邻苯二甲酸单酯到双酯的转化率为 99.8%～99.9%。为了防止反应物在高温酯化时色泽变深，以及为强化酯化过程，在各级酯化器的底部都通入含氧量＜10mg/kg 的高纯氮。

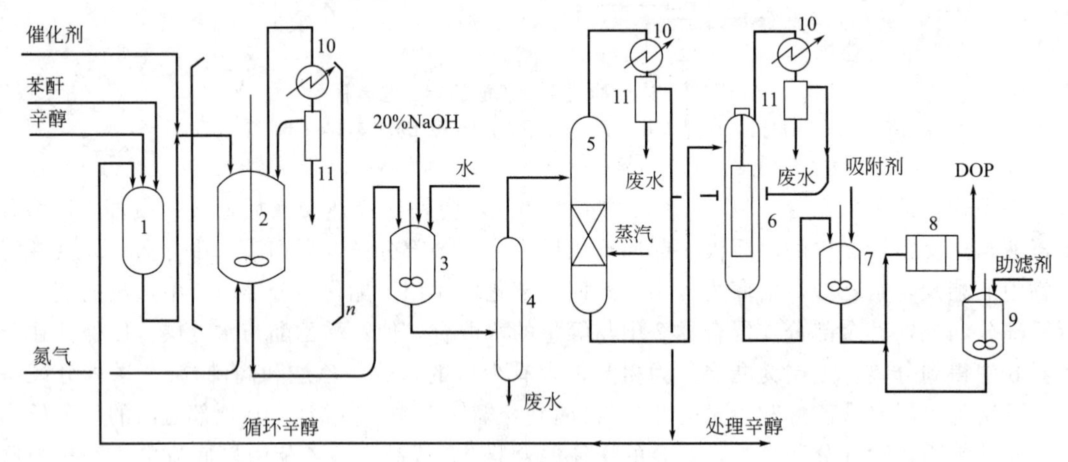

图 7-5 窒素公司 DOP 连续生产工艺流程示意

1—单酯反应器；2—阶梯式串联酯化器（$n=4$）；3—中和器；4—分离器；5—脱醇塔；6—干燥器（薄膜蒸发器）；7—吸附剂槽；8—叶片过滤器；9—助滤剂槽；10—冷凝器；11—分离器

中和、水洗是在带搅拌的中和器 3 中同时进行的。碱用量为反应物酸值的 3～5 倍，非酸性催化剂也在中和、水洗工序被洗去。

物料经脱醇（0.001～0.002MPa，50～80℃）、干燥（约 0.006MPa，50～80℃）后，进入过滤工序，过滤一般不用活性炭脱色，而用特殊的吸附剂及助滤剂。吸附剂成分为 SiO_2、Al_2O_3、Fe_2O_3、MgO 等，加入 CaO 有重要作用。通过吸附、脱色可保证 DOP 产品的色泽及体积电阻率指标。同时，可除去残存的微量催化剂和其他机械杂质。DOP 的收率以苯酐或辛醇计均为 99.3%。

回收的辛醇一部分直接循环使用，另一部分需进行分馏和催化加氢处理。废水经生化处理后排放，废气经水洗涤除臭后排入大气。

本章小结

1. 酰化反应可分为 *N*-酰化、*C*-酰化与 *O*-酰化三类。常用的酰化剂有羧酸、酸酐、酰氯、酰胺、羧酸酯等，其中最常用的是羧酸、酸酐、酰氯。

2. *N*-酰化反应属于酰化剂对官能团上氢的亲电取代反应，*C*-酰化反应属于亲电取代（或加成）反应，其反应影响因素有被酰化物结构、酰化剂、催化剂与反应介质等。

3. *N*-酰化可用羧酸、酰氯、酸酐、三聚氯氰和二乙烯酮等酰化，分“永久性”酰化与“保护性”酰化，对保护性酰化，完成指定的反应后需将酰基水解还原氨基；*C*-酰化可用羧酸、酰氯、酸酐等酰化。

4. *O*-酰化（酯化）的常用方法有羧酸法、酸酐法、酰氯法、腈醇解法、酯交换法、加成成酯、羧酸盐与卤代烷反应成酯等，其中，羧酸法是最典型也是最重要的成酯方法；酸酐法适用于较难反应的酚类化合物及空间阻碍较大的叔羟基衍生物的直接酯化。

5. 羧酸酯化为典型的可逆反应，可根据原料与产品酯的性质、化学热力学和反应装置结构等方面采取措施以提高平衡转化率。

6. 典型酯化产品（如乙酸丁酯、DOP等）的生产技术及工艺条件的分析确定。

习题与思考题

1. 酰化反应的主要类型有哪些？并举例说明。

2. 影响酰化反应的主要因素有哪些？

3. 举例说明酰化剂的种类有哪些？

4. 乙酐分别与苯胺或甲苯作用，可发生哪些反应？可制取哪些产品？

5. 苯甲酰氯分别与苯胺或氯苯作用，可发生哪些反应？可制取哪些产品？并列出主要反应条件。

6. 光气分别与苯胺或*N*,*N*-二甲基苯胺作用，可发生哪些反应？可制取哪些产品？并列出主要反应条件。

7. 简述乙酰苯胺的合成路线和主要工艺过程。

8. 简述对乙酰氨基酚（扑热息痛）的合成方法，写出相应的反应方程式。

9. 简述米氏酮的合成工艺及方法。

10. 写出α-萘乙酮的合成工艺路线。

11. *C*-酰化常用的催化剂种类及其对反应的影响。

12. 简要说明工业上常用的酯化方法及其适用范围。

13. 酯化反应的平衡常数主要受哪些因素影响？工业上一般采用何种方法来促进平衡右移，以提高平衡转化率？

14. 比较伯醇、仲醇、叔醇、烯丙醇、苯甲醇以及苯酚酯化的难易程度。

15. 根据所学知识，选择用苯酐、丁醇为原料，硫酸为催化剂生产邻苯二甲酸二丁酯，是否有合适的酯化反应装置（间歇式）？说明理由，并初步设计其工艺过程和确定工艺条件。

16. 写出制备下列产品的合成路线和各步反应的名称、大致条件以及所用各种反应试剂。

(1) 苯酚（OH） → 邻位含 $O-\overset{O}{\overset{\|}{C}}-CH_3$ 与 $\underset{O}{\underset{\|}{C}}-OCH_3$ 的苯环化合物

(2) 邻苯二甲酸酐 → 邻位含 $\overset{O}{\overset{\|}{C}}-OC_4H_9$ 与 $\underset{O}{\underset{\|}{C}}-CH_2C_6H_5$ 的苯环化合物

(3) 苯酚（OH） → $(CH_3)_3C$—、—$C(CH_3)_3$、OH 取代苯环，对位 $CH_2CH_2COOC_{18}H_{35}$

第八章　还原

本章学习目标

知识目标：1. 了解还原反应的类型和工业用途；了解加氢催化剂的种类及特点；了解电解还原的基本过程、影响电解还原因素和电解还原的主要应用。
2. 理解各类还原反应的历程；理解催化加氢还原的影响因素。
3. 掌握催化加氢的基本过程和化学还原的基本原理、应用范围及典型应用实例；掌握催化加氢的基本方法。

能力目标：1. 能根据还原产物的特点及还原反应的要求选择合适的还原方法和还原剂。
2. 能够应用还原理论合成苯胺、1-苯胺等重要化学品，并能分析确定硝基苯催化加氢生产苯胺的工艺条件。

素质目标：1. 培养学生能够利用还原理论设计还原路线的能力，即培养学生的技术应用、综合分析问题和解决问题的能力。
2. 培养学生安全使用易燃易爆化学品的能力，增强职业安全意识。

第一节　概述

一、还原反应及其重要性

还原反应在精细有机合成中占有重要的地位。广义地讲，在还原剂的作用下，能使某原子得到电子或电子云密度增加的反应称为还原反应。狭义地讲，能使有机物分子中增加氢原子或减少氧原子的反应，或者两者兼而有的反应称为还原反应。

通过还原反应可制得一系列产物。如由硝基还原得到的各种芳胺，大量被用于合成染料、农药、塑料等化工产品；将醛、酮、酸还原制得相应的醇或烃类化合物；由醌类化合物还可得到相应的酚；含硫化合物还原是制取硫酚或亚硫酸的重要途径。

二、还原方法的分类

按照还原反应使用的还原剂和操作方法的不同，还原方法可作如下分类。

（1）催化加氢法　即在催化剂存在下，有机化合物与氢发生的还原反应。

（2）化学还原法　使用化学物质作为还原剂的还原方法。化学还原剂包括无机还原剂和有机还原剂。目前使用较多的是无机还原剂。常用的无机还原剂有：①活泼金属及其合金，如 Fe、Zn、Na、Zn-Hg（锌汞齐）、Na-Hg（钠汞齐）等；②低价元素的化合物，它们多数是比较温和的还原剂，如 Na_2S、$Na_2S_2O_3$、Na_2S_x、$FeCl_2$、$FeSO_4$、$SnCl_2$ 等；③金属氢化物，它们的还原作用都很强，如 $NaBH_4$、$LiAlH_4$、$LiBH_4$ 等。常用的有机还原剂有烷基铝、有机硼烷、甲醛、乙醇、葡萄糖等。

（3）电解还原法　即有机化合物从电解槽的阴极上获得电子而完成的还原反应。电解还原的收率高、得到的产物纯度高，电解还原是一种重要的还原方法。

第二节　催化加氢

一、 催化加氢的基本原理

1. 催化加氢基本过程

催化加氢反应根据反应体系的特点分为非均相催化加氢反应和均相催化加氢反应，目前应用于化工生产的催化加氢反应主要是非均相催化加氢反应。非均相催化加氢反应具有多相催化反应的特征。包括五个步骤：①反应物分子扩散到催化剂表面；②反应物分子吸附在催化剂表面；③吸附的反应物发生化学反应形成吸附的产物分子；④吸附的产物分子从催化剂表面解吸；⑤产物分子通过扩散离开催化剂表面。其中：①和⑤为物理过程，②和④为化学吸附现象，③为化学反应过程，即吸附-反应-解吸。

2. 加氢催化剂

（1）催化剂种类　用于加氢的催化剂种类较多，以催化剂的形态来分，常用的加氢催化剂有金属及骨架催化剂、金属氧化物催化剂、复合氧化物或硫化物催化剂、金属络合物催化剂。

① 金属及骨架催化剂。加氢常用的金属催化剂有 Ni、Pd、Pt 等，由于 Ni 价格比较便宜，所以使用量最大。

金属催化剂是把金属载于载体上而制成的载体型催化剂。载体通常是多孔性材料，如 Al_2O_3、硅胶等。这样既能节约金属又能提高加工效率，并能使催化剂具有较高的热稳定性和机械强度。由于多孔性载体比表面积巨大，传质速率快，所以催化活性也得到提高。金属催化剂的特点是活性高，尤其是贵金属催化剂（如 Pd、Pt 等），在低温下即可进行加氢反应，而且几乎可以用于所有官能团的加氢反应。金属催化剂的缺点是易中毒，对原料中杂质要求严格。

骨架催化剂是将活性金属与铝制成合金材料，然后用氢氧化钠溶出合金中的铝，而得到的具有高度孔隙结构的催化剂。常见的骨架催化剂有骨架镍、骨架铜、骨架钴等。其优点是反应活性高，具有足够的机械强度及良好的导热性能，缺点是有些骨架催化剂（如骨架镍）在空气中裸露会发生自燃而失活。常用于低温液相加氢反应。

② 金属氧化物催化剂。常用的氧化物加氢催化剂有：MoO_3、Cr_2O_3、ZnO、CuO 和 NiO 等。这类催化剂与金属催化剂相比其活性较低，反应在高温、高压下才能保证足够的反应速率，但其抗毒性较强，适用于 CO 加氢反应，由于反应温度高，需要在催化剂中添加高熔点的组分，以提高其耐热性。

③ 复合氧化物或硫化物催化剂。为了改善金属氧化物催化剂的性能，通常采用多种氧

化物混合使用，以使各组分发挥各自的特性，相互配合，提高催化效率。金属硫化物主要有 MoS_2、NiS_3、WS_2、Co-Mo-S、Fe-Mo-S 等，其抗毒性强，可用于含硫化合物的加氢、氢解等反应，这类催化剂的活性较差，所需的反应温度也比较高。

④ 金属络合物催化剂。此类加氢催化剂的活性中心原子主要为贵金属，如 Ru、Rh、Pd 等的络合物。另外也有部分非贵金属，如 Ni、Co、Fe、Cu 等的络合物。其主要特点是活性高，选择性好，反应条件比较温和，适用性比较广泛，抗毒性较强。但由于这类络合物是均相催化剂，溶解在反应液中，因此催化剂的分离相对较困难，而且这类催化剂多使用贵金属，所以金属络合物催化剂应用的关键在于催化剂的分离和回收。

（2）催化剂的选用　加氢反应所用的催化剂，由于其活性物种类、性状和制备方法的不同，其活性、选择性和稳定性等都有很大差异，使用场合也不同。从反应活性看，通常反应温度在 150℃以下时，多使用 Pd、Pt 等贵金属催化剂，以及用活性很高的骨架镍催化剂；而在 150～200℃下反应时，常用 Ni、Cu 以及它们的合金催化剂；当反应温度高于 250℃时，大多使用金属氧化物催化剂。为了防止硫中毒，常采用金属硫化物催化剂，在高温下进行加氢反应。

除了催化剂种类以外，在使用各种催化剂时，为了充分发挥催化剂的效能，还要注意催化剂的用量及使用过程中的安全事项。

① 催化剂的用量。催化剂的常用量见表 8-1。骨架镍催化剂由于制备及使用安全要求，用量以湿体积计，通常 1mL 湿骨架镍约含有 1.5g 固体，一般操作中 10%用量就已足够，但是当催化剂活性下降时，用量需要增加至 20%左右。为了安全，某些商品骨架镍是经过钝化的，其用量为 15%～20%。

表 8-1　加氢催化剂及其用量

催化剂	用量/%	催化剂	用量/%
载在载体上的 5%钯、铂、铑	10	载在载体上的钌	10～25
氧化铂	1～2	骨架钴	1～2
骨架镍	10～20	铜铬氧化物	10～20
二氧化钌	1～2		

注：表中用量是以被加氢化合物质量为基准的比例。

除催化剂性质外，催化剂用量对还原反应也是十分重要的，增加催化剂用量可以显著提高加氢反应速率。在实验室中的低压加氢反应，一般催化剂的用量较高。而在工业加氢工艺的间歇操作中，要对催化剂的使用量加以控制，以防止反应速率过快而导致温度失控，造成反应产物选择性下降，甚至引发生产事故。在工业加氢工艺的连续操作中，催化剂的用量主要取决于反应时间。此外，通过控制催化剂的用量，有时也可以抑制副反应的发生。如在下述的反应中，用量为 4%的催化剂铂-炭（吸附量为 5%）可以防止苯环上溴的脱落。

$$Br-C_6H_4-CONHN{=}C(CH_3)_2 \xrightarrow[5\%Pt\text{-}C]{H_2} Br-C_6H_4-CONHNHCH(CH_3)_2$$

② 催化剂使用的注意事项。由于骨架镍在空气中可以发生自燃，因此在使用和贮存过程中应避免将其暴露于空气中，通常骨架镍需要浸于乙醇溶液中。在加料过程中应特别小心，以防溅出。

一般来说，在进行低压加氢反应时，催化剂可以先加入乙醇或乙酸中，调匀后再将其加入反应容器中，就可避免发生着火的危险。如果需要大量的催化剂时，必须预先采用溶剂浸润后再分批加料。此外还可以采用惰性气体保护，将反应设备中的空气用惰性气体置换掉，也可保证安全运行。

3. 催化加氢反应的影响因素

（1）反应选择性　提高选择性是为了得到所需要的产物和减少不希望发生的副反应，选择性与连串和平行反应有关。

在加氢反应中，在反应物分子中可能存在不止一个官能团可以进行加氢反应，这就出现了几种可能性，就可能存在平行反应，如：

$$C_6H_5-OH \xrightarrow{+3H_2} C_6H_{11}-OH$$
$$C_6H_5-OH \xrightarrow[-H_2O]{+H_2} C_6H_6$$

$$C_6H_5-CH{=}CH_2 \xrightarrow{+H_2} C_6H_5-CH_2CH_3$$
$$C_6H_5-CH{=}CH_2 \xrightarrow{+4H_2} C_6H_{11}-CH_2CH_3$$

这时必须通过催化剂的选择和控制反应条件，使反应按照指定的方向进行，以获得高的选择性。

另外，加氢反应中目的产物通常还能继续加氢，也就是说，主反应是一系列连串反应中的一步，如酸、醛、酮等含氧化合物加氢可以得到相应的醇，但如果继续加氢，则发生氢解而生成烷烃。

$$RCOOH \xrightarrow[-H_2O]{+H_2} RCHO \xrightarrow{+H_2} RCH_2OH \xrightarrow[-H_2O]{+H_2} RCH_3$$

腈则依次生成亚胺、胺及烷烃。

$$RC{\equiv}N \xrightarrow{+H_2} RCH{=}NH \xrightarrow{+H_2} RCH_2NH_2 \xrightarrow{+H_2} RCH_3 + NH_3$$

因此，为了得到目的产物，就需要使反应停留在某一个阶段，避免发生深度加氢而降低选择性。

（2）反应物结构　有机化合物的结构对加氢速率有一定的影响，这与反应物在催化剂表面的吸附能力、活化难易程度及反应物发生加氢反应时受到空间障碍的影响均有关。不同的催化剂其影响也不相同。

对于不饱和烃的加氢，其加氢能力一般有以下规律：

烯烃＞炔烃＞芳烃

对于含氧化合物醛、酮、酯、酸的加氢反应，其加氢产物都是醇，加氢能力依次为：

醛＞酮＞酯＞酸

（3）加氢反应溶剂　溶剂在加氢反应过程中起到十分重要的作用，它不仅起溶解的作用，而且还会影响加氢反应的速率和加氢反应的方向。这主要是由于溶剂使反应所用催化剂对被加氢物的吸附特性发生了变化，从而改变了氢的吸附量。同时它还可以使催化剂分散得更好，有利于相间传质。因此，加氢反应所用溶剂要求既不与加氢反应物和产物反应，而且还要求溶剂在反应条件下不易被加氢，同时易与产物分离。

溶剂不同，加氢速率不同，生成物也不相同。例如：用骨架镍为催化剂，进行环戊二烯的加氢，若使用甲苯或环己烷作溶剂，则生成环戊烯；若使用乙醇和甲醇作溶剂，能吸收2mol氢，生成环戊烷。

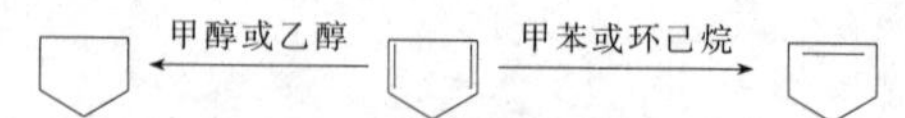

加氢反应常用的溶剂有：乙酸、甲醇、乙醇、丙酮、甲苯、环己烷、苯、乙酸乙酯、石油醚等。其活性顺序为：

乙酸＞甲醇＞水＞乙醇＞丙酮＞乙酸乙酯＞甲苯＞苯＞环己烷＞石油醚

溶剂除了上述的作用外，还可用来提供反应的液相状态、调节黏度、带出反应热等。

（4）反应条件　反应条件如温度、压力、原料配比等均会对加氢反应产生影响。

① 温度。加氢反应的温度升高，反应速率增加。通常增加温度30～50℃，反应速率增加1倍，相当于活化能为21～24kJ/mol。但是，温度过高往往会引起副反应的发生并影响催化剂的活性与寿命。因此，在可以完成目的反应的前提下，尽可能选择较低的反应温度。一般情况下，使用铂、钯等高活性催化剂时，可在较低的温度下进行。使用骨架镍时，要求较高的加氢温度。但是，使用高活性的骨架镍时，如果加氢温度超过100℃，会使反应过于激烈，甚至会使反应失控。

由于加氢反应为放热反应，温度升高对加氢反应平衡不利，会造成平衡转化率下降，同时对被加氢物也会产生不良影响（如热裂解）。这些反应温度受到反应平衡的限制，存在一段适宜的反应温度。

② 压力。压力对加氢反应有很大的影响。气相加氢反应中，提高压力相当于增加氢的浓度，因此反应速率可按比例增加；对于液相加氢，增加压力可以增加氢气在液相中的溶解度，同样也可以明显提高反应速率。但是，压力增大会使加氢反应的选择性降低，出现副反应，有时会使反应变得剧烈。同时也使工业化困难，一般尽可能选用常压或适宜的压力。加氢反应使用的压力与所选用的催化剂有关，催化剂活性高，则使用的压力就低。几种常见液相加氢的压力、温度与反应中所用催化剂的关系比较见表8-2。

表8-2 催化加氢反应温度、压力与催化剂的关系

催化剂	氧化铂	Pt-C	骨架镍
压力	常压	常压～0.5MPa	2～5MPa
温度/℃	25～90	0～40	约200

③ 原料配比。通常加氢反应的原料配比为氢过量，这样可以加快反应速率，提高被加氢物的转化率，同时有利于反应热的传递。但是氢过量必须适当，过多则会造成连串副反应，选择性下降。

二、催化加氢反应类型

1. 碳-碳双键及芳环的催化加氢

（1）碳-碳双键加氢　烯烃加氢常用的催化剂有：铂、骨架镍、载体镍和各种多金属催化剂（铜-铬、锌-铬等）。在催化剂存在下，100～200℃、1～2MPa下加氢反应很快。若原料中含有硫化物，则会使催化剂中毒，因此必须对原料进行精制。否则需要采用抗硫催化剂，通常为金属硫化物，如：硫化镍、硫化钨、硫化钼等，但是这类催化剂的活性较低，所需要的反应条件为：300～320℃、25～30MPa。

不饱和烃的加氢非常容易，选择性很高，而且副产物少。加氢的活性与分子结构有关，分子越简单，即双键碳原子上取代基越少、越小，则活性越高，乙烯的加氢反应活性最高。其活性顺序如下。

$$CH_2{=}CH_2 > RCH{=}CH_2 > RCH{=}CHR > R_2C{=}CH_2 > R_2C{=}CHR > R_2C{=}CR_2$$

直链双烯烃较单烯烃更容易加氢，加氢的位置与双烯烃的结构有关。双烯烃的加氢可停留在单烯烃。

多烯烃的加氢也有类似过程，即每一个双键可吸收一分子氢，直至饱和。如果选择合适的催化剂和反应条件，就可以对多烯烃进行部分加氢，保留一部分双键。

$$C{=}C{-}C{=}C + H_2 \longrightarrow CH{-}C{=}C{-}CH \quad 或 \quad CH{-}CH{-}C{=}C$$

环烯烃与直链烯烃的加氢反应采用相同的催化剂，双键上有取代基时可减慢加氢反应速率。另外，环烯烃的加氢有发生开环副反应的可能，因此要得到环状产物则需要控制反应条件。通常五元环和六元环较稳定。

$$\xrightarrow{H_2} \quad \xrightarrow{H_2} \begin{cases} 环\text{-}C_6H_{10}(CH_3)_2 \\ 环\text{-}C_5H_8(CH_3)_2 \\ C_8H_{18} \end{cases}$$

由此可见，在烯烃特别是环烯烃加氢时，操作条件的确定非常重要，它对反应结果具有决定性的作用，可以通过不同的反应条件得到不同的反应产物。

碳-碳双键的加氢反应主要用于汽油的加工和精制。另外一些重要的中间体的制备也是其重要的应用。

$$\xrightarrow{H_2} \quad \xrightarrow{H_2}$$

$$\xrightarrow{H_2} \quad \xrightarrow{H_2}$$

$$\xrightarrow{2H_2} \quad \xrightarrow{H_2}$$

在以上反应中，当产物为环状单烯-环戊烯、环辛烯和环十二烯时，需要控制加氢程度，使其停留在生成单烯的反应阶段。环烯烃加氢催化剂常用负载型镍或钴。

（2）芳烃加氢　工业上常用的催化剂为负载型镍催化剂或金属氧化物催化剂。加氢反应条件要比烯烃高。如 Cr_2O_3 催化时，温度120～200℃，压力2～7MPa。提高压力有利于平衡向加氢方向移动。芳烃加氢前需对其进行精制以除去杂质硫化物，避免催化剂中毒而失去活性。

由于芳烃的稳定性，使得其加氢速度较慢。但当芳环上第一个双键双氢后，立即失去芳环的稳定性，很易发生第二个、第三个双键的加氢反应。因此，苯加氢很难形成分步加氢的中间产物，通常只能得到环己烷。

$$\text{苯} \xrightarrow[\text{加氢}]{+H_2} \text{环己二烯} \xrightarrow[\text{加氢}]{+H_2} \text{环己烯} \xrightarrow[\text{加氢}]{+H_2} \text{环己烷}$$

苯的同系物加氢速率比苯慢，说明含有取代基会对加氢反应产生活性降低的影响。

稠环芳烃在加氢时会分步发生反应。如萘加氢时会有多种中间产物。

$$\text{萘} \xrightarrow{+H_2} \text{二氢萘} \rightleftharpoons \text{二氢萘} \xrightarrow{+H_2} \text{四氢萘} \xrightarrow{+H_2} \text{十氢萘}$$

芳烃加氢时，也有可能发生氢解，产生侧键或芳环断裂。

工业生产中最常用的芳烃加氢是环己烷的生产。生产环己烷的主要工艺是苯的催化加氢。

$$\text{苯} + 3H_2 \xrightarrow[1\sim1.5MPa]{140\sim200℃\ Ni} \text{环己烷}$$

由于苯与环己烷的沸点十分相近，分离比较困难，因此该生产工艺对苯转化率要求很高，通常采用氢过量循环，增加预反应器等措施。

2. 含氧化合物的催化加氢

含氧化合物主要是指醇、醛、酮、酸、酯等。在这些化合物的分子中也可能含有不饱和双键或芳环。因此，含氧化合物的加氢可能有两种情况：一是含氧官能团还原但不影响不饱和结构；二是不饱和部分加氢还原而保持含氧官能团。因而催化剂的选择就显得特别重要。

（1）脂肪醛、酮的加氢　饱和脂肪醛或酮加氢只发生在羰基部分，生成与醛或酮相应的伯醇或仲醇，例如：

$$RCHO + 2H_2 \longrightarrow RCH_2OH$$

$$R-\overset{\overset{O}{\|}}{C}-R' + H_2 \longrightarrow R-\overset{\overset{OH}{|}}{CH}-R'$$

上述反应中常用负载型镍、铜、铜-铬催化剂。如果原料中含硫，则需采用镍、钨或钴的氧化物或硫化物作催化剂。

醛基更易进行加氢，因此反应条件较为缓和，一般反应温度为 50～150℃（用镍或铬催化剂）或 200～250℃（用硫化物催化剂）；而酮基催化加氢的反应条件为 150～250℃及 300～350℃。为了加速反应及提高平衡转化率，此类反应通常在加压下进行，采用镍催化剂压力为 1～2MPa，采用铬催化剂压力为 5～20MPa，采用硫化物催化剂则压力为 30MPa。

醛加氢时生成的醇会与醛缩合成半缩醛及醛缩醇。

$$RCHO + RCH_2OH \rightleftharpoons RHC\begin{matrix}\diagup OCH_2R \\ \diagdown OH\end{matrix} \xrightleftharpoons{+CH_2OH} RHC\begin{matrix}\diagup OCH_2R \\ \diagdown OCH_2R\end{matrix} + H_2O$$

这些副产物的加氢比醛要困难得多。若反应温度过低或催化剂活性低时会出现这些副产物。但是温度过高时醛易发生缩合，然后加氢为二元醇。

$$2RCH_2CHO \longrightarrow RCH_2-\underset{\underset{OH}{|}}{CH}-\underset{\underset{R}{|}}{CH}-CHO \xrightarrow{+H_2} RCH_2-\underset{\underset{OH}{|}}{CH}-\underset{\underset{R}{|}}{CH}-CH_2OH$$

为了避免或减少副反应的发生，需要选择适宜的反应温度，并可用醇进行稀释。

饱和脂肪醛的加氢是工业上生产伯醇的重要方法，常用于生产正丙醇、正丁醇以及高级伯醇等。例如

$$CH_2{=}CH_2 + CO + H_2 \xrightarrow{Co} CH_3CH_2CHO \xrightarrow{+H_2} CH_3CH_2CH_2OH$$

利用醛缩合后加氢是工业上制取二元醇的方法之一。例如由乙醛合成 1,3-丁二醇。

$$2CH_3CHO \longrightarrow CH_3\underset{\displaystyle OH}{\underset{|}{C}}H-CH_2CHO \xrightarrow{+H_2} CH_3\underset{\displaystyle OH}{\underset{|}{C}}HCH_2CH_2OH$$

对于不饱和醛或酮进行加氢还原时，反应有三种方式：①保留羰基而使不饱和双键加氢生成饱和醛或酮；②保留不饱和双键，将羰基加氢生成不饱和醇；③不饱和双键与羰基同时加氢生成饱和醇。例如：

$$RCH{=}CHCHO \xrightarrow{+H_2} \begin{cases} \xrightarrow{①} RCH_2CH_2CHO \xrightarrow{+H_2} \\ \xrightarrow{②} RCH{=}CHCH_2OH \xrightarrow{+H_2} \end{cases} \xrightarrow{③} RCH_2CH_2CH_2OH$$

由于酮基不如醛基活泼，所以不饱和酮双键选择加氢比较容易，采用的催化剂与烯烃加氢催化剂基本相同，主要是铂、镍、铜以及其他金属催化剂。反应条件也与烯烃加氢相似，但是必须控制酮基加氢的副反应。不饱和醛双键加氢比较困难，所以对催化剂和加氢条件的选择都要特别注意，以避免醛基加氢。如丙烯醛加氢，需要在控制加氢量的条件下进行，且采用铜催化剂。

$$CH_2{=}CHCHO+H_2 \xrightarrow{Cu} CH_3CH_2CHO$$

此反应的选择性只能达到70%，有大量的副产物饱和醇生成。

如果要得到不饱和醇，应选用金属氧化物催化剂，但是反应时有可能发生氢转移生成饱和醛，因此必须采用较为缓和的加氢条件。

$$RCH{=}CHCHO \xrightarrow{+H_2} RCH{=}CHCH_2OH+RCH_2CH_2CHO \xrightarrow{+H_2} RCH_2CH_2CH_2OH$$

不饱和双键与羰基同时加氢比较容易实现。可用金属或金属氧化物催化剂，反应条件可以较为激烈，只要避免氢解反应即可。

(2) 脂肪酸及其酯的加氢　工业生产中脂肪酸加氢是由天然油脂生产直链高级脂肪醇的重要工艺，具有广泛的应用价值。而直链高级脂肪醇是合成表面活性剂的主要原料。

$$RCOOH \xrightarrow[-H_2O]{+H_2} RCOH \xrightarrow{+H_2} RCH_2OH$$

脂肪酸直接加氢条件不如相应的酯缓和，因此目前工业生产中常用脂肪酸甲酯加氢制备脂肪醇。

$$RCOOH+CH_3OH \xrightarrow{-H_2O} RCOOCH_3 \xrightarrow{+2H_2} RCH_2OH+CH_3OH$$

羧基加氢的催化剂通常采用Cu、Zn、Cr的氧化物。如$CuO\text{-}Cr_2O_3$、$ZnO\text{-}Cr_2O_3$和$CuO\text{-}ZnO\text{-}Cr_2O_3$。

这类反应的条件比较苛刻，通常为250～350℃、25～30MPa。还原反应过程中产生以下两种副反应。

$$RCOOCH_3+RCH_2OH \rightleftharpoons RCOOCH_2R+CH_3OH$$

$$RCH_2OH+H_2 \longrightarrow RCH_3+H_2O$$

也可采用脂肪酸直接加氢，利用产物醇与原料酯化来降低反应条件。通常只需在反应初期加入少量产品脂肪醇即可。工业上常用于生产十二醇和十八醇。

$$C_{11}H_{23}COOH \xrightarrow[-H_2O]{+2H_2} C_{12}H_{25}OH$$

$$C_{17}H_{35}COOH \xrightarrow[-H_2O]{+2H_2} C_{18}H_{37}OH$$

不饱和脂肪酸及其酯的加氢反应有如下三种。

① 不饱和键加氢。采用负载型镍催化剂，其反应条件比烯烃加氢稍高，工业生产中主要用于硬化油脂的生产。将液体不饱和油脂加氢制成固体酯，即人造奶油。

$$\begin{array}{l}CH_2-OCO-C_{17}H_{33}\\ |\\ CH-OCO-C_{17}H_{33}\\ |\\ CH_2-OCO-C_{17}H_{33}\end{array} + 3H_2 \xrightarrow{Ni} \begin{array}{l}CH_2-OCO-C_{17}H_{35}\\ |\\ CH-OCO-C_{17}H_{35}\\ |\\ CH_2-OCO-C_{17}H_{35}\end{array}$$

② 羧基加氢。采用与饱和酸加氢相同的催化剂。常用 $ZnO\text{-}Cr_2O_3$，主要用于制备不饱和醇，如：

$$C_{17}H_{33}-COOCH_3 + 2H_2 \xrightarrow{ZnO\text{-}Cr_2O} C_{17}H_{33}-CH_2OH + CH_3OH$$

③ 同时加氢。可采用金属催化剂，通常为分步加氢。如顺丁烯二酸酐的加氢。

$$\text{顺丁烯二酸酐} \xrightarrow[-H_2O]{+H_2} \underset{\gamma\text{-丁内酯}}{H_2C-CO-O-CO-CH_2} \xrightarrow[-H_2O]{+2H_2} \underset{\text{四氢呋喃}}{H_2C-CH_2-O-CH_2-CH_2}$$

γ-丁内酯　　四氢呋喃

可以改变反应条件以获得不同的产物。γ-丁内酯的用途是合成吡咯烷酮，而四氢呋喃则是良好的溶剂。

(3) 芳香族含氧化合物的加氢　芳香族含氧化合物包括酚类、芳醛、芳酮及芳基羧酸。其加氢反应包括芳环的加氢和含氧基团的加氢两类。

苯酚在镍催化下，在 130～150℃、0.5～2MPa 下芳环加氢转化为环己醇。

$$C_6H_5-OH + 3H_2 \rightleftharpoons C_6H_{11}-OH$$

$$C_6H_{11}-OH \begin{cases} \xrightarrow{-H_2O} C_6H_{10} \\ \xrightarrow[+H_2]{-H_2O} C_6H_{12} \longrightarrow 6CH_4 \end{cases}$$

苯酚在加氢时也可以保持芳环不破坏，而使含氧基团还原。

$$C_6H_5-OH \xrightarrow[-H_2O]{+H_2} C_6H_6$$

芳醛的加氢只限于制备相应的醇，如：

$$C_6H_5-CHO + H_2 \longrightarrow C_6H_5-CH_2OH$$

芳醛、芳酮和芳醇只有对含氧基团进行保护后才能进行环上加氢。但是芳基羧酸可以进行以下两种反应。

$$C_6H_5-COOH \begin{cases} \xrightarrow[-H_2O]{+2H_2} C_6H_5-CH_2OH \\ \xrightarrow[160\sim200℃]{+3H_2} C_6H_{11}-COOH \end{cases}$$

3. 含氮化物的催化加氢

含氮化合物加氢的主要目的是制取胺类，常用的原料有酰胺、腈、硝基化合物等。有机胺类在精细化工中有着广泛的用途，如高级脂肪胺用于清洗剂中作为缓蚀剂；合成阳离子表面活性剂季铵盐；胺类还可作为环氧树脂的固化剂等。

(1) 硝基化合物的加氢　硝基化合物的加氢还原较易进行，主要用于硝基苯气相加氢制备苯胺。

$$C_6H_5NO_2 + 3H_2 \xrightarrow{Cu} C_6H_5NH_2 + 2H_2O$$

还可以用二硝基甲苯还原制取混合二氨基甲苯。

$$CH_3C_6H_3(NO_2)_2 + 6H_2 \xrightarrow{骨架\ Ni} CH_3C_6H_3(NH_2)_2 + 4H_2O$$

（2）腈的加氢　腈加氢是制取胺类化合物的重要方法，常用 Ni、Co、Cu 作为催化剂在加压下进行反应。

$$RCN + 2H_2 \xrightarrow{催化剂} RCH_2NH_2$$

腈类加氢制备胺的过程中，有中间产物亚胺生成，并有二胺、仲胺和叔胺等副产生成。

$$RCN \xrightarrow{H_2} RCH{=}NH \xrightarrow{H_2} RCH_2NH_2$$

$$RCH{=}NH + RCH_2NH_2 \rightleftharpoons RCH(NHCH_2R)(NH_2) \rightleftharpoons RCH{=}NCH_2R + NH_3$$

$$RCH{=}NCH_2R + H_2 \longrightarrow RCH_2NHCH_2R$$

氨过量可抑制仲胺和叔胺的产生。

$$m\text{-}CH_3C_6H_4CH_3 \xrightarrow[-6H_2O]{+2NH_3+3O_2} m\text{-}NCC_6H_4CN \xrightarrow{+4H_2} m\text{-}H_2NCH_2C_6H_4CH_2NH_2$$

$$C_6H_5CN \xrightarrow[80\sim120℃]{H_2/NH_3/骨架镍} C_6H_5CH_2NH_2$$

三、 催化加氢工艺方法

工业催化加氢还原工艺包括液相催化加氢和气相催化加氢两种。可进行常压和加压加氢，有间歇法也有连续法。催化加氢的生产能力大、产品质量高、“三废”少、环境污染小。

1. 液相催化加氢

液相催化加氢是指将 H_2 鼓泡到含有催化剂的液相反应物中进行加氢的操作。常用于一些不易气化的高沸点原料（如油脂、脂肪羧酸及其酯、二硝基物等）。其特点是避免了采用大量过量 H_2 使反应物气化的预蒸发过程，经济上较合理。在工业生产中具有广泛的用途。

（1）液相催化加氢反应器　液相加氢反应系统中有三个相态，H_2 为气相、反应物料为液相、催化剂为固相，反应发生在催化剂的表面。反应过程为：H_2 溶解于液相反应物料中，然后扩散到催化剂表面进行反应。增加 H_2 压力和增强扩散效率可加速反应。因此，提高氢压和强化搅拌是加速反应的最有效的措施。对于加氢反应器，应尽可能满足上述条件和反应传热要求。

液相催化加氢反应器按结构和材料所能承受的压力及使用范围不同，可分为：常压加氢反应器、中压加氢反应器、高压加氢反应釜（即高压釜）三类。

常压催化加氢反应器只适用于常压或稍高于常压的催化反应。使用常压催化反应器须使用钯、铂等贵金属催化剂，而且催化反应速率较慢，所以常压催化反应器应用范围不广。

中压催化加氢反应器多用不锈钢或不锈钢衬套来制备。常用的催化剂为钯、铂等贵金属或高活性的骨架镍，所以中压催化反应器应用范围广，效率也较高。

高压催化加氢反应器多为高压釜。它由厚壁不锈钢或不锈钢衬套来制备，具有耐高强度及良好的耐腐蚀性能。但使用时必须注意安全。

催化加氢反应器按催化剂状态不同，可分为三类：泥浆型反应器、固定床反应器、流化床反应器。

（2）液相催化加氢工艺实例　液相催化加氢常用于芳香族硝基化合物的催化加氢。采用钯、铑、铂或骨架镍作催化剂。如 2,4-二氨基甲苯的制备：它是由 2,4-二硝基甲苯通过液相催化加氢还原而制得。甲苯经过二硝化得到混合的二硝基甲苯，其中 2,4-异构体与 2,6-异构体的比例是 80∶20，其反应式及工艺过程如下。

$$CH_3C_6H_3(NO_2)_2 + 6H_2 \xrightarrow{Ni} CH_3C_6H_3(NH_2)_2 + 4H_2O$$

该反应采用立管式泥浆型反应器，甲醇作为溶剂。将含有 0.1%～0.3%骨架镍的二硝基甲苯的甲醇溶液（1∶1），用高压泵连续地送入反应器中，同时通入 H_2。反应器内温度约为 100℃，压力保持在 15～20MPa。从第一塔流出的反应物分别进入并联的第二塔、第三塔，当物料从最后一个塔流出时，催化反应完成。经减压装置后在气液分离器中分出氢气，在沉降分离器中分出催化剂，分出的氢气及催化剂循环使用。得到的粗产品依次脱甲醇、脱水，经精馏得到纯度为 99%的二氨基甲苯。

2. 气相催化加氢

气相催化加氢是指反应物在气态下进行的加氢反应。适用于易汽化的有机化合物（如苯、硝基苯、苯酚等）的加氢，气相催化加氢实际上是气-固相反应。含铜催化剂是普遍使用的一类，最常用的是铜-硅胶载体型催化剂及铜-浮石、$Cu\text{-}Al_2O_3$。

气相催化加氢主要用于由硝基苯生产苯胺。苯胺是一种很重要的精细化工产品，它的产量很大，大量用于聚氨酯、橡胶助剂、染料、颜料等领域。如图 8-1 所示是一种比较常见的流化床气相加氢法制苯胺的工艺流程，反应器 2 是流化床反应器。

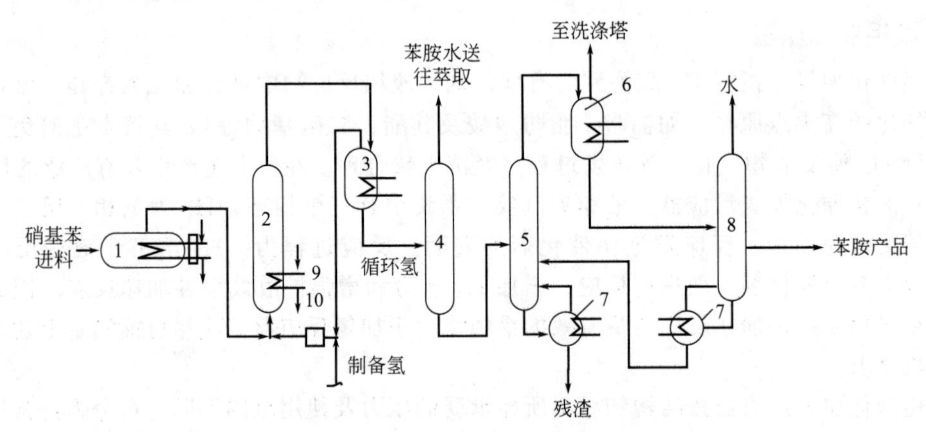

图 8-1　连续流化床硝基苯的气相加氢还原

1—汽化器；2—反应器；3,6—气、液分离器；4—分离器；5—粗馏塔；7—再沸器；8—精馏塔；9—冷却器；10—压缩机

采用铜-硅胶载体型催化剂，它的优点是成本低、选择性好，缺点是抗毒性差。由于原料硝基苯中微量的有机硫化物极易引起催化剂中毒，所以工业生产中常使用石油苯为原料生

产的硝基苯制备苯胺。由于采用流化床反应器，催化剂在反应中处于激烈的运动状态，所以要求催化剂有足够的耐磨性能。催化剂的颗粒大小对流化质量和有效分离均很重要，一般选用颗粒为0.2～0.3mm较适宜。1mol硝基物理论上需要3mol氢气，实际生产中常用氢油比为9∶1（摩尔比），这样有利于反应热的移出和使流化床保持较好的流化状态。

硝基苯在汽化器中与氢气混合，通过反应器下部气体分配盘进入流化床反应器，控制反应温度为270℃，压力为0.04～0.08MPa（表压）。反应器出料经冷凝，分出氢气循环使用。液体分层，水层去回收苯胺；苯胺层经干燥塔除去水分，最后经过精馏得到产品苯胺。

四、 还原反应安全操作要求

无论是催化加氢还是化学还原，其生产过程所涉及的原料、产品、溶剂和催化剂等都是燃烧性、爆炸性较强的物质，有些化学还原剂的还原性、毒性很强，如肼、二亚胺、硼烷等这些原料试剂均属于危险化学品，其使用、贮存及管理均应符合危险化学品使用管理条例的要求。

催化加氢法大量使用的 H_2 是十分危险的可燃性气体，其扩散性、渗透性很强，与空气混合能形成爆炸性气体（爆炸极限为4%～75%），具有高燃爆危险特性；使用氢气必须严格执行工艺操作规程，生产设备、容器、管道在使用前，应以氮气置换空气，以免空气进入加氢反应或氢气循环系统。

催化加氢的催化剂还原性很强，不能与氢气一起存放，否则有爆炸的危险，且应避免与空气接触。有些干燥的催化剂（如骨架镍）在空气中能自燃，废弃的骨架镍催化剂因吸附有活泼氢，干燥后极易自燃、甚至爆炸，必须严格按规程制备、贮存、使用和处理催化剂，生产中不得任意加大催化剂用量。催化剂的存放应浸没于液面以下，避免暴露于空气之中。废弃的催化剂应用稀盐酸或稀硫酸处理，使其失活，不得任意丢弃。

催化加氢需要高温高压，且为强放热反应，氢气在高温高压下能使钢制设备强度降低，发生氢脆。因此，对加氢反应器选择必须考虑传热、耐压和耐氢蚀等要求，保障安全生产。生产设备还应符合防火防爆要求，应按有关规程进行生产操作，经常检查维护设备设施，使之处于完好状态。

加氢还原反应装置应设有安全应急系统。即将加氢反应釜内温度、压力与釜内搅拌电流、氢气流量、加氢反应釜夹套冷却水进水阀形成联锁关系，设立紧急停车系统；加入急冷氮气或氢气的系统；当加氢反应釜内温度或压力超标或搅拌系统发生故障时自动停止加氢、泄压，并进入紧急状态；设立安全泄放系统。

第三节 化学还原

一、 在电解质溶液中的铁屑还原

金属铁和酸（如盐酸、硫酸、乙酸等）共存时，或在盐类电解质（如 $FeCl_2$、NH_4Cl 等）的水溶液中对于硝基是一种强还原剂，可将硝基还原为氨基而对其他取代基不会产生影响，所以它是一种选择性还原剂。

在电解质溶液中用铁屑还原硝基化合物是一种古老的方法。由于铁屑价格低廉、工艺简单、适用范围广、副反应少、对反应设备要求低，所以到目前为止铁屑还原法仍有很大的用途。但是铁屑还原法排出大量的含胺的铁泥和废水，如果不及时处理将会对环境产生很大的污染。同时随着机械加工行业的技术进步，铁屑的来源也受到限制，因此产量大的一些胺类已采用加氢还原法。但对一些生产吨位小的芳胺，尤其是含水溶性基团的芳胺仍采用铁屑还原法。

1. 反应历程

铁屑在金属盐如 $FeCl_2$、NH_4Cl 等存在下，在水介质中使硝基物还原，由下列两个基本反应来完成。

$$ArNO_2 + 3Fe + 4H_2O \xrightarrow{FeCl_2} ArNH_2 + 3Fe(OH)_2$$

$$ArNO_2 + 6Fe(OH)_2 + 4H_2O \longrightarrow ArNH_2 + 6Fe(OH)_3$$

所生成的二价铁和三价铁按下式转变成黑色的磁性氧化铁（Fe_3O_4）

$$Fe(OH)_2 + 2Fe(OH)_3 \longrightarrow Fe_3O_4 + 4H_2O$$

$$Fe + 8Fe(OH)_3 \longrightarrow 3Fe_3O_4 + 12H_2O$$

整理上述反应式得到总反应式：

$$4ArNO_2 + 9Fe + 4H_2O \longrightarrow 4ArNH_2 + 3Fe_3O_4$$

Fe_3O_4 俗称铁泥，它是 FeO 和 Fe_2O_3 的混合物。

2. 影响因素

（1）被还原物的结构　对于不同结构的硝基化合物，采用铁屑还原时，反应条件不同。对于芳香族硝基化合物，当芳环上有吸电子基存在时，硝基中氮原子上的电子云密度降低，亲电能力增强，有利于还原反应的进行，还原反应的温度可降低。当芳环上有供电子基存在时，硝基中氮原子上的电子云密度增加，氮原子的亲电能力降低，不利于还原反应的进行，还原反应的温度要较高。

（2）铁屑的质量和用量　铁屑中含有的成分不同，显示出的还原活性会有明显的差异。工业上常用含硅的铸铁或洁净、粒细、质软的灰铸铁。熟铁粉、钢粉及化学纯的铁粉效果极差。因为灰铸铁中含有较多的碳及少量的锰、硅、磷、硫等杂质，在电解质水溶液中可形成许多微电池，促进铁的电化学腐蚀，有利于还原反应的进行。另外，灰铸铁质脆，在搅拌过程中容易被粉碎，从而增大了与反应物的接触面积，有利于还原反应的进行。工业生产中一般采用 60～100 目的铁屑为宜。1mol 硝基物理论上需要 2.25mol 铁屑，实际用量为 3～4mol。

（3）电解质　电解质实质上是铁屑还原的催化剂，电解质的存在可促进铁屑还原反应的进行。因为向水中加入电解质可以提高溶液的导电能力，加速铁的预蚀，有利于还原反应的进行。而还原反应的速率取决于电解质的浓度和性质。表 8-3 列出了不同电解质对还原速率的影响。

表 8-3　电解质对苯胺收率的影响

电解质	苯胺收率/%	电解质	苯胺收率/%	电解质	苯胺收率/%
NH_4Cl	95.5	$CaCl_2$	81.3	Na_2SO_4	42.4
$FeCl_2$	91.3	$MgCl_2$	68.5	CH_3COONa	10.7
$(NH_4)_2SO_4$	89.2	NaCl	50.4	NaOH	0.7
$BaCl_2$	87.3				

注：电解质浓度 0.78mol/L，还原时间 30min。

由表 8-3 可以看出，在其他条件相同的情况下，使用氯化铵的还原反应速率最快，氯化亚铁次之。适当增大电解质的浓度可加速还原反应的速率，通常 1mol 硝基化合物需要消耗 0.1～0.2mol 电解质，其浓度约为 3%。工业生产中通常使用 NH_4Cl 和 $FeCl_2$ 为电解质。使用 $FeCl_2$ 为电解质时，通常是在反应前向反应器中加入少量铁粉和稀盐酸加热一定时间进行铁的预蚀，除去铁粉表面的氧化膜，并生成 Fe^{2+} 作为电解质。但是在某些特殊情况下也需要采用其他电解质，例如，对硝基-*N*-乙酰苯胺还原时采用乙酸亚铁作电解质以防止乙酰基发生水解。

(4) 溶剂　用铁屑还原硝基物时，可用甲醇、乙醇、冰乙酸和水作为溶剂。用冰乙酸作为溶剂时，反应速率快，产物容易分离，但产物中含有大量氨基酰化物。

$$ArNO_2 + 3Fe + 7CH_3COOH \longrightarrow ArNHCOCH_3 + 3(CH_3CO)_2Fe + 3H_2O$$

用乙醇作溶剂时，酰化物的含量可明显减少，但是还原速率减慢。

最常用的溶剂是水，而水同时又是还原反应中氢的来源。为了保证有效的搅拌，加强反应中的传热和传质，水通常是过量的。但水量过多时，设备的生产能力和电解质的浓度将降低，一般采用硝基化合物与水的摩尔比为 1∶(50～100)。对于活性较低的化合物，则可用乙醇、甲醇等能与水相混溶的溶剂，以利于还原反应的进行。

(5) 反应温度　硝基还原时，反应温度通常为 90～102℃，即接近反应液的沸腾温度。由于铁屑还原是强烈的放热反应，如果加料太快，反应过于激烈，会导致爆沸溢料。所以，反应开始阶段靠自身的反应热保持沸腾，反应后期采用直接通水蒸气保持反应物料沸腾。

3. 适用范围

铁屑还原法的适用范围较广，凡能用各种方法使能与铁泥分离的芳胺均可采用铁屑还原法生产。所以，此方法的适用范围在很大程度上并非取决于还原反应本身，而是取决于还原产物的分离。还原产物的分离方法有以下几类。

① 易随水蒸气蒸出的芳胺，如苯胺、邻甲苯胺、对甲苯胺、邻氯苯胺、对氯苯胺等，还原反应结束后采用水蒸气蒸馏法将它们从反应混合物中蒸出。

② 易溶于水且可以蒸馏的芳胺，如间苯二胺、对苯二胺、2,4-二氨基甲苯等，还原反应结束后，采用过滤法使产物与铁泥分离，然后浓缩母液，最后进行真空蒸馏得到芳胺。

③ 能溶于热水的芳胺，如邻苯二胺、邻氨基苯酚、对氨基苯酚等，反应完成后用热过滤法使产物与铁泥分开，将滤液冷却，使产物结晶析出。

④ 含水溶性基团（磺酸基或羧酸基）的芳胺，如 1-氨基萘-8-磺酸（周位酸）、1-氨基萘-5-磺酸（劳伦酸）等，还原反应结束后，将还原产物调成碱性，使氨基萘磺酸溶解，然后滤去铁泥，最后用酸化或盐析法使氨基萘磺酸析出。

⑤ 难溶于水而挥发性小的芳胺，如 1-萘胺、2,4,6-三甲基苯胺等，还原反应结束后用溶剂将产物萃取出来。

⑥ 多硝基物的部分还原，如二硝基苯的衍生物用铁屑还原法在适当的条件下可只还原一个硝基。

4. 应用实例

铁粉还原一般采用间歇式操作。目前仍有部分芳胺采用此法生产，如对甲苯胺、间苯二胺、对苯二胺、氨基萘磺酸（如周位酸、劳伦酸）等，制备时，在还原锅中加入少量含胺废水、盐酸和少量铁屑，生成电解质完成铁的预蚀。同时通入蒸汽加热，然后分批加入硝基化合物和铁屑，反应开始激烈，靠自身的反应热保持沸腾，反应过程中用硫化钠溶液检验有无 Fe^{2+} 存在，若无 Fe^{2+} 存在则需补加酸。待反应结束后，依据原料胺和还原产物的特性，采用适当方法，将物料与铁泥分开，得到还原产物。

二、锌粉还原

锌粉的还原能力与反应介质的酸碱性有关。它在酸性、碱性和中性条件下均具有还原能力。它可还原硝基、亚硝基、羰基、碳-碳不饱和键、碳-硫键等。在不同介质中得到不同的还原产物。下面重点讨论在碱性介质中的锌粉还原。

1. 反应历程

硝基化合物在碱性介质中用锌粉还原生成氢化偶氮化合物的过程分为两步。

首先，生成亚硝基、羟氨基化合物；然后，在碱性介质中反应得到氧化偶氮化合物。

$$ArNO_2 \xrightarrow{\text{还原}} ArNO$$

$$ArNO_2 \xrightarrow{\text{还原}} ArNHOH$$

$$ArNO + ArNHOH \xrightarrow{-H_2O} Ar-\underset{\underset{O}{\downarrow}}{N}=N-Ar$$

其次，氧化偶氮化合物进一步还原成为氢化偶氮化合物。

$$Ar-\underset{\underset{O}{\downarrow}}{N}=N-Ar \xrightarrow[-H_2O]{\text{还原}} Ar-N=NH-Ar \xrightarrow{\text{还原}} Ar-NH-NH-Ar$$

在还原过程中要尽量避免羟胺化合物的积累，否则会产生以下副反应。

$$3ArNHOH \longrightarrow Ar-N=N-Ar + ArNH_2 + 2H_2O$$

氢化偶氮化合物在酸性介质中进行分子内重排，得到联苯胺系化合物。

$$C_6H_5NH-NHC_6H_5 \xrightarrow{2H^+} C_6H_5\overset{+}{N}H_2-\overset{+}{N}H_2C_6H_5 \longrightarrow NH_2-C_6H_4-C_6H_4-NH_2$$

该反应的反应速率与酸的浓度平方成正比。

硝基苯用锌粉还原生成联苯二胺的总反应式如下。

$$2\,C_6H_5NO_2 + 5Zn + H_2O \xrightarrow{NaOH} C_6H_5-NH-NH-C_6H_5 + 5ZnO$$

$$\downarrow H^+$$

$$H_2N-C_6H_4-C_6H_4-NH_2$$

2. 应用实例

工业生产过程中通常将硝基化合物加入氢氧化钠溶液中，以锌粉作为还原剂，即可制取氢化偶氮化合物，然后在稀酸中重排可得到联苯胺。

当氢氧化钠的浓度为 12%～13%、反应温度为 100～105℃时，生成氧化偶氮苯；而当氢氧化钠的浓度为 9%，反应温度为 90～95℃时则可生成氢化偶氮苯。理论上 1mol 硝基化合物需要消耗 2.5mol 锌粉，而实际生产中要过量 10%～15%。

氢化偶氮苯于 50℃时在稀盐酸中即可进行转位重排，转位后升温至 90℃，再加入稀硫酸或硫酸钠溶液，会生成不溶性的联苯胺硫酸盐。

利用同样的还原方法还可以制备一系列的联苯胺衍生物。

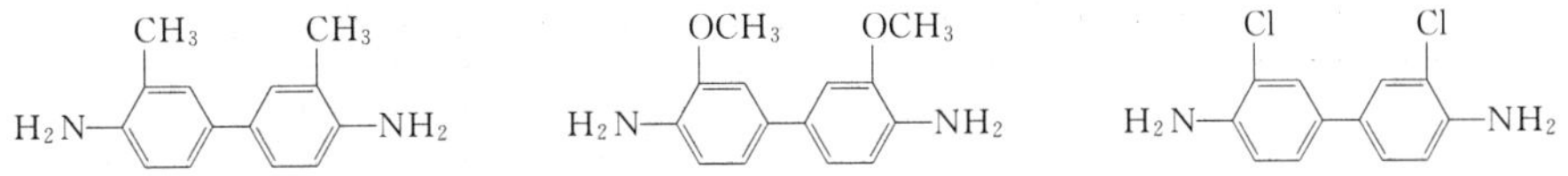

联甲苯胺　　联大茴香胺　　3,3′-二氯联苯胺

由于联苯胺属于致癌性物质，目前各国都已经相继停止生产，并积极研究代用它的无致癌性中间体，已取得了一定的进展。联苯胺系衍生物的毒性要比联苯胺小，可以在条件允许的情况下适当生产。

三、 用含硫化合物的还原

含硫化合物一般为较缓和的还原剂，按其所含元素可以分为两类：一类是硫化物、硫氢化物以及多硫化物即含硫化合物；另一类是亚硫酸盐、亚硫酸氢盐和保险粉等含氧硫化物。

1. 用硫化物的还原

使用硫化物的还原反应比较温和，常用的硫化物有：硫化钠（Na_2S）、硫氢化钠（NaHS）、硫化铵［$(NH_4)_2S$］、多硫化物（Na_2S_x，x 称为硫指数，等于 1～5）。工业生产上主要用于硝基化合物的还原，可以使多硝基化合物中的硝基选择性地部分还原，或者还原硝基偶氮化合物中的硝基而不影响偶氮基，可从硝基化合物得到不溶于水的胺类。采用硫化物还原时，产物的分离比较方便，但收率比较低，废水的处理比较麻烦。这种方法目前在工业上仍有一定的应用。

（1）反应历程　硫化物作为还原剂时，还原反应过程是电子得失的过程。其中硫化物是供电子者，水或者醇是供质子者。还原反应后硫化物被氧化成硫代硫酸盐。

硫化钠在水-乙醇介质中还原硝基物时，反应中生成的活泼硫原子将快速与 S^{2-} 生成更活泼的 S_2^{2-}，使反应大大加速，因此这是一个自动催化反应，其反应历程为：

$$ArNO_2 + 3S^{2-} + 4H_2O \longrightarrow ArNH_2 + 3S + 6OH^-$$

$$S + S^{2-} \longrightarrow S_2^{2-}$$

$$4S + 6OH^- \longrightarrow S_2O_3^{2-} + 2S^{2-} + 3H_2O$$

还原总反应式为：

$$4ArNO_2 + 6S^{2-} + 7H_2O \longrightarrow 4ArNH_2 + 3S_2O_3^{2-} + 6OH^-$$

用 NaHS 溶液还原硝基苯是一个双分子反应，最先得到的还原产物是苯基羟胺，进一步再被 HS_2^- 和 HS^- 还原成苯胺。

$$ArNO_2 + 2NaHS + H_2O \longrightarrow ArNHOH + 2S + 2NaOH$$

$$2ArNHOH + 2HS_2^- + 2OH^- \longrightarrow 2ArNH_2 + S_2O_3^{2-} + 2HS^- + H_2O$$

$$4ArNHOH + 2HS^- \longrightarrow 4ArNH + S_2O_3^{2-} + H_2O$$

（2）影响因素

① 被还原物的性质。芳环上的取代基对硝基还原反应速率有很大的影响。芳环上含有吸电子基团，有利于还原反应的进行；芳环上含有供电子基团，将阻碍还原反应的进行。如间二硝基苯还原时，第一个硝基比第二个硝基快 1000 倍。因此可选择适当的条件实现多硝基化合物的部分还原。

② 反应介质的碱性。使用不同的硫化物，反应体系中介质的碱性差别很大。表 8-4 给出几种硫化物在 0.1mol/L 水溶液中的 pH 值。

表 8-4 各种硫化物在 0.1mol/L 水溶液中的 pH 值

硫化物	pH	硫化物	pH	硫化物	pH
Na_2S	12.6	Na_2S_4	11.8	$(NH_4)_2S$	<11.2
Na_2S_2	12.5	Na_2S_5	11.5	$(NH_4)HS$	8.2
Na_2S_3	12.3	NaHS	10.2		

使用硫化钠、硫氢化钠和多硫化物为还原剂使硝基物还原的反应式分别为：

$$4ArNO_2+6Na_2S+7H_2O \longrightarrow 4ArNH_2+3Na_2S_2O_3+6NaOH$$

$$4ArNO_2+6NaHS+H_2O \longrightarrow 4ArNH_2+3Na_2S_2O_3$$

$$ArNO_2+Na_2S_2+H_2O \longrightarrow ArNH_2+Na_2S_2O_3$$

$$ArNO_2+Na_2S_x+H_2O \longrightarrow ArNH_2+Na_2S_2O_3+(x-2)S\downarrow$$

Na_2S 作还原剂时，随着还原反应的进行不断有氢氧化钠生成，使反应介质的 pH 值不断升高，将发生双分子还原生成氧化偶氮化合物、偶氮化合物、氢化偶氮化合物等副产物。为了减少副反应的发生，在反应体系中加入氯化铵、硫酸镁、氯化镁、碳酸氢钠等物质来降低介质的碱性。

使用 Na_2S_2 或 Na_2S_x 时，反应过程中无氢氧化钠生成，可避免双分子还原副产的生成。但是多硫化钠作为还原剂时，反应过程中有硫生成，使反应产物难分离，实用价值不大。因此对于需要控制碱性的还原反应，常用 Na_2S_2 为还原剂。

（3）工业实例　采用硫化物还原，设备易于密封且对设备腐蚀小，产物易分离，但是硫化物的成本较高，产生的废液也比较多。

① 多硝基化合物的部分还原。多硝基化合物的部分还原通常采用硫氢化钠或二硫化钠作还原剂。反应时硫化物过量 5%～10%，反应温度在 40～80℃，一般不超过 100℃，以避免发生硝基的完全还原。有时需要加入无机盐（如硫酸镁）以降低还原介质的碱性。

2-氨基-4-硝基苯酚是以硫化钠和硫酸亚铁反应制得的新鲜硫化亚铁为还原剂，在 60～80℃时，由 2,4-二硝基苯酚部分还原制得。

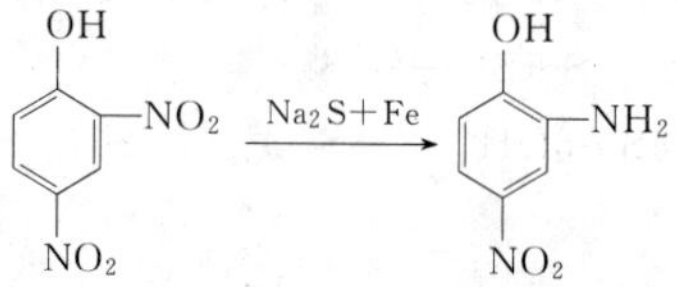

以硫化物为还原剂部分还原硝基化合物还可以制得下列中间体。

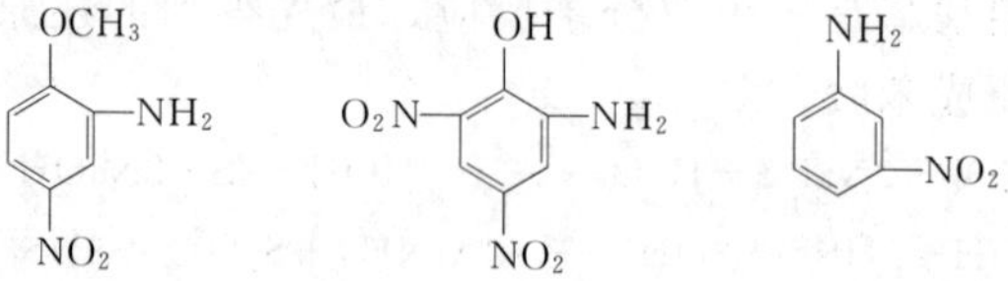

由此可见，在多硝基化合物的部分还原时，处于—OH 或—OR 等基团邻位的硝基可被选择性地优先还原，收率良好。

② 多硝基化合物的完全还原。这种还原方法主要用于制备和硫代硫酸钠水溶液容易分离的芳胺。一般采用硫化钠或二硫化钠为还原剂，过量 10%～20%，反应温度在 60～100℃。有时为了还原完全，缩短反应时间，可在 125～160℃下，在高压釜中反应。

1-氨基蒽醌是合成蒽醌系列染料的重要中间体，使用过量 10%～20%的硫化钠溶液在 95～100℃下还原 1-硝基蒽醌，反应完成后进行热过滤，可以得到纯度为 90%左右的粗品，进一步采用升华法、硫酸法或保险粉法精制，最终可以获得 1-氨基蒽醌含量为 96%以上的产品。

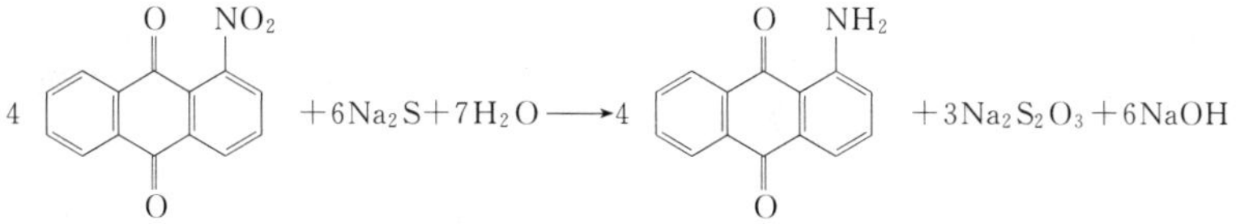

$$4\ \text{1-硝基蒽醌} + 6Na_2S + 7H_2O \longrightarrow 4\ \text{1-氨基蒽醌} + 3Na_2S_2O_3 + 6NaOH$$

1-萘胺具有较广泛的工业用途，既可以作为合成染料的中间体，也可用于合成抗氧剂、杀虫剂等，用二硫化钠还原1-硝基萘即可得到1-萘胺，这个反应可以采用连续法或间歇法进行生产，反应温度为102～106℃，收率为85%～87%。

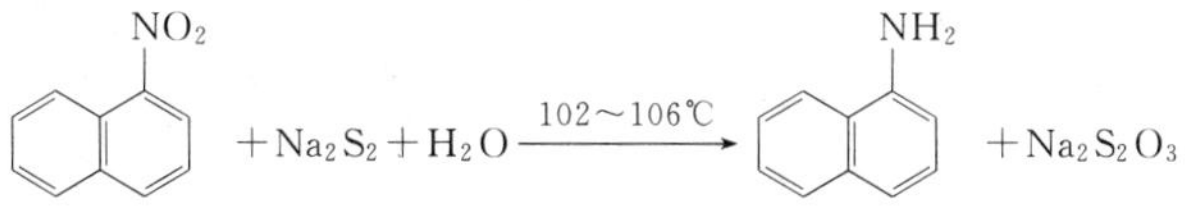

$$\text{1-硝基萘} + Na_2S_2 + H_2O \xrightarrow{102\sim106℃} \text{1-萘胺} + Na_2S_2O_3$$

如果采用完全还原法还可以获得下列芳胺，它们均为精细有机化学品的重要中间体。

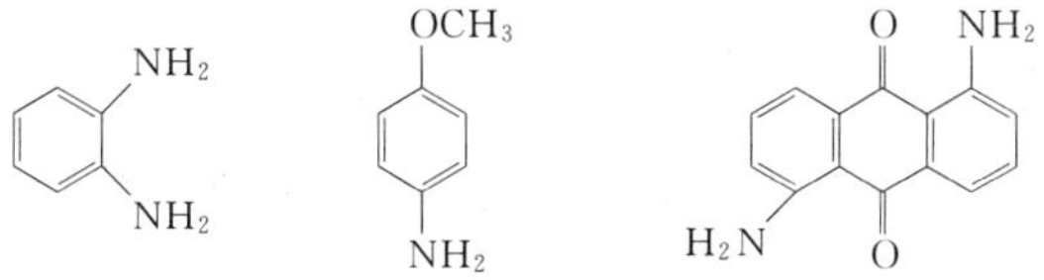

（邻苯二胺 $C_6H_4(NH_2)_2$；对甲氧基苯胺 $CH_3OC_6H_4NH_2$；1,5-二氨基蒽醌）

2. 用含氧硫化物的还原

常用的含氧硫化物还原剂是亚硫酸盐、亚硫酸氢盐和连二亚硫酸盐。亚硫酸盐和亚硫酸氢盐可以将硝基、亚硝基、羟氨基和偶氮基还原成氨基，而将重氮盐还原成肼。采用亚硫酸盐和亚硫酸氢盐还原的特点是在硝基、亚硝基等基团被还原成氨基的同时在环上引入磺酸基。连二亚硫酸钠（保险粉）在稀碱性介质中是一种强还原剂，反应条件较为温和、反应速率快、收率较高，可以把硝基还原成氨基，但是保险粉价格高且不易保存，主要用于蒽醌及还原染料的还原。

（1）反应历程　亚硫酸盐和亚硫酸氢盐为还原剂主要用于对硝基、亚硝基、羟氨基和偶氮基中的不饱和键进行的加成反应，反应后生成的加成还原产物*N*-氨基磺酸，经酸性水解得到氨基化合物或肼。

其中亚硫酸钠将重氮盐还原成肼的反应历程如下。

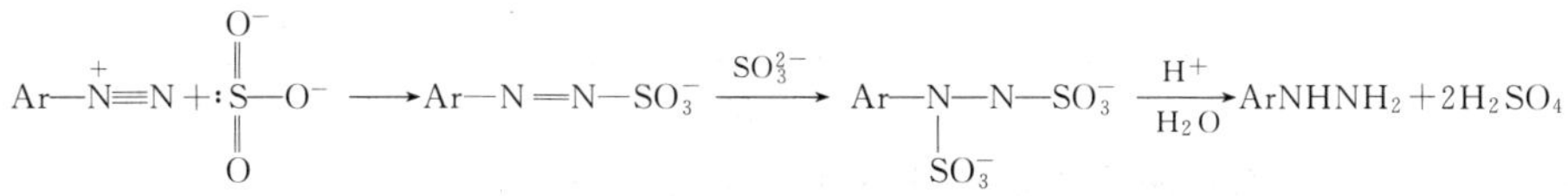

$$Ar{-}\overset{+}{N}{\equiv}N + {:}SO_3^{2-} \longrightarrow Ar{-}N{=}N{-}SO_3^- \xrightarrow{SO_3^{2-}} Ar{-}N(SO_3^-){-}N{-}SO_3^- \xrightarrow[H_2O]{H^+} ArNHNH_2 + 2H_2SO_4$$

（2）工业实例　亚硫酸盐与芳香族硝基物反应，可以得到氨基磺酸化合物。在硝基还原的同时，还会发生环上磺化反应，这种还原磺化的方法在工业生产中具有一定的重要性。而亚硫酸氢钠与硝基物的摩尔比为（4.5～6）∶1，为了加快反应速率常加入溶剂乙醇或吡啶。

间二硝基苯与亚硫酸钠溶液共热，然后酸化煮沸，得到3-硝基苯胺-4-磺酸。

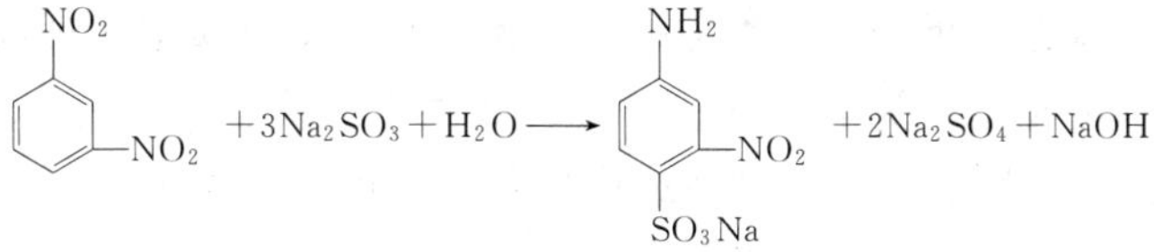

$$\text{间二硝基苯} + 3Na_2SO_3 + H_2O \longrightarrow \text{3-硝基-4-磺酸钠苯胺} + 2Na_2SO_4 + NaOH$$

1-亚硝基-2-萘酚与亚硫酸氢钠进行反应，可以制备染料中间体1-氨基-2-萘酚-4-磺酸（1,2,4-酸）。

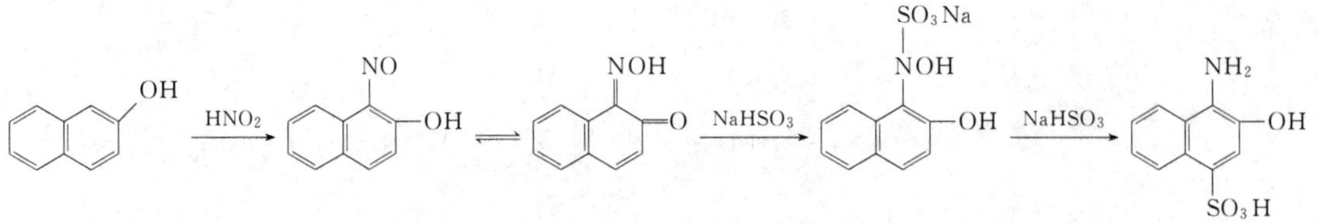

$$\text{2-萘酚}\xrightarrow{HNO_2}\text{1-亚硝基-2-萘酚}\rightleftharpoons\text{1,2-萘醌-1-肟}\xrightarrow{NaHSO_3}\text{(N-SO}_3\text{Na)}\xrightarrow{NaHSO_3}\text{1-氨基-2-萘酚-4-磺酸}$$

连二亚硫酸钠可以将还原蓝 RSN 还原成可溶于水的隐色体，应用于染色过程。

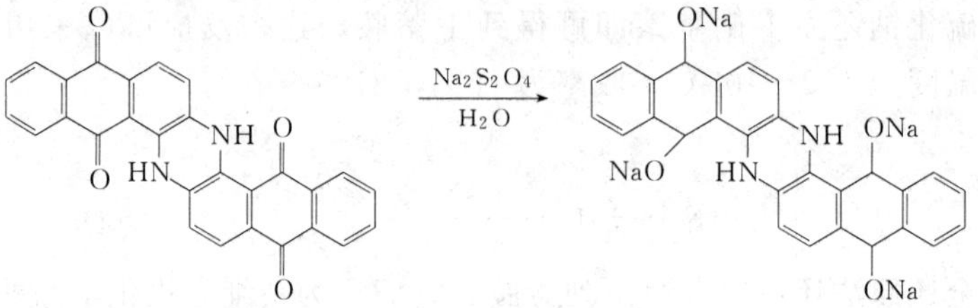

$$\text{还原蓝RSN}\xrightarrow[H_2O]{Na_2S_2O_4}\text{隐色体(ONa)}$$

四、 水合肼还原

肼的水溶液呈弱碱性，它与水组成的水合肼是较强的还原剂。

$$N_2H_4+4OH^- \longrightarrow N_2\uparrow+4H_2O+4e$$

水合肼作为还原剂的显著特点是还原过程中自身被氧化成氮气而逸出反应体系，不会给反应产物带来杂质。同时水合肼能使羰基还原成亚甲基，在催化剂作用下，可发生催化还原。

1. W-K-黄鸣龙还原

水合肼对羰基化合物的还原称为 Wolff-Kishner 还原。

$$\gt C{=}O \xrightarrow{NH_2NH_2} \gt C{=}N{-}NH_2 \xrightarrow{OH^-} \gt CH_2 + N_2\uparrow$$

此反应是在高温下于管式反应器或高压釜内进行的，这使其应用范围受到限制。我国有机化学家黄鸣龙对该反应方法进行了改进，采用高沸点的溶剂如乙二醇替代乙醇，使该还原反应可以在常压下进行。此方法简便、经济、安全、收率高，在工业上的应用十分广泛，因而称为 Wolff-Kishner-黄鸣龙还原法，例如：

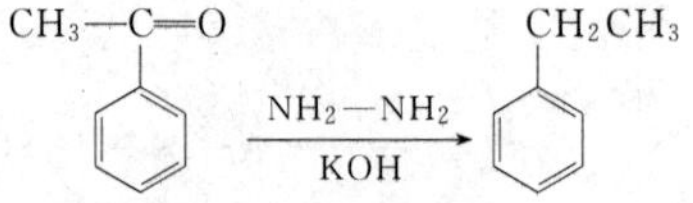

$$C_6H_5{-}C(=O){-}CH_3 \xrightarrow[KOH]{NH_2{-}NH_2} C_6H_5{-}CH_2CH_3$$

Wolff-Kishner-黄鸣龙还原法是直链烷基芳烃的一种合成方法。

2. 水合肼催化还原

水合肼在 Pd-C、Pt-C 或骨架镍等催化剂的作用下，可以发生催化还原，能使硝基和亚硝基化合物还原成相应的氨基化合物，而对硝基化合物中所含羰基、氰基、非活化碳碳双键不具备还原能力。该方法只需将硝基化合物与过量水合肼溶于甲醇或乙醇中，然后在催化剂存在下加热，还原反应即可进行，无需加压，操作方便，反应速率快且温和，选择性好。

水合肼在不同贵金属催化剂上的分解过程，取决于介质的 pH 值，1mol 肼所产生的氢随着介质 pH 值的升高而增加，在弱碱性或中性条件下可以产生 1mol 氢。

$$3N_2H_4 \xrightarrow{Pt、Pd、Ni} 2NH_3+2N_2+3H_2$$

在碱性条件下如果加入氢氧化钡或碳酸钙则可以产生 2mol 氢。

$$N_2H_4 \xrightarrow{Pd、Pt} N_2 + 2H_2$$

芳香族硝基化合物用水合肼还原时，可以用 Fe^{3+} 盐和活性炭作为催化剂，反应条件较为温和。

$$2ArNO_2 + 3N_2H_4 \xrightarrow{Fe^{3+}\text{-}C} 2ArNH_2 + 4H_2O + 3N_2$$

间硝基苯甲腈在 $FeCl_3$ 和活性炭催化作用下，用水合肼还原制得间氨基苯甲腈。

$$\text{3-}NO_2C_6H_4CN \xrightarrow[CH_3OH]{NH_2NH_2 \cdot H_2O/FeCl_3\text{-}C} \text{3-}NH_2C_6H_4CN$$

五、 其他化学还原

1. 金属氢化物还原

金属氢化物还原剂在精细化工中的应用发展十分迅速，在这些还原剂中使用最广的有氢化铝锂（$LiAlH_4$）和硼氢化钠（$NaBH_4$）。这类还原剂的特点是选择性好、反应速率快、副产物少、反应条件温和、产品收率高。但是，这类还原剂价格昂贵，目前只用于制药工业和香料工业。

不同的金属氢化物还原剂，具有不同的反应特性。其中 $LiAlH_4$ 是最强的还原剂。它几乎能将所有的含氧不饱和基团还原成相应的醇，如 $>C{=}O$、$-\overset{O}{\overset{\|}{C}}-Cl$、$-\overset{O}{\overset{\|}{C}}-OH$、$-\overset{O}{\overset{\|}{C}}-OR'$、$-\underset{\diagdown O \diagup}{CH-CH}-$等；将脂肪族含氮的不饱和基团还原成相应的胺，如 $-\overset{O}{\overset{\|}{C}}-N<$、$-C{\equiv}N$、$-C-NO_2$、$-C{=}NOH$、$-C{=}N-$等；将芳香族硝基化合物、氧化偶氮化合物和亚硝基化合物等还原成相应的偶氮化合物；将二硫化物和磺酸衍生物还原成硫醇；将亚砜还原成硫醚。一般不能用来还原碳碳双键和三键。

$LiAlH_4$ 遇到水、酸、巯基等含有活泼氢的化合物会放出氢气而生成相应的铝盐。因而，反应必须在无水条件下进行，且不能使用含有羟基或巯基的化合物作溶剂。它的还原反应常以无水乙醚、四氢呋喃为溶剂，这类溶剂对氢化铝锂有较好的溶解度。

$NaBH_4$ 是另一种重要的还原剂，它的还原作用较氢化铝锂缓和，仅能将羰基化合物和酰氯还原成相应的醇，而不能还原硝基、腈基、酰胺和烷氧羰基，因而可作为选择性还原剂。$NaBH_4$ 在常温下不溶于乙醚，可溶于水、甲醇和乙醇而不分解，所以可以用无水甲醇或乙醇为溶剂进行还原。如反应需在较高的温度下进行，则可选用异丙醇、二甲氧基乙醚等作溶剂。

2. 醇铝还原

醇铝也是烷基化合物，一般称为烷氧基铝，这是一类重要的有机还原剂，它的优点是选择性高、反应速率快、作用缓和、副反应少、收率高。它是将羰基化合物还原成为相应醇的专一性很高的试剂。只能够使羰基被还原成羟基，对于硝基、氯基、碳碳双键、三键等均没有还原能力。工业上常用的还原剂是异丙醇铝［$Al(OCHMe_2)_3$］和乙基铝［$Al(OEt)_3$］。

3. 硼烷还原

有机硼烷的还原作用在近年来得到很快的发展。乙硼烷（B_2H_6）是一种还原能力相当强的还原剂，具有很高的选择性。一般溶于四氢呋喃中使用。它可在很温和的反应条件下，迅速还原羧酸、醛、酮和酰胺并得到相应的醇和胺，而对于硝基、酯基、腈基和酰氯基则没有还原能力。同时，硼烷还原羧酸的速率比还原其他基团的速率快，因此，硼烷是选择性地还原羧酸为醇的优良试剂。

第四节 电解还原

一、电解还原基本过程

电解还原也是一种重要的还原方法，但是电解还原受到能源、电极材料、电解池等条件的限制。目前已有某些产品实现了工业化如丙烯腈电解还原方法制备己二腈，硝基苯还原制备对-氨基酚、苯胺、联苯胺等。

电解还原反应是在电极与电解液的界面上发生的。电解还原发生在电解池的阴极。在阳极，有机反应物 R—H 发生失电子作用（氧化），转变为阳离子基。在阴极，有机反应物发生得电子作用（还原作用）而转变为阴离子基。氢离子得到电子形成原子氢，由原子氢还原有机化合物。

阳离子基又可以发生氧化、还原、歧化、偶联及与碱和亲核试剂的反应。阴离子基除了可以发生氧化、还原、歧化和偶联反应以外，还可以与亲电试剂发生化学反应。

电解过程除了电极表面发生的电化学反应（E 反应）和电解液中发生的化学反应（C 反应）以外，还涉及许多物理过程，例如扩散、吸附和脱附。

二、电解还原影响因素

1. 电极电位

在电极上能够发生电化学反应是由于所施加的电位使电流得以通过而造成的。对于电解过程，所谓电极电位指的是电极和电解液之间界面上的电位差。能够使特定电化学反应开始发生的最低电极电位叫作“反应电位”。但是在反应电位下反应速率非常慢，为了使电化学反应能够以适当的速率进行，电极的工作电位必须比反应电位适当高一些。但是，如果工作电极电位太高，又会导致支持电解质或溶剂的分解等副反应。合适的工作电极电位可以通过实验来确定。对于阳极反应，其工作电极电位为 0～3V。对于阴极反应，其工作电极电位为 －3～0V。

2. 槽电压

槽电压指的是阳极和阴极之间的电位差。它不仅包括阳极电位和阴极电位，还包括电解液、液体接界、隔膜和导线等整个电阻损失。槽电压一般在 2～20V，槽电压太高会影响单位质量产物的电耗。因此，应该尽可能降低整个体系的各项电阻损失。

3. 电解质

电解质的基本作用是使电流能够通过电解液。如果电解质完全不参与反应，就叫作支持电解质。但是许多电解有机合成必须通过电解质离子的参与才能顺利进行。对于阴极还原反应，电解质中阳离子的还原电位（负值）必须低于有机反应物的还原电位（负值）。否则会引起电解质的氧化或还原，使有机反应物的氧化或还原受到抑制，甚至使目的反应完全不能发生。

在水溶液中或水-有机溶剂中，所用的电解质可以是无机酸或有机酸、碱或盐。在甲醇或乙醇溶液中较好的电解质是碱金属氢氧化物。在非水极性有机溶剂中最常用的电解质是季铵盐。

4. 溶剂

溶剂一方面至少要能溶解一种或几种有机物的一部分，另一方面还要能使电解质溶解并解离出独立离子，以便能在电场中移动并具有足够的导电性。最常用的溶剂是水。当水对有机物的溶解性太差时，就必须选用高介电常数的极性有机溶剂。例如，乙腈、*N*,*N*-二甲基甲酰胺、环丁砜和甲醇等，或采用水-有机溶剂的混合液。另外，溶剂在工作电极电位下必须是电化学惰性的。

5. 电极材料

在选择电极材料时，首先要考虑它的过电位。过电位是电极材料的一种固有的物理性质，其值与电极反应、电解液组成以及电流密度等因素有关。

对于阴极还原反应，为了提高阴极上有机反应物电化学还原的效率，必须防止水在阴极上析氢，这时应该选用氢过电位高的阴极材料。例如，汞、铅、镉、钽、锌等。同时为了使水在辅助电极（阳极）上容易析氧，应该选用氧过电位尽可能低的阳极材料。例如，镍、钴、铂、铁、铜和二氧化铅等。

在选择电极材料时，除了要考虑过电位外，还必须考虑它的电导率、化学稳定性、力学性能、价格和毒性等因素。根据上述多种因素的综合考虑，在工业上使用的阳极材料主要是炭、石墨、铅等。

其他的电化学影响因素还有单电极电流密度、电解槽的体积电流密度、电流效率、电量效率等。

三、 应用实例

1. *N*-甲基羟胺的制备

N-甲基羟胺及其盐（$CH_3NHOH \cdot HCl$）是一种重要的有机合成中间体，广泛应用于医药、农药和酶的合成，如退热止痛药安替比林、除草剂甲氧基苯基脲等。采用硝基甲烷（CH_3NO_2）为原料，在盐酸介质中电化学还原为 *N*-甲基羟胺盐酸盐。电解还原时，采用铜为阴极材料，电流密度在 1200～2500A/m^2，电流效率超过 90%，产品收率超过 86%。与传统的催化加氢合成 *N*-甲基羟胺比较，该法具有反应条件温和、污染少、易控制、成本低的特点，是一种非常有效的合成新办法。

2. 己二腈的制备

己二腈是生产尼龙 66 的重要中间体，在工业上主要有四种生产方法：①己二酸二铵盐在磷酸脱水催化剂的存在下，在 200～300℃脱水先生成己二酰胺，再脱水生成己二腈；②丁二烯经中间体 1,4-二氯丁烯，间接氢氰化；③丁二烯在均相络合催化剂存在下直接氢氰化；④丙烯腈的电解加氢二聚制取己二腈。上述四种方法各有优缺点，但是在总能耗上丙烯腈法最低，其耗电费用只占生产费用的 5%。

丙烯腈法生产己二腈的反应式为：

$$2CH{=}CHCN \xrightarrow{Pb} NC(CH_2)_4CN$$

此法是美国孟山都公司首先开发的。它所采用的电解槽是隔膜式电解槽。隔膜是由磺化聚乙烯树脂所制成的离子交换膜。采用双极式电极板，阳极为铂，阴极是铅。电解槽型式是板框压滤机型。每块电极板的面积是 $0.93m^2$，极间距很小，许多块电极板和隔膜用聚丙烯制的方框组合起来。

阴极室电解液由丙烯腈、四乙基铵对甲苯磺酸盐和水组成，其配比为丙烯腈 40%，四乙基铵对甲苯磺酸盐 34%，水 26%。阳极室的电解液是稀硫酸。操作时，两种电解液分别连续地流过阴极室和阳极室，控制槽电流密度在 50～100A/L，阴极电解液经处理过后，己二腈的收率为 90%～93%。

本章小结

1. 还原反应按照所使用的还原剂的不同分为催化加氢法、化学还原法、电解还原法；化学还原剂包括无机还原剂和有机还原剂，使用较多的是无机还原剂。

2. 非均相催化加氢反应具有多相催化反应的特征，催化加氢基本过程包括五个步骤；反应受到反应选择性、反应物结构、加氢反应容积、反应条件等的影响；催化加氢的工艺方法有液相催化加氢和气相催化加氢。

3. 化学还原包括在电解质溶液中的铁屑还原、锌粉还原、含硫化合物的还原、水合肼还原等方法。以铁屑作为还原剂，其铁屑的物理状态、化学状态及用量对还原反应有较大的影响。工业上常用洁净、粒细、质软的灰铸铁作还原剂；含硫化合物一般为较缓和的还原剂，包括含硫化合物和含氧硫化物。使用硫化物的还原反应比较温和，常用的硫化物有：硫化钠（Na_2S）、硫氢化钠（NaHS）、硫化铵［$(NH_4)_2S$］、多硫化物（Na_2S_x）。工业生产上主要用于硝基化合物的还原，可以使多硝基化合物中的硝基选择性地部分还原，或者还原硝基偶氮化合物中的硝基而不影响偶氮基，可从硝基化合物得到不溶于水的胺类；金属氢化物是近期发展较为迅速的一类还原剂，应用最广的是氢化铝锂和硼氢化钠。

4. 电解还原反应是在电极与电解液的界面上发生的。电解还原受到电极电位、槽电压、电解质、溶剂、电极材料等的影响。电解还原中产量最大的是丙烯腈的加氢二聚制备己二腈。

习题与思考题

1. 加氢还原的常用催化剂有哪些？如何合理使用？
2. 哪些反应物可以进行催化加氢？简要说明反应条件。
3. 写出常用的几种化学还原剂。铁粉还原的用途有哪些？
4. 指出以下化合物与二硫化钠作用时的产物。

（1）NO_2 / Cl（邻氯硝基苯结构式）　（2）NO_2 / Cl（间氯硝基苯结构式）　（3）O_2N—⟨苯环⟩—Cl

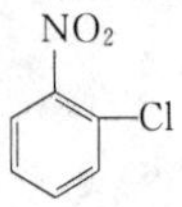

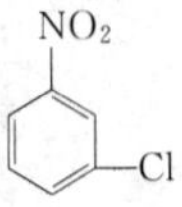

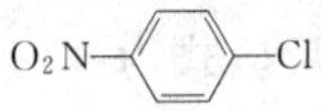

5. 写出制备以下产品的合成路线和工艺过程。

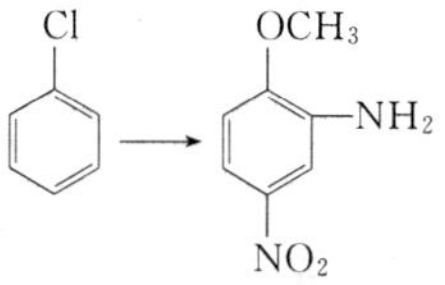

Cl → OCH_3, NH_2, NO_2

6. 以下还原过程，可以使用哪些还原剂进行反应？

(1) 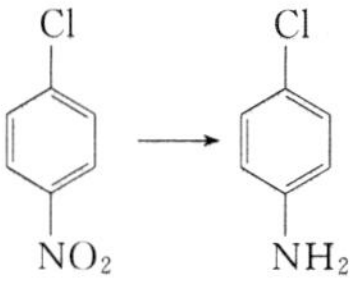 Cl, NO_2 → Cl, NH_2

(2) Cl, NO_2 → Cl, NH_2

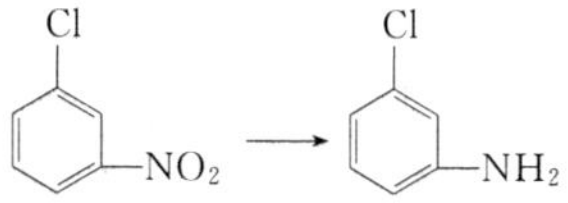

(3) 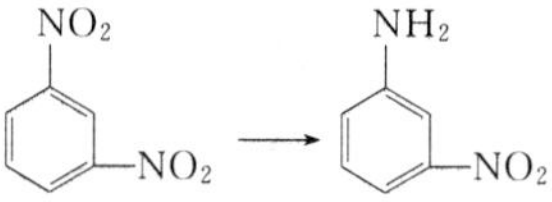 NO_2, NO_2 → NH_2, NO_2

(4) 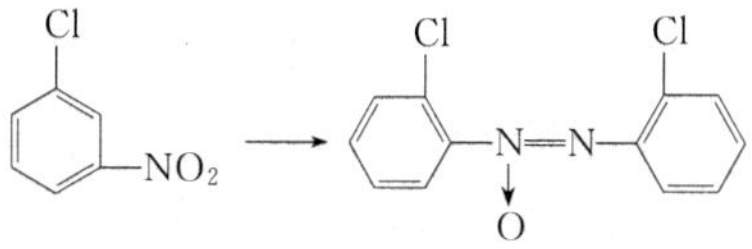 Cl, NO_2 → Cl, N=N(→O), Cl

(5) 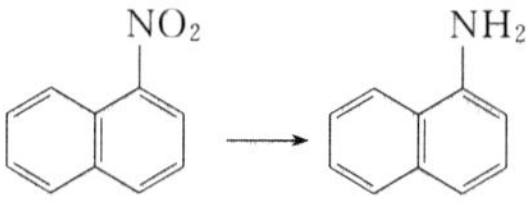 NO_2 → NH_2

7. 写出 γ-丁内酯和 1,4-丁二醇的制备方法。

8. 腈加氢制伯胺时，常用哪些催化剂？如何减少二胺、仲胺、叔胺等副产物？

9. 在硝基苯的气相催化加氢制备苯胺时，试写出：(1) 主反应式；(2) 反应采用何种催化剂，如何保证催化剂在使用过程中不中毒失活？(3) 工业上采用何种反应器？(4) 简述工艺过程。

10. 写出己二腈的制备方法。

第九章　氧化

本章学习目标

知识目标：1. 了解氧化反应的分类、特点及工业氧化方法；了解电解氧化的方法与特点。
2. 理解空气催化氧化的反应机理、影响因素及工业反应装置特点。
3. 掌握空气催化氧化的应用范围及典型应用实例；掌握化学氧化常用的氧化剂类型和一些重要有机化合物的合成方法。

能力目标：1. 能合理选择氧化剂和相应的氧化反应合成醇、酚、醛、酮、酸、醌及环氧化合物等氧化产物。
2. 能利用空气催化氧化理论分析典型氧化产品（异丙苯过氧化氢、邻苯二甲酸酐等）的生产工艺。

素质目标：1. 培养学生自主学习与比较学习能力，逐渐养成类比分析、逻辑思维和举一反三的学习习惯。
2. 通过对氧化剂、催化剂性质的学习和使用规范的了解，培养学生化工职业意识及综合职业素质。

第一节　概述

一、氧化反应及其重要性

1. 氧化反应及其应用

广义地说，凡是失去电子的反应都属于氧化反应。狭义地说，氧化反应是指在氧化剂存在下，向有机物分子中引入氧原子或减少氢原子的反应。通常认为，氧化反应包括以下几个方面：①氧对底物的加成，如乙烯转化为环氧乙烷的反应；②脱氢，如烷→烯→炔、醇→醛、酮→酸等脱氢反应；③从分子中除去一个电子，如酚的负离子转化成苯氧自由基的反应。因此，工业生产中可以利用氧化反应制取醇、醛、酮、羧酸、醌、酚、环氧化合物、过氧化合物等，还可用来制备分子中减少氢而不增加氧的化合物，具有比较广泛的用途。

2. 氧化反应的特点

（1）氧化过程是一个复杂的反应系统　一是有机物的氧化通常涉及一系列的平行反应和连串反应，氧化条件和反应程度不同，得到的产物也不同；二是氧化反应过程中，一种氧化剂可以对多种不同的基团发生反应，得到不同的氧化产物；第三，同一种基团也可由于氧化剂种类和反应条件的不同而得到不同的氧化产物。因此，氧化产物通常是多种产物构成的混合物。对于精细化工产品的生产来说，要求氧化反应按照一定的方向进行并氧化到一定深度，使目的产物具有良好的选择性、收率和质量。

（2）氧化反应是强放热反应　所有的氧化反应均是强放热反应，特别是完全氧化反应放热更为剧烈。因此反应过程中要及时移走反应热，有效控制反应温度，回收利用反应热能。这是氧化反应安全生产的基本要求。

（3）氧化反应用的原料大多具有挥发性、燃烧性和爆炸性　常用的有机原料，如乙烯、丙烯、乙醛、甲醇、乙醇、邻二甲苯、乙苯、萘、蒽等大多易燃易爆易挥发。所用氧化剂为空气或化学氧化剂，具有助燃和氧化性。因此，氧化反应生产过程不仅要求氧化装置可靠、安全措施有效，而且需要严格执行安全生产工艺规程。

二、 氧化剂及氧化方法

1. 氧化剂

氧化反应的氧化剂有两类。

（1）空气和纯氧　这是工业应用最多的氧化剂。空气来源丰富，价格便宜，无腐蚀性，但是氧化能力较弱，需要空气压缩、净化、输送和计量装置，动力消耗大，废气排放量大。纯氧作氧化剂时，需要采用空分装置进行氧分离，反应条件要求较高。

（2）化学氧化剂　常用的化学氧化剂主要有无机化合物（如高锰酸钾、硝酸、双氧水等）和有机含氧化合物。化学氧化剂具有氧化能力强、反应选择性高等特点，但其价格比较昂贵，原子利用率低，有环境污染。

2. 氧化方法

根据氧化剂和氧化工艺的区别，常用的氧化方法可分为在催化剂存在下用空气（或氧气）进行的催化氧化法、用化学氧化剂进行的化学氧化法和利用电化学原理进行的电解氧化法三种类型。

空气催化氧化法根据实施方法和工艺的不同，又可分为液相催化氧化和气固相催化氧化两类。空气催化氧化法不消耗化学氧化剂，生产能力大，环境污染小，适合大吨位化工产品的生产。

化学氧化法的优点是反应选择性高，且一般不需要催化剂，反应条件温和、易于控制，工艺成熟、操作简便，只要选择合适的化学氧化剂，就能得到良好的产品。主要缺点是试剂价格较高，大都采用分批操作，设备生产能力低，有时对设备腐蚀严重，“三废”处理困难等。利用化学氧化法可制得醇、醛、酮、酸、酚、环氧化合物、过氧化合物及羟基化合物等。一般用来生产一些小批量、附加价值高的精细化工产品。

电解氧化法与前两者相比，具有反应条件温和、反应选择性高，所用化学品简单，产物分离容易，产物纯度高，“三废”污染较小等特点，但电耗高，需解决电解槽的电极和隔膜材料等技术问题。

第二节　空气催化氧化

一、 空气液相催化氧化

空气液相反应指的是液体有机物在催化剂（或引发剂）的作用下通空气进行的氧化反

应。反应的实质是空气溶解进入液相，在液相中反应。烃类的空气液相氧化在工业上可直接制得有机过氧化物、醇、酮、羧酸等一系列产品。另外，有机过氧化氢物还可进一步反应制得酚类和环氧化合物等系列产品。

1. 反应历程

某些有机物在室温下遇到空气可以发生氧化反应，但是反应速率缓慢，这种现象称为自动氧化。在实际生产中，为了提高自动氧化的速率，需要加入一定量的催化剂或引发剂并在一定的条件下进行反应。自动氧化是自由基链式反应，其反应历程包括链的引发、链的传递和链的终止三个阶段。

（1）链的引发　这是指被氧化物 R—H 在能量（热能、光照和放射线辐射）、可变价金属盐或自由基 X· 的作用下，发生 C—H 键均裂而生成自由基 R· 的过程，例如：

$$R{-}H \xrightarrow{\text{能量}} R\cdot + H\cdot$$

$$R{-}H + M^{n+} \longrightarrow R\cdot + H\cdot + M^{(n-1)+}$$

$$R{-}H + X\cdot \longrightarrow R\cdot + HX$$

式中，R 可以是各种类型的烃基；X 是 Cl 或 Br；M 是可变金属。R· 的生成给自动氧化反应提供了链的传递物，也称为链的载体。

（2）链的传递　这是指自由基 R· 与空气中的氧作用生成有机过氧化氢和再生成自由基 R· 的过程。

$$R\cdot + O_2 \longrightarrow R{-}O{-}O\cdot$$

$$R{-}O{-}O\cdot + R{-}H \longrightarrow R{-}O{-}O{-}H + R\cdot$$

通过以上两个反应循环持续地进行，使 RH 不断被氧化成 ROOH，这是自动氧化的最初产物。

（3）链的终止　自由基 R· 和 ROO· 相遇会结合成稳定的化合物，从而使自由基销毁，例如：

$$R\cdot + R\cdot \longrightarrow R{-}R$$

$$R\cdot + R{-}O{-}O\cdot \longrightarrow R{-}O{-}O{-}R$$

这样有一个自由基销毁，就有一个链反应终止，从而使氧化速率减慢。

烃类自动氧化的最初产物是有机过氧化氢物。如果它在反应条件下是稳定的，则可以成为自动氧化的最终产物。但是在大多数情况下，它是不稳定的，将进一步分解而转化为醇、醛、酮或被继续氧化为羧酸。

① 生成醇。

$$RCH_2OOH + RCH_3 \longrightarrow RCH_2OH + \cdot OH + R\dot{C}H_2$$

② 生成醛（或酮）。

$$RCH_2{-}O{-}O\cdot + M^{(n-1)+} \longrightarrow R{-}\overset{\displaystyle H}{\overset{|}{C}}{=}O + OH^- + M^{n+}$$

③ 生成羧酸。

$$R{-}\overset{\displaystyle O}{\overset{\|}{C}}{-}H + M^{n+} \longrightarrow R{-}\overset{\displaystyle O}{\overset{\|}{C}}\cdot + H^+ + M^{(n-1)+}$$

$$R{-}\overset{\displaystyle O}{\overset{\|}{C}}\cdot + O_2 \longrightarrow R{-}\overset{\displaystyle O}{\overset{\|}{C}}{-}O{-}O\cdot$$

$$R-\overset{\overset{O}{\|}}{C}-O-O\cdot + RCH_3 \longrightarrow R-\overset{\overset{O}{\|}}{C}-O-O-H + R\dot{C}H_2$$

有机过氧化羧酸

$$R-\overset{\overset{O}{\|}}{C}-O-O-H + M^{(n-1)+} \longrightarrow R-\overset{\overset{O}{\|}}{C}-O\cdot + OH^- + M^{n+}$$

$$R-\overset{\overset{O}{\|}}{C}-O\cdot + RCH_3 \longrightarrow R-\overset{\overset{O}{\|}}{C}-OH + R\dot{C}H_2$$

烃基的自动氧化历程很复杂，副产物种类也很多，这里不详细叙述，以后将结合具体反应叙述。

2. 自动氧化的主要影响因素

(1) 引发剂和催化剂　烃类的自动氧化属于自由基链式机理，其反应速率主要是受链引发反应速率的影响，引发反应的活化能很高。反应加速的方法有两种：一种是加入引发剂，即容易产生自由基的物质；另外一种是加入催化剂，即过渡金属离子。通过这两种方法可以大大地降低引发反应的活化能，从而缩短反应的诱导期，加速反应。

过渡金属离子并不参与反应的计量，它可以通过空气再被氧化再生。

$$RH + M^{n+} \longrightarrow R\cdot + H^+ + M^{(n-1)+}$$

$$M^{(n-1)+} - e \longrightarrow M^{n+}$$

因此它可以保持持续的引发作用。同时过渡金属离子对有机过氧化氢物的分解有促进作用，可以防止有机过氧化氢物的爆炸性分解。因此，在目的产物不是有机过氧化氢物的反应中，通常采用过渡金属离子作为催化剂，常用的是 Co 和 Mn 的有机酸盐，此外还有 Cr、Mo、Fe、Ni、V 等的有机酸盐。最常用的钴盐是水溶性的乙酸钴、油溶性的油酸钴和环烷酸钴。其用量一般是被氧化物的百分之几到万分之几。

在以有机过氧化氢物作为产物时（通常此物质不存在 α-氢原子，较为稳定），不能采用催化剂，而只能采用引发剂加速反应，由于引发剂不能再生，所以其用量应参与反应的计量。

(2) 被氧化物结构　在烃分子中 C—H 键均裂成 R· 和 H· 的难易程度与其结构有关，通常叔 C—H 键能最弱，最易断裂，仲 C—H 键次之，伯 C—H 键最强。因此反应优先发生在叔碳原子上，如：

$$C_6H_5-CH_2CH_3 \longrightarrow C_6H_5-C\cdot H-CH_3$$

$$C_6H_5-CH(CH_3)_2 \longrightarrow C_6H_5-\dot{C}(CH_3)_2 + H\cdot$$

也就是说，异丙苯氧化的主要产物是叔碳过氧化氢物，乙苯氧化的主要产物是仲碳过氧化氢物。叔碳过氧化氢物较为稳定，可以作为最终产物。仲碳过氧化氢物在一定条件下也比较稳定，也可以作为氧化过程产物。但是不能用过渡金属离子催化。

(3) 链终止剂　链终止剂是能与自由基结合成稳定化合物的物质。链终止剂会使自由基销毁，造成链终止，少量的链终止剂能使自动氧化的反应速率显著减慢，阻碍反应的进行。因此被氧化的物料中不应该含有链终止剂。活性最强的链终止剂是酚类、胺类、醌类和烯烃等，例如：

$$R—O—O\cdot + HO—C_6H_4 \longrightarrow ROOH + C_6H_5—O\cdot$$

$$R\cdot + C_6H_5—O\cdot \longrightarrow R—O—C_6H_5$$

因此，在异丙苯自动氧化制异丙苯过氧化氢物时，循环使用的异丙苯中不应含有苯酚(异丙苯过氧化氢物的酸性分解产物）和 α-甲基苯乙烯（异丙苯过氧化氢物的热分解产物）。

（4）氧化深度 氧化深度通常以原料的单程转化率来表示。对于大多数自动氧化反应，特别是在制备不太稳定的有机过氧化物和醛、酮类产物时，随着反应单程转化率的提高，副产物会逐渐积累起来，使反应速率逐渐变慢。同时连串副反应还会使产物分解和深度氧化，造成选择性和收率下降。因此，为了保持较高的反应速率和选择性，常需使氧化深度保持在一个较低的水平。这样，尽管氧化深度不高，但却可以保持较高的选择性，未反应的原料可以循环使用，这样既可以使总收率提高，还可以降低原料的消耗。

对于产物稳定的氧化反应，如羧酸，由于其产物进一步氧化或分解的可能性很小，连串副反应不易发生。所以可采用较高的转化率，进行深度氧化，对反应的选择性影响不大。同时还可减少物料的循环量，使后处理操作过程简化，生产能耗和生产成本降低。

3. 液相氧化反应器

液相空气氧化属于气-液非均相反应。氧化过程既可采用间歇方法又可采用连续方法。由于空气中的氧在液相中的溶解度很小，为了有利于气-液接触传质，氧化反应器可采用釜式和塔式两种。

间歇釜式反应器在釜内有传热用蛇管，反应器底部装有空气分布器，分布器上有数万个1～2mm 的小孔，能使空气形成大小适宜的气泡，使气-液物料充分接触。也可以把小孔改为喷嘴，构成喷射式反应器，强化气-液相间的传质。还可以用机械搅拌装置强化传质。釜式反应器的长径比为（3～5）：1。

塔式氧化反应器既可以采用空塔，也可以采用填料塔或板式塔。空塔和填料塔一般可采用并流操作；板式塔采用逆流操作。空塔反应器主要用于产物较稳定的氧化反应；板式塔主要用于产物不太稳定的反应体系，有利于获得较高的选择性。

为了增加氧在液相中的溶解度，一般采用加压操作。这不仅可以提高反应速率、缩短反应时间、减少尾气夹带反应物或溶剂，还可以充分利用空气中的氧，减少空压机动力消耗，同时可降低尾气含氧量，使之保持在爆炸极限外，保证生产的安全进行。

氧化液一般是酸性的，具有很强的腐蚀性，因此反应器的材质应该耐腐蚀性，通常采用优质不锈钢，甚至用钛材。

4. 应用实例

异丙苯氧化制取异丙苯过氧化氢物的生产具有重要意义，可以制备苯酚和丙酮。而此法也适用于生产甲酚和萘酚等。

异丙苯制取异丙苯过氧化氢物（简称 CHP）的反应式如下。

$$C_6H_5—CH(CH_3)_2 + O_2 \xrightarrow{110\sim120^\circ C} C_6H_5—C(CH_3)_2—O—OH$$

为了引发这个氧化反应，不能采用过渡金属盐催化，而应采用引发剂。在反应条件下CHP会发生缓慢的热分解而产生自由基，所以CHP本身就是引发剂。当反应连续进行时，只要使反应系统中保留一定浓度的CHP，不需要外加引发剂。氧化生成的CHP分子内已不再有α-氢原子，所以在反应条件下比较稳定，可以成为液相氧化的最终产物。但在反应过程中CHP也会受热分解，进一步发生分解反应，生成一系列氧化副产物。为了减少CHP的热分解损失，氧化液中CHP的浓度不宜太高，异丙苯的单程转化率一般为20%～25%。

升高温度可以加速反应，但是也会促进CHP的热分解。在120～125℃，CHP已有一定的分解速率，所以氧化温度应控制在110℃左右，不超过120℃。温度过高会使CHP产生剧烈的连锁分解反应，并放出大量的热，严重的可能引起爆炸事故。例如：

$$C_6H_5C(CH_3)_2OOH \longrightarrow C_6H_5COCH_3 + CH_3OH$$

$$C_6H_5C(CH_3)_2OOH \longrightarrow C_6H_5C(CH_3)_2OH + O_2$$

CHP在强酸性催化剂（如硫酸）的存在下，在60～80℃下很容易分解为苯酚和丙酮。其反应式如下。

$$C_6H_5-C(CH_3)_2-O-OH \xrightarrow[60\sim80℃]{H^+} C_6H_5-OH + H_3C-\overset{\overset{\displaystyle O}{\|}}{C}-CH_3$$

异丙苯经氧化-酸解联产苯酚和丙酮，是目前世界上生产苯酚的主要方法。

异丙苯液相氧化制CHP的工艺流程如图9-1所示。新鲜异丙苯和回收的异丙苯混合后，经预热至一定温度由氧化塔顶进入，空气自塔底鼓泡通入。工业生产中采用泡罩塔式氧化塔，塔板上设有冷却盘管移走反应热量。塔顶排出尾气的含氧量为1%～2%，经过冷却、冷凝以回收夹带的异丙苯。氧化液自塔底排出，其中CHP含量控制在25%左右，经冷却后进入中间贮槽，然后进行蒸发浓缩。浓缩后的产品CHP浓度提高到80%左右，其余为未反

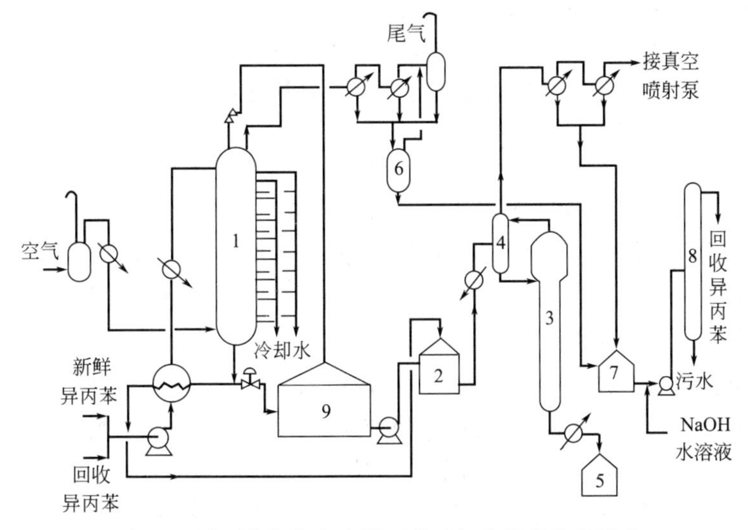

图9-1 异丙苯氧化生产异丙苯过氧化氢的流程示意

1—氧化塔；2—氧化液槽；3—降膜蒸发器；4—气液分离器；5—浓缩氧化液槽；6—中间槽；7—回收异丙苯槽；8—碱液分离器；9—事故槽

应的异丙苯和副产物苯乙酮等。提浓时蒸出的异丙苯经碱洗中和酸及除去苯酚等有害杂质后，循环回氧化反应器。碱洗时所含的CHP转化为钠盐，为了避免其溶解损失，碱液浓度不可太大，一般不宜大于3%。

循环异丙苯的质量对氧化反应有显著的影响，有酚类或甲基苯乙烯等杂质存在时，会使氧化反应速率下降。尤其是酚类，其含量一般应该控制在50g/m^{3}以下。

浓缩后的CHP如受热很容易分解引起爆炸，所以必须贮存在冷却装置中。

二、空气气-固相接触催化氧化

将有机物的蒸气与空气的混合气体在高温（300～500℃）下通过固体催化剂，使有机物发生适度氧化，生成期望的氧化产物的反应叫作气-固相接触催化氧化。气-固相接触催化氧化均是连续化生产，它的优点是：①反应速率快，生产能力大，工艺简单；②采用空气或氧气作氧化剂，成本低，来源广；③无需溶剂，对设备无腐蚀性。但是气固相催化氧化也存在一定的缺点：①选择适宜的性能优良的催化剂比较难；②由于反应温度高，要求原料和氧化产物在反应条件下热稳定性好；③传热效率低，反应热及时移出较困难，需要强化传热。

气-固相接触催化氧化工业上主要用于制备某些醛类、羧酸、酸酐、醌类和腈类等产品。

1. 催化剂及反应特点

气-固相接触催化氧化属于氧化反应，其催化剂的活性组分一般为过渡金属及其氧化物。按照催化原理，催化剂应对氧具有化学吸附能力。常用的金属催化剂有Ag、Pt、Pd等；常用的氧化物催化剂有V_2O_5、MoO_3、Fe_2O_3、WO_3、Sb_2O_3、SeO_2、TeO_2和Cu_2O等。单独使用一种氧化物或几种氧化物复合均可。V_2O_5是常用的氧化催化剂。一般情况下在氧化催化剂中还需要添加一些辅助成分，以改进其性能，这些物质主要有K_2O、SO_3、P_2O_5等，称为助催化剂。另外还需要载体吸附催化剂，常用的载体为硅胶、沸石、氧化铝、碳化硅等高熔点物质。

如苯氧化制顺丁烯二酸酐的催化剂：活性组分是V_2O_5-MoO_3，助催化剂是锡、钴、镍、银、锌等的氧化物和P_2O_5、Na_2O等，载体是α-氧化铝、氧化钛、碳化硅、沸石等。

关于过渡金属氧化物的作用，一般认为过渡金属氧化物是传递氧的媒介物，即：

$$\text{氧化态催化剂}+\text{原料}\longrightarrow\text{还原态催化剂}+\text{氧化产物}$$

$$\text{还原态催化剂}+\text{氧（空气）}\longrightarrow\text{氧化态催化剂}$$

气-固相接触催化氧化反应过程是典型的气-固非均相催化反应，包括扩散、吸附、表面反应、脱附和扩散五个步骤。由于反应的温度较高，又是强烈的放热反应，为了抑制平行和连串副反应，提高氧化反应的选择性，必须严格控制氧化反应的工艺条件。

2. 气-固相接触催化氧化反应器

气-固相接触催化氧化反应由于反应热效应巨大，对反应器的传热要求严格，故采用的反应器必须能够及时移走反应热和控制适宜的反应温度，避免局部过热。工业生产中常用的反应器有：列管式固定床反应器和流化床反应器。

（1）列管式固定床反应器　列管式固定床反应器的外壳为钢制圆筒，考虑到受热膨胀，常设有膨胀圈。反应管按照正三角形排列，管数自数百根至万根以上。管内填装催化剂，管间走载热体。为了减少催化剂床层的温差，一般采用小管径，常用ϕ25～30mm或ϕ38～42mm的无缝钢管。催化剂为球形或圆柱形颗粒，反应器上下部均设有分布板，使气流分布均匀。

载热体在管间流动以移走反应热。对于这类强放热反应，保证氧化反应稳定进行的关键在于选择合适的载热体。载热体的温度与反应温度的温差应较小，但又必须及时移走反应热，这就要求有大的传热面积和传热系数。反应温度不同，则载热体也不相同。一般反应温度小于240℃宜采用加压热水作载热体；反应温度在250～300℃可采用挥发性低的矿物油等有机载热体；反应温度大于300℃则应采用熔盐作为载热体。

列管式固定床反应器的优点是：催化剂磨损小，流体在管内接近活塞流，推动力大，催化剂的生产能力高。其缺点是：①反应器结构复杂，合金钢材消耗大；②传热差，反应温度不易控制，热稳定性较差；③轴向和径向存在一定的温差；④催化剂装填不方便且不宜分布均匀；⑤原料气必须充分混合后才能进入反应器。

（2）流化床反应器　流化床反应器是一种塔型设备。塔内分为三个区域：下部浓相区为反应区，氧化反应主要在此区内进行；中部稀相区为沉降区，在这个区内较大的催化剂颗粒沉降回浓相区；上部扩大段为分离区，由于直径扩大，气流速率减慢，使得催化剂颗粒与反应气体分离。换热装置安装在反应区和沉降区。

流化床反应器有以下优点：①催化剂与气体接触面积大，气固相间传热速率快，床层温度分布较均匀，反应温度易于控制，操作稳定性好；②催化剂床层与冷却管间传热系数大，所需传热面积小，且载热体与反应物温差可以很大；③操作安全；④合金钢材消耗小；⑤催化剂装卸方便。流化床反应器也存在以下缺点：①催化剂易磨损，损耗大；②返混程度较高，连串副反应加快，选择性下降；③当流化质量不良时，原料气与催化剂接触不充分，传质恶化，使转化率下降。

选择催化氧化反应器时，可以根据反应及催化剂的性质进行确定。若催化剂耐磨强度不高，反应热效应不是很大，可以采用固定床反应器；若催化剂耐磨强度高，则可以采用流化床反应器。

3. 应用实例

（1）邻二甲苯氧化制邻苯二甲酸酐　邻苯二甲酸酐是重要的有机中间体，可以用来生产增塑剂、染料、医药、农药、合成树脂等多种精细化学品。采用邻二甲苯为原料氧化制取邻苯二甲酸酐是由邻二甲苯在 V_2O_5 催化下，与空气进行氧化反应，生成邻苯二甲酸酐。反应温度控制在375～460℃，邻二甲苯浓度（标准状态）为40～60g/m^3 空气，进料空速2000～3000h^{-1}，苯酐选择性以邻二甲苯计为78%。反应副产物为邻甲基苯甲酸、苯甲酸、顺酐和二氧化碳等。其合成反应式为：

$$C_6H_4(CH_3)_2 + 3O_2 \longrightarrow C_6H_4(CO)_2O + 3H_2O$$

由邻二甲苯氧化合成邻苯二甲酸酐的工艺流程如图9-2所示。邻二甲苯经预热器预热后喷入预热过的空气之中，得到气态的邻二甲苯与空气的混合物，然后一起进入管式反应器反应。反应热由管外循环的熔盐带出。反应产物出反应器后进入气体冷却器冷却，反应气体降温产生的热量用来产生蒸汽。冷却后的反应气体进入转换冷却器，该设备交替进行加热和冷却。冷却时，邻苯二甲酸酐冷凝下来，并呈固体状黏附在管壁上。不凝气体则送入水洗塔，用水洗去少量副产物和少量邻苯二甲酸酐后送焚烧炉焚烧。当转换冷却器加热时，黏附在管壁上的邻苯二甲酸酐熔融下来，并进入预处理槽。然后依次进第一精馏塔和第二精馏塔分离。两塔均在真空下操作。从第一精馏塔塔顶蒸出顺酐等低沸物。在第二精馏塔塔顶得到邻苯二甲酸酐。

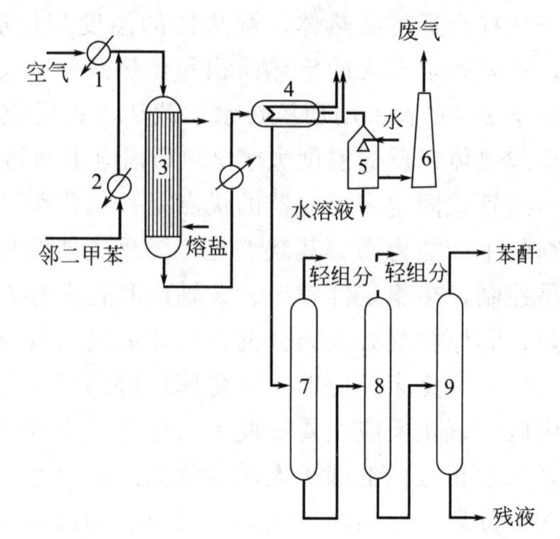

图 9-2 邻二甲苯氧化制邻苯二甲酸酐流程示意图
1—空气预热器；2—邻二甲苯预热汽化器；3—反应器；4—转换冷却器；5—尾气水洗吸收塔；6—排气烟囱；7—预处理槽；8—第一精馏塔；9—第二精馏塔

(2) 丙烯氨氧化制丙烯腈 在催化剂作用下，烃类与空气或纯氧以及氨共氧化，生成腈或含氮有机物。

$$2\ C_6H_5CH_3 + 3O_2 + 2NH_3 \xrightarrow[350℃]{Cr-V} 2\ C_6H_5CN + 6H_2O$$

$$CH_2{=}CHCH_3 + 3/2O_2 + NH_3 \longrightarrow CH_2{=}CHCN + 3H_2O$$

丙烯氨氧化生产丙烯腈，是氨氧化反应工业应用的典型实例。该反应采用气固相反应工艺，采用流化床反应器。催化剂为多组分催化剂，主要有钼系（活性组分为 MoO_3）和锑系（活性组分为 $FeSbO_4$），载体通常为粗孔硅胶。反应在常压下进行，丙烯与空气的配比（摩尔比）为 1∶9.8 左右，与氨气配比（摩尔比）为 1∶（1.1～1.15）；温度取决于所用的催化剂，物料在流化床内的停留时间为 5～8s。丙烯腈收率可达 75％左右。

三、 氧化反应安全技术

氧化原料与产物大都是可燃物质，作为氧化剂的空气或氧气是助燃剂。氧化原料与空气的混合物达到一定浓度范围（即爆炸极限范围）时，遇明火、高温物体、电火花或静电等引火源，即能引起燃烧而发生爆炸。表 9-1 为一些可燃物质的爆炸极限。

表 9-1 一些可燃物质的爆炸极限（体积分数）

物质	爆炸极限/％	物质	爆炸极限/％	物质	爆炸极限/％
乙烯	2.7～36	邻二甲苯	1.0～6.0	环氧乙烷	2.6～100
丙烯	2.4～11	萘	0.9～7.8	丙烯腈	3.05～17.5

氧化产物中的过氧化物，其化学稳定性差，受高温、摩擦或撞击作用易分解、燃烧或爆炸。

对于某些化学氧化，所采用的氧化剂，如氯酸钾，高锰酸钾、铬酸酐等，同样具有燃爆危险性，如遇高温或受撞击、摩擦以及与有机物、酸类接触，皆能引起火灾爆炸。

为保证氧化反应工艺的安全运行，一般要求如下。

① 原料与空气或氧气的配比，必须在爆炸极限范围之外，通常在爆炸范围以下，危险性高、爆炸危害大的氧化过程，须用惰性气体如 N_2、CO_2 等作致稳气。

② 原料与空气(或纯氧)混合位置尽量靠近反应器入口，混合器的设计或混合顺序的选择必须考虑安全性；应防止物料泄漏，保持环境通风良好，避免形成和滞留爆炸混合物，防止发生爆炸事故。

③ 严禁烟火，消除明火、静电、电火花，避免炽热或高温物体、日光聚集、腐蚀生热

等因素，消除燃烧爆炸的引火源。

④ 严格执行安全工艺规程，认真操作，调节控制原料和冷却介质的流量，保持床层温度、压降稳定，防止剧烈反应、压力剧增而导致事故。

⑤ 对于化学性质不稳定、易分解、易聚合的氧化产物，如环氧乙烷、过氧化氢等，在贮存和运输过程中，应避免高温、日晒，避免接触催化杂质，容器应设置防尘通风口，以防爆裂，过氧化氢可加入焦磷酸钠、锡酸钠等稳定剂。

⑥ 氧化反应装置应设有安全应急系统。即将氧化反应器内的温度和压力与反应物的配比和流量、氧化反应器冷却剂进口阀、紧急冷却系统形成联锁关系；在氧化反应装置处设立紧急停车系统，当氧化反应装置内温度超标或搅拌系统发生故障时自动停止加料并紧急停车；配备安全阀、爆破片等安全设施。

第三节　化学氧化

一、 化学氧化剂及其类型

化学氧化是指利用空气和氧气以外的氧化剂，使有机物发生氧化的反应。通常把空气和氧气以外的其他氧化剂总称为化学氧化剂。

化学氧化剂可分为以下几类：①金属元素的高价化合物，如 $KMnO_4$、MnO_2、CrO_3、$Na_2Cr_2O_7$、PbO_2、$FeCl_3$、$CuCl_2$ 等；②非金属元素的高价化合物，如 HNO_3、N_2O_4、$NaNO_3$、$NaNO_2$、H_2SO_4、SO_3、NaClO 和 $NaClO_3$ 等；③无机富氧化合物，如臭氧、过氧化氢、过氧化钠、过碳酸钠与过硼酸钠等；④非金属元素，如卤素和硫黄；⑤有机富氧化合物，如硝基化合物、亚硝基化合物、有机过氧化合物。不同的氧化剂有其各自不同的特点，可适用于不同的氧化反应制备不同的氧化产物。例如 $KMnO_4$、MnO_2、CrO_3 和 HNO_3 属于强氧化剂，它们主要用于制备羧酸和醌类，但是在温和的条件下也可用于制备醛和酮及芳环上直接引入羟基等。其他的氧化剂属于温和氧化剂，常局限于特定的应用范围。

二、 锰化合物氧化

1. 高锰酸钾氧化

高锰酸盐是一类常用的强氧化剂，其钠盐易潮解，而钾盐具有稳定的结晶状态，不易潮解，所以常用高锰酸钾作氧化剂。高锰酸钾中锰为+7 价，其氧化能力很强，主要用于将甲基、伯醇基或醛基氧化为羧基。但是溶液的 pH 值不同，高锰酸钾的氧化性能不同。

在酸性水介质中，Mn 由+7 价被还原成+2 价，其氧化能力太强，选择性差，只适用于制备个别非常稳定的氧化产物，而锰盐又难于回收，所以工业生产中很少使用酸性氧化法。

在中性或碱性水介质中，Mn 由+7 价被还原成+4 价，也有很强的氧化能力。此法的氧化能力较酸性介质弱，但是选择性好，生成的羧酸以钾盐或钠盐的形式溶于水，产品的分离与精制简便，副产物 MnO_2 也有广泛的用途。

$$MnO_4^- + 2H_2O + 3e \rightleftharpoons MnO_2 + 4OH^-$$

将甲基氧化成羧基时，羧基全部形成钾盐，同时生成等物质的量的氢氧化钾，使介质呈碱性，如：

$$RCH_3 + 2KMnO_4 \longrightarrow RCOOK + KOH + 2MnO_2 + H_2O$$

将伯醇氧化为羧基时，也可生成游离的氢氧化钾，如：

$$3RCH_2OH + 4KMnO_4 \longrightarrow 3RCOOH + 4KOH + 4MnO_2 + 4H_2O$$

将醛基氧化为羧基时，为了使羧酸完全转变为可溶于水的盐，还需另外加入适量的氢氧化钠，使溶液保持中性或碱性，如：

$$3RCHO + 2KMnO_4 + NaOH \longrightarrow 2RCOOK + RCOONa + 2MnO_2 + 2H_2O$$

用高锰酸钾在碱性或中性介质中进行氧化时，操作非常简便，只要在 40～100℃，将稍过量的固体高锰酸钾慢慢加入含有被氧化物的水溶液或水悬浮液中，氧化反应就可以顺利完成。过量的高锰酸钾可以用亚硫酸钠将其还原掉。过滤除去不溶性的二氧化锰后，将羧酸盐的水溶液用无机酸进行酸化，即可得到相当纯净的羧酸。例如，使用这种方法可以将 2-乙基己醇（异辛醇）氧化制取 2-乙基己酸（异辛酸），也可以将对氯甲苯氧化制取对氯苯甲酸。

用高锰酸钾氧化时，如果生成的氢氧化钾会引起副反应，可以向反应液中加入硫酸镁或硫酸锌来抑制其碱性，提高收率。

$$2KOH + MgSO_4 \longrightarrow K_2SO_4 + Mg(OH)_2 \downarrow$$

例如，将 3-甲基-4-硝基乙酰苯胺用高锰酸钾氧化制取 2-硝基-5-乙酰氨基苯甲酸时，加入硫酸镁可以避免乙酰氨基的水解。

CH₃ / O₂N— / NHCOCH₃ —[KMnO₄/MgSO₄；水介质，90～97℃]→ COOH / O₂N— / NHCOCH₃

2. 二氧化锰氧化

二氧化锰可以是天然的软锰矿的矿粉（含 MnO_2 质量分数 60%～70%），也可以是用高锰酸钾氧化时的副产物。二氧化锰一般是在各种不同浓度的硫酸中使用，其氧化反应可简单表示如下：

$$MnO_2 + H_2SO_4 \longrightarrow [O] + MnSO_4 + H_2O$$

二氧化锰是较温和的氧化剂，其用量与所用硫酸的浓度有关。在稀硫酸中氧化时，要用过量较多的二氧化锰；在浓硫酸中氧化时，二氧化锰稍过量即可。

二氧化锰可以使芳环侧链上的甲基氧化为醛，可用于芳醛、醌类的制备及在芳环上引入羟基等，例如：

$$p\text{-}ClC_6H_4CH_3 \xrightarrow[70℃]{MnO_2\quad H_2SO_4} p\text{-}ClC_6H_4CHO$$

$$C_6H_5CH_3 \xrightarrow[40℃]{MnO_2,\ H_2SO_4} C_6H_5CHO$$

三、 硝酸氧化

硝酸是工业生产中常用的一种化合物，除了用作硝化剂、酯化剂以外，也可以用作氧化剂。用硝酸作氧化剂时，硝酸本身被还原成 NO_2 和 N_2O_3。

$$2HNO_3 \longrightarrow [O] + H_2O + 2NO_2 \uparrow$$
$$2HNO_3 \longrightarrow 2[O] + H_2O + N_2O_3 \uparrow$$

在钒催化剂存在下进行氧化时，硝酸可以被还原成无害的 N_2O，并提高硝酸的利用率。

$$2HNO_3 \longrightarrow 4[O] + H_2O + N_2O \uparrow$$

硝酸氧化法的主要缺点是腐蚀性强、有废气需要处理，在某些情况下会引起硝化副反应。硝酸氧化法的优点是价格低廉，对于某些氧化反应选择性好、收率高、工艺简单。

硝酸氧化法的主要用途是从环十二醇/酮混合物的开环氧化制取十二碳二酸。

$$\text{环十二醇}\left(\text{环十二酮}\right) \xrightarrow[60\%\sim65\%\,HNO_3,\ 60\sim90^\circ C\ \text{常压}]{NH_4VO_3\ \text{催化}} HOOC-(CH_2)_{10}-COOH$$

这种方法的优点是选择性好、收率高、反应容易控制。按照醇/酮合计，质量收率 120%，产品中约含有十二碳二酸 90%。$C_{10}\sim C_{12}$二酸合计 98%以上。

硝酸氧化法的另外一个重要用途是从环己酮/醇混合物的氧化制己二酸。

$$\text{环己酮}\left(\text{环己醇}\right) \xrightarrow[65\sim70^\circ C,\ 0.2MPa]{60\%\,HNO_3/CuSO_4,\ NH_4VO_3} HOOC-(CH_2)_4-COOH$$

（收率：96%）

这种方法的优点是选择性好、收率高、质量好，优于己二酸的其他生产方法。

四、 过氧化合物氧化

1. 过氧化氢氧化

过氧化氢俗称双氧水，它是比较温和的氧化剂。市售双氧水的浓度通常是 42%或 30%的水溶液。双氧水的最大优点是反应后本身变成水，无有害物质生成。

$$H_2O_2 \longrightarrow H_2O + [O]$$

但是双氧水不稳定，只能在低温下使用，然后中和，这就限制了它的使用范围。在工业生产中，主要用于制备有机过氧化合物和环氧化合物。

（1）制备有机过氧化物　双氧水与羧酸、酸酐或酰氯作用可以生成有机过氧化物。

乙酸在硫酸存在下与双氧水作用，然后中和，可制得过氧乙酸的水溶液。

$$CH_3COOH + H_2O_2 \xrightarrow{H_2SO_4} CH_3COOOH + H_2O$$

酸酐与双氧水作用可直接制得过氧二酸。

$$\text{丁二酸酐} + 2H_2O_2 \xrightarrow{10^\circ C\ \text{以下}} H_2C(-COOOH)-CH_2-COOOH + H_2O$$

苯甲酰氯与双氧水的碱性溶液作用可以制取过氧化苯甲酰。

$$2\,C_6H_5-\overset{O}{\overset{\|}{C}}-Cl + H_2O_2 + 2NaOH \longrightarrow C_6H_5-\overset{O}{\overset{\|}{C}}-O-O-\overset{O}{\overset{\|}{C}}-C_6H_5 + 2NaCl + 2H_2O$$

（2）制备环氧化合物 双氧水与不饱和酸或不饱和酯作用可以制取环氧化合物。例如，精制大豆油在硫酸和甲酸或乙酸的存在下与双氧水作用可以制得环氧大豆油。

$$HCOOH + H_2O_2 \xrightarrow{H_2SO_4} HCOOOH + H_2O$$

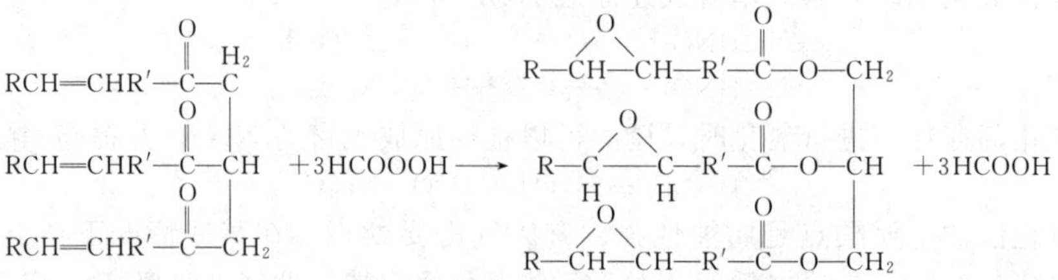

$$\begin{array}{l} RCH{=}CHR'{-}\overset{O}{\overset{\|}{C}}{-}\overset{H_2}{C} \\ RCH{=}CHR'{-}\overset{O}{\overset{\|}{C}}{-}CH \\ RCH{=}CHR'{-}\overset{O}{\overset{\|}{C}}{-}CH_2 \end{array} + 3HCOOOH \longrightarrow \begin{array}{l} R{-}\underset{\backslash\; O\; /}{CH{-}CH}{-}R'{-}\overset{O}{\overset{\|}{C}}{-}O{-}CH_2 \\ R{-}\underset{H\quad H}{\overset{O}{C{-}C}}{-}R'{-}\overset{O}{\overset{\|}{C}}{-}O{-}CH \\ R{-}\underset{\backslash\; O\; /}{CH{-}CH}{-}R'{-}\overset{O}{\overset{\|}{C}}{-}O{-}CH_2 \end{array} + 3HCOOH$$

用相同的方法可以从许多高碳不饱和酸酯制得相应的环氧化合物。它们都是性能良好的无毒或低毒的增塑剂。

2. 有机过氧化物氧化

有机过氧化物主要用于游离基型聚合反应的引发剂。有些也可以作为氧化剂、漂白剂或交联剂。一般有机过氧化物均具有强的氧化性，对催化剂、干燥剂、铁、铜、冲击和摩擦都比较敏感，有爆炸危险性。一般都是以湿态在低温下贮存和运输。

例如，叔丁基过氧化氢物可以将丙烯环氧化转变为环氧丙烷。

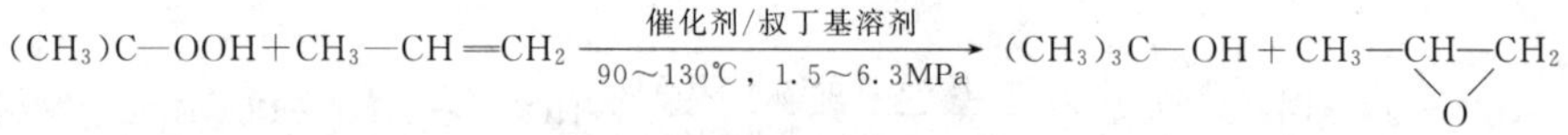

$$(CH_3)C{-}OOH + CH_3{-}CH{=}CH_2 \xrightarrow[90\sim130℃,\ 1.5\sim6.3MPa]{\text{催化剂/叔丁基溶剂}} (CH_3)_3C{-}OH + CH_3{-}\underset{\backslash\ O\ /}{CH{-}CH_2}$$

所用的环氧化催化剂是Mo、V、Ti或其他重金属的化合物或络合物。当丙烯的转化率为10%时，选择性为90%。这种间接环氧化法是工业生产环氧乙烷和环氧丙烷的重要方法之一。副产的叔丁醇也是一种重要的有机中间体。

苯酚在无机酸的存在下，用过甲酸（或双氧水与羧酸的混合物）在90℃进行氧化可以联产对苯二酚和邻苯二酚。根据反应条件的不同，其比例在（60∶40）～（40∶60）。利用此法比传统的苯胺先用二氧化锰氧化成对苯醌再还原的方法“三废”少。

第四节 电解氧化

一、直接电解氧化

电化学氧化是在电解槽中放入有机物的溶液或悬浮液，通以直流电，在阳极上夺取电子使有机物氧化或是先使低价金属离子氧化为高价金属离子，然后高价金属离子再使有机物氧化的方法。电化学氧化不使用化学氧化剂，可以最大限度地减少“三废”污染。电化学氧化的耗电费用和化学氧化相比常常是较低的。另外电化学氧化还具有选择性好、产率高、产品纯度高、副产物少、室温和常压操作等优点。各种新颖的电极材料、工程塑料和隔膜材料的出现又对有机电氧化的工业化提供了条件。例如苯和苯酚的氧化制取苯醌，菲氧化制取菲醌，甲苯和邻氯甲苯的氧化制取相应的醛等。

二、间接电解氧化

间接电解氧化是指先在化学反应器中，用可变价金属的盐类水溶液将有机反应物氧化成目的产物，然后将用过的盐类水溶液送到电解槽中，再转变成所需要的氧化剂的过程。

以甲苯氧化制备苯甲醛为例，在化学反应器中用高价铈或高价锰将甲苯氧化成苯甲醛。

$$C_6H_5CH_3 + H_2O + 2Ce^{4+} \longrightarrow C_6H_5CHO + 2H^+ + 2Ce^{3+}$$

然后将用过的低价铈盐水溶液送到电解槽中的阳极室氧化成高价铈，再循环使用。

在间接电解氧化过程中，为了使化学反应物只被氧化到一定的程度，必须选择合适的氧化离子对。常用的离子对是 Ce^{4+}/Ce^{3+}、Mn^{3+}/Mn^{2+} 等。

由于反应的选择性、收率和目的产物的分离等因素的限制，目前在工业生产中间接电解氧化法只适用于甲苯及其衍生物的氧化制取苯甲醛及其衍生物、萘的氧化制 1,4-萘醌、淀粉的氧化制双醛淀粉、对硝基甲苯的氧化制取对硝基苯甲酸等过程。

本章小结

1. 氧化反应包括空气催化氧化、化学氧化及电解氧化三种类型。氧化反应途径多，产物复杂，分离过程较困难。反应为强放热反应，应注意反应热的及时移出。

2. 空气或氧气氧化活性低，通常采用催化剂加速反应并提高选择性。空气氧化有液相催化氧化和气固相接触催化氧化两大类。空气催化氧化反应属于自由基链式反应机理，其反应机理包括链的引发、链的传递、链的终止三个步骤。影响空气催化氧化的因素主要有：引发剂与催化剂、被氧化物结构、链终止剂和氧化深度等。

3. 化学氧化剂反应活性高、选择性高。常用的化学氧化剂有高锰酸钾、二氧化锰、硝酸、过氧化氢等。

4. 电解氧化包括直接电解氧化和间接电解氧化。

5. 利用氧化反应工业上主要用于生产异丙苯过氧化氢、对硝基苯甲酸、苯甲醛、有机过氧化物等产品。

习题与思考题

1. 简述自动氧化反应的历程。

2. 列出以下化合物在空气液相氧化时由难到易的次序。

$C_6H_5-CH_3$　　$C_6H_5-CH_2CH_3$　　$C_6H_5-CH(CH_3)_2$　　$C_6H_5-C(CH_3)_3$

3. 写出以下空气氧化过程使用什么引发剂或催化剂？

(1) $C_6H_5-CH_2CH_3 \longrightarrow C_6H_5-CH(OOH)CH_3$

(2) $C_6H_5-CH_2CH_3 \longrightarrow C_6H_5-CO-CH_3$

(3) $p\text{-}CH_3C_6H_4CH_3 \longrightarrow p\text{-}HOOCC_6H_4CH_3$ （无溶剂法）

4. 写出异丙苯氧化生产苯酚的化学反应方程式，并简述其工艺过程。

5. 用高锰酸钾将$—CH_3$、$—CH_2OH$、$—CHO$氧化成$—COOH$时，在操作条件上有什么不同？

6. 用高锰酸钾氧化甲基成羧基时，为了控制介质的pH值呈弱碱性，除了加入硫酸镁以外，还可以选用哪些平价的化学试剂？

7. 简述对苯二酚的几种工业生产方法。

8. 写出用环己醇/环己酮的混合物制备己二酸的化学反应式，并注明反应条件。

9. 简述制备以下产品的合成路线和主要工艺过程。

(1) $—CH_3$ ⟶ CN, $—NH_2$, HOOC—

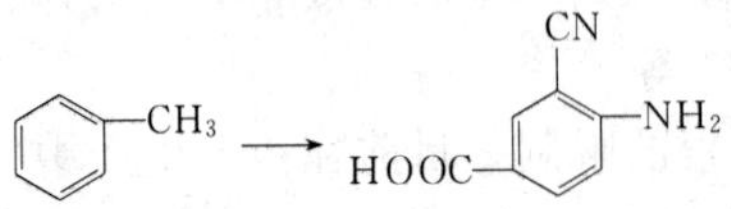

(2) CH_3, $—CH_3$ ⟶ CH_2NH_2, $—CH_2NH_2$ ⟶ COOH, —COOH

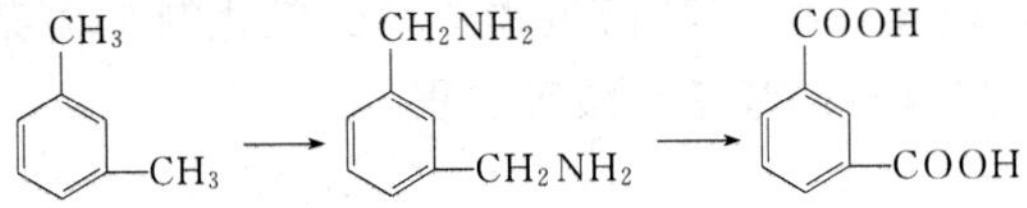

(3) CH_3, Cl ⟶ COOH, Cl

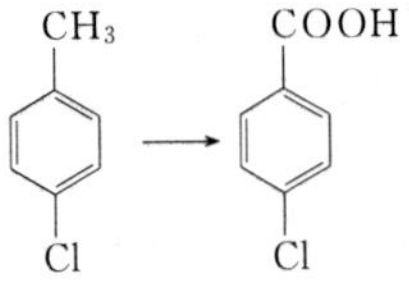

10. 写出由苯甲酰氯制备过氧化苯甲酰的化学反应式。

第十章　氨解

本章学习目标

知识目标：1. 了解氨解反应的概念及其应用、常用的氨解剂和常见的氨解方法、各类氨解反应的反应历程。

2. 理解各类氨解反应的基本原理和主要影响因素、芳胺基化的方法。

3. 掌握卤基、羟基、磺酸基、硝基被氨基取代的反应条件；掌握典型胺类化合物的生产工艺。

能力目标：1. 能利用氨解反应的基本原理设计出常见胺类化合物的合成路线。

2. 能根据氨解反应的基本理论分析和确定典型芳胺与脂肪胺类化合物的合成方法与工艺条件。

素质目标：1. 培养学生化工安全生产意识、职业劳保意识和对有毒化学品的安全规范使用意识。

2. 逐步培养学生运用知识的能力，体现智力与能力的结合和逐步养成创新素质。

第一节　概述

一、氨解反应及其重要性

氨解指的是氨与有机物发生复分解反应而生成伯胺的反应。氨解反应通式可简单地表示如下。

$$RY + NH_3 \longrightarrow R-NH_2 + HY$$

式中，R可以是脂基或芳基；Y可以是羟基、卤基、磺酸基或硝基。

而氨与双键加成生成胺的反应叫胺化。通常将氨解与胺化称为氨基化。广义上，氨解和胺化还包括所生成的伯胺进一步反应生成仲胺和叔胺的反应。

脂肪族伯胺的制备主要采用氨解和胺化法。其中最重要的是醇羟基的氨解和胺化法，其次是羰基化合物的胺化氢化法，有时也用脂链上卤基氨解法。

芳伯胺的制备主要采用硝化-还原法和芳环上已有取代基的氨解法。氨解法中最重要的是卤基的氨解，其次是酚羟基的氨解，此外还有磺酸基的氨解和硝基的氨解。

通过氨解反应得到的各种脂肪胺和芳香胺具有十分广泛的用途。例如，由脂肪酸和胺构成的季铵盐可用作缓蚀剂和矿石浮选剂，不少季铵盐又是优良的阳离子表面活性剂或相转移催化剂；胺与环氧乙烷反应可合成非离子表面活性剂，某些芳胺与光气反应制成的异氰酸酯是合成聚氨酯的重要单体等。

二、氨解剂

氨解和胺化常用的反应剂可以是液氨、氨水、气态氨或含有氨基的化合物，例如尿素、碳酸氢铵和羟胺等。氨水和液氨是进行氨解反应最重要的氨解剂。有时也将氨溶于有机溶剂中或是由固体化合物（尿素和铵盐）在反应过程中释放出氨。

1. 液氨

氨在常温、常压下是气体。将氨在加压下冷却，使氨液化，即可灌入钢瓶，以便贮存和运输。钢瓶上装有两个阀门，一个阀门在液面上，用来引出气态氨；另一个阀门用管子插入液氨中，用来引出液氨。液氨在不同温度下的压力见表 10-1。

表 10-1 液氨在不同温度下的压力

温度/℃	−33.35	−10	0	25	50	100	132.9(临界)
压力/MPa	0.1013	0.291	0.430	1.003	2.032	6.261	11.375

由表 10-1 可知，液氨的临界温度是 132.9℃，这是氨能保持液态的最高温度。但是，液氨在压力下可以溶解于许多液态有机化合物中。因此，如果有机化合物在反应温度下是液态的，或者氨解反应要求在无水有机溶剂中进行，则需要使用液氨作氨解剂。这时即使氨解温度超过 132.9℃，氨仍能保持液态。另外，有机反应物在过量的液氨中也有一定的溶解度。液氨主要用于需要避免水解副反应的氨解过程。例如，2-氰基-4-硝基氯苯氨解制 2-氰基-4-硝基苯胺时，为了避免氰基的水解，要用液氨在甲苯溶剂中进行氨解。

$$\text{(Cl, CN, NO}_2\text{-benzene)} + 2NH_3 \xrightarrow[\text{高温、高压}]{\text{液氨，有机溶剂}} \text{(NH}_2\text{, CN, NO}_2\text{-benzene)} + NH_4Cl$$

2-氰基-4-硝基苯胺是制备分散染料等的中间体，原料 2-氰基-4-硝基氯苯是由邻氯甲苯经氨氧化得到邻氯苯腈，再经过混酸硝化而制得。

用液氨进行氨解反应的缺点是：操作压力高，过量的液氨较难再以液态氨的形式回收。

2. 氨水

氨在常压和 20℃时在水中的溶解度为 34.1%（质量分数）、在 30℃时为 29%，在 40℃时为 25.3%。由此可见，在一定压力下，随着温度的升高，氨在水中的溶解度逐渐下降，为了减少和避免氨水在贮存运输中的挥发损失，工业氨水的浓度一般为 25%。随着压力的增大，氨在水中的溶解度增加。因此，使用氨水的氨解反应可在高温、高压下进行。这时甚至可以向 25%的氨水中通入一部分液氨或氨气以提高氨水的浓度。

对于液相氨解过程，氨水是最广泛使用的氨解剂。它的优点是操作方便，过量的氨可以用水吸收而循环使用，适用面广。另外氨水还能溶解芳磺酸盐以及氯蒽醌氨解时所用的催化剂（铜盐或亚铜盐）和还原抑制剂（氯酸钠、间硝基苯磺酸钠）。氨水的缺点是对某些芳香族被氨解物溶解度小，水的存在有时会引起水解副反应。所以，工业生产中常常采用较浓的氨水作氨解剂，并适当降低反应温度。

第二节　氨解反应基本原理

一、脂肪族化合物氨解反应历程

氨与有机化合物反应时通常是过量的，反应前后氨的浓度变化较小，因此常常可以按一级反应处理，而实际上是一个二级反应。

当进行酯的氨解时，几乎仅得到酰胺一种产物。而脂肪醇与氨反应则可以得到伯胺、仲胺、叔胺的平衡混合物，因此研究较多的是酯类氨解的反应历程。酯氨解的反应历程可以表示如下。

$$\underset{\displaystyle \mathrm{H}}{\mathrm{R{-}\overset{}{O}}} + NH_3 \rightleftharpoons \mathrm{R{-}O^{+}}(\mathrm{H})\cdots H\cdots NH_2^-$$

$$\mathrm{R{-}\overset{+}{O}(H)}\cdots H\cdots \overset{-}{N}H_2 + R'COOR'' \rightleftharpoons [\mathrm{R{-}O(H)}\cdots H\cdots NH_2{-}C^{+}(R^1)(OR''){-}O^{-}] \longrightarrow R'CONH_2 + R''OH + ROH$$

式中，ROH 代表含羟基的催化剂；R′和 R″表示酯中的脂肪烃或芳烃基团。

必须注意，在进行酯氨解反应时，水的存在将会使氨解反应产生少部分水解副反应。另外，酯中烷基的结构对氨解反应速率的影响很大。表 10-2 是各种乙酸酯在进行氨解时的相对速度。

表 10-2　乙酸酯氨解的相对反应速率（25℃，以乙酸甲酯为基准）

酯	100h	300h	酯	100h	300h
乙酸苯酯	1365.0	1443.0	乙酸乙酯	0.358	0.300
乙酸乙烯酯	909.0	957.0	乙酸正丁酯	0.185	0.149
乙酸甲酯	1.000	1.000	乙酸异丁酯	0.136	0.109
乙酸苄酯	0.649	0.678	乙酸叔丁酯	0.0750	0.0643

由表 10-2 可知，酯中烷基或芳基的分子量越大，结构越复杂，则氨解反应速率越慢。

在酯的氨解反应中，乙二醇是较好的催化剂，因为它能形成如下环状氢键结构。

$$\begin{array}{l} \quad\;\; H \\ \quad\;\; | \\ CH_2{-}O\cdots H \searrow \\ | \qquad\qquad\quad N{-}H \\ CH_2{-}O\cdots H \nearrow \\ \quad\;\; | \\ \quad\;\; H \end{array}$$

二、芳香族化合物氨解反应历程

对于芳香族化合物的氨解，按氨基置换基团的类别作如下讨论。

1. 氨基置换卤原子

按照卤素衍生物的活泼性的差异，可将氨基置换卤原子的反应分为非催化氨解和催化氨解两类。

(1) 非催化氨解　对于活泼的卤素衍生物，如芳环上含有硝基的卤素衍生物，通常以氨水为氨解剂，可使卤素被氨基置换。例如，邻硝基氯苯或对硝基氯苯与氨水溶液加热时，氯被氨基置换反应按下式进行。

$$Cl\text{-}C_6H_4\text{-}NO_2 + 2NH_3 \longrightarrow NH_2\text{-}C_6H_4\text{-}NO_2 + NH_4Cl$$

其反应历程属于亲核置换反应。反应分两步进行，首先是带有未共用电子对的氨分子向芳环上与氯原子相连的碳原子发生亲核进攻，得到带有极性的中间加成物，然后该加成物迅速转化为铵盐，并恢复环的芳香性，最后再与一分子氨反应，得到反应产物。决定反应速率的步骤是氨对氯衍生物的加成。例如，对硝基氯苯的氨解历程可表示如下。

$$Cl\text{-}C_6H_4\text{-}NO_2 + NH_3 \underset{}{\overset{\text{慢}}{\rightleftharpoons}} [\text{加成物}] \xrightarrow[-Cl^-]{\text{快}} {}^+NH_3\text{-}C_6H_4\text{-}NO_2 \xrightarrow[+NH_3,\ -NH_4^+]{\text{快}} NH_2\text{-}C_6H_4\text{-}NO_2$$

芳胺与 2,4-二硝基卤苯的反应也是双分子亲核置换反应，其反应历程的通式表示如下。

$$ArNH_2 + \text{2,4-}(NO_2)_2C_6H_3X \rightleftharpoons [\text{加成物}] \longrightarrow \text{2,4-}(NO_2)_2C_6H_3NHAr + HX$$

（2）催化氨解　氯苯、1-氯萘、1-氯萘-4-磺酸和对氯苯胺等，在没有铜催化剂存在时，在 235℃、加压下与氨不发生反应；但是当有铜催化剂存在时，上述氯衍生物与氨水共热至 200℃时，都能反应生成相应的芳胺。以氯苯为例催化氨解的反应历程可表示如下。

$$ArCl + [Cu(NH_3)_2]^+ \xrightarrow{\text{慢}} [ArCl \cdot Cu(NH_3)_2]^+$$

$$[ArCl \cdot Cu(NH_3)_2]^+ \xrightarrow{+NH_3} ArNH_2 + [Cu(NH_3)_2]^+ + NH_4Cl$$

$$[ArCl \cdot Cu(NH_3)_2]^+ \xrightarrow{+OH^-} ArOH + [Cu(NH_3)_2]^+ + Cl^-$$

此反应是分两步进行的：第一步是催化剂与氯化物反应生成正离子络合物，这是反应的控制阶段；第二步是正离子络合物与氨、氢氧根离子等迅速反应生成产物苯胺及副产苯酚等的同时又产生铜氨离子。

研究表明在氨解反应中反应速率与铜催化剂和氯衍生物的浓度成正比，而与氨水的浓度无关。全部过程的速度不决定于氨的浓度，但主、副产物的比例决定于氨、OH^- 的比例。

（3）用氨基碱氨解　当氯苯用 KNH_2 在液氨中进行氨解反应时，产物中有将近一半的苯胺，其氨基连接在与原来的氯互为邻位的碳原子上。

$$C_6H_5Cl^{*} \xrightarrow[-HCl]{KNH_2,\ NH_3} C_6H_5NH_2^{*}\ (48\%) + C_6H_5NH_2\ (\text{邻位}^{*},\ 52\%)$$

该反应按苯炔历程进行，其反应历程详见第二章第二节的芳香族的亲核取代反应。

2. 氨基置换羟基

氨基置换羟基的反应以前主要用在萘系和蒽醌系芳胺衍生物的合成上，近年来又发展了在催化剂存在下，通过气相或液相氨解，制取包括苯系在内的芳胺衍生物。

羟基被置换成氨基的难易程度与羟基转化成酮式（即醇式转化成酮式）的难易程度有关。一般来说，转化成酮式的倾向性越大，则氨解反应越容易发生。例如：苯酚与环己酮的混合物，在 Pd-C 催化剂存在下，与氨水反应，可以得到较高收率的苯胺。

环己酮$=O + NH_3 \longrightarrow$ 环己亚胺$=NH + H_2O$

环己亚胺$=NH$ + 苯酚(OH) $\longrightarrow$ 苯胺(NH_2) + 环己酮$=O$

某些萘酚衍生物在酸式亚硫酸盐存在下，在较温和的条件下与氨水作用转变为萘胺衍生物的反应，称为布赫勒（Bucherer）反应。例如，可由 2-萘酚通过 Bucherer 反应制备 2-萘胺。

其反应可表示如下。

2-萘酚(OH) $+ NH_3 \xrightleftharpoons{NaHSO_3}$ 2-萘胺(NH_2) $+ H_2O$

该反应是可逆反应，其羟基被置换的难易符合以下规律。

① 当羟基处于 1 位时，2 位和 3 位的磺基对氨解反应起阻碍作用，而 4 位上存在的磺基则使反应容易进行。

② 当羟基处于 2 位时，3 位和 4 位的磺基对氨解起阻碍作用，而 1 位的磺基则能使氨解反应容易进行。

③ 当羟基与磺基不在同一环上时，磺基对羟基的氨解影响很小。

3. 氨基置换硝基

由于向芳环上引入硝基的方法已经比较成熟，因此近年来利用硝基作为离去基团在有机合成中的应用发展较快。硝基作为离去基团被其他亲核质点置换的活泼性与卤化物相似，氨基置换硝基的反应按加成-消除反应历程进行，如：

1,2,3-三硝基苯(O_2N, NO_2, NO_2) + 苯胺(NH_2) $\longrightarrow$ 2,6-二硝基二苯胺(NO_2, N—H, NO_2)

硝基苯、硝基甲苯等未被活化的硝基不能作为离去基团发生亲核取代反应。

4. 氨基置换磺酸基

磺酸基的氨解也属于亲核取代反应。磺酸基被氨基取代只限于蒽醌系列，蒽醌环上的磺酸基由于受到羟基的活化作用，容易被氨基置换，其反应历程如下。

蒽醌-1-磺酸钾(O, SO_3K, O) $\xrightarrow{NH_3}$ 中间体(HO H_2N, SO_3K, O) $\xrightarrow{-KHSO_3}$ 1-氨基蒽醌(O, NH_2, O)

反应中生成的亚硫酸氢盐能与反应产物作用，使产品的质量和收率下降，因此通常要向反应物中加入温和的氧化剂，将亚硫酸氢盐氧化成硫酸盐。最常用的氧化剂是间硝基苯磺酸钠，其用量按每一个磺酸基被置换为氨基需要 1/3 的间硝基苯磺酸钠来计算。

苯系和萘系磺酸化合物，尤其是当环上不含吸电子取代基时，氨解反应很难进行，需要采用氨基钠和液氨在加热加压的条件下反应。它属于亲核取代历程，其反应通式如下。

$$ArSO_3Na + 2NaNH_2 \longrightarrow ArNHNa + Na_2SO_3 + NH_3$$

$$ArNHNa + H_2O \longrightarrow ArNH_2 + NaOH$$

表 10-3 是以氨基钠为反应试剂的部分反应实例。

表 10-3　取代基对芳磺酸盐氨解的影响

磺酸盐	温度/℃	转化率/%	生成物	收率/%
1-萘磺酸	80	76.4	1-萘胺	75.8
1,5-萘二磺酸	80	79.4	1-萘胺-5-磺酸	78.5
苯磺酸	100	93.1	苯胺	84.5
对苯二磺酸	80	95.6	对氨基苯磺酸	94.6

三、 氨解反应影响因素

1. 被氨解物的性质

卤化物、磺酸盐、羟基化合物和硝基化合物均可作为被氨解物。但是使用卤化物作为氨解物的较多，所以本单元主要以卤化物作为讨论对象。工业生产中采用的卤化物几乎都是氯化物和溴化物。

卤素衍生物在发生氨解反应时，其置换速度随卤素性质按下列顺序变化：

$$F \gg Cl,\ Br > I$$

对于芳卤的氨解，其反应属于亲核置换反应，在氨解剂确定的情况下，在芳卤中卤原子直接相连的碳原子的正电性越强，其发生亲核置换反应的能力就越强，所以当芳环上连接吸电子基团时，有利于氨解反应，而且吸电子基团数目越多，氨解反应越易进行。氯代芳烃衍生物氨解反应的活性顺序为：

$$C_6H_5Cl \approx m\text{-}ClC_6H_4NO_2 \ll p\text{-}ClC_6H_4NO_2 < 2,4\text{-}(NO_2)_2C_6H_3Cl < 2,4,6\text{-}(NO_2)_3C_6H_2Cl$$

特别注意：硝基只对邻位和对位离去基团起作用。

例如，氯苯、硝基氯苯、多硝基氯苯的氨解条件有显著差别。

$$C_6H_5Cl + 2NH_3 \xrightarrow[30\%NH_3,0.1gCu^+]{200\sim230℃,7MPa} C_6H_5NH_2 + NH_4Cl$$

$$p\text{-}ClC_6H_4NO_2 + 2NH_3 \xrightarrow[3\sim3.5MPa]{170\sim190℃} p\text{-}H_2NC_6H_4NO_2 + NH_4Cl$$

$$2,4\text{-}(NO_2)_2C_6H_3Cl \xrightarrow[30\%NH_3]{115\sim120℃,常压} 2,4\text{-}(NO_2)_2C_6H_3NH_2 + NH_4Cl$$

需特别提醒的是，卤原子的活泼性以及卤化物的热力学数据都证明溴的置换比氯容易。但在铜催化剂存在下的气相氨解，则是氯苯的活性高于溴苯，主要是由于溴化亚铜比氯化亚铜难分解。

2\. 氨解剂

对于液相氨解反应，氨水是最常用的氨解剂。使用氨水时应注意氨水的浓度及用量。1mol 有机氯化物进行氨解时，理论上需要氨的量是 2mol，实际上氨的用量要超过理论量的好几倍或更多。这是因为加大氨水用量，可以增加作用物在氨水中的溶解量，改善反应物的流动性，提高反应速率，减少仲胺副产，以及降低反应生成的氯化铵对设备的高腐蚀性。但是用量过多，会增加回收负荷和降低生产能力。一般间歇氨解时氨的用量为 6～15mol，连续氨解时为 10～17mol。

为了加快氨解速率，有利于伯胺的生成，减少副产物，降低反应温度，提高生产能力，还可选用比较浓的氨水。但是由于受到氨在水中溶解度的限制，配制高浓度氨水需要在压力下向反应器中加一部分液氨或氨气；同时在相同温度下，氨的浓度越高，其蒸气压越大。所以工业氨解时常用 25%的工业氨水。而实际生产中还应根据氨解的难易，以及设备的耐压能力确定氨水的浓度。

3\. 反应温度

升高温度可以增加有机物在氨水中的溶解度和加快反应速率，对缩短反应时间有利。但是温度过高，会增加副反应，甚至出现焦化现象，同时压力也将升高。

氨解反应是一个放热反应，其反应热约为 93.8kJ/mol，反应速率过快，将使反应热的移除困难，因此对每一个具体氨解反应都规定有最高允许温度，例如，邻硝基苯胺在 270℃氨解，因此连续氨解温度不允许超过 240℃。

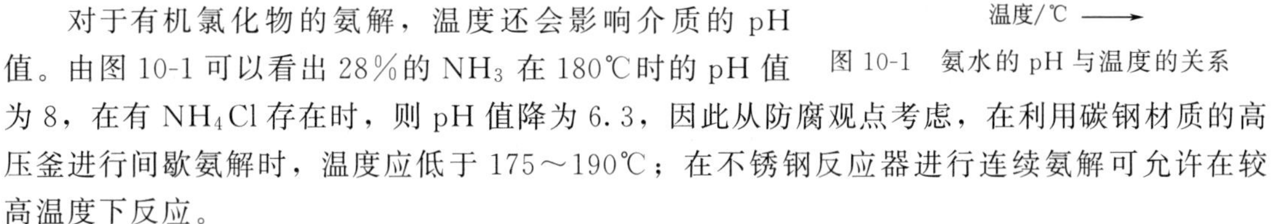

图 10-1 氨水的 pH 与温度的关系

对于有机氯化物的氨解，温度还会影响介质的 pH 值。由图 10-1 可以看出 28%的 NH_3 在 180℃时的 pH 值为 8，在有 NH_4Cl 存在时，则 pH 值降为 6.3，因此从防腐观点考虑，在利用碳钢材质的高压釜进行间歇氨解时，温度应低于 175～190℃；在不锈钢反应器进行连续氨解可允许在较高温度下反应。

4\. 搅拌

在液相氨解反应中，反应速率与搅拌效果常常密切相关，在无搅拌时密度较大的不溶性有机物沉积在反应器底部，反应仅在两相界面发生，影响了反应的正常进行和热量的传递。因此，对于间歇设备都要求安装有效的搅拌装置，连续管式反应器则要求控制流速使反应物料呈湍流状态，以保证良好的传热与传质。

对于反应物在氨水中难溶的氨解反应，无搅拌时反应实际不进行，轻微的搅拌反应速率明显提高，而更剧烈的搅拌，反应速率并非按比例增大。对于可溶性物质的氨解，则搅拌的重要性降低。

5\. 反应溶剂

芳卤的氨解通常采用水为溶剂，反应在水相中进行。提高芳卤及其衍生物在水中的溶解度可以提高反应速率。有时也采用有机溶剂作为反应介质，溶剂的性质对卤化物的氨解反应会产生较大影响。

当卤代衍生物在醇介质中氨解时，部分反应可能是通过醇解的中间阶段，即反应遵循下述（a)、(b）两种途径，其中（b）途径先进行醇解，然后再进行甲氧基置换。

溶剂的性质对多卤蒽醌的氨解产物结构有重要影响。例如，1,2,3,4-四氟蒽醌与氢化吡啶在苯（非极性溶剂）中 80℃反应，得到 86%的 1-氢化吡啶基衍生物；改用二甲基亚砜作溶剂（极性溶剂)，则得到 82%的 2-氢化吡啶基衍生物。

由此可见，卤化物的结构以及反应条件，对氨解反应速率和所得到的产物的结构有重要影响，在选择氨解方法时必须考虑这个因素。

第三节 氨解方法

一、 卤代烃氨解

卤烷与氨、伯胺或仲胺的反应是合成胺的一条重要路线。由于脂肪胺的碱性大于氨，反应生成的胺容易与卤烷继续反应，所以用此方法合成脂肪胺时，产物常为混合物。

$$RX \xrightarrow{NH_3} RNH_2 \cdot HX$$

$$RX \xrightarrow{RNH_2} R_2NH \cdot HX$$

$$RX \xrightarrow{R_2NH} R_3N \cdot HX$$

一般来说，小分子的卤烷进行氨解反应比较容易，常用氨水作氨解剂；大分子的卤烷进行氨解反应比较困难，要求用氨的醇溶液或液氨作氨解剂。卤烷的活泼顺序是 RI＞RBr＞RCl＞RF。叔卤烷氨解时，由于空间位阻的影响，将同时发生消除反应，副产生成大量烯烃。所以一般不用叔卤烷氨解制叔胺。另外，由于得到的是伯胺、仲胺与叔胺的混合物，要求庞大的分离系统，而且必须有廉价的原料卤烷，因此，除了乙二胺等少数品种外，一些大吨位的脂肪胺已不再采用此路线。

芳香卤化物的氨解反应比卤烷困难得多，往往需要强烈的条件（高温、催化剂和强氨解剂）才能进行反应。一般采用芳族氯衍生物为起始原料，以铜盐为催化剂，制备得到相应的芳胺类化合物。如2-氨基蒽醌的生产一般采用2-氯蒽醌的氨解法：

$$\text{2-氯蒽醌} + 2NH_3 \longrightarrow \text{2-氨基蒽醌} + NH_4Cl$$

目前国内外大都采用高压釜间歇法生产，在硫酸铜作催化剂、氨大大过量的前提下，使氨解温度达210～218℃，压力约5MPa，时间5～10h，收率可达88%以上。

二、 酚与醇的氨解

1. 酚的氨解

酚类的氨解涉及苯酚、萘酚和蒽醌衍生物的氨解。酚类的氨解方法与其结构有比较密切的关系。

对于不含活化取代基的苯系单羟基化合物的氨解，要求十分剧烈的反应条件。例如，苯酚氨解制备苯胺，工业上采用液相氨解法和气相氨解法。采用液相法时，需将酚与氨水在氯化锡、氯化铝、氯化铵等催化剂存在下于高温高压下反应制得；采用气相法时，需在固体催化剂（Al_2O_3-SiO_2）存在下，气态酚与氨进行气固相催化反应而制得，亦称赫尔康（Hallon）法。气相法是工业上典型的、重要的生产方法，主要用于苯胺、间甲苯胺的生产等，具体见本章第四节应用实例。

2-羟基萘-3-甲酸与氨水及氯化锌在高压釜中195℃反应36h，得到2-氨基萘-3-甲酸，收率66%～70%。

$$\text{2-羟基萘-3-甲酸 (—OH, —COOH)} + NH_3 \xrightarrow{ZnCl_2} \text{2-氨基萘-3-甲酸 (—NH}_2\text{, —COOH)} + H_2O$$

萘系羟基衍生物可通过布赫勒（Bucherer）反应氨解得到氨基衍生物。例如，当2,8-二羟基萘-6-磺酸进行氨解时，只有2-位上的羟基被置换成氨基。

$$\text{(OH, —OH, } NaO_3S\text{—)} \xrightarrow{NH_3\cdot(NH_4)HSO_3} \text{(OH, —}NH_2\text{, } HO_3S\text{—)}$$

（γ酸）

此外，J酸（2-氨基-5-羟基萘-7-磺酸）也可利用这一方法而制得。γ酸与J酸都是重要的染料中间体。γ酸的合成反应如下。

$$\text{2-萘酚 (—OH)} \xrightarrow[40℃]{98\%H_2SO_4} \text{(}SO_3H\text{, OH)} \xrightarrow[60～80℃]{20\%\text{发烟硫酸}} \text{(}SO_3H\text{, OH, } HO_3S\text{)} \xrightarrow[80℃]{KCl} \text{(}SO_3K\text{, OH, } KO_3S\text{)}$$

（G酸） （G盐）

$$\xrightarrow[200～230℃]{96\%NaOH} \text{(OH, OH, } NaO_3S\text{)} \xrightarrow[140℃,\ 0.6～0.8MPa]{18\%NH_3,\ (NH_4)HSO_3} \text{(OH, } NH_2\text{, } H_4NO_3S\text{)} \xrightarrow{H_2SO_4} \text{(OH, } NH_2\text{, } HO_3S\text{)}$$

（γ酸）

1,4-二羟基蒽醌（醌茜）在保险粉和硼酸的存在下于94～96℃、0.3～0.4MPa条件下与氨水反应数小时，再经过氧化就可以制得1,4-二氨基蒽醌。

$$\text{1,4-二羟基蒽醌} \xrightarrow[94\sim96℃,\ 0.3\sim0.4MPa]{NH_3,\ Na_2S_2O_4,\ H_3BO_3} \text{1,4-二氨基蒽醌}$$

由醌茜还原得到的隐色体，是两种结构的平衡混合物，加入硼酸的作用是利用硼原子形成的络合物使羰基活化，从而易于与氨、脂肪胺或芳胺发生亲核置换反应，得到的产物进一步氧化即生成1,4-二氨基蒽醌。

2. 醇的氨解

大多数情况下醇的氨解要求较强烈的反应条件，需要加入催化剂（如Al_2O_3）和较高的反应温度。

$$ROH + NH_3 \xrightarrow[\triangle]{Al_2O_3} RNH_2 + H_2O$$

通常情况下，得到的反应产物也是伯胺、仲胺、叔胺的混合物，采用过量的醇，生成叔胺的量较多，采用过量的氨，则生成伯胺的量较多，除了Al_2O_3外，也可选用其他催化剂，例如：在CuO/Cr_2O_3催化剂及氢气的存在下，一些长链醇与二甲胺反应可得到高收率的叔胺。

$$ROH + HN(CH_3)_2 \xrightarrow[220\sim235℃]{H_2/CuO,\ Cr_2O_3} RN(CH_3)_2 \quad (\text{收率}\ 96\%\sim97\%)$$

式中，R为C_8H_{17}、$C_{12}H_{25}$、$C_{16}H_{33}$。

许多重要的低级脂肪胺即是通过相应的醇氨解制得的，例如由甲醇得到甲胺。

三、 硝基与磺酸基的氨解

1. 硝基氨解

硝基氨解主要指芳环上硝基的氨解，芳环上含有吸电子基团的硝基化合物，环上的硝基是相当活泼的离去基团，硝基氨解是其实际应用的一个方面，例如，1-硝基蒽醌与过量的25%的氨水在氯苯中于15℃和1.7MPa压力下反应8h，可得到收率为99.5%的1-氨基蒽醌，其纯度达99%，采用$C_1\sim C_8$的直链一元醇或二元醇的水溶液作溶剂，使1-硝基蒽醌与过量的氨水在110～150℃反应，可以得到定量收率的1-氨基蒽醌。

$$\text{1-硝基蒽醌} + 2NH_3 \longrightarrow \text{1-氨基蒽醌} + NH_4NO_2$$

如果反应生成的亚硝酸铵大量堆积，干燥时有爆炸危险性，采用过量较多的氨水使亚硝酸铵溶在氨水中，出料后必须用水冲洗反应器，以防事故发生。

1-硝基蒽醌在苯介质中50℃时与氢化吡啶的反应速率是1-氯蒽醌进行同一反应的12倍。1-硝基-4-氯蒽醌与丁胺在乙醇中在50～60℃反应，主要得到硝基被取代的产物，收率74%。由此可见，作为离去基团，硝基比氯活泼得多。

当2,3-二硝基萘与氢化吡啶相作用，定量生成3-硝基-1-氢化吡啶萘。这是由于亲核攻击发生在α-位，它属于加成-消除反应。

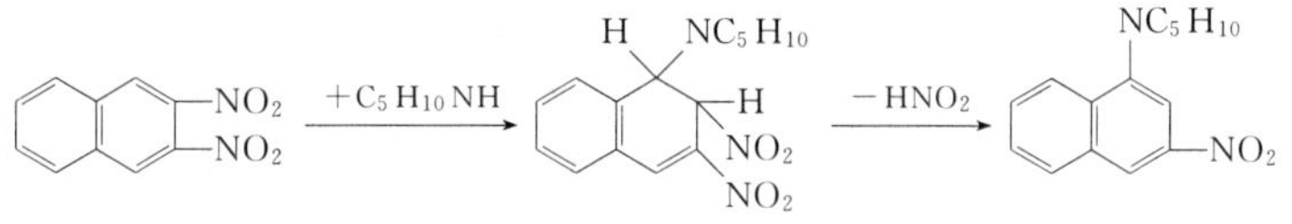

$$\text{2,3-二硝基萘} \xrightarrow{+C_5H_{10}NH} \text{1-}NC_5H_{10}\text{-1,2-二氢-2,3-}(NO_2)_2\text{萘} \xrightarrow{-HNO_2} \text{1-}NC_5H_{10}\text{-3-}NO_2\text{萘}$$

2. 磺酸基氨解

磺酸基氨解的一个实际用途是由 2,6-蒽醌二磺酸氨解制备 2,6-二氨基蒽醌，其反应式如下：

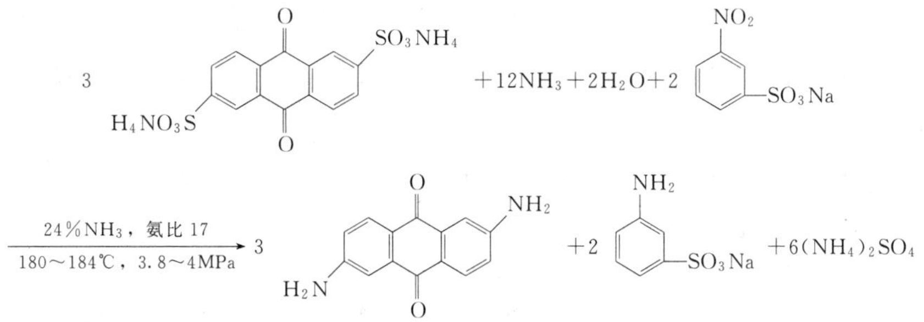

$$3\ \text{2,6-蒽醌二磺酸铵}(SO_3NH_4,\ H_4NO_3S) + 12NH_3 + 2H_2O + 2\ \text{间硝基苯磺酸钠}(NO_2,\ SO_3Na)$$

$$\xrightarrow[180\sim184℃,\ 3.8\sim4MPa]{24\%NH_3,\ 氨比17} 3\ \text{2,6-二氨基蒽醌}(NH_2,\ H_2N) + 2\ \text{间氨基苯磺酸钠}(NH_2,\ SO_3Na) + 6(NH_4)_2SO_4$$

2,6-二氨基蒽醌是制备黄色染料的中间体，反应中的间硝基苯磺酸被还原成间氨基苯磺酸，使亚硫酸盐氧化成硫酸盐。

四、 其他氨解方法

1. 芳环上的直接氨解

用直接氨解法制备芳胺可以大大简化工艺，因此多年来不断有人从事这方面的研究工作，例如，苯与氨在 150～500℃和 1～10MPa 压力下通过 Ni-稀土元素的混合物，可能得到苯胺。比较重要的直接氨化反应是以羟胺为反应剂和以氨基钠为反应剂的方法。

（1）以羟胺为氨解剂的氨解　在以羟胺为反应剂时，按照反应条件可以分为酸式法和碱式法两种。

酸式法是将芳香族原料在浓硫酸介质中（有时是在钒盐和钼盐的存在下）与羟胺在 100～160℃反应直接向芳环上引入氨基的方法，如：

$$ArH + NH_2OH \longrightarrow ArNH_2 + H_2O$$

它是一个亲电取代反应，当引入一个氨基后，反应容易进行下去。可以在芳环上引入多个氨基。

当卤苯与羟胺在浓硫酸介质中以 V_2O_5 为催化剂在 120℃进行反应时，环上将同时引入氨基和磺酸基。例如：在上述相同条件下进行氯苯的氨解，则得到 3-氨基-4-氯苯磺酸（收率 84%）。

碱式法是指在碱性介质中用羟胺进行的氨基化反应。属于亲核取代反应，当苯系化合物中至少存在两个硝基，萘系化合物中至少存在一个硝基时，由于强吸电子基使其邻位和对位碳原子活化，所以氨基进入吸电子基的邻位或对位，例如：

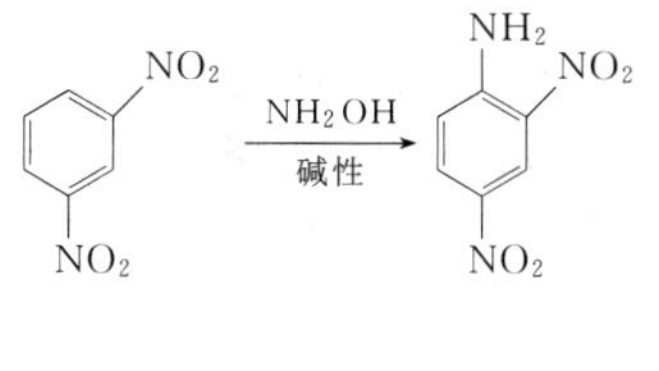

$$\text{间二硝基苯}(NO_2,\ NO_2) \xrightarrow[碱性]{NH_2OH} \text{2,4-二硝基苯胺}(NH_2,\ NO_2,\ NO_2)$$

$$\text{1-硝基萘} \xrightarrow[\text{碱性}]{NH_2OH} \text{4-硝基-1-萘胺}$$

(2) 以胺基钠为氨解剂的氨解 以胺基钠为氨解剂，可向含氮杂环化合物（吡啶）中直接引入氨基。如2-氨基吡啶和2,6-二氨基吡啶的制备：

$$\text{吡啶} \xrightarrow{NaNH_2} \text{2-}NHNa\text{吡啶} \xrightarrow{H_2O} \text{2-}NH_2\text{吡啶}$$

反应过程中释放出氢和氨，反应通常在烃类、二甲基苯胺或醚类溶剂中进行。

2. 通过水解制胺

通过异氰酸酯、脲、氨基甲酸酯以及 N-取代酰亚胺的水解，可以获得纯伯胺；由氰酰胺、对亚硝基-N,N-二烷基苯胺以及季亚铵盐的水解，则可得到纯仲胺。

(1) 异氰酸酯、脲、氨基甲酸酯以及 N-取代酰亚胺的水解 异氰酸酯、脲和氨基甲酸酯的水解，既可在碱性溶液中进行，也可在酸性溶液中进行，氢氧化钠溶液和氢卤酸是常用的试剂，此外，也可采用氢氧化钙、三氟乙酸和甲酸等试剂。

在酸或碱的催化下，水分子加成到异氰酸酯的碳氮双键上得到的 N-取代氨基甲酸是不稳定的，进而裂解生成二氧化碳和胺。

$$RNCO+H_2O \longrightarrow RNH_2+CO_2$$
$$(RNH)_2CO+H_2O \longrightarrow 2RNH_2+CO_2$$
$$RNHCOOR'+H_2O \longrightarrow RNH_2+CO_2+R'OH$$

(2) 氰酰胺、对亚硝基-N,N-二烷基苯胺和季亚铵盐的水解 氰氨化钙（或钠）用卤代烷烷化得到氰酰胺，将氰酰胺水解，即可制得纯净的仲胺，水解反应可以在酸或碱的存在下完成。

$$R_2NCN+2H_2O \longrightarrow R_2NH+CO_2+NH_3$$

可以由叔胺与溴化氰反应制得氰酰胺，因此利用这一反应可以由叔胺合成仲胺。

$$2R_3N+BrCN \longrightarrow R_2N—CN+R_4N^+Br^-$$
$$R_2N—CN+2H_2O \xrightarrow{H^+} R_2NH+CO_2+NH_3$$

席夫碱用卤代烷烷化生成季亚铵盐进一步水解亦可得到仲胺。

$$ArCH=NR \xrightarrow{R'X} [ArCH=NRR']^+X^- \xrightarrow{H_2O} RR'NH$$

这是制备某些仲胺的好方法，特别是为 R′为甲基时，产率良好，苯甲醛与伯胺反应可以顺利得到席夫碱，不经分离提纯，便可直接进行烷化，碘甲烷是最好的烷化剂，例如：

$$C_6H_5CHO+CH_2=CHCH_2NH_2 \xrightarrow[80℃]{CH_3I} C_6H_5CH=\overset{+}{N}(CH_3)—CH_2CH=CH_2\ I^- \xrightarrow{NaOH/H_2O} CH_2=CHCH_2NHCH_3$$

(71%)

3. 通过加成制胺

不饱和化合物与胺的反应是合成胺类的一种简便方法。含氧或氮的环构化合物容易与胺反应，得到 α-羟基胺或二元胺；含活泼氢的化合物与甲醛和胺缩合，则可向分子中引入氨甲基。

（1）不饱和化合物与胺的反应　不饱和化合物与伯胺、仲胺或氨反应能生成胺，简单的不饱和烃（如乙烯）具有较强的亲核性，它们与胺的加成反应较难进行，要求加入催化剂和较剧烈的反应条件，例如，乙烯、氢化吡啶和金属钠在搅拌下于100℃在高压釜中反应，生成 *N*-乙基氢化吡啶，收率可达77%～83%。

$$CH_2{=}CH_2 + \text{(piperidine, N–H; N)} \xrightarrow[100℃，压力下]{Na} \text{(piperidine, N–}CH_2CH_3)$$

在碱金属存在下，共轭二烯与胺的加成比较容易进行，苯乙烯与胺反应得 N-取代苯乙胺，当苯环上乙烯基的邻位或对位存在吸电子取代基时，则其与胺的反应无需加催化剂，例如：

$$p\text{-}O_2N\text{-}C_6H_4\text{-}HC{=}CH_2 + R^1R^2NH \longrightarrow p\text{-}O_2N\text{-}C_6H_4\text{-}CH_2CH_2NR^1R^2$$

（2）环氧乙烷或亚乙基亚胺与氨或胺的反应　环氧乙烷或亚乙基亚胺与氨或胺发生开环加成反应，得到氨基乙醇或二胺。

$$\underset{\text{O}}{CH_2{-}CH_2} + NH_3 \longrightarrow \underset{OH\quad NH_2}{CH_2{-}CH_2}$$

$$\underset{\text{NH}}{CH_2{-}CH_2} + RNH_2 \longrightarrow \underset{NHR\quad NH_2}{CH_2{-}CH_2}$$

环氧乙烷与氨的反应需要在压力下完成，在生成氨基乙醇后，还能继续与环氧乙烷反应进一步得到二乙醇胺，控制反应的配比及反应条件，可以做到以某一种产品为主，由于环氧乙烷和环氧丙烷都是比较容易得到的原料，对于2-氨基乙醇和1-氨基-2-丙醇及衍生物的合成非常有用。

与环氧乙烷相比，亚乙基亚胺与胺的反应较难进行，需要加入 $AlCl_3$ 为催化剂，当反应剂是仲胺时，采用苯作溶剂在290℃反应；当反应剂是伯胺时，采用四氢萘作溶剂在180℃左右反应；当反应剂是氨水时，则反应需在压力下进行。例如将亚乙基亚胺慢慢加入二正丁胺和 $AlCl_3$ 的苯溶液中，在加热下进行反应，得到 *N*,*N*-二正丁基乙二胺。

$$\underset{\text{NH}}{CH_2{-}CH_2} \xrightarrow[\triangle]{(n\text{-}C_4H_9)_2NH/AlCl_3/C_6H_6} \underset{(77\%\sim89\%)}{(n\text{-}C_4H_9)_2NCH_2CH_2NH_2}$$

（3）氨甲基化反应　含有活泼氢的化合物与甲醛和胺缩合生成氨甲基衍生物的反应，这是一类应用范围很广的反应，称为曼尼希反应（Mannich reaction）。此类反应的特点及应用详见第十三章第二节的胺甲基化反应。

4. 通过分子重排制胺

由羧酸及其衍生物转化成减少一个碳原子的胺，有四种不同的方法，即霍夫曼重排、寇梯斯重排、洛森重排和施密特重排。氢化偶氮苯重排则是合成联苯胺衍生物的重要途径。

芳环上的羧酸及其衍生物转变为氨基的方法很多，其中最有实用价值的是霍夫曼重排。当羧酰胺与次溴酸钠（或 $NaOH+Br_2$）作用时，首先生成异氰酸酯，不经分离进一步水解得到伯胺。

$$RCONH_2 \xrightarrow{NaOBr} R-N=C=O \xrightarrow{水解} RNH_2$$

利用霍夫曼重排反应制胺的优点是：产率高，产物纯。工业生产中常用于染料中间体的生产。例如，邻氨基苯甲酸的制备就是以邻苯二甲酸酐为原料，通过霍夫曼重排而实现的。其制备邻氨基苯甲酸的反应过程如下。

$$邻苯二甲酸酐 + 2NH_3 \longrightarrow C_6H_4(CONH_2)(COONH_4)$$

$$C_6H_4(CONH_2)(COONH_4) + 邻苯二甲酸酐 + 2NaOH \longrightarrow 2\,C_6H_4(CONH_2)(COONa) + 2H_2O$$

$$C_6H_4(CONH_2)(COONa) + NaClO + 2NaOH \longrightarrow C_6H_4(NH_2)(COONa) + Na_2CO_3 + NaCl + H_2O$$

由苯酐、氨水及氢氧化钠溶液在低温和弱碱性条件下制得邻甲酰氨基苯甲酸钠盐溶液，加入冷却到0℃以下的次氯酸钠溶液，搅拌短时间后，加稀酸中和，用亚硫酸氢钠破坏过量的次氯酸钠，过滤，酸析，即得邻氨基苯甲酸。

此外，由对二甲苯制备对苯二胺也是通过霍夫曼重排实现的。先由对二甲苯氧化得到相应的对苯二甲酸，再由对苯二甲酸与氨反应制得对苯二甲酰胺，然后加入次氯酸钠溶液，通过霍夫曼重排得到对苯二胺，收率83.5%～94%。用相似的方法也可得到间苯二胺。

$$p\text{-}C_6H_4(CH_3)_2 \xrightarrow{O_2} p\text{-}C_6H_4(COOH)_2 \xrightarrow{NH_3} p\text{-}C_6H_4(CONH_2)_2 \xrightarrow{NaClO} p\text{-}C_6H_4(NH_2)_2$$

第四节 应用实例

一、芳胺的制备

芳胺的工业合成路线主要是硝基化合物还原和卤化物或羟基化合物氨解，只有少部分品种采取其他合成途径。

1. 邻（对）位硝基苯胺的制备

邻硝基苯胺与对硝基苯胺是合成偶氮染料的常用中间体。而由邻硝基苯胺还原得到的邻苯二胺也是合成农药的主要中间体。邻硝基苯胺是由邻硝基氯苯氨解得到的，其化学反应式如下。

$$o\text{-}C_6H_4(Cl)(NO_2) + 2NH_3 \longrightarrow o\text{-}C_6H_4(NH_2)(NO_2) + NH_4Cl$$

合成工艺有间歇和连续两种，表10-4列出了这两种合成方法的主要工艺参数。由表10-4可知，采用高压管道法可以大幅度提高生产能力，而且采用连续法生产便于进行自动控制。但连续法技术要求高、耗电多、需要回收的氨多，所以生产规模不大时一般用间歇法。

表10-4 两种生产邻硝基苯胺方法的工艺参数对比

反应条件	高压管道法	高压釜法	反应条件	高压管道法	高压釜法
氨水浓度/(g/L)	300～320	250	反应时间/min	15～20	420
邻硝基氯苯/氨(摩尔比)	1∶15	1∶8	收率/%	98	98
反应温度/℃	230	170～175	产品熔点/℃	69～70	69～69.5
压力/MPa	15	3.5	设备生产能力/[kg/(L·h)]	0.6	0.012

如图10-2所示是采用高压管道法生产邻硝基苯胺的工艺流程。首先用高压计量泵分别将已配好的浓氨水及熔融的邻硝基氯苯按15∶1的摩尔比连续送入反应管道中，反应管道可采用短路电流（以管道本身作为导体，利用电流通过金属材料将电能转化为热能）或道生油加热。反应物料在管道中呈湍流状态，控制反应温度在225～230℃，物料在管道中的停留时间约20min。通过减压阀后降为常压的反应物料，经脱氨装置回收过量的氨，再经冷却结晶和离心过滤，即得到成品邻硝基苯胺。

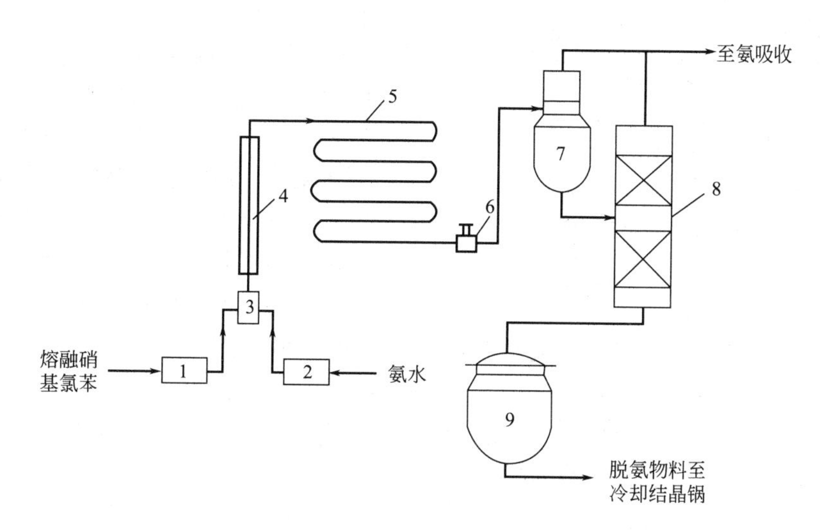

图10-2 高压管道法生产邻硝基苯胺的工艺流程

1，2—高压泵；3—混合器；4—蒸汽夹套预热；5—反应管道；6—减压阀；7—平衡蒸发器；8—脱氨塔；9—脱氨塔釜

据专利报道，在高压釜中进行邻硝基氯苯氨解时，加入适量四乙基氯化铵作为相转移催化剂，只需在150℃反应10h，邻硝基苯胺的收率可达98.2%，如果不加上述相转移催化剂，则收率仅有33%。

由对硝基氯苯氨解制对硝基苯胺的方法与由邻硝基氯苯制邻硝基苯胺的方法基本相同，只是反应条件更苛刻一些。合成这两种产品的设备可以通用。间歇法的主要工艺是采用28%氨水，氯化物与氨的摩尔比为1∶（8～15），反应温度180～190℃，压力8～20MPa，收率95%～98%。采用氨与甲酰胺在200～220℃进行对硝基氯苯氨解，可得到较高的收率。

由于邻硝基苯胺或对硝基苯胺能使血液严重中毒，在生产过程中必须十分注意劳动保护。

2. 苯胺的制备

苯胺是最简单的芳伯胺。据粗略统计，目前大约有 300 种化工产品和中间体是经由苯胺制得的，合成聚氨酯和橡胶化学品是它的最大的两种用途。世界上普遍采取的苯胺生产路线有两条，即硝基苯加氢与苯酚氨解（气相催化氨解——赫尔康法制取苯胺），其化学反应式如下所示。

$$C_6H_6 \xrightarrow[95\sim98℃]{HNO_3,H_2SO_4} C_6H_5NO_2 \xrightarrow[98\%]{H_2} C_6H_5NH_2$$

$$C_6H_6 \xrightarrow[95\%]{CH_3CH=CH_2} C_6H_5CH(CH_3)_2 \xrightarrow[96\%]{O_2} C_6H_5OH\ (+CH_3COCH_3) \xrightarrow[99\%]{NH_3} C_6H_5NH_2$$

赫尔康法制取苯胺的工艺流程如图 10-3 所示。其工艺过程为：苯酚与氨（包括循环系统）分别在 1.6MPa、苯酚在 320℃下、氨在 45℃下各自蒸发，将两者的蒸气相混合，在 385℃和 1.5MPa 通过硅酸铝催化剂，即可生成苯胺与水。由催化反应器 4 流出的反应物被部分冷凝，再在脱氨塔 5 中脱氨，气态的氨用压缩机送回反应系统循环使用，同时排出部分气体，送往废气净化系统。脱氨后的物料先在干燥塔 6 中脱水，再进净化分离装置 7，在真空下分离出产物苯胺，同时，将所分出的苯酚-苯胺共沸物返回反应器继续反应。

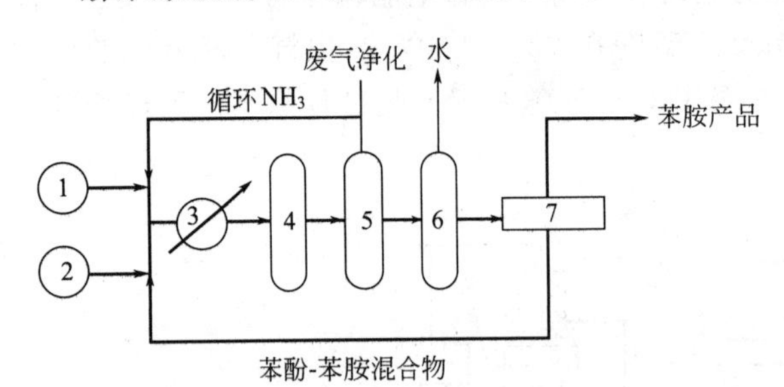

图 10-3 气相氨解法由苯酚制苯胺
1—氨贮槽；2—苯酚贮槽；
3—热交换器；4—催化反应器；
5—脱氨塔；6—干燥塔；7—净化分离装置

赫尔康法制苯胺的关键是选用高活泼性、高转化率和高寿命的催化剂，常用的催化剂有 Al_2O_3-SiO_2 或 MgO-B_2O_3-Al_2O_3-TiO_2。苯酚氨解制苯胺的投资仅相当于硝基苯加氢还原的 1/4，其优点是催化剂寿命长，“三废”少，不需要消耗硫酸。如果能够提供足够量的廉价苯酚，则这条苯胺生产路线是优越的。

二、脂肪胺的制备

1. 甲胺的制备

甲胺是生产吨位较大的低级脂肪胺，它是在脱水催化剂存在下由甲醇氨解得到的，产物是伯胺、仲胺、叔胺的混合物。

$$CH_3OH+NH_3 \longrightarrow CH_3NH_2+(CH_3)_2NH+(CH_3)_3N+H_2O$$

汽化的甲醇与胺及循环胺相互混合，在 300～500℃下，采用（2∶1）～（6∶1）的氨与汽化甲醇的比例，流过装有脱水型氨解催化剂的氨解反应器，出口气体通过与进口气热交换降温后进入粗产品贮罐，在贮罐上方排出少量副产物氢气和一氧化碳。

由于甲胺、二甲胺和三甲胺三者的沸点十分接近，给产物的分离带来困难，一般需要连续通过四个精馏塔，以达到分离的目的。在第一个塔中分离出过量的氨和一部分三甲胺的共沸物，过量的氨流入循环系统；在第二个塔中分离出三甲胺，即可作成品，也可以流入循环系统；第三个塔用来分离甲胺；第四个塔用来分离二甲胺，残余的废液由第四个塔底排出。

由于整个反应产物是一个平衡体系，所以混合胺既可作为成品包装，也可根据对产物的需求将一部分产品循环使用，从而控制该产品的生成量。按上述生产过程，无论按消耗氨或甲醇来计算，收率均在95%以上。

甲胺的最大用途是生产农药西维因，其次是生产表面活性剂，例如：

$$NaHSO_3 + \underset{\diagdown O \diagup}{CH_2-CH_2} \longrightarrow HOCH_2CH_2SO_3Na \xrightarrow{CH_3NH_2} CH_3NHCH_2CH_2SO_3Na + H_2O$$

$$CH_3NHCH_2CH_2SO_3Na + C_{17}H_{33}COCl \longrightarrow \underset{\text{阴离子表面活性剂}}{C_{17}H_{33}CO\underset{|\atop CH_3}{N}CH_2CH_2SO_3Na} + HCl$$

2. 高碳脂肪胺的制备

高碳脂肪胺及其盐在工业上的重要性是由于它具有较强的碱性、阳离子性，以及在许多物质上的强吸附性，从而改变表面性质，被作为表面活性剂和相转移催化剂；有的还具有强生理活性，可作为矿物浮选剂、石油添加剂和细菌控制剂；在化纤工业中作为纤维的柔软剂、乳化剂、染料助剂及抗静电剂。

工业合成高碳脂肪伯胺的方法有以下几种：①使用镍催化剂和钴催化剂进行腈基加氢；②在Ni/Co或Zn/Cr催化剂存在下、在高温和压力下进行脂肪酸氢化氨解，也可以将脂肪酸甲酯或甘油酯在相似条件下催化氨解成伯胺；③脂肪醛或酮在Co-Zr催化剂存在下的还原氨解。

脂肪族仲胺的工业制法有以下几种：①先在低温及中压下进行腈的加氢得到伯胺，然后在高温低压下还原脱氢得到仲胺；②通过调节醇与氨的物质的量的比及反应条件，得到仲胺与叔胺；③由卤烷与伯胺反应得到仲胺与叔胺。

脂肪族叔胺的工业制法较多，主要有以下几种：①由长碳链醇与二甲胺在360℃、在硫酸钍催化剂存在下，得到*N*,*N*-二甲基烷胺；②卤烷、硫酸盐与二甲胺一同在加热下反应；③用短链醇烷化长碳链胺；④在铑的催化下由仲胺与烯烃、一氧化碳及氢反应，可获得高收率的叔胺；⑤用碱催化法使脂肪胺与环氧乙烷加成，得到脂肪胺的氧乙基化衍生物，这类叔胺化合物可作为非离子表面活性剂。

由脂肪酸腈化路线合成高碳脂肪胺是在有催化剂或无催化剂和压力为0.1～0.7MPa下，脂肪酸与氨在160～310℃进行液相反应，得到酰胺与腈的混合物，将该混合物汽化送入另一装有脱水催化剂的反应器，在340～430℃下进一步脱水生成腈，然后在镍催化剂的存在下进行腈的液相或气相加氢，即可制得高碳脂肪胺。如果条件选择适当，则可使伯胺的收率达到98%以上，其反应式如下：

$$RCOOH \xrightarrow[350℃，催化剂]{NH_3} RCN$$

$$RCN + 2H_2 \longrightarrow RCH_2NH_2$$

在反应过程中将副产生成部分仲胺和叔胺。

$$2RCN + 4H_2 \longrightarrow (RCH_2)_2NH + NH_3$$

$$3RCN + 6H_2 \longrightarrow (RCH_2)_3N + NH_3$$

由脂肪酸腈化路线合成高碳脂肪胺的工艺流程如图10-4所示。其工艺过程为：在胺化塔的上部加入预热至170℃的脂肪胺，与由塔底经过分配盘逆流输入的氨连续混合，利用道生油加热系统保持胺化塔温度在300℃，维持塔内压力在0.5～0.7MPa下，用铁皂或锌皂为催化剂。塔底流出的反应物中含70%～90%的腈和少部分酰胺，进入汽化器中汽化后与氨混合。由汽化器底部排除残渣。已汽化的腈和酰胺混合物进入装有脱水催化剂的气相反应器，反应器内的温度约为340℃，压力约为0.1MPa。由气相反应器流出的反应物经冷凝后，产物腈流入贮罐，从氨-水的混合蒸汽中回收氨循环使用。得到的脂肪腈在镍催化剂存在下加氢得脂肪胺。

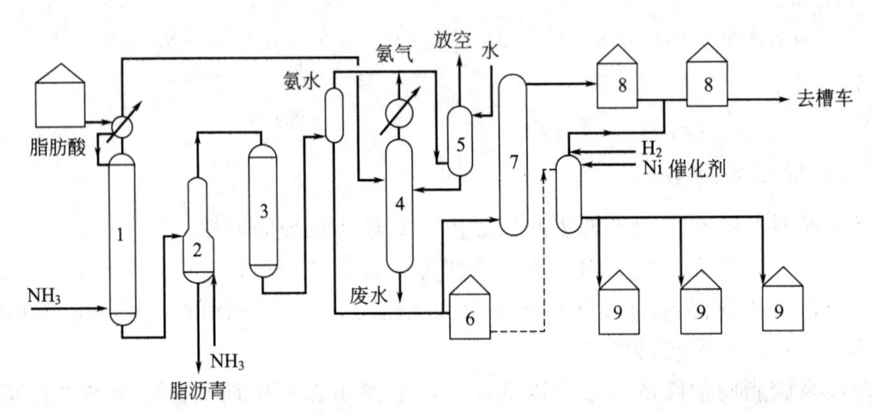

图10-4 由脂肪酸腈化路线合成脂肪胺

1—氨化塔；2—汽化塔；3—转化器；4—蒸氨罐；5—氨吸收塔；
6—粗腈贮罐；7—蒸腈塔；8—蒸馏腈贮罐；9—脂肪胺贮罐

三、 环胺的制备

吗啉与哌嗪是工业上最重要的两个环胺，其结构式如下。

吗啉（H_2C、CH_2、N—H、O 组成的六元环）　　哌嗪（H_2C、CH_2、两个 N—H 组成的六元环）

吗啉　　哌嗪

吗啉是一种重要的工业产品，它大量用于生产橡胶化学品。由于它的蒸气压与水的蒸气压相似，被广泛用作蒸汽锅炉的缓蚀剂。哌嗪的一个主要用途是制造驱虫药。

由二甘醇与氨在氢和加氢催化剂的存在下在3～40MPa下反应，即可制得吗啉。然后通过汽提操作从粗品中除去过量的氨，最后分馏即可得到合格产物。

$$(HOCH_2CH_2)_2O \xrightarrow[\text{催化剂}]{NH_3,\ H_2} \text{O}\langle\rangle\text{NH} + (H_2NCH_2CH_2)_2O$$

制取吗啉的另一条路线是在强酸（发烟硫酸、浓硫酸或浓盐酸）的存在下使二乙醇胺脱水，保持酸过量，反应温度在150℃以上。加碱中和酸性反应物，得到吗啉的水溶液，采用有机溶剂萃取，然后蒸馏得到精制吗啉，其化学反应式如下：

$$(HOCH_2CH_2)_2NH \xrightarrow{-H_2O} \text{O}\langle\rangle\text{NH}$$

由于反应过程中产生大量的无机废液，降低了这一路线的实际生产意义。

哌嗪的生产通常与联产其他含氮衍生物有关。例如，生产方法之一是使氨和一乙醇胺以3.5∶1的摩尔比在195℃和13MPa反应条件下连续通过骨架镍催化剂，得到的产品是哌嗪、乙二胺和二乙烯三氨三者的混合物。

$$HOCH_2CH_2NH_2 \xrightarrow[\text{催化剂}]{NH_3,\ H_2} HN\bigcirc NH + H_2NCH_2CH_2NH_2 + (H_2NCH_2CH_2)_2NH$$

本章小结

1. 在氨解制备胺类化合物的反应中，常用的氨解剂为氨、胺及碱金属胺盐、尿素、羟胺等，其中用量最大的是氨水和液氨。

2. 影响氨解反应的因素主要有被氨解物的性质、氨解剂、反应温度及搅拌。

3. 常用的氨解方法有卤代烃的氨解、醇与酚的氨解、硝基与磺酸基的氨解、芳环上的直接氨解、芳氨基化等。

4. 氨解反应是放热反应，对每一个氨解反应一般要规定一个最高允许反应热。

5. 通过氨解反应可以制得芳胺、脂肪胺、环胺等产物。它们主要用于生产橡胶化学品、农药、表面活性剂等。

习题与思考题

1. 什么叫氨解反应？氨解反应常用的氨解剂有哪些？
2. 含卤化合物的催化氨解与非催化氨解的反应历程有何不同？
3. 影响氨解反应的因素有哪些？
4. 常用的氨解方法有哪些？通过氨解反应可以制得哪些产物？
5. 用化学反应方程式表示由苯制取苯胺的两条合成路线。
6. 通过氨解反应得到的脂肪胺有何特点？
7. 写出由丙烯制取2-烯丙胺的合成路线，并作简要说明。
8. 写出由对硝基氯苯制备2-氯-4-硝基苯胺的两条合成路线。
9. 写出由蒽醌制备1-氨基蒽醌的三条合成路线。
10. 写出由乙烯制备以下脂肪胺的合成路线和各步反应的名称。

(1) $CH_3CH_2NH_2$　(2) $HOCH_2CH_2NH_2$　(3) $H_2NCH_2CH_2NH_2$

第十一章　重氮化与重氮盐的转化

本章学习目标

知识目标：1. 了解重氮化反应及重氮基转化反应的概念、特点和应用。
2. 理解重氮盐的各类置换反应和还原反应的原理、特点、应用及操作方法。
3. 掌握重氮盐的结构和特性，重氮化反应的影响因素、重氮化操作方法、生产设备及安全生产等；掌握偶合反应的基本原理、应用及安全操作方法。

能力目标：1. 能应用重氮化反应与重氮基转化反应的原理和依据反应底物的特性，合理设计典型相关中间体与产品（如偶氮染料、卤代芳烃衍生物、芳肼等）的合成路线。
2. 能进行典型产品的重氮化反应的工艺操作和重氮基转化反应的工艺操作。

素质目标：1. 培养学生规范操作、劳动保护和安全生产意识，化工生产流程与质量控制意识和班组合作意识。
2. 培养学生追求知识、学以致用的科学态度和理论联系实际的思维方式。

第一节　概述

一、重氮化反应及其特点

芳伯胺在无机酸存在下与亚硝酸作用，生成重氮盐的反应称为重氮化反应。工业上，常用亚硝酸钠作为亚硝酸的来源，反应通式为：

$$Ar—NH_2 + NaNO_2 + 2HX \longrightarrow ArN_2^+X^- + 2H_2O + NaX$$

式中，X可以是Cl、Br、NO_3、HSO_4等。工业上常采用盐酸。

在重氮化过程中和反应终了，要始终保持反应介质对刚果红试纸呈强酸性，如果酸量不足，可能导致生成的重氮盐与没有起反应的芳胺生成重氮氨基化合物。

$$ArN_2X + ArNH_2 \longrightarrow ArN=NNH—Ar + HX$$

在重氮化反应过程中，亚硝酸要过量或加入亚硝酸钠溶液的速率要适当，不能太慢，否则，也会生成重氮氨基化合物。

重氮化反应是放热反应，必须及时移除反应热。一般在0～10℃进行，温度过高，会使亚硝酸分解，同时加速重氮化合物的分解。

重氮化反应结束时，通常加入尿素或氨基磺酸将过量的亚硝酸分解掉，或加入少量芳胺，使之与过量的亚硝酸作用。

二、 重氮盐的结构与性质

1. 重氮盐的结构

重氮盐的结构为：

$$[Ar-\overset{+}{N}\equiv N]Cl^-$$

由于共轭效应影响，单位正电荷并没有完全集中在一个氮原子上，而是有如下共振结构。

$$[Ar-\overset{+}{N}\equiv N]Cl^- \longleftrightarrow [Ar-N\equiv \overset{+}{N}]Cl^-$$

其主导结构主要为介质 pH 值所决定。在水介质中，重氮盐的结构转变如下所示。

$$\underset{\text{重氮盐}}{[Ar-\overset{+}{N}\equiv N]X^-} \underset{\text{强酸}}{\overset{\text{弱碱}}{\rightleftharpoons}} \underset{\text{重氮酸}}{Ar-N=N-OH} \underset{\text{弱酸}}{\overset{\text{碱 NaOH}}{\rightleftharpoons}} \underset{\text{重氮酸盐}}{Ar-N=N-O^-Na^+}$$

$$\text{重氮酸盐} \xrightarrow{\text{强碱，加热}} \underset{\text{亚硝胺盐}}{Ar-\underset{Na}{N}-N=O} \xrightarrow{\text{弱酸}} \underset{\text{亚硝胺}}{Ar-\underset{H}{N}-N=O} \xrightarrow[\text{慢}]{\text{强酸HX}} \text{重氮盐}$$

其中亚硝胺和亚硝胺盐比较稳定，而重氮盐、重氮酸和重氮酸盐则较活泼。所以重氮盐的反应一般是在强酸性到弱碱性介质中进行的。其 pH 值的高低与目的反应有关。

2. 重氮盐的性质

重氮盐的结构决定了重氮盐的性质。重氮盐由重氮正离子和强酸负离子构成，具有类似铵盐的性质，一般可溶于水，呈中性，可全部离解成离子，不溶于有机溶剂。因此，重氮化后反应溶液是否澄清，常作为反应正常与否的标志。

干燥的重氮盐极不稳定，受热或摩擦、震动、撞击时会剧烈分解放氮而发生爆炸。因此，可能残留重氮盐的设备在停止使用时必须清洗干净，以免干燥后发生爆炸事故。

重氮盐在低温水溶液中一般比较稳定，但仍具有很高的反应活性。因此工业生产中通常不必分离出重氮盐结晶，而用其水溶液进行下一步反应。

重氮盐可以发生的反应分为两类：一类是重氮基转化为偶氮基（偶合）或肼基（还原），非脱落氮原子的反应；另一类是重氮基被其他取代基所置换，同时脱落两个氮原子放出氮气的反应。

重氮盐性质活泼，本身使用价值并不高，但通过上述两类重氮盐的反应，可制得一系列重要的有机中间体。

三、 重氮化反应的应用

重氮盐能发生置换、还原、偶合、加成等多种反应。因此，通过重氮盐可以进行许多有价值的转化反应。

1. 制备偶氮染料

重氮盐经偶合反应制得的偶氮染料，其品种居现代合成染料之首。它包括了适用于各种用途的几乎全部色谱。

例如：对氨基苯磺酸重氮化后得到的重氮盐与 2-萘酚-6-磺酸钠偶合，得到食用色素黄 6。

$$HO_3S-C_6H_4-NH_2 \xrightarrow{NaNO_2/HCl} HO_3S-C_6H_4-N_2^+Cl^-$$

$$HO_3S-C_6H_4-N_2^+Cl^- + \text{(6-羟基-2-萘磺酸钠)} \longrightarrow HO_3S-C_6H_4-N{=}N-\text{(2-羟基-6-磺酸钠基萘-1-基)}$$

食用色素黄 6

2. 制备中间体

例如，重氮盐还原制备苯肼中间体。

$$C_6H_5NH_2 \xrightarrow[\text{低温}]{NaNO_2/HCl} C_6H_5N_2^+Cl^- \xrightarrow[2.\ H_2O/H^+]{1.\ (NH_4)_2SO_3\ \ NH_4HSO_3} C_6H_5NH-NH_2$$

又如，重氮盐置换得对氯甲苯中间体。

$$p\text{-}CH_3C_6H_4NH_2 \xrightarrow[\text{低温}]{NaNO_2/HCl} p\text{-}CH_3C_6H_4N_2^+Cl^- \xrightarrow{Cu_2Cl_2/HCl} p\text{-}CH_3C_6H_4Cl\ (75\%)$$

若用甲苯直接氯化，产物为邻氯甲苯（沸点 159℃）和对氯甲苯（沸点 160℃）的混合物。两者物理性质相近，很难分离。

由此可见，利用重氮盐的活性，可转化成许多重要的、用其他方法难以制得的产品或中间体，这也是在精细有机合成中重氮化反应被广泛应用的原因。

第二节 重氮化反应

一、重氮化反应历程

一般认为，重氮化反应历程是亚硝酰正离子（NO^+）对芳伯胺的亲电取代反应，其反应历程和反应速率与酸浓度以及形成亚硝酰正离子的试剂种类有关。

可见重氮化的活泼质点是亲电性的，所以要求被重氮化的芳伯胺是以游离态来参加反应，而不是以芳伯胺盐或芳伯胺合氢正离子态参加反应的。

$$ArNH_2 + HCl \rightleftharpoons ArNH_2 \cdot HCl \rightleftharpoons Ar-NH_3^+ + Cl^-$$

因为游离芳伯胺氮原子上的孤对电子较裸露，具有较强亲核性，而芳伯胺盐和芳伯胺合氢正离子中，氮原子上的孤对电子已被酸或质子所占据，失去亲核性，反应活性极低。

重氮化反应历程是 N-亚硝化-脱水反应，可简要表示如下。

$$Ar-\ddot{N}H_2 \xrightarrow[\text{慢}]{\text{N-亚硝化}\ (+ON^+:\ +ON-Br,\ +ON-Cl,\ +ON-NO_2,\ +ON-OH)} \left[Ar-\overset{+}{N}H_2-NO\right] \longrightarrow \underset{\text{亚硝胺}}{Ar-NH-N{=}O}$$

$$\rightleftharpoons Ar-N{=}N-OH \underset{}{\overset{H^+}{\rightleftharpoons}} Ar-\ddot{N}{=}N-\overset{+}{O}H_2 \xrightarrow{-H_2O} Ar-\overset{+}{N}{\equiv}N \longleftrightarrow Ar-N{=}\overset{+}{N}$$

上式中重氮化的各种活泼质点都是亚硝酰正离子的供给体，均可与游离芳胺进行亲电取代反应，形成中间体亚硝胺，经脱水最后转化为重氮盐。

由反应历程可知，在稀硫酸中重氮化时，亚硝酸酐的亲电性弱，重氮化速率较慢，所以重氮化反应一般是在稀盐酸中进行的。有时为加速反应，可在稀盐酸中加入少量的溴化钠或溴化钾。当芳伯胺在稀盐酸中难于重氮化时，则需要在浓硫酸介质中进行重氮化。显然，对不同的芳伯胺因其反应活性不同需要采用不同的重氮化方法，这将在后继内容中详述。

二、 反应影响因素

1. 无机酸的性质

芳伯胺重氮化的反应速率主要取决于重氮化活泼质点的种类和活性，无机酸的性质、浓度在此起决定作用。

在稀盐酸中进行重氮化时，主要活泼质点是亚硝酰氯（ON—Cl），按以下反应生成。

$$NaNO_2 + HCl \longrightarrow ON—OH + NaCl$$

$$ON—OH + HCl \rightleftharpoons ON—Cl + H_2O$$

在稀硫酸中进行重氮化时，主要活泼质点是亚硝酸酐（即三氧化二氮 $ON—NO_2$），按以下反应生成。

$$2ON—OH \rightleftharpoons ON—NO_2 + H_2O$$

在浓硫酸中进行重氮化时，主要的活泼质点是亚硝酰正离子（NO^+），按以下反应生成。

$$ON—OH + 2H_2SO_4 \rightleftharpoons O\overset{+}{N} + 2HSO_4^- + H_3^+O$$

上述各种重氮化活泼质点的活性次序是：

$$O\overset{+}{N} > ON—Br > ON—Cl > ON—NO_2 > ON—OH$$

显然，越活泼的质点其发生重氮化反应的速率越快，如：用 HBr 作用的速率较用 HCl 快 50 倍。

2. 无机酸的用量和浓度

无机酸的用量和浓度与参与反应的芳胺结构有关。理论上，酸的用量为芳伯胺的 2 倍，即 1mol 芳伯胺需 2mol 盐酸。实际上，对于碱性较强的芳伯胺，酸的用量为芳伯胺的 2.5 倍左右；对于碱性较弱的芳伯胺，其酸用量和浓度都应相对提高，其用量可达 3～4 倍或更高。盐酸过量对反应有如下好处。

① 可加速重氮化反应速率，又能使重氮化合物以盐的形式存在而不易发生分解。

$$Ar—NH_2 + HCl \longrightarrow ArNH_2 \cdot HCl$$

② 保持反应液酸性，抑制亚硝酸离子化，防止重氮盐分解，阻止偶合副反应。

$$HNO_2 \rightleftharpoons H^+ + NO_2^-$$

$$ArN_2^+Cl^- + Ar—NH_2 \underset{pH<2}{\overset{pH>4}{\rightleftharpoons}} Ar—N{=}N—Ar—NH_2 + HCl$$

同时必须指出，因亚硝酸具有氧化性，当无机酸为盐酸时，不可使用浓盐酸，其浓度一般不超过 20%，否则会生成氯气而破坏重氮化合物。

$$2HCl+2HNO_2 \longrightarrow Cl_2+2H_2O+2NO$$

3. 亚硝酸钠

由于游离亚硝酸很不稳定，易发生分解，通常重氮化反应所需的新生态亚硝酸，是由亚硝酸钠与无机酸（盐酸或硫酸等）作用而得。

$$NaNO_2+HCl \longrightarrow HNO_2+NaCl$$

$$NaNO_2+H_2SO_4 \longrightarrow HNO_2+NaHSO_4$$

由此可见，亚硝酸钠是重氮化反应中常用的重氮化剂。通常配成 30% 的亚硝酸钠溶液使用，其用量比理论量稍过量。

亚硝酸钠的加料进度，取决于重氮化反应速率的快慢，主要目的是保证整个反应过程自始至终不缺少亚硝酸钠，以防止产生重氮氨基物的黄色沉淀。但亚硝酸钠加料太快，亚硝酸生成速率超过重氮化反应对其消耗速率，则使此部分亚硝酸分解损失。

$$3HNO_2 \longrightarrow NO_2+2NO+H_2O$$

$$2NO+O_2 \longrightarrow 2NO_2$$

$$NO_2+H_2O \longrightarrow HNO_3$$

这样不仅浪费原料，且产生有毒、有刺激性气体，还会使设备腐蚀。因此，必须对亚硝酸钠的用量和加料速率进行控制。

4. 芳胺碱性

芳伯胺的重氮化是靠活泼质点（NO^+）对芳伯胺氮原子孤对电子的进攻来完成的。显然，芳伯胺氮原子上的部分负电荷越高（芳伯胺的碱性越强），重氮化反应速率就越快，反之则相反。

从芳伯胺的结构来看，当芳伯胺的芳环上连有供电子基团时，芳伯胺碱性增强，反应速率加快；当芳伯胺的芳环上连有吸电子基团时，芳伯胺碱性减弱，反应速率变慢。

5. 温度

重氮化反应速率随温度升高而加快，如在 10℃时反应速率较 0℃时的反应速率增加 3～4 倍。但因重氮化反应是放热反应，生成的重氮盐对热不稳定，亚硝酸在较高温度下亦易分解，因此反应温度常在低温（0～10℃）进行，在该温度范围内，亚硝酸的溶解度较大，而且生成的重氮盐也不致分解。

为保持此适宜温度范围，通常在稀盐酸或稀硫酸介质中重氮化时，可采取直接加冰冷却法；在浓硫酸介质中重氮化时，则需要用冷冻氯化钙水溶液或冷冻盐水间接冷却。

一般说来，芳伯胺的碱性越强，重氮化的适宜温度越低，若生成的重氮盐较稳定，亦可在较高的温度下进行重氮化。

三、 重氮化操作方法、 设备及安全生产

1. 芳伯胺重氮化时应注意的共性问题

经重氮化反应制备的产物众多，其反应条件和操作方法也不尽相同，但在进行重氮化时，以下几个方面却是其共同具有的，应给予足够的重视。

重氮化反应所用原料应纯净且不含异构体。若原料颜色过深或含树脂状物，说明原料中含较多氧化物或已部分分解，在使用前应先进行精制（如蒸馏、重结晶等）。原料中含无机盐、如氯化钠，一般不会产生有害影响，但在计量时必须扣除。

重氮化反应的终点控制要准确。由于重氮化反应是定量进行的，亚硝酸钠用量不足或过量均严重影响产品质量。因此事先必须进行纯度分析，并精确计算用量，以确保终点的准确。

重氮化反应的设备要有良好的传热措施。由于重氮化是放热反应，无论是间歇法还是连续法，强烈的搅拌都是必需的，以利于传质和传热，同时反应设备应有足够的传热面积和良好的移热措施，以确保重氮化反应安全进行。

重氮化过程必须注意生产安全。重氮化合物对热和光都极不稳定，因此必须防止其受热和强光照射，并保持生产环境的潮湿。

2. 重氮化操作方法

在重氮化反应中，由于副反应多，亚硝酸也具有氧化作用，而不同的芳胺所形成盐的溶解度也各有不同。因此，根据这些性质以及制备该重氮盐的目的不同，重氮化反应的操作方法基本上可分为五种。

（1）直接法　本法适用于碱性较强的芳胺，即为含有给电子基团的芳胺，包括苯胺、甲苯胺、甲氧基苯胺、二甲苯胺、甲基萘胺、联苯胺和联甲氧苯胺等。这些胺类可与无机酸生成易溶于水，但难以水解的稳定铵盐。

其操作方法是：将计算量（或稍过量）的亚硝酸钠水溶液在冷却搅拌下，先快后慢地滴加到芳胺的稀酸水溶液中，进行重氮化，直到亚硝酸钠稍微过量为止。此法亦称正加法，应用最为普遍。

反应温度一般在 0～10℃进行。盐酸用量一般为芳伯胺的 3～4 倍（物质的量）为宜。水的用量一般应控制在到反应结束时，反应液总体积为胺量的 10～12 倍。应控制亚硝酸钠的加料速率，以确保反应正常进行。

（2）连续操作法　本法也是适用于碱性较强的芳伯胺的重氮化。工业上以重氮盐为合成中间体时多采用这一方法。由于反应过程的连续性，可较大地提高重氮化反应的温度以增加反应速率。

重氮化反应一般在低温下进行，目的是为避免生成的重氮盐发生分解和破坏。采用连续化操作时，可使生成的重氮盐立即进入下步反应系统中，而转变为较稳定的化合物。这种转化反应的速率常大于重氮盐的分解速率。连续操作可以利用反应产生的热量提高温度，加快反应速率，缩短反应时间，适合于大规模生产。例如，由苯胺制备苯肼就是采用连续重氮化法，重氮化温度可提高到 50～60℃。

$$C_6H_5NH_2 \xrightarrow[55℃]{NaNO_2/HCl} C_6H_5N_2^+Cl^- \xrightarrow[30℃]{(NH_4)_2SO_3} C_6H_5N{=}NSO_3NH_4$$

$$\xrightarrow[70℃]{NH_4HSO_3} C_6H_5N(SO_3NH_4){-}N{-}SO_3NH_4 \xrightarrow[2.\ NH_3/pH=2.5]{1.\ H_2SO_4/H_2O} C_6H_5NHNH_2 \cdot 1/2H_2SO_4$$

又如，对氨基偶氮苯的生产中，由于苯胺重氮化反应及产物与苯胺进行偶合反应相继进行，可使重氮化反应的温度提高到 90℃左右而不至于引起重氮盐的分解，大大提高生产效率。

$$C_6H_5-NH_2 \xrightarrow[90℃]{NaNO_2/HCl} C_6H_5-N_2^+Cl^- \xrightarrow{C_6H_5-NH_2} C_6H_5-N{=}N-C_6H_4-NH_2$$

(3) 倒加料法　本法适用于一些两性化合物，即含—SO_3H、—COOH 等吸电子基团的芳伯胺，如对氨基苯磺酸和对氨基苯甲酸等。此类胺盐在酸液中生成两性离子的内盐沉淀，故不溶于酸中，因而很难重氮化。

其操作方法是：将这类化合物先与碱作用制成钠盐以增加溶解度，并溶于水中，再加入需要量的 $NaNO_2$，然后将此混合液加入预先经冷却的稀酸中进行重氮化。

此法还适用于一些易于偶合的芳伯胺重氮化，使重氮盐处于过量酸中而难于偶合。

(4) 浓酸法　本法适用于碱性很弱的芳伯胺，如二硝基苯胺、杂环 α-位胺等。因其碱性弱，不溶于稀酸，反应难以进行。为此常在浓硫酸中进行重氮化。该重氮化方法是借助于最强的重氮化活泼质点（NO^+），才使电子云密度显著降低的芳伯胺氮原子能够进行反应。

其操作方法是：将该类芳伯胺溶解在浓硫酸中，加入亚硝酸钠液或亚硝酸钠固体，在浓硫酸中的溶液中进行重氮化。

由于亚硝酰硫酸放出亚硝酰正离子（NO^+）较慢，可加入冰乙酸或磷酸以加快亚硝酰正离子的释放而使反应加速，如：

$$2,6\text{-}(NO_2)_2C_6H_3-NH_2 \xrightarrow[10\sim20℃]{NaNO_2/H_2SO_4/HOAc} 2,6\text{-}(NO_2)_2C_6H_3-N_2^+HSO_4^-$$

(5) 亚硝酸酯法　本法是将芳伯胺盐溶于醇、冰乙酸或其他有机溶剂（如 DMF、丙酮等）中，用亚硝酸酯进行重氮化。常用的亚硝酸酯有亚硝酸戊酯、亚硝酸丁酯等。此法制成的重氮盐，可在反应结束后加入大量乙醚，使其从有机溶剂中析出，再用水溶解，可得到纯度很高的重氮盐。

3. 重氮化反应设备及安全生产

(1) 重氮化反应设备　重氮化一般采用间歇操作，选择釜式反应器。因重氮化水溶液体积很大，反应器的容积可达 10～20m^3。某些金属或金属盐，如 Fe、Cu、Zn、Ni 等能加速重氮盐分解，因此重氮反应器不易直接使用金属材料。大型重氮反应器通常为内衬耐酸砖的钢槽或直接选用塑料制反应器。小型重氮设备通常为钢制加内衬。用稀硫酸重氮化时，可用搪铅设备，其原因是铅与硫酸可形成硫酸铅保护模；若用浓硫酸，可用钢制反应器；若用盐酸，因其对金属腐蚀性较强，一般用搪玻璃设备。

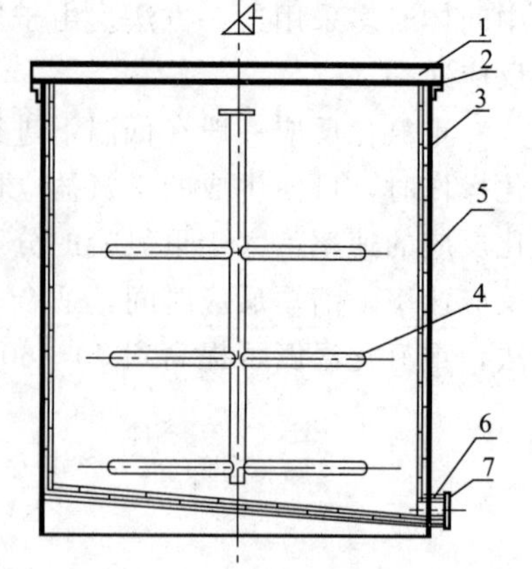

图 11-1　重氮化锅示意图

1—搅拌器支架；2—罐法兰；3—砖衬里；4—罐体；5—玻璃钢包扎搅拌器；6—出料口；7—出料口衬里

如图 11-1 所示是重氮化锅示意图。这种设备的特点除了可安装搅拌装置外，适合直接向设备中投碎冰块降温。底部略呈倾斜，下方侧部有出料口，以利于物料放尽。

连续重氮化反应可采用多釜串联或管式反应器，其重氮化温度高，反应物停留时间短，生产效率高。对难溶芳伯胺可在砂磨机中进行连续重氮化。

近年来各大公司相继开发成功自动分析等先进仪器装置安装在连续重氮化和偶合的设备上并实现联动，自动调节重氮化反应时的亚硝酸钠加入速率以及控制反应的 pH 值及终点，从而提高了生产能力、产品收率和质量。

如图 11-2 所示是汽巴-嘉基公司推荐的连续重氮化工艺装置。贮槽 1 为芳胺的盐酸溶液，贮槽 2 是水，按规定速率分别将其用泵打到反应器中。亚硝酸钠溶液则由贮槽 3 进入重氮化反应器 4。9～12 是极性电压控制系统。重氮化反应器 4 中的温度由一个循环装置控制。反应物料由重氮化反应器 4 经粗过滤器 16 溢流至重氮化反应器 5。重氮化反应在带有夹套的重氮化反应器 5 中完成。重氮化液用泵压料经过滤装置送往重氮液贮槽 22。25 是重氮化反应器 5 的液面高度控制装置。

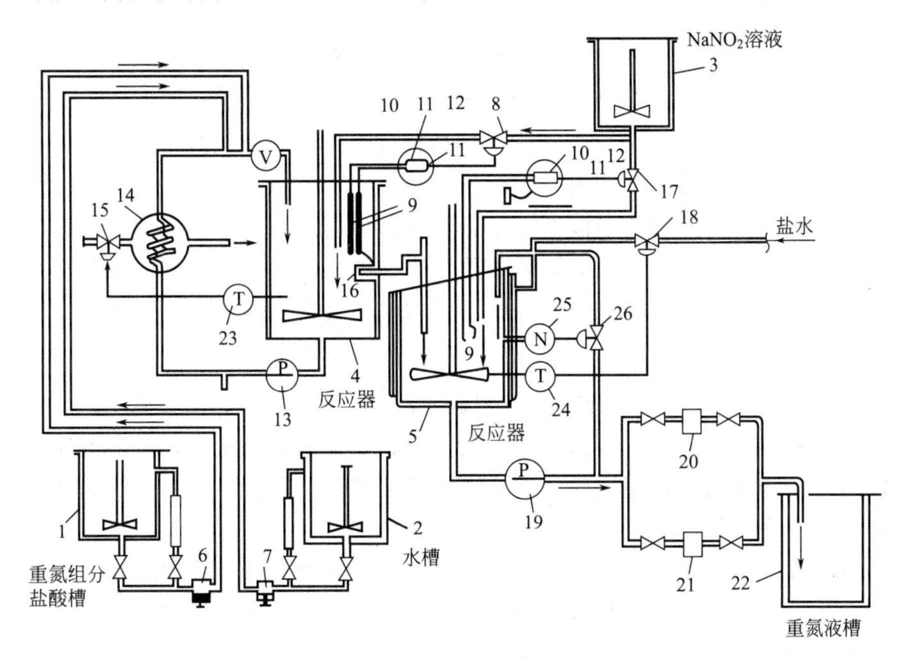

图 11-2 连续重氮化工艺装置

1—重氮组分、盐酸水溶液混合物贮槽；2—水贮槽；3—亚硝酸钠溶液贮槽；
4，5—重氮化反应器；6，7—计量泵；8，15，17，18，26—控制阀；9—检测器头是铂电极对；
10—电源；11—组电阻；12—毫伏计；13，19—泵；14—热交换器；16—粗过滤器；20，21—过滤器；
22—重氮液贮槽；23，24—温度指示计/控制器；25—水平指示器/控制器

（2）安全生产 重氮盐性质活泼，特别是干燥的重氮盐，受热、撞击、摩擦易发生爆炸。在进行重氮化反应时，要注意设备及附近环境的清洗，防止设备、器皿、工作环境等处残留的重氮盐干燥后发生爆炸事故。

重氮化反应中的酸有较强腐蚀性，特别是浓硫酸。应严格按工艺规程操作，避免灼伤、腐蚀等严重生产事故。

重氮化反应中，过量的亚硝酸钠会使反应系统逸出 NO、Cl_2 等有毒有害的刺激性气体。参加反应的芳伯胺亦具有毒性，特别是活泼的芳伯胺，毒性更强。所以反应设备应密闭，要求设备、环境、通风要有保证，以保障生产和环境的安全。

特别需要注意的是，通风管道中若残留干燥的胺，遇氮的氧化物也能重氮化并自动发热而自燃，因此要经常清理、冲刷通风管道。

第三节 重氮化合物的转化反应

一、 偶合反应

1. 偶合反应及其特点

重氮盐与酚类、芳胺作用生成偶氮化合物的反应称为偶合反应。它是制备偶氮染料必不可少的反应，制备有机中间体时也常用到偶合反应。

$$ArN_2^+X + Ar'—OH \longrightarrow Ar—N═N—Ar'—OH$$
$$ArN_2^+X + Ar'—NH_2 \longrightarrow Ar—N═N—Ar'—NH_2$$

参与偶合反应的重氮盐称为重氮组分；酚类和胺类称为偶合组分。

常用的偶合组分有酚类，如苯酚、萘酚及其衍生物；芳胺，如苯胺、萘胺及其衍生物。其他还有各种氨基萘酚磺酸和含活泼亚甲基化合物，如丙二酸及其酯类，吡唑啉酮等。

偶合反应的机理为亲电取代反应。重氮盐作为亲电试剂，对芳环进行取代。由于重氮盐的亲电能力较弱，它只能与芳环上电子云密度较大的化合物进行偶合。

2. 偶合反应影响因素

偶合反应的难易程度取决于反应物的结构和反应条件。

(1) 重氮盐的结构　偶合反应为亲电取代反应，在重氮盐分子中，芳环上连有吸电子基时，能增加重氮盐的亲电性，使反应活性增大；反之芳环上连有供电子基时，减弱了重氮盐的亲电性，使反应活性降低。

(2) 偶合组分的结构　偶合组分主要是酚类和芳伯胺类。若芳环上连有吸电子基时，反应不易进行；相反若连有供电子基时，可增加芳环上的电子云密度，使偶合反应容易进行。偶合组分的取代基对偶合反应的难易程度的顺序为：

$$ArO^- > ArNR_2 > ArNHR > ArNH_2 > ArOR > ArN^+H_3$$

重氮盐的偶合位置主要在酚羟基或氨基的对位。若对位已被占据，则反应发生在邻位。对于多羟基或多氨基化合物，可进行多偶合取代反应。分子中兼有酚羟基及氨基者，可根据 pH 值的不同，进行选择性偶合。

(3) 介质酸碱度（pH 值）　重氮盐与酚类或芳伯胺的偶合对 pH 值的要求不同。与酚类的偶合宜在偏碱性介质中进行（pH 值约为 8～10)，pH 值增加，偶合速率加快，pH 增至 9 左右时，偶合速率最大。这是因为在碱性介质中有利于偶合组分的活泼形态酚氧负离子的生成，但当 pH>10 时，偶合停止。这显然因为重氮盐在碱性介质中转变为重氮酸钠而失去偶合能力。

$$ArOH \rightleftharpoons ArO^- + H^+$$
$$ArN_2^+ + ArO^- \longrightarrow Ar—N═N—ArO^-$$
$$Ar—N═N—Cl + 2NaOH \xrightarrow{pH>10} Ar—N═N—O^-Na^+ + NaCl + H_2O$$

重氮盐与芳伯胺偶合时，应在弱酸性或中性介质中进行，一般 pH 值为 5～7。这是因为重氮盐在酸性条件下较稳定，而芳伯胺是以游离胺形式参与偶合。在弱酸性或中性介质中，游离胺浓度大，同时重氮盐也不致分解，故有利于偶合反应。

（4）温度　由于重氮盐极易分解，故在偶合反应同时必然伴有重氮盐分解的副反应。若提高温度，会使重氮盐的分解速率大于偶合反应速率。因此偶合反应通常在较低温度下（0～15℃）进行。

3. 偶合反应应用实例

重氮盐的偶合反应是染料工业制备偶氮型染料的基本反应。本书以酸性嫩黄 G 的制备为例，说明偶合反应的应用。酸性嫩黄 G 作为酸性染料主要应用在毛纺工业，在丝绸工业中也占有相当重要的地位。在针织产品中，弹力尼龙、锦纶袜、尼龙衣裤等以及机织尼龙绸的印染也以酸性染料为主。

（1）酸性嫩黄 G 的合成路线　其合成反应式如下。

$$C_6H_5NH_2 \xrightarrow[0.5h/0℃]{NaNO_2/HCl} C_6H_5N_2^+Cl^- \xrightarrow[2\sim3℃]{\text{1-(4-磺酸基苯基)-3-甲基-5-吡唑啉酮}}$$

C_6H_5—N=N—C——C—CH_3
HO—C　N
N
（对位 SO_3Na 苯基取代）

（2）操作方法

① 重氮化。重氮桶中放水 560L，加 30％的盐酸 163kg，再加入 100％的苯胺 55.8kg，搅拌溶解，加冰降温至 0℃，自液面下加入相当于 100％的亚酸钠 41.4kg 的 30％亚硝酸钠溶液，重氮温度 0～2℃，时间 30min，此时刚果红试纸呈蓝色，碘化钾淀粉试纸呈微蓝色，最后调整体积至 1100L。

② 偶合。铁锅中放水 900L，加热至 40℃，加入纯碱 60kg，搅拌全溶，然后加入 1-(4′-磺酸基苯基)-3-甲基-5-吡唑啉酮 154.2kg，溶解完全后再加入 10％纯碱溶液（相当于 100％，48kg）。加冰及水调整体积至 2400L，温度 2～3℃，把重氮液过筛放置 40min。在整个过程中，保持 pH＝8～8.4，温度不超过 5℃。偶合完毕，1-(4′-磺酸基苯基)-3-甲基-5-吡唑啉酮应过量，pH 值在 8.0 以上。如 pH 值低，则需补加纯碱液。继续搅拌 2h，升温至 80℃，体积约 4000L，按体积 20％～21％计算加入食盐量，进行盐析，搅拌冷却至 40℃以下过滤。在 80℃干燥，得产品 460kg（100％）。

二、 重氮盐的置换

重氮盐在合成中最重要的应用就是重氮基可以被多种基团所置换。

$$Ar—N_2^+ + Y^- \longrightarrow ArY + N_2\uparrow$$

这一反应的优点，不仅收率好，操作简便，最主要的是可以得到具有确知位置的取代化合物。置换基团进入的位置即在重氮基处，也就是原来的氨基处。

Y 基团主要有—X、—CN、—OH、—H、—OR、—SH、—S—S—、—NO_2 等。

1. 重氮基被卤素置换

芳伯胺经重氮化和卤素置换反应后，氨基即转化为卤基。用此法可把卤原子引入芳环中的指定位置，没有其他异构体或多卤化物等副产物，重氮基置换成不同卤原子时，所采用的方法各不相同。

（1）重氮基被氯或溴置换 在氯化亚铜或溴化亚铜催化下将重氮盐置换成氯、溴化合物的反应称为桑德迈尔（Sandmeyer）反应。要求芳伯胺重氮化时所用氢卤酸和卤化亚铜中的卤原子都与要引入芳环上的卤原子相同。例如：

$$ArNH_2 \xrightarrow{NaNO_2/HCl} Ar-\overset{+}{N}\equiv NCl^- \xrightarrow{CuCl/HCl} Ar-Cl+N_2\uparrow$$

桑德迈尔反应是自由基型的置换反应。一般认为重氮盐正离子先与亚铜盐负离子形成络合物。

$$CuCl+Cl \rightleftharpoons [CuCl_2]^-$$

$$Ar-\overset{+}{N}\equiv N+[CuCl_2]^- \rightleftharpoons Ar-\overset{+}{N}\equiv N\cdot CuCl_2^-$$

然后络合物经电子转移生成芳自由基 Ar·：

$$Ar-\overset{+}{N}\equiv N\cdot CuCl_2^- \longrightarrow Ar-N=N\cdot+CuCl_2$$

$$Ar-N=N\cdot \longrightarrow Ar\cdot+N_2\uparrow$$

最后芳自由基 Ar·与 $CuCl_2$ 反应生成氯代产物并重新生成催化剂 CuCl。

$$Ar\cdot+CuCl_2 \longrightarrow Ar-Cl+CuCl$$

反应所需卤化铜催化剂通常需要新鲜制备，用量一般为重氮盐的 1/5～1/10（化学计算量）。也可用铜粉与卤化氢代替卤化亚铜，这种改良反应称为盖特曼（Gatterman）反应。反应温度一般要求 40～80℃，有些反应也可在室温下进行。反应中常加入适量无机卤化物，使卤离子浓度增加，但需保持较高酸性，以加速卤置换反应，提高收率，减少偶氮、联芳烃及氢化副产物。

根据重氮盐的性质不同，桑德迈尔反应有两种操作方法。一种是将亚铜盐的氢卤酸盐溶液加热至适当温度，然后缓慢滴入冷的重氮盐溶液，滴入速度以立即分解放出氮气为宜。这一操作使亚铜盐始终对重氮盐处于过量状态，适用于反应速率较快的重氮盐。另一种是将重氮盐溶液一次加入冷却的亚铜盐与氢卤酸溶液中，低温反应一定时间后，再缓慢加热使反应完全。这种方法使重氮盐处于过量，适用于一些配位和电子转移速率较慢的重氮盐。

（2）重氮基被碘置换 由重氮盐置换成碘代芳烃，可直接用碘化钾或碘和重氮盐在酸性溶液中加热即可。

用碘置换的重氮盐制备，一般在稀硫酸或盐酸中进行，用稀硫酸效果较好；若用盐酸，其粗品中会有少量氯化物杂质，例如：

$$PhNH_2 \xrightarrow[8\sim12℃]{NaNO_2/HCl} PhN_2^+Cl^- \xrightarrow[回流\ 2h]{KI} PhI$$

（3）重氮基被氟置换 重氮盐与氟硼酸盐反应，或芳伯胺直接用亚硝酸钠和氟硼酸进行重氮化反应，均能生成不溶于水的重氮氟硼酸盐（复盐）。此重氮盐性质稳定，过滤干燥后，再经加热分解（有时在氟化钠或铜盐存在下加热），可得氟代芳烃。此反应称为希曼（Schiemann）反应。

$$\text{4-}BrC_6H_4NH_2 \xrightarrow[2.\ NH_4BF_4]{1.\ NaNO_2/HCl} \text{4-}BrC_6H_4N_2^+BF_4^- \xrightarrow{\triangle} \text{4-}BrC_6H_4F$$

重氮氟硼酸盐的分解必须在无水无醇条件下进行，其热分解是快速强烈放热反应，一旦超过分解温度，会发生爆炸事故。

重氮氟硼酸盐从水中析出的收率与苯环上的取代基有关。一般来说，在重氮氟硼酸盐邻位有取代基时，重氮氟硼酸盐溶解度较大，收率低。对位有取代基时，溶解度小，收率高。苯环上有羟基或羧基时，使重氮氟硼酸盐溶解度增加，收率降低。必要时可以用芳伯胺相应的醚（或羧酸酯）为原料，以降低重氮氟硼酸盐的溶解度。

2. 重氮基被氰基置换

重氮盐与氰化亚铜的复盐反应，重氮基可被氰基（—CN）置换，生成芳腈。

氰化亚铜的复盐是由氯化亚铜与氰化钠溶液制得：

$$CuCl+2NaCN \longrightarrow Na[Cu(CN)_2]+NaCl$$

或

$$CuCN+NaCN \longrightarrow Na[Cu(CN)_2]$$

氰化反应一般表示为：

$$ArN_2^+Cl^- +Na[Cu(CN)_2] \longrightarrow ArCN+CuCN+NaCl+N_2\uparrow$$

由上式可看出：亚铜离子并不消耗，仅起催化作用。

反应时，采用的投料比为：$NaCN/CuCl/ArNH_2$ 的摩尔比为 1.8～2.6/0.25～0.44/1；NaCN/CuCl 的摩尔比约为（4～7)/1，最低为（2.5～3)/1。

重氮基被氰基转换的反应必须在弱碱性介质中进行，因为在强酸介质中不仅副反应多，而且还会逸出剧毒的氰化氢气体。通常可在氰化亚铜的复盐水溶液中预先加入适量的碳酸氢钠、碳酸氢铵或氢氧化铵，然后在一定温度下加入强酸性的重氮盐水溶液。反应温度一般为5～45℃，加料完毕后，必要时可适当提高反应温度。

为了使氰化反应中生成的 N_2（和 CO_2）顺利逸出，需要较强的搅拌和适当的消泡措施。反应操作时务必注意防护。

含有氰化亚铜复盐的废液最好能循环使用。不能使用时应进行无毒化处理，如在强碱性条件下用次氯酸钠水溶液或氯气处理，将 CN^- 氧化成 CNO^-，并使铜离子转变成氢氧化铜沉淀。

3. 重氮基被巯基置换

重氮盐与一些低价含硫化合物相作用可使重氮基被巯基置换。

将冷的重氮酸盐水溶液倒入 40～45℃的乙基磺原酸钠水溶液中，分离出乙基磺原酸芳基酯，将后者在氢氧化钠水溶液中或稀硫酸中水解即得到相应的硫酚。

（间甲基苯重氮盐 $N_2^+Cl^-$ $\xrightarrow{NaS_2COC_2H_5}$ 间甲基苯基 $SSCOC_2H_5$ $\xrightarrow{NaOH\ 或\ H_2SO_4}$ 间甲基苯硫酚 SH，取代基 CH_3）

另一种方法是将冷重氮盐酸盐水溶液倒入冷的 Na_2S_2-NaOH 水溶液中，然后将生成的二硫化物 Ar—S—S—Ar 进行还原，也可制得相应的硫酚。

（2 邻羧基苯重氮盐 $N_2^+Cl^-$，—COOH $\xrightarrow{Na_2S_2\text{-}NaOH}$ 二（邻羧基苯基）二硫化物 COOH—S—S—COOH $\xrightarrow{Fe/HCl\ 或\ H_2/Ni}$ 2 邻巯基苯甲酸 SH，—COOH）

4. 重氮基被羟基置换

重氮基被羟基置换的反应称为重氮盐的水解反应。其反应属于 S_N1 历程，当将重氮盐在酸性水溶液中加热煮沸时，重氮盐首先分解为芳正离子，后者受到水的亲核进攻，而在芳环上引入羟基。

$$Ar—N_2^+X^- \xrightarrow[\triangle/H^+]{慢} Ar^+ +X^- +N_2\uparrow$$

$$Ar^{+} + H_2O \xrightarrow{\text{快}} [Ar-\overset{+}{O}H_2] \longrightarrow ArOH + H^{+}$$

由于芳正离子非常活泼，可与反应液中其他亲核试剂相反应。为避免生成氯化副产物，芳伯胺重氮化要在稀硫酸介质中进行。为避免芳正离子与生成的酚氧负离子反应生成二芳基醚等副产物，最好将生成的可挥发性酚，立即用水蒸气蒸出，或向反应液中加入氯苯等惰性溶剂，使生成的酚立即转入到有机相中。

为避免重氮盐与水解生成的酚发生偶合反应生成羟基偶氮染料，水解反应要在40%～50%的硫酸中进行。通常是将冷的重氮盐水溶液滴加到沸腾的稀硫酸中。温度一般在102～145℃。

三、 重氮盐的还原

对重氮盐中的两个氮原子进行还原可制得芳肼化合物。还原剂有氯化亚锡、锌粉及亚硫酸盐等。工业生产中主要用亚硫酸盐为还原剂。方法是将芳伯胺制成重氮盐后，用亚硫酸盐[$(NH_4)_2SO_3$]及亚硫酸氢盐（NH_4HSO_3）的混合液还原，然后进行酸性水解而得芳肼盐类。

此法实际是亚硫酸盐的硫原子上一对孤对电子向氮正离子的亲核进攻，生成偶氮磺酸盐，该反应在较低温度即可很快进行，故称冷还原。

$$Ar-N^{+}\equiv N \rightleftharpoons Ar-N\equiv N^{+} \xrightarrow[30\sim40℃]{:SO_3^{2-}} Ar-N=N-SO_3^{-}$$

随后，偶氮磺酸盐与亚硫酸氢盐进行亲核加成而得芳肼二磺酸盐。此步反应温度较高，称为热还原。

$$Ar-N=N-SO_3^{-} + HSO_3^{-} \xrightarrow{70℃} Ar-\underset{SO_3^{-}}{\underset{|}{N}}-\underset{H}{\underset{|}{N}}-SO_3^{-}$$

显然还原液中（$(NH_4)_2SO_3$）与NH_4HSO_3的配比应为1∶1，否则影响收率。

芳肼二磺酸的水解反应是在pH<2的强酸性水介质中，在60～90℃加热数小时而完成的。

$$Ar-\underset{SO_3^{-}}{\underset{|}{N}}-NHSO_3^{-} \xrightarrow[60\sim90℃]{H_2SO_4/H_2O} Ar-NH-NH_2 \cdot \frac{1}{2}H_2SO_4$$

重氮盐还原成芳肼的操作大致如下：在反应器中先加入水、亚硫酸氢钠和碳酸钠配成的混合液，保持pH=6～8，在一定温度下向其中加入重氮盐的酸性水溶液、酸性水悬浮液或湿滤饼，保持一定的pH值；然后逐渐升温至一定温度，保持一定时间；最后加入浓盐酸或硫酸，再升至一定温度，保持一定时间，进行水解-脱磺基反应，即可得芳肼。芳肼可以盐酸盐或硫酸盐的形式析出，也可以芳肼磺酸内盐形式析出，或两者以水溶液形式直接进行下一步反应。

本章小结

1. 芳伯胺在无机酸存在下与亚硝酸作用，生成重氮盐的反应称为重氮化反应。重氮化合物可与酚类、芳胺等发生偶合反应，或被其他取代基所置换转化为所需要的官能团。

2. 重氮化是放热反应，一般在0～5℃的低温下操作，有效移除反应热维持低温操作是重要的工艺措施之一。

3. 重氮化的主要影响因素有：无机酸的性质、浓度和用量、亚硝酸钠、芳胺碱性、反应温度等。

4. 重氮化操作因芳胺的结构及制备该重氮盐的目的不同，分为直接法、连续操作法、倒加料法、浓酸法及亚硝酸酯法。

5. 重氮盐与酚类、芳胺或活泼亚甲基化合物的作用，生成偶氮化合物的反应，在染料合成上具有重要意义。偶合反应的主要影响因素有：重氮盐和偶合组分的结构、介质酸碱度、反应温度等。

6. 在一定条件下，重氮盐可被其他取代基置换，释放氮气，置换的基团主要有卤素、羟基、氰基、烷氧基、芳基等。通过重氮基的置换可制备多种芳香族取代物。

7. 在重氮盐水溶液中加入适当还原剂，可使重氮基被还原成氢肼基，这是工业制芳肼的主要方法。

习题与思考题

1. 何谓重氮化反应？重氮化反应终点如何控制？
2. 重氮盐为何多在低温下制备？高温连续重氮化反应的原理是什么？
3. 重氮盐的置换反应各有何特点？举例说明各自在合成中的应用。
4. 重氮化反应的影响因素有哪些？怎样控制重氮化反应？
5. 重氮化反应有哪几种操作方法？适用范围及操作方法有何特点？
6. 何谓偶合反应？取代基、pH、反应温度对偶合反应有何影响？
7. 指出制备以下产物的实用合成路线，各步反应名称和大致反应条件。

(1) NH_2, C_2H_5 → Cl, C_2H_5

(2) → NHNH$_2$, Cl, Cl, SO_3H

(3) CH_3, CH_3 → CH_3, H_2N, CH_3

(4) CH_3 → CH_3, Br, F

(5) → Cl, SH

(6) CH_3 → COOH, Br, Br, Br

(7) NH_2 → F, Cl, Cl

(8) CH_3, NH_2 → CH_3, NO_2, OH

(9) CH_3 → CF_3, Br

(10) NH_2, OCH_3 → CN, SH, OMe

8. 写出由间氨基苯酚制间氯苯酚时所用重氮化方法，在反应液中加入氯化钠或硫酸钠有什么影响？

9. 写出由重氮盐的水溶液制备芳肼时用什么方法控制所要求的 pH 值？

10. 重氮盐水溶液在用亚铜盐催化分解时可制得哪些类型的产物？各用什么重氮方法？分解的反应剂和大致条件是什么？

11. 若重氮化反应所用无机酸分别为稀硫酸、浓硫酸、盐酸，最适宜选择何种材质的生产设备？

第十二章　羟基化

本章学习目标

知识目标：1. 了解羟基化反应的概念及意义、一些常见的羟基化方法及其应用。
2. 理解卤代物、重氮盐、芳伯胺和硝基化合物的水解方法、条件及其应用。
3. 掌握芳磺酸盐常用的碱熔方法及其影响因素、异丙苯氧化-酸解制苯酚的原理及工艺。

能力目标：1. 能运用羟基化反应合成相应的醇类和酚类化合物。
2. 能根据相关羟基化反应的原理分析典型酚类产品（如萘酚、苯酚等）的合成工艺路线与工艺条件。

素质目标：1. 培养学生经济技术观念、逻辑思维和技术应用能力。
2. 培养学生化工操作的节能环保意识和严格按操作规程实施安全生产的职业操守。

第一节　概述

一、羟基化反应及其重要性

羟基化是指向有机化合物分子中引入羟基的反应。通过羟基化反应可制得醇类与酚类化合物。这两类物质在精细化工中具有广泛的用途，主要用于生产合成树脂、各种助剂、染料、农药、表面活性剂、香料和食品添加剂等。另外，通过酚羟基的转化反应还可以制得烷基酚醚、二芳醚、芳伯胺和二芳基仲胺等许多含其他官能团的重要中间体和产物。

二、羟基化方法

向化合物分子中引入羟基的方法很多，其中包括还原、加成、取代、氧化、水解、缩合和重排等多种类型的化学反应。例如，采用还原方法将脂肪酸及其酯或其他含氧化合物（如醛或酮）还原，以及在催化剂存在下芳烃与环氧乙烷缩合成醇的方法，都是工业生产中合成醇类化合物的重要方法。本章主要讨论通过亲核取代反应合成醇类与酚类的方法，包括芳磺酸基被羟基置换，氯化物的水解羟基化，芳伯胺和重氮盐的水解羟基化等。

第二节 芳磺酸盐的碱熔

一、 碱熔反应及其影响因素

1. 碱熔反应概述

芳磺酸盐在高温下与熔融的苛性碱（或苛性碱溶液）作用，使磺酸基被羟基置换的反应叫作碱熔，其反应通式如下表示。

$$C_6H_5-SO_3Na + 2NaOH \longrightarrow C_6H_5-ONa + Na_2SO_3 + H_2O$$

生成的酚钠用无机酸酸化（如硫酸），即转变为酚。

$$2\,C_6H_5-ONa + H_2SO_4 \longrightarrow 2\,C_6H_5-OH + Na_2SO_4$$

芳磺酸盐碱熔一般是向盛有熔融碱的碱熔锅中在高温下分批加入磺酸盐，碱过量25%左右。加完磺酸盐后，再升温反应一段时间，通过测定游离碱含量来控制反应终点。同时，为了防止凝锅现象，应将碱熔物快速放入热水中。产物的分离方法及副产物亚硫酸钠的利用，因酚类的性质不同而异。芳磺酸盐的碱熔是工业生产中制备酚类的最早的方法，也是最重要的方法。该方法的优点是工艺过程简单，对设备要求不高，适用于多种酚类的制备。缺点是需要使用大量酸、碱，废液多，工艺较落后。因此一些生产吨位较大的酚类，如苯酚、间甲酚等，已改用其他更先进的生产工艺。但对于有些酚类化合物，如H酸、J酸、γ酸等，世界各国仍然采用磺酸碱熔路线。

最常用的碱熔剂是苛性钠，其次是苛性钾。苛性钾的活性大于苛性钠，苛性钾比苛性钠的价格贵得多。当需要更活泼的碱熔剂时，则使用苛性钾与苛性钠的混合物。使用混合碱的另一个优点是其熔点可低于300℃，适用于要求较低温度的碱熔过程。苛性碱中含有水分时，也可使其熔点降低。

常用的碱熔方法主要有三种：即用熔融碱的常压碱熔、用浓碱液的常压碱熔和用稀碱液的加压碱熔。

2. 影响因素

（1）磺酸的结构　碱熔反应属于亲核置换反应，因此芳环上含有吸电子基（如磺酸基和羧基）时，对磺酸基的碱熔起活化作用。硝基虽然是很强的吸电子基，但在碱熔条件下硝基会产生氧化作用而使反应复杂化，所以含有硝基的芳磺酸不适宜碱熔。氯代磺酸也不适宜碱熔，因为氯基更容易被羟基置换。芳环上含有供电子基（如羟基和氨基）时，对磺酸基的碱熔起钝化作用。例如间氨基苯磺酸的碱熔，需要使用活泼性较强的苛性钾（或苛性钾和苛性钠的混合物）作碱熔剂。多磺酸在碱熔时，第一个磺酸基的碱熔比较容易，因为它受到其他磺酸基的活化作用，第二个磺酸基的碱熔比较困难，因为生成的中间产物羟基磺酸分子中，羟基使第二个磺酸基钝化。例如对苯二磺酸的碱熔，即使使用苛性钾作碱熔剂，也只能得到对羟基苯磺酸，而得不到对苯二酚。所以在多磺酸的碱熔时，选择适当的反应条件，才可以使分子中的磺酸基部分或全部转变为羟基。表12-1列出了某些芳磺酸盐用KOH碱熔时的活化能数据。

表 12-1 不同芳磺酸盐在用 KOH 碱熔时的活化能

名称	活化能/(kJ/mol)	名称	活化能/(kJ/mol)	名称	活化能/(kJ/mol)
苯磺酸盐	169.6	对苯二磺酸盐	109.7	2-氨基-6,8-萘二磺酸盐	141.1
邻苯二磺酸盐	121.4	苯三磺酸盐	102.2	2-氨基-5,7-萘二磺酸盐	130.2
间苯二磺酸盐	135.2	苯酚二磺酸盐	141.9		

(2) 无机盐的影响　磺酸盐中一般都含有无机盐（主要是硫酸钠和氯化钠）。这些无机盐在熔融的苛性碱中溶解度很小，几乎是不溶解的。在用熔融碱进行高温（300～340℃）碱熔时，如果磺酸盐中无机盐含量太多，会使反应物变得黏稠甚至结块，使物料的流动性降低，造成局部过热甚至会导致反应物的焦化和燃烧。因此，在用熔融碱进行碱熔时，磺酸盐中无机盐的含量要求控制在 10%（质量分数）以下。使用碱溶液进行碱熔时，磺酸盐中无机盐的允许量可以高一些。

(3) 碱熔的温度和时间　碱熔的温度主要取决于磺酸的结构，不活泼的磺酸用熔融碱在 300～340℃进行常压碱熔，碱熔速率较快，所需时间较短，一般在熔融碱中加完磺酸盐后，保持 10min 即可达到终点。温度过高或时间过长，都会增加副反应；但是温度太低则会产生凝锅事故。比较活泼的磺酸可选用 70%～80%苛性钠溶液，在 180～270℃进行常压碱熔。更活泼的萘系多磺酸可在 20%～30%稀碱液中进行加压碱熔，反应时间较长，需要 10～20h。高温碱熔适宜于不活泼的磺酸的碱熔。

(4) 碱的浓度和用量　高温碱熔时一般使用 90%以上的熔融碱，理论上 1mol 磺酸盐需要 2mol 碱，即为 1∶2（摩尔比），但实际上碱必须过量，一般为 1∶2.5 左右。中温碱熔时，一般使用 70%～80%的浓碱液，且碱过量较多，有时可达 1∶(6～8)（即理论量的 3～4 倍）或更多一些。

二、 碱熔方法

1. 用熔融碱的常压碱熔（常压高温碱熔）

用熔融碱的常压碱熔适用于含有不活泼磺酸基的芳磺酸盐的碱熔，并且可以使多磺酸中的磺酸基全部置换为羟基。主要产物有苯酚、间苯二酚、1-萘酚和 2-萘酚等。通常是向盛有熔融碱的碱熔锅中分批加入磺酸盐，碱熔温度为 320～340℃，碱过量 25%左右。加完磺酸盐后，再升温反应一段时间，通过测定游离碱含量控制反应终点。为了防止发生凝锅现象，应将碱熔物快速放入热水中。产物的分离方法及副产物亚硫酸钠的利用，因酚类的性质不同而异。

2. 用浓碱液的常压碱熔（常压中温碱熔）

以 70%～80%的 NaOH 浓碱液为碱熔剂适用于将多磺酸化合物中的一个磺酸基置换成羟基，由于第一个磺酸基比较活泼，故碱熔温度为 180～270℃，常压下反应。主要产物有 J 酸、γ 酸、芝加哥 S 酸等。

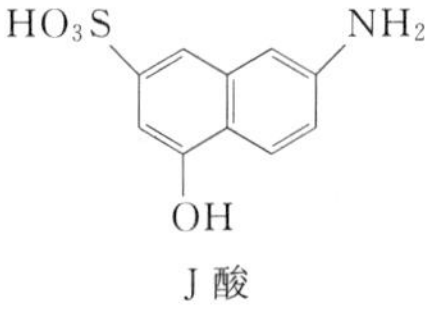

HO_3S NH_2 OH　　OH NH_2 HO_3S　　OH NH_2 SO_3H

J 酸 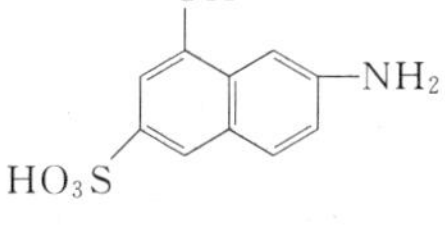　　γ 酸 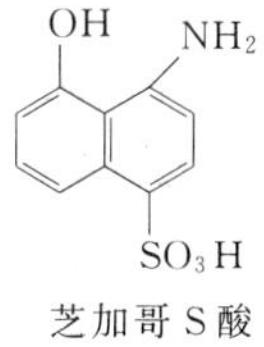　　芝加哥 S 酸

3. 用稀碱液的加压碱熔（加压中温碱熔）

用 20%～50%的 NaOH 溶液为碱熔剂在高温及压力下碱熔，可以实现多磺酸中仅置换

其中的一个磺酸基，而保留其余的磺酸基和氨基。例如，2,7-萘二磺酸用50%的NaOH在200～220℃、1MPa下碱熔，得到2-羟基-7-萘磺酸；1,5-萘二磺酸用21.74%的NaOH在230℃、2.4MPa下碱熔，得到1-萘酚-5-磺酸；1-氨基萘-3,6,8-三磺酸用23%的NaOH在178～182℃、0.55～0.65MPa碱熔，得到1-氨基-8-萘酚-3,6-二磺酸（H酸）。

三、应用实例

1. 2-萘酚的制备

2-萘酚及其磺酸衍生物是合成染料、有机颜料、农用化学品、医药化学品、香料以及表面活性剂的重要中间体。

萘的高温磺化-碱熔法是生产2-萘酚的主要方法。它是在碱熔锅中加入熔融碱，在285～320℃下慢慢加入2-萘磺酸钠湿滤饼（含β-盐70%～80%），摩尔比为1∶2.3。加料完毕，快速升温到330～340℃，保温30min左右，当碱熔物中的游离碱含量下降到4%以下时为反应终点。碱熔过程的收率可达90%～95%。将碱熔物放入热水中，使其完全溶解，然后在60～80℃用酸酸化，静置分层，用热水洗去有机层中的无机盐，经脱水、蒸馏，得到产物2-萘酚。

2. 2-氨基-5-萘酚-7-磺酸（J酸）的生产

J酸也是重要的染料中间体，它是由吐氏酸经磺化、酸性水解和碱熔而制得的，其化学反应过程如下。

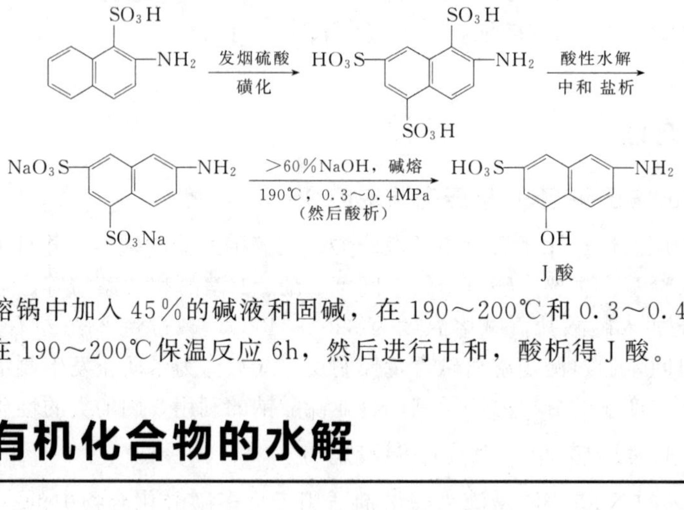

SO_3H、NH_2 —发烟硫酸/磺化→ HO_3S、SO_3H、NH_2、SO_3H —酸性水解/中和 盐析→

NaO_3S、NH_2、SO_3Na —>60%NaOH，碱熔/190℃，0.3～0.4MPa（然后酸析）→ HO_3S、NH_2、OH

J酸

该法是在碱熔锅中加入45%的碱液和固碱，在190～200℃和0.3～0.4MPa时，加入氨基J酸钠盐，再在190～200℃保温反应6h，然后进行中和，酸析得J酸。

第三节 有机化合物的水解

一、卤化物的水解

1. 脂肪族卤化物的水解

卤化物中以有机氯化物的制备比较方便和价廉，所以常被用来作为制取醇和酚的中间产物。与烷基相连的氯原子通常比与芳基相连的氯原子活泼，当其与水解试剂作用时，即可水解得到相应的醇类，如：

$$R—Cl+NaOH \longrightarrow R—OH+NaCl$$

不同结构的有机氯化物，其水解的难易顺序可排列如下。

$$C_6H_5CH_2Cl > CH_2{=}CHCH_2Cl \gg \text{伯碳 } R{-}Cl > \text{仲碳 } R{-}Cl \gg C_6H_5Cl$$

常用的水解试剂是 $NaOH$、$Ca(OH)_2$ 及 Na_2CO_3 的水溶液。不过，在氯化物碱性水解的同时，也可能伴随有碱性脱氯化氢生成烯烃的平行反应发生。

$$C_nH_{2n+1}Cl + NaOH \longrightarrow C_nH_{2n} + NaCl + H_2O$$

碱性脱氯化氢反应的活泼性随 β-碳原子上氢原子的酸性增强而增加，当分子中存在吸电子取代基时，有利于消除反应的发生。

当氯原子和羟基处在相邻位置的氯代醇类化合物与碱作用时，存在取代和消除两种反应的可能性。不过，前者生成二元醇，后者生成 α-氧化物。

$$CH_3CH(OH)CH_2{-}Cl + NaOH \begin{cases} \longrightarrow CH_3CH(OH)CH_2{-}OH + NaCl \\ \longrightarrow CH_3{-}\underset{\text{O}}{CH{-}CH_2} + NaCl + H_2O \end{cases}$$

由此可见，当氯衍生物与碱作用时，亲核取代与消除反应都有可能发生，何者为主与许多因素有关，如温度、介质、水解剂等，其中对反应选择性起决定作用的是水解剂的选择。在发生取代反应时，水解剂显示亲核性进攻碳原子；在发生消除反应时，水解剂显示碱性接近 β-位碳上的氢原子。因此，进行取代反应要求采用亲核性较强的弱碱（如 Na_2CO_3）作水解剂，进行消除反应时要求采用亲核性较弱的强碱（如 $NaOH$）作水解剂。所以，取代氯原子的水解反应宜选用 Na_2CO_3 作水解剂，它将阻止发生脱氯化氢的消除反应，以减少生成醚的副反应。

2. 芳香族卤化物的水解

芳香族氯化物的水解比氯代烷困难得多。一般不用 Na_2CO_3，而用 $NaOH$ 作水解剂，这是由于芳香族氯化物的活性低，一般不产生脱 HCl 的消除反应。向芳环上引入吸电子取代基，可以提高氯原子的活泼性，使水解反应较易进行。

（1）氯苯水解制苯酚　氯苯分子中的氯基很不活泼，它的水解需要极强的反应条件，在工业上曾经用氯苯的水解法制取苯酚。水解的方法有两种。

① 碱性高压水解。将10%～15%的氢氧化钠和氯苯的混合液在360～390℃、30～36MPa下连续地通过高压管式反应器，进行水解，停留时间约为20min，除生成苯酚外，还副产二苯醚。

$$C_6H_5Cl + 2NaOH \longrightarrow C_6H_5ONa + NaCl + H_2O$$

$$C_6H_5ONa + C_6H_5Cl \longrightarrow C_6H_5{-}O{-}C_6H_5 + NaCl$$

此法的缺点是要消耗氯和氢氧化钠、副产废盐水，同时需要使用耐腐蚀的高压管式反应器。

② 常压气固相接触催化水解法。将氯苯和水的气态混合物预热到400～450℃通过 $Ca_3(PO_4)_2/SiO_2$ 催化剂，氯苯即水解为苯酚，氯苯的单程转化率为10%～15%。

$$C_6H_5Cl + H_2O \longrightarrow C_6H_5OH + HCl$$

此法的缺点是催化剂活性下降快，转化率低。

现在氯苯水解法制取苯酚已逐渐被异丙苯氧化-酸解法所取代，目前已很少使用。

（2）多氯苯的水解　二氯苯分子中的氯基虽然稍微活泼一些，但是氯基的水解仍需要相当强的反应条件；而多氯苯分子中的氯基要更活泼一些，氯基的水解需要比较强的反应条件。

邻二氯苯碱性部分水解可得到邻氯苯酚，但此法需要高纯度的邻二氯苯，并且要使用高压反应器；邻二氯苯碱性完全水解可以得到邻苯二酚，常用硫酸铜为催化剂，在管式高压反应器中180～190℃下停留50～60min，即可，此法只适用于小规模生产。

对二氯苯在氢氧化钠的甲醇溶液中（硫酸铜作催化剂），在高压釜中225℃下反应，可得到对氯苯酚。

1,2,4,5-四氯苯与氢氧化钠的甲醇溶液在130～150℃、0.1～1.4MPa反应可以得到2,4,5-三氯苯酚。

（3）硝基氯苯的水解　当苯环上氯基的邻位或对位含有硝基时，由于硝基的强吸电子作用的影响，苯环上与氯基相连的碳原子上的电子云密度显著降低，亲核反应活性显著增加，使氯基较易水解。因此只需要用稍过量的氢氧化钠溶液，在较温和的反应条件下进行水解，例如：

$$Cl-C_6H_4-NO_2 + 2NaOH \xrightarrow[(10\%\sim15\%溶液)]{160℃,\ 0.6MPa} NaO-C_6H_4-NO_2 + NaCl + H_2O$$

$$Cl-C_6H_3(NO_2)_2 + 2NaOH \xrightarrow[(10\%水溶液)]{90\sim100℃,\ 常压} NaO-C_6H_3(NO_2)_2 + NaCl + H_2O$$

氯基水解是制备邻硝基酚、对硝基酚类的重要方法，用氯基水解法还可以制得以下邻硝基酚类，例如：

OH, NO_2（邻硝基苯酚）　　OH, NO_2, Cl　　OH, NO_2, SO_3H

3. 相转移催化卤化物的水解

近年来相转移催化技术被应用到氯基的水解反应中，采用的催化剂是其中含有一个长碳链烷基的季铵盐，以便具有一定的亲油性，在反应过程中，$R(CH_3)_3N^+OH^-$被带入有机相与氯化物发生水解反应，生成的$R(CH_3)_3N^+Cl^-$回到水相，与水相中的OH^-进行离子交换又得到$R(CH_3)_3N^+OH^-$，加入相转移催化剂可以使水解反应加速。

有机相　　$R(CH_3)_3N^+Cl^- + ROH \rightleftharpoons R(CH_3)_3N^+OH^- + RCl$

$$\upharpoonleft\downharpoonright \qquad\qquad \upharpoonleft\downharpoonright$$

水　相　　$R(CH_3)_3N^+Cl^- + OH^- \rightleftharpoons R(CH_3)_3N^+OH^- + Cl^-$

向反应体系中加入表面活性剂，由于可产生乳化作用，降低扩散阻力，也可加速反应，例如当进行2,4-二硝基氯苯的水解时，如加入含12～18个碳原子的*N*-烷基吡啶氯化物阳离子表面活性剂，可使水解反应加速。

二、重氮盐的水解

重氮盐在酸性介质中水解是制取酚类的常用方法之一。在没有还原剂存在时，重氮基被羟基取代是亲核取代反应，当加入铜的化合物时，其历程与桑德迈反应历程相似。重氮盐的水解是一级反应，即反应速率与 OH^- 的浓度无关，脱去分子氮生成芳基正离子是反应速率的控制阶段，而后与 OH^- 作用得到水解产物酚。

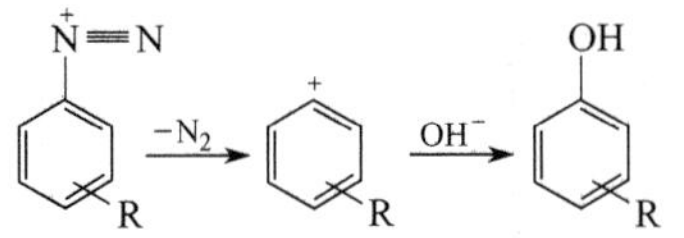

$$R\text{-}C_6H_4N_2^+ \xrightarrow{-N_2} R\text{-}C_6H_4^+ \xrightarrow{OH^-} R\text{-}C_6H_4OH$$

常用的重氮盐是重氮硫酸氢盐，分解反应常在硫酸溶液中进行。重氮盐的水解不宜采用盐酸和重氮盐酸盐，因为氯离子的存在会导致发生重氮基被氯原子取代的副反应。

重氮盐是很活泼的化合物，水解时会发生各种副反应。为了避免这些副反应，总是将冷的重氮硫酸盐溶液慢慢加到热的或沸腾的稀硫酸中，使重氮盐在反应液中的浓度始终很低。水解生成的酚最好随同水蒸气一起蒸出。重氮盐水解时若有硝基存在，则可得到相应的硝基酚。利用此方法可以制备下列酚。

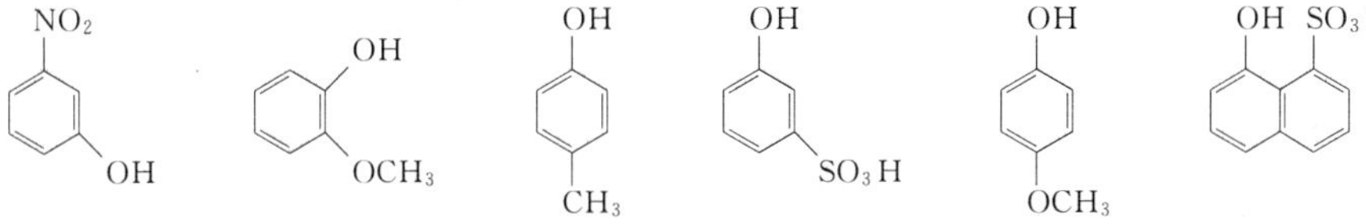

（结构式：间硝基苯酚（NO_2，OH）；邻甲氧基苯酚（OH，OCH_3）；对甲苯酚（OH，CH_3）；间羟基苯磺酸（OH，SO_3H）；对甲氧基苯酚（OH，OCH_3）；1-萘酚-8-磺酸（OH，SO_3H））

重氮盐水解成酚的一个改良方法是将重氮盐与氟硼酸作用，生成氟硼酸重氮盐，然后用冰乙酸处理，得乙酸芳酯，再将它水解得到酚。

$$ArN_2^+Cl^- \xrightarrow{HBF_4} ArN_2^+BF_4^- \xrightarrow{CH_3COOH} ArOCOCH_3 \xrightarrow{H_2O} ArOH$$

三、 芳伯胺的水解

为了在芳环上引入羟基，可以采用先硝化、还原引入氨基，然后将氨基水解为羟基的方法，此法比其他合成路线步骤多，对设备的腐蚀性强，因此只用于1-萘酚及磺酸衍生物的制备。在工业生产中，芳伯胺的水解可看作是羟基氨解反应的逆过程，主要方法有三种：酸性水解法、碱性水解法、亚硫酸氢钠水解法。它们各有一定的应用范围。

1. 酸性水解

酸性水解反应是在稀硫酸中、在高温和压力下进行的。若所需要的水解温度太高，硫酸会引起氧化副反应，可采用磷酸或盐酸。此法的优点是工艺过程简单。缺点是要用搪铅的压热釜，设备腐蚀严重，生产能力低，酸性废水处理量大。酸性水解主要用于从1-萘胺水解制1-萘酚。

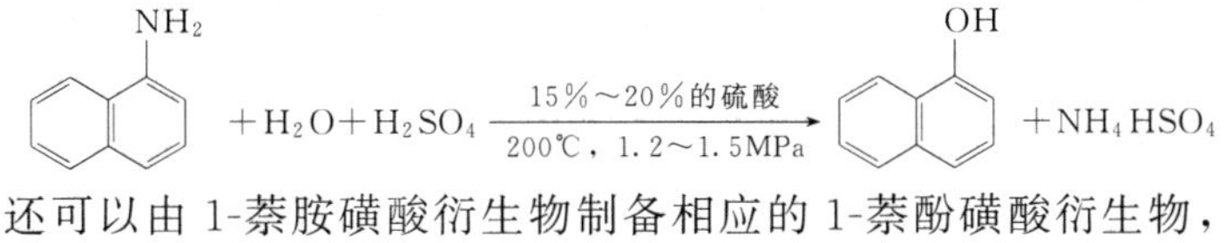

$$C_{10}H_7NH_2 + H_2O + H_2SO_4 \xrightarrow[200℃，1.2～1.5MPa]{15\%～20\%的硫酸} C_{10}H_7OH + NH_4HSO_4$$

用酸性水解还可以由1-萘胺磺酸衍生物制备相应的1-萘酚磺酸衍生物，如：

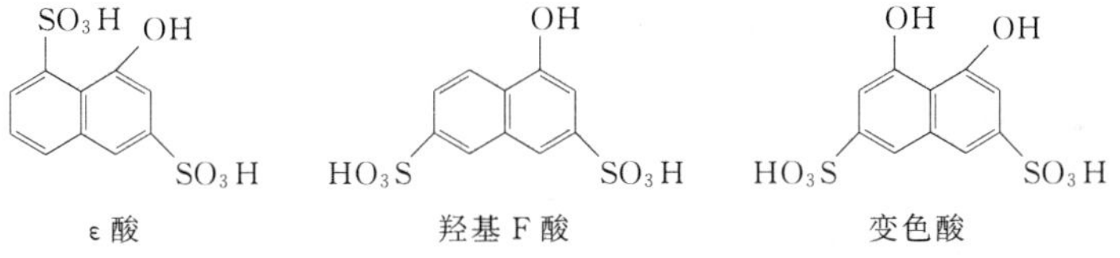

（结构式：ε酸（SO_3H，OH，SO_3H）；羟基F酸（OH，HO_3S，SO_3H）；变色酸（OH，OH，HO_3S，SO_3H））

ε酸　　羟基F酸　　变色酸

应该指出，从1,8-氨基萘磺酸制取1,8-萘酚磺酸时，不能采用酸性水解法制取，而要采用重氮化水解法。

2. 碱性水解

在磺酸基碱熔时，如果提高碱熔温度，可以使萘环上 α 位的磺酸基和 α 位的氨基同时被羟基所置换。此法只用于变色酸（1,8-二羟基萘-3,6-二磺酸）的制备，反应式如下。

H_4NO_3S　NH_2　NaO_3S　SO_3H

T 酸铵钠盐　碱熔 - 水解

OH　NH_2　NaO_3S　SO_3H

H 酸单钠盐　水解

16%NaOH,228℃,2.8MPa

反应 10h, 然后酸析

OH　OH　NaO_3S　SO_3H

变色酸

3. 在亚硫酸氢钠溶液中水解

某些 1-萘胺磺酸在亚硫酸氢钠水溶液中，常压沸腾回流（100～104℃），然后用碱处理，即可完成氨基被羟基置换的反应，此反应亦称布赫勒反应。它是使萘系羟基化合物与氨基化合物相互转化的重要反应。

在工业上，此法用于由 1-氨基-4-萘磺酸制备 1-羟基-4-萘磺酸（NW 酸）。

NH_2　SO_3H　$\xrightarrow{NaHSO_3}$　OH　SO_3H

但是，在 1-位氨基的 2 位、3 位和 8 位有磺酸基时，对布赫勒反应有阻碍作用，限制了此法的应用范围。

四、 硝基化合物的水解

芳环上的硝基对于碱的作用相当稳定。此法只用于从 1,5-二硝基蒽醌和 1,8-二硝基蒽醌的碱熔制取 1,5-二羟基蒽醌和 1,8-二羟基蒽醌。为了避免氧化副反应，不用苛性钠而用无水氢氧化钙作碱熔剂。反应要在无水非质子强极性溶剂环丁砜中、280℃左右进行。用环丁砜作溶剂不仅因为它沸点高、对热和碱的稳定性好，还因为它可以使 Ca^{2+} 溶剂化，使 OH^- 成为活泼的阴离子。由于副产物多、碱熔产物分离精制困难和溶剂回收等问题，此法目前尚未工业化。

O　NO_2　O_2N　O　$+2Ca(OH)_2$ $\xrightarrow[280℃]{环丁砜}$ [O　O^-　O^-　O] $Ca^{2+}+Ca(NO_2)_2+2H_2O$

五、 应用实例

1. 2,4-二硝基苯酚的生产

2,4-二硝基苯酚为浅黄色结晶，它主要用于硫化染料、苦味酸和显像剂的生产。其合成反应式如下。

$$C_6H_5Cl + HNO_3 \xrightarrow[55\sim80^\circ C]{H_2SO_4} Cl\text{-}C_6H_4\text{-}NO_2 + H_2O$$

$$Cl\text{-}C_6H_4\text{-}NO_2 + HNO_3 \xrightarrow[65\sim100^\circ C]{H_2SO_4} Cl\text{-}C_6H_3(NO_2)_2 + H_2O$$

$$Cl\text{-}C_6H_3(NO_2)_2 + \underset{(10\%\text{水溶液})}{2NaOH} \xrightarrow{90\sim100^\circ C,\ \text{常压}} NaO\text{-}C_6H_3(NO_2)_2 + NaCl + H_2O$$

首先将氯苯加入硝化锅中，然后逐渐加入混酸，加料温度控制在55℃左右。混酸加完后，升温至80℃维持半小时，静置半小时后分离出废酸，一硝基氯苯留在锅内。在一硝基氯苯中再加入混酸，反应温度控制在65℃，混酸加毕，升温至100℃维持1h。静置半小时后分离出废酸，用热水洗至不呈酸性。然后加入10%的氢氧化钠水溶液，在90～100℃下，常压碱熔，冷却后过滤析出钠盐。用盐酸酸化钠盐至溶液pH=1，即可得2,4-二硝基苯酚黄色结晶状产品。

2. 2,3-二甲基苯酚的生产

2,3-二甲基苯酚为白色针状结晶，溶于醇和醚等溶剂。主要用于有机合成。工业上通过重氮盐水解法制得，其合成过程如下。

$$NH_2\text{-}C_6H_3(CH_3)_2 \xrightarrow[H_2SO_4]{NaNO_2} N_2HSO_4\text{-}C_6H_3(CH_3)_2 \xrightarrow{H_2SO_4} OH\text{-}C_6H_3(CH_3)_2$$

先将2,3-二甲基苯胺和硫酸的混合物冷却至0～5℃，逐渐加入亚硝酸钠溶液进行重氮化反应。然后将重氮盐缓缓加入已预热至160℃的稀硫酸中进行水解反应，生成的2,3-二甲基苯酚用水蒸气蒸馏，所得的粗品用苯重结晶，即可得到产品。

第四节 其他羟基化反应

一、烃类的氧化-酸解制酚

1. 异丙苯氧化-酸解制苯酚

用异丙苯法合成苯酚是当前世界各国生产苯酚最重要的路线，它以苯和丙烯为原料，在催化剂存在下首先烷化得到异丙苯，而后用空气氧化得到异丙苯过氧化氢，最后经酸性分解得到苯酚和丙酮，每生产1t苯酚，将联产0.6t丙酮。因此这条路线的发展规模与经济效益，与丙酮的销路和价格密切相关。此法的优点是原料易得，不需要消耗大量的酸碱，而且“三废”少，能连续操作，生产能力大，成本低。其基本反应过程如下。

$$C_6H_6 \xrightarrow{CH_3CH=CH_2} C_6H_5CH(CH_3)_2 \xrightarrow{O_2} C_6H_5C(CH_3)_2OOH \xrightarrow{酸解} C_6H_5OH + CH_3COCH_3$$

当异丙苯氧化时，开始只生成异丙苯过氧化氢，在许多因素的影响下，如温度、氧化深度、原料异丙苯的纯度、催化剂的用量、反应器壁的材料等，在氧化过程中能进一步生成许多氧化副产物，具体见本书第九章第二节之应用实例异丙苯的液相氧化，这里不再赘述。

异丙苯过氧化是制取苯酚和丙酮过程中的必要过程，获得最大的过氧化氢收率和尽量减少副产物生成，在整个生产过程中起十分重要的作用。由于酸性分解是放热反应，如果温度过高，异丙苯过氧化氢会按其他方式分解，产生副产物。甚至会发生爆炸事故。因此必须小心控制酸解温度，一般控制在 60～100℃。异丙苯过氧化氢酸性分解可以使用各种不同的酸，如硫酸、磷酸、对甲苯磺酸等。如果用硫酸作催化剂时，以 80%的异丙苯过氧化氢氧化液在 86℃左右进行酸分解反应最好，可利用丙酮的沸腾回流来控制反应温度。酸解液中含苯酚 30%～35%，丙酮 44%，异丙苯 8%～9%，甲基苯乙烯 3%～4%，苯乙酮 2%。可以用适当的碱或离子交换树脂中和此溶液，加入适量水以利于除去无机盐，然后通过分离水洗或通过蒸馏获得产物。

2. 间甲酚的合成

甲酚有三种异构体，其中间甲酚是制备农药的重要中间体。由于农药需求量很大。20 世纪 60 年代开辟了异丙基甲苯的氧化酸解法制间甲酚，工业上已有万吨级装置。此法与异丙苯制苯酚相同。甲苯异丙基化时主要生成异丙基甲苯，一般不经分离直接进行氧化酸解。因此涉及混合甲酚的分离，其总的工艺流程比异丙苯法制备苯酚复杂得多。其反应式可表示如下。

$$CH_3C_6H_5 + CH_2=CHCH_3 \xrightarrow{异丙基化} CH_3C_6H_4CH(CH_3)_2$$

$$CH_3C_6H_4CH(CH_3)_2 + O_2\,(空气) \xrightarrow{液相氧化} CH_3C_6H_4C(CH_3)_2OOH$$

$$CH_3C_6H_4C(CH_3)_2OOH \xrightarrow{酸性分解} CH_3C_6H_4OH + CH_3COCH_3$$

异丙基甲苯分子中有异丙基和甲基两个烷基，氧化时生成两种过氧化氢物。叔过氧化氢物酸性分解生成甲酚和丙酮，二伯过氧化氢物酸性分解则生成异丙基苯酚甲醛和树脂物。因此混合甲酚的收率比苯酚低。制得的混合物中约含有 2/3 的间甲酚和 1/3 的对甲酚。两者的性质极其接近，不能用通常的方法分离。目前采用异丁烯烷化法分离，反应式如下。

$$C_6H_4(OH)CH_3 + CH_2{=}C(CH_3)_2 \xrightarrow[70℃]{H_2SO_4} (CH_3)_3C{-}C_6H_2(CH_3)(CH_3){-}C(CH_3)_3$$

$$C_6H_4(OH)CH_3 + CH_2{=}C(CH_3)_2 \xrightarrow[70℃]{H_2SO_4} (CH_3)_3C{-}C_6H_2(OH)(CH_3){-}C(CH_3)_3$$

通过上述反应，可分别生成4,6-二叔丁基间甲酚和2,6-二叔丁基对甲酚，两者的沸点相差很大，可以通过精馏分离。分出的4,6-二叔丁基间甲酚在催化剂硫酸作用下，脱去叔丁基即可得到间甲酚，而副产2,6-二叔丁基对甲酚进一步精制得抗氧剂BHT（二叔丁基对甲苯酚）。

近来又出现了尿素络合物分离法。在甲苯中，10℃时尿素与间甲酚形成络合物结晶，可用过滤法分离。将此络合物在甲苯中加热至80～90℃，便分解为间甲酚和尿素。此法工艺简单、原料易得、产品纯度可达98%以上，适于中小型企业生产。

二、 芳羧酸的氧化-脱羧制酚

石油化学工业提供了大量的廉价甲苯，甲苯经过空气氧化可得到苯甲酸，由苯甲酸合成苯酚是一个有发展前途的方法。主要采用甲苯氧化脱羧制苯酚。

甲苯氧化制苯甲酸和苯甲酸制酚通常在同一反应塔内完成。甲苯用空气液相氧化制取苯甲酸，精制后，以熔融态或选用高沸点的溶剂送入氧化反应器中，通入水蒸气和空气混合物，加入铜盐催化剂，在210～250℃进行脱羧反应，甲苯氧化制苯甲酸的选择性约90%，苯甲酸制苯酚的收率在85%左右，反应过程如下。

（1）甲苯的氧化

$$C_6H_5CH_3 + 3/2O_2 \xrightarrow[140℃]{Co} C_6H_5COOH + H_2O$$

（2）苯甲酸铜的热分解

$$4\,C_6H_5COOH \xrightarrow{CuO} 2\,[C_6H_5COO]_2Cu \xrightarrow{自身氧化还原} C_6H_5{-}\overset{O}{\overset{\|}{C}}{-}O{-}C_6H_4COOH + 2\,C_6H_5COOCu$$

（3）苯甲酸亚铜再生为苯甲酸铜

$$2\,C_6H_5COOCu + 2\,C_6H_5COOH + \frac{1}{2}O_2 \xrightarrow{氧化} 2\,[C_6H_5COO]_2Cu + H_2O$$

（4）苯甲酰基水杨酸水解生成水杨酸

$$C_6H_5{-}\overset{O}{\overset{\|}{C}}{-}O{-}C_6H_4COOH \xrightarrow[水解]{H_2O} C_6H_5COOH + C_6H_4(OH)COOH$$

（5）水杨酸脱羧生成苯酚

$$\text{C}_6\text{H}_4(\text{COOH})(\text{OH}) \xrightarrow{\text{热脱羧}} \text{C}_6\text{H}_5\text{OH} + CO_2$$

从总的反应式可以看到，这是一个均相催化反应，在反应过程中铜盐并不消耗，向铜盐中加入镁盐可起助催化剂的作用，由于反应温度高于苯酚沸点，生成的苯酚可随水蒸气一起蒸出，将混合汽送入分馏塔，向塔中加入甲苯，利用共沸蒸馏去水，而后蒸出产物苯酚。

积聚在氧化器中的焦油送往萃取器中，用水进行萃取，萃取得到的含苯甲酸及铜盐和镁盐的水溶液循环使用，不溶性的焦油则作为废料移出，在氧化器中加入一些抗氧剂可以减少焦油的生成。

上述方法也可用来由苯甲酸的衍生物合成酚类的衍生物，这时羟基总是进入到羧酸的邻位，例如，由对甲基苯甲酸和邻甲基苯甲酸为原料，所得到的产品都是间甲酚。

本章小结

1. 通过还原、加成、取代、氧化、水解、重排等多种类型的化学反应可以向有机化合物分子中引入羟基。

2. 通过卤化物水解、芳磺酸盐碱熔、芳伯胺水解、重氮盐水解等亲核取代反应制备醇类与酚类化合物。

3. 最常用的碱熔剂是苛性钠，其次是苛性钾。苛性钾的活性大于苛性钠，苛性钾比苛性钠的价格贵得多。当需要更活泼的碱熔剂时，则使用苛性钾与苛性钠的混合物。

4. 常用的碱熔方法主要有三种：用熔融碱的常压碱熔、用浓碱液的常压碱熔和用稀碱液的加压碱熔。

5. 当氯衍生物与碱作用时，亲核取代与消除反应都有可能发生，何者为主与许多因素有关，如温度、介质、水解剂等，其中对反应选择性起决定作用的是水解剂的选择。在发生取代反应时，水解剂显示亲核性进攻碳原子；在发生消除反应时，水解剂显示碱性接近β位碳上的氢原子。因此，进行取代反应要求采用亲核性较强的弱碱（如Na_2CO_3）作水解剂，进行消除反应时要求采用亲核性较弱的强碱（如NaOH）作水解剂。芳香族氯化物的水解比氯。代烷烃困难得多。一般不用Na_2CO_3，而用NaOH作水解剂。

6. 影响碱熔的因素有磺酸的结构、无机盐、碱熔的温度和时间、碱的浓度和用量。

7. 苯酚的合成路线有氯化-水解法、磺化-碱熔法、异丙苯法、苯甲酸脱羧法等。

习题与思考题

1. 什么是羟基化反应？羟基化反应有何意义？
2. 氯化物水解常用的水解试剂有哪些？芳氯化物的水解选用什么试剂？为什么？
3. 苯酚的工业生产方法有几种？指出其优缺点。
4. 碱熔的影响因素有哪些？碱熔反应在精细化学品生产中有哪些应用？

5. 间苯二磺酸的碱熔为何只能生产间苯二酚？

6. 为什么萘-1,5-二磺酸的碱熔可用于生产1-羟基-5-磺酸和1,5-二羟基萘两个产品？

7. 分别写出由氯苯和苯磺酸制备间硝基苯酚的合成路线。

8. 将2,5-二氯硝基苯用氢氧化钠水溶液进行氯基水解制2-硝基-4-氯苯酚时，加入相转移催化剂的作用是什么？

9. 写出苯甲酸氧化脱羧生产苯酚的化学反应过程。

第十三章　缩合

本章学习目标

知识目标：1. 了解缩合反应的特征、类别及主要工业应用，各类缩合反应的反应机理。
2. 理解缩合反应的基本规律与特点、主要影响因素、反应条件及其应用。
3. 掌握典型缩合产物的合成方法及反应条件。

能力目标：1. 能灵活运用缩合反应的基本原理合成一系列缩合产物。
2. 能将各类缩合反应的实验室操作应用于工业生产。

素质目标：1. 培养学生善思勤练、温故知新、知行合一的学习态度和理论联系实际的思维方式。
2. 培养学生规范操作、安全第一、节能环保的综合职业素质和团结协作、积极进取的团队合作精神。

第一节　概述

一、缩合反应及其重要性

凡两个或多个有机化合物分子通过反应产生新的碳-碳、碳-杂和杂-杂化学键，而形成一个新的复杂分子的反应；或同一个分子发生分子内的反应形成新的复杂分子的反应都可称为缩合反应。缩合反应往往伴随着脱除某一简单小分子，如水、醇、卤化氢、氨等。也有些是加成缩合，不脱去任何小分子。从缩合反应的定义可以看出，缩合反应具有以下特点：①在分子间或分子内形成新的化学键；②反应过程中往往伴随着脱去简单无机物和有机物；③产物分子结构比原料分子结构复杂。

缩合反应是精细有机合成中非常重要的一类单元反应，它为人们提供了由简单有机物到复杂有机物的许多富有价值的合成方法，被广泛地应用于医药、农药、香料、染料等精细化工产品及中间体的生产过程中。

二、缩合反应的类型

根据不同的分类方式，缩合反应有很多不同类型。按参加反应的分子种类不同，可分为分子间缩合和分子内缩合；按产物是否成环，可分为非成环缩合和成环缩合；按反应机理不同，可分为亲电加成缩合和亲核加成缩合等；按参加反应的原料不同，可分为醛-酮缩合、醛(酮)-酯(酐)缩合、醇(酚)-醛(酮)缩合、酯-酯缩合、烯键加成缩合等。

本章主要讨论能形成碳-碳键的具有活泼氢化合物与羰基化合物（醛、酮、酯等）之间的缩合及成环缩合，形成碳-杂键的成环缩合及非成环缩合，以及对成环加成反应等作相应介绍。

第二节 醛酮缩合

醛或酮在一定条件下可发生缩合反应。缩合反应分两种情况：一种是相同的醛或酮分子间的缩合，称为自身缩合；另一种是不同的醛或酮分子间的缩合，称为交叉缩合。

一、 羟醛缩合

含有活泼 α-H 的醛或酮在碱或酸催化作用下生成 β-羟基醛（酮）的反应统称为羟醛缩合反应。它包括醛醛缩合、酮酮缩合和醛酮交叉缩合三种反应类型。

1. 羟醛缩合催化剂及反应特点

（1）羟醛缩合催化剂　羟醛缩合反应可被酸或碱催化且催化剂对反应影响较大，通常碱催化应用较多。所使用的碱催化剂可以是弱碱（如 Na_3PO_4、NaOAc、Na_2CO_3、K_2CO_3、$NaHCO_3$ 等），也可以是强碱［如 NaOH、KOH、NaOEt、$Al(t\text{-}BuO)_3$ 等］，以及碱性更强的 NaH 和 $NaNH_2$ 等。强碱一般用于活性差、位阻大的反应物之间的缩合（如酮酮缩合），并在非质子溶剂中进行。碱的用量和浓度对产物的收率及质量均有影响。浓度太小、反应速率很慢；浓度过大或用量太多，易引起副反应（树脂化）。

羟醛缩合反应所用的酸催化剂有盐酸、硫酸、对甲苯磺酸、阳离子交换树脂、三氟化硼等路易斯酸，但其应用不如碱催化剂广泛。

（2）羟醛缩合反应的特点　羟醛缩合反应是含活泼 α-H 的醛或酮在酸或碱催化下生成 β-羟基醛或酮（加成），并可经脱水生成 α、β-不饱和醛或酮（消除）的反应。其通式为：

$$2RCH_2\overset{\overset{O}{\|}}{C}-R' \xrightleftharpoons[\text{加成}]{HA\text{ 或 }B^-} RCH_2-\underset{\underset{R'}{|}}{\overset{\overset{OH}{|}}{C}}-\underset{\underset{R}{|}}{\overset{\overset{H}{|}}{C}}-\underset{\underset{R'}{|}}{\overset{\overset{O}{\|}}{C}} \xrightarrow[\text{消除}]{\triangle/-H_2O} RCH_2-\underset{\underset{R'}{|}}{C}=\underset{\underset{R}{|}}{C}-\overset{\overset{O}{\|}}{C}-R'$$

可见在酸或碱催化下，羟醛缩合反应的加成阶段都是可逆的，反应包括一系列平衡过程。如欲获得高收率的稳定加成产物，需设法打破平衡。

碱催化的羟醛缩合中，转变为碳负离子的醛或酮称为亚甲基组分；提供羰基的醛或酮称为羰基组分。

2. 同分子醛、 酮自身缩合

（1）碱催化醛、酮自身缩合反应历程　含有活泼 α-H 的醛或酮自身缩合，在碱催化剂的作用下，醛或酮的 α-H 被碱夺取，形成负碳离子或烯醇负离子（亚甲基组分），作为亲核试剂其亲核活性被提高，很快与另一分子醛或酮中的羰基（羰基组分）发生亲核加成，经质子转移得到加成产物（β-羟基醛或酮），脱水后可得消除产物（α、β-不饱和醛或酮）。反应历程如下。

$$RCH_2-\overset{\overset{O}{\|}}{C}R' + B^- \rightleftharpoons R\overset{-}{C}H-\underset{\underset{O}{\|}}{C}R' + BH$$

$$\updownarrow$$

$$\mathrm{RCH{=}C(O^-)R'}$$

$$\mathrm{RCH_2{-}\overset{O}{\overset{\|}{C}}R' + RCH{=}C(O^-)R' \rightleftharpoons RCH_2{-}C(R')(O^-){-}CH(R){-}\overset{O}{\overset{\|}{C}}R'}$$

$$\mathrm{RCH_2{-}C(R')(O^-){-}CH(R){-}\overset{O}{\overset{\|}{C}}R' + BH \rightleftharpoons RCH_2{-}C(R')(OH){-}CH(R){-}\overset{O}{\overset{\|}{C}}R' + B^-}$$

$$\mathrm{RCH_2{-}C(R')(\boxed{OH}){-}C(R)(\boxed{H}){-}\overset{O}{\overset{\|}{C}}R' + B \longrightarrow RCH_2{-}C(R'){=}C(R){-}\overset{O}{\overset{\|}{C}}R' + BH + OH^-}$$

由反应历程可见，前三步反应均为平衡反应，而碱催化的脱水反应是反应能够进行的关键步骤。

对含一个活泼 α-H 的醛自身缩合，得到单一的 β-羟基醛加成产物。含两个或三个活泼 α-H 的醛自身缩合时，若在稀碱溶液、较低温度下反应，得 β-羟基醛；温度较高或用酸催化反应，均得 α、β-不饱和醛。实际上，多数情况下加成和脱水反应同时进行，由于加成产物不稳定而难以分离，最终得到的是其脱水产物 α、β-不饱和醛，如：

$$\mathrm{2CH_3CH_2CH_2CHO \xrightarrow[25^\circ C]{NaOH} CH_3CH_2CH_2{-}CH(OH){-}CH(CH_2CH_3){-}CHO} \quad (75\%)$$

$$\mathrm{2CH_3CH_2CH_2CHO \xrightarrow[或\ H_2SO_4]{NaOH,\ 80^\circ C,\ 1h} CH_3CH_2CH_2CH{=}C(CH_2CH_3){-}CHO} \quad (85\%)$$

对具有活泼 α-H 的酮分子间的自身缩合，因其反应活性较醛低，自身缩合的速率较慢，其加成产物结构更加拥挤，稳定性差，反应的平衡偏向左边。要设法打破平衡或用碱性较强的催化剂（如醇钠），才可以提高 β-羟基或其脱水产物的收率。例如，当丙酮的自身缩合反应达到平衡时，加成缩合物（1）的浓度仅为丙酮的 0.01%，为打破这种平衡，可利用索氏（Soxhlet）抽提器，将氢氧化钡放在上面抽提器内，丙酮反复回流并与催化剂接触发生自身缩合。而脱水产物（2）留在下面烧瓶中，避免了可逆反应，从而提高了收率。

$$\mathrm{2CH_3\overset{O}{\overset{\|}{C}}CH_3 \xrightleftharpoons{Ba(OH)_2} \underset{(1)}{CH_3{-}C(CH_3)(OH){-}CH(H){-}\overset{O}{\overset{\|}{C}}CH_3} \xrightarrow{I_2\ 或\ H_3PO_4} \underset{(2)}{CH_3{-}C(CH_3){=}CH{-}\overset{O}{\overset{\|}{C}}CH_3}} \quad (71\%)$$

除了利用 Soxhlet 抽提器外，还可利用碱性 Al_2O_3 进行酮分子自身缩合反应。

（2）酸催化醛、酮自身缩合反应历程　酸催化作用首先是使醛、酮分子中羰基质子化并转成烯醇式，其与质子化羰基发生亲核加成，然后经质子转移，脱水得到产物，历程如下。

$$\mathrm{RCH_2\overset{O}{\overset{\|}{C}}R' + HA \rightleftharpoons RCH_2\overset{{}^+OH}{\overset{\|}{C}}R' + A^-}$$

$$\mathrm{RCH_2\overset{{}^+OH}{\overset{\|}{C}}R' \rightleftharpoons RCH{=}C(OH)R' + H^+}$$

$$RCH_2\overset{\overset{+}{O}H}{\overset{\|}{C}}R' + RCH{=}\underset{OH}{\underset{|}{C}}R' \rightleftharpoons RCH_2\overset{R'}{\overset{|}{\underset{OH}{\underset{|}{C}}}}-\underset{R}{\underset{|}{C}}H\overset{\overset{+}{O}H}{\overset{\|}{C}}R'$$

$$RCH_2\overset{R'}{\overset{|}{\underset{OH}{\underset{|}{C}}}}-\underset{R}{\underset{|}{C}}H\overset{\overset{+}{O}H}{\overset{\|}{C}}R' \rightleftharpoons RCH_2\overset{R'}{\overset{|}{\underset{OH}{\underset{|}{C}}}}-\underset{R}{\underset{|}{C}}H\overset{O}{\overset{\|}{C}}R' + H^+$$

$$RCH_2\overset{R'}{\overset{|}{\underset{OH}{\underset{|}{C}}}}-\underset{R}{\underset{|}{C}}H\overset{O}{\overset{\|}{C}}R' + H^+ \rightleftharpoons \left[RCH_2\overset{R'}{\overset{|}{\underset{\overset{+}{O}H_2}{\underset{|}{C}}}}-\underset{R}{\underset{|}{C}}H\overset{O}{\overset{\|}{C}}R'\right] \xrightarrow[-H^+]{-H_2O} RCH_2\overset{R'}{\overset{|}{C}}{=}\underset{R}{\underset{|}{C}}\overset{O}{\overset{\|}{C}}R'$$

在酸催化中，决定反应速率的是亲核加成一步。除脱水反应外，其余各步反应都是可逆反应。在丙酮自身缩合中，若采用弱酸性阳离子交换树脂 Dowex-50 为催化剂，可以直接得到脱水产物（2），收率 90%，且操作简便，不需抽提装置。

酮的自身缩合，若是对称酮，产品较单纯。若为不对称酮，不论酸或碱催化，反应主要发生在羰基 α-位上取代基较少的碳原子上，得 β-羟基酮或其脱水产物。

$$2CH_3CH_2\overset{O}{\overset{\|}{C}}CH_3 \xrightarrow{C_6H_5N(CH_3)\ MgBr/PbH/E_{t2}O} CH_3CH_2\overset{O}{\overset{\|}{C}}CH_2\overset{CH_3}{\overset{|}{\underset{OH}{\underset{|}{C}}}}-CH_2CH_3$$

（60%～67%）

3. 异分子醛、 酮交叉缩合

含有活泼 α-H 的不同醛、酮分子之间的缩合，情况比较复杂，可以发生交叉的羟醛缩合以及自身缩合，往往生成复杂的混合物，分离也比较困难，因而没有应用价值。要得到单一产物为主的缩合产物须使用无活泼 α-H 的醛与含活泼 α-H 的醛酮缩合或使用含活泼 α-H 的不同醛、酮分子间的区域选择及主体选择手段进行定向羟醛缩合。

甲醛或其他不含 α-H 的醛（芳醛），由于没有活泼 α-H，自身不能发生羟醛缩合，但它们的羰基可以与含 α-H 的醛（酮）发生羟醛缩合。甲醛或芳醛仅能作为羰基组分，而不能给出 α-H 作为亚甲基组分。所以此类反应产物较单纯，应用也较广泛。

（1）芳醛与含活泼 α-H 的醛、酮的缩合　芳醛与含活泼 α-H 的醛、酮在碱催化下缩合生成 β-不饱和醛、酮。该反应称为克莱森-斯密特（Claisen-Schmidt）反应，通式如下。

$$ArCHO + RCH_2\overset{O}{\overset{\|}{C}}R' \rightleftharpoons Ar\overset{OH}{\overset{|}{C}}H\underset{R}{\underset{|}{C}}H\overset{O}{\overset{\|}{C}}R' \xrightarrow{-H_2O} ArCH{=}\underset{R}{\underset{|}{C}}\overset{O}{\overset{\|}{C}}R'$$

反应先生成中间产物 β-羟基芳丙醛（酮），但其极不稳定，在强碱或强酸催化下立即脱水生成稳定的芳丙烯醛（酮）。例如

$$O_2N-C_6H_4-CHO + C_6H_5COCH_3 \xrightarrow[H_2SO_4/HOAC\ (99\%)]{NaOH/H_2O/EtOH\ (94\%)} O_2N-C_6H_4-CH{=}CHCOC_6H_5$$

若芳醛与不对称的酮缩合，不对称的酮中仅有一个 α 位有活泼氢原子，则产品单一。不

论酸或碱催化均得同一产品。若两个 α-位均有活泼氢原子，则可能得到两种不同产品，如：

$$\text{C}_6\text{H}_5\text{—CHO} + \text{CH}_3\overset{\text{O}}{\overset{\|}{\text{C}}}\text{CH}_2\text{CH}_3 \begin{cases} \xrightarrow{\text{NaOH}} \text{C}_6\text{H}_5\text{—CH}\text{=}\text{CH}\overset{\text{O}}{\overset{\|}{\text{C}}}\text{C}_2\text{H}_5 \\ \xrightarrow{\text{HCl}} \text{C}_6\text{H}_5\text{—CH}\text{=}\underset{\text{CH}_3}{\underset{|}{\text{C}}}\text{—}\overset{\text{O}}{\overset{\|}{\text{C}}}\text{CH}_3 \end{cases}$$

（2）甲醛与含活泼 α-H 的醛酮的缩合　甲醛本身不含活泼 α-H 难以自身缩合，但在碱催化下，可与含活泼 α-H 的醛、酮进行羟醛缩合，并在醛、酮的 α-碳原子上引入羟甲基，此反应称为羟甲基化反应（Tollens 缩合），其产物是 β-羟基醛（酮）或其脱水产物（α、β-不饱和醛、酮），例如：

$$\text{HCHO} + \text{CH}_3\text{COCH}_3 \xrightarrow[40\sim42℃]{\text{稀 NaOH}} \underset{\text{OH}}{\underset{|}{\text{H}_2\text{C}}}\text{—}\underset{\text{H}}{\underset{|}{\text{CH}}}\text{—COCH}_3 \xrightarrow{-\text{H}_2\text{O}} \text{H}_2\text{C}\text{=}\text{CH—COCH}_3$$

（45%）

利用这种特点还可以用甲醛与其他醛缩合成一系列羟甲基醛，如果采用过量甲醛，则可能在脂肪醛上引入多个羟甲基，例如：

$$2\text{HCHO} + \text{CH}_3\text{CH}_2\text{CH}_2\text{CHO} \xrightarrow[14\sim20℃,\ 3\text{h}]{\text{K}_2\text{CO}_3} \text{CH}_3\text{CH}_2\text{—}\underset{\text{CH}_2\text{OH}}{\underset{|}{\overset{\text{CH}_2\text{OH}}{\overset{|}{\text{C}}}}}\text{—CHO}$$

（90%）

生成的多羟基醛又会与过量的甲醛发生康尼查罗（Cannizzaro）反应（亦称歧化反应），因此甲醛的羟甲基化反应和 Cannizzaro 反应往往能同时发生，最后产物为多羟基化合物，例如：

$$\text{CH}_3\text{CH}_2\text{—}\underset{\text{CH}_2\text{OH}}{\underset{|}{\overset{\text{CH}_2\text{OH}}{\overset{|}{\text{C}}}}}\text{—CHO} + \text{HCHO} + \text{H}_2\text{O} \longrightarrow \text{CH}_3\text{CH}_2\text{—}\underset{\text{CH}_2\text{OH}}{\underset{|}{\overset{\text{CH}_2\text{OH}}{\overset{|}{\text{C}}}}}\text{—CH}_2\text{OH} + \text{HCOOH}$$

由此可见，当甲醛与有活泼 α-H 的脂肪醛在浓碱液中作用时，首先发生羟醛缩合反应，然后进行歧化反应。这是制备多羟基化合物的有效方法。

近年来，含活泼 α-H 的醛、酮分子间的区域选择及立体选择的羟醛缩合反应发展很快，已成为一类形成新碳-碳键的一种重要反应，这种方法被称为定向羟醛缩合。有关定向羟醛缩合的基本原理及方法，本书不作介绍，读者可参阅其他相关文献。

二、 胺甲基化反应（Mannich 反应）

1. Mannich 反应及其历程

含活泼氢原子的化合物与甲醛（或其他醛）和具有氢原子的伯胺、仲胺或铵盐在酸（碱）性作用下进行脱水缩合，生成氨甲基衍生物的反应称为胺甲基化反应，也称曼尼希（Mannich）反应，其产物常称 Mannich 碱或 Mannich 盐，反应如下。

$$\text{R}'\text{CH}_2\overset{\text{O}}{\overset{\|}{\text{C}}}\text{R}'' + \text{H}\overset{\text{O}}{\overset{\|}{\text{C}}}\text{H} + \text{R}_2\text{NH} \longrightarrow \text{R}_2\text{NCH}_2\underset{\text{R}'}{\underset{|}{\text{C}}}\text{H}\overset{\text{O}}{\overset{\|}{\text{C}}}\text{R}''$$

其酸催化反应历程为：亲核性较强的胺与甲基反应，生成 N-羟甲基加成物，并在酸催化下脱水生成亚甲基铵离子，进而向烯醇式的酮作亲电进攻而得产物。

$$H-\overset{O}{\overset{\|}{C}}-H + R_2NH \longrightarrow H-\underset{OH}{\underset{|}{\overset{NR_2}{\overset{|}{C}}}}-H \xrightarrow[-H_2O]{H^+} H-\overset{NR_2}{\overset{|}{C^+}}-H \longleftrightarrow H-\overset{^+NR_2}{\overset{\|}{C}}-H$$

$$\xrightarrow{CH_2=\overset{OH}{\overset{|}{C}}-R'} R_2NCH_2CH_2-\overset{^+OH}{\overset{\|}{C}}-R' \xrightarrow{-H^+} R_2NCH_2CH_2\overset{O}{\overset{\|}{C}}R'$$

碱催化反应历程为：由加成物 *N*-羟甲基胺在碱性条件下，与酮的碳负离子进行缩合而得。

$$H-\overset{O}{\overset{\|}{C}}-H + R_2NH \longrightarrow H-\underset{OH}{\underset{|}{\overset{NR_2}{\overset{|}{C}}}}-H \xrightarrow{\overset{-}{C}H_2\overset{O}{\overset{\|}{C}}R'} R_2NCH_2CH_2\overset{O}{\overset{\|}{C}}R' + OH^-$$

2. Mannich 反应的主要影响因素

（1）含活泼 α-H 的化合物　常用的含活泼 α-H 的化合物有酮、醛、羧酸及其酯类、腈、硝基烷、炔、酚类及某些杂环化合物，其中以酮类最为重要。

（2）胺类化合物　一般采用碱性较强的脂肪胺，其中，因仲胺氮原子上仅有一个氢原子，产物单纯，故被广泛采用，当胺碱性很强时，则用其盐酸盐。通常不使用芳胺，因为芳胺的碱性较弱，亲核活性小，产物收率低。

（3）甲醛　反应用的甲醛可以是甲醛水溶液、三聚甲醛或多聚甲醛。

（4）溶剂及酸度　反应常用的溶剂有水、醇、乙酸溶液、硝基苯等。反应通常在弱酸性（pH＝3～7）条件下进行，采用盐酸调节。加酸的作用有三个：一是催化作用；二是解聚作用；三是稳定作用。某些对盐酸不稳定的杂环化合物进行氨甲基化反应时需采用乙酸。

（5）原料配比　氨甲基化反应中，不同的原料配比对反应产物及其结构影响很大。如采用氨进行反应，在甲醛和含活泼 α-H 化合物过量时，生成的 Mannich 盐进一步反应，形成仲胺或叔胺的 Mannich 盐。

$$NH_3\cdot HCl \xrightarrow[HCHO]{R\overset{O}{\overset{\|}{C}}CH_3} R\overset{O}{\overset{\|}{C}}CH_2CH_2NH_2\cdot HCl \xrightarrow[HCHO]{R\overset{O}{\overset{\|}{C}}CH_3} (R\overset{O}{\overset{\|}{C}}CH_2CH_2)_2NH\cdot HCl$$

$$\xrightarrow[HCHO]{R\overset{O}{\overset{\|}{C}}CH_3} (R\overset{O}{\overset{\|}{C}}CH_2CH_2)_3N\cdot HCl$$

因此，氨甲基化反应必须严格控制配料和反应条件。

3. Mannich 反应的应用

氨甲基反应在精细有机合成反应方法上的意义，不仅在于制备众多 C-氨甲基化产物，并可作为中间体，通过消除、加成/氢解和置换等反应而制备一般难以合成的产物。

（1）消除　Mannich 碱或其盐不太稳定，加热可消除胺分子形成烯键，发生消除反应。例如药物依他尼酸(也称利尿酸)的合成。

$$\text{2,3-Cl}_2\text{-4-}(OCH_2COOH)C_6H_2-\overset{O}{\overset{\|}{C}}-CH_2CH_2CH_3 \xrightarrow[HOAc\quad MeOH\quad \triangle]{(HCHO)_n\quad (CH_3)_2NH\cdot HCl} \text{2,3-Cl}_2\text{-4-}(OCH_2COOH)C_6H_2-\overset{O}{\overset{\|}{C}}-\overset{CH_2N(CH_3)_2\cdot HCl}{\overset{|}{C}H}CH_2CH_3 \xrightarrow[65℃,\ 8h]{10\%NaHCO_3\ pH=9\sim10} \xrightarrow{HCl} \text{2,3-Cl}_2\text{-4-}(OCH_2COOH)C_6H_2-\overset{O}{\overset{\|}{C}}-\overset{CH_2}{\overset{\|}{C}}-CH_2CH_3\ (54\%)$$

（2）加成/氢解 Mannich碱或其盐酸盐在活泼镍催化下可以发生氢解反应，从而制得比原反应物多一个碳原子的同系物。如维生素K的中间体2-甲基萘醌的制备。

$$\text{1-萘酚} \xrightarrow[(CH_3)_2NH]{HCHO} \text{2-}CH_2N(CH_3)_2\text{-1-萘酚} \xrightarrow[EtOH]{H_2/Ni} \underset{(42\%)}{\text{2-甲基-1-萘酚}} \xrightarrow{CrO_3/HOAc} \underset{(75\%)}{\text{2-甲基-1,4-萘醌}}$$

（3）置换 Mannich碱可被强的亲核试剂置换而发生置换反应。如植物生长素β-吲哚乙酸的制备。

$$\text{3-}CH_2N(CH_3)_2\text{-吲哚} \xrightarrow[EtOH]{NaCN/H_2O} \text{3-}CH_2CN\text{-吲哚} \xrightarrow[\triangle]{HCl/H_2O} \underset{(70\%)}{\text{3-}CH_2COOH\text{-吲哚}}$$

第三节 醛酮与羧酸及其衍生物的缩合

一、珀金（Perkin）反应

1. 珀金反应及反应历程

芳香醛与脂肪酸酐在碱性催化剂作用下缩合，生成β-芳丙烯酸类化合物的反应称为珀金（Perkin）反应，反应如下。

$$ArCHO+(RCH_2CO)_2O \xrightarrow[2)\ H_3^+O]{1)\ RCH_2COK} ArCH{=}\underset{R}{\underset{|}{C}}{-}COOH + RCH_2COOH$$

反应实质是酸酐的亚甲基与醛进行羟醛型缩合，反应历程如下。

$$(CH_3CO)_2O + CH_3COO^- \rightleftharpoons \left[{}^-CH_2{-}CO{-}O{-}COCH_3 \longleftrightarrow CH_2{=}C(O^-){-}O{-}COCH_3 \right] \xrightleftharpoons{PhCHO}$$

$$Ph{-}CH(O^-){-}CH_2{-}CO{-}O{-}COCH_3 \longrightarrow Ph{-}CH(OCOCH_3)CH_2COO^- \xrightarrow{(CH_3CO)_2O} Ph{-}CH(OCOCH_3){-}CH(H)COOCOCH_3$$

$$\xrightarrow{-H^+,\ -CH_3COO^-} Ph{-}CH{=}CHC(=O){-}OC(=O)CH_3 \xrightarrow[-CH_3COOH]{H_2O} Ph{-}CH{=}CHCOOH$$

2. 反应主要影响因素

（1）酸酐 参加珀金反应的酸酐一般为具有两个或三个活泼α-H的低级单酸酐。高级酸酐制备较难，来源亦少，可采用该羧酸盐与乙酸酐代替，使其先生成相应的混合酸酐，再参与缩合，如：

$$PhCH_2COOH+(CH_3CO)_2O \xrightarrow[\triangle]{Et_3N} PhCH_2COOCOCH_3 \xrightarrow[1)\ H_3^+O]{1)\ PhCHO} Ph{-}CH{=}C(Ph){-}COOH$$

(83%)

(2) 芳醛结构　珀金反应的收率与芳醛结构有关。芳环上连有吸电子基越多，吸电子能力越强，反应越易进行，收率也较高；芳环上连有给电子基时，反应较困难，收率一般较低，甚至不发生反应。但醛基邻位有羟基或烷氧基时，对反应还是有利的。

杂环芳醛也能发生类似反应，如糠醛与乙酸酐缩合，得呋喃丙烯酸。

$$\text{2-呋喃甲醛 (CHO)} + (CH_3CO)_2O \xrightarrow[2)\ H_3^+O]{1)\ KOAc\ 150℃} \text{2-呋喃基}{-}CH{=}CHCOOH$$

(3) 催化剂　珀金反应所用的催化剂为多羧酸酐相应的羧酸钾盐或钠盐，无水羧酸钾盐的效果比钠盐好，反应速率快、收率高。叔胺也可催化此反应。

(4) 反应温度　珀金反应一般需要较高的反应温度（150～200℃）和较长的反应时间。这是由于羧酸是活性较弱的亚甲基化合物，而催化剂羧酸盐的碱性又弱的缘故。但反应温度过高，将会发生脱羧和消除副反应，生成烯烃。

$$Ph{-}CH(OCOCH_3)CH_2COO^- \xrightarrow{\text{过高温度}} Ph{-}CH{=}CH_2+CO_2+CH_3COO^-$$

此外，珀金反应需在无水条件下进行。如苯甲醛与乙酸酐反应时，苯甲醛需为新鲜蒸馏品，乙酸酐钾要焙烧后研细使用。

3. 珀金反应的应用

珀金反应可用于β-芳丙烯酸类化合物的制备。尽管与诺文葛耳-多布纳反应相比，一般收率较低，但制备芳环上有吸电子基的β-芳丙烯酸时，两种方法收率接近。最主要的是，珀金反应采用的原料容易获得。如胆囊造影剂碘番酸（Iopanic Acid）中间体制备。

$$\text{3-}NO_2C_6H_4CHO+(CH_3CH_2CH_2CO)_2O \xrightarrow[2)\ H_3^+O]{1)\ CH_3CH_2CH_2COONa/135\sim140℃/7h} \text{3-}NO_2C_6H_4{-}CH{=}C(C_2H_5){-}COOH$$

(70%～75%)

二、诺文葛耳-多布纳（Knoevenagel-Doebner）缩合反应

1. 诺文葛耳-多布纳缩合反应的概念

醛、酮与含活泼亚甲基的化合物在氨、胺或它们的羧酸盐催化下，发生羟醛型缩合，脱水而形成α-不饱和化合物与β-不饱和化合物的反应称为诺文葛耳-多布纳（Knoevenagel-Doebner）反应。反应结果在羰基α-碳上引入了亚甲基，其反应式如下。

$$XYCH_2+O{=}CRR' \xrightarrow{\text{催化剂}} XYC{=}CRR'+H_2O$$

式中，X、Y为吸电子基，如—CN、—NO_2、—COR″、—COOR″、—CONHR″等；R、R′为—H或烃基。

2. 反应主要影响因素

（1）亚甲基化合物　诺文葛耳-多布纳缩合中，常见的亚甲基化合物有：丙二酸及其酯类、乙酰二酰及其酯类、氰乙酰胺类、丙二腈、丙二酰胺类、芳酮类、脂肪硝基化合物等。其中所含吸电子基团的吸电子能力越强，反应活性越高。

（2）醛、酮结构　参加诺文葛耳-多布纳缩合的醛、酮（羰基组分）结构不同，反应结果亦不尽相同。芳醛和脂肪醛均可顺利进行本反应，其中以芳醛的反应效果更好，如：

$$PhCHO+H_2C(COOC_2H_5)_2 \xrightarrow[\text{苯回流带水}]{\text{哌啶/苯甲酸}} PhCH=C(COOC_2H_5)_2$$

（89%～91%）

位阻小的酮（如丙酮、甲乙酮、脂环酮等）与活性较高的活泼亚甲基化合物（如丙二腈、氰乙酸、脂肪硝化合物等）可顺利进行诺文葛耳-多布纳缩合，收率也较高；但与丙二酸酯、β-酮酸酯及β-二酮的缩合收率不高。而位阻大的酮反应较困难，收率也较低，如：

$$CH_3COCH_3+CH_2(CN)_2 \xrightarrow[\text{苯回流带水}]{H_2NCH_2CH_2COOH} (CH_3)_2C(CN)_2$$

（92%）

$$\text{环己酮}=O+CNCH_2COOH \xrightarrow[\text{苯回流带水}]{NH_4OAc} \text{环己亚基}=C(CN)(COOH)$$

（65%～76%）

$$PhCOCH_3+CNCH_2COOC_2H_5 \xrightarrow[\text{苯回流带水}]{NH_4OAc/HOAc} Ph-C(CH_3)=C(CN)-COOC_2H_5$$

（52%～58%）

$$(CH_3)_3C-C(CH_3)=O+H_2C(CN)_2 \xrightarrow[\text{苯回流带水}]{H_2NCH_2CH_2COOH} (CH_3)_3C-C(CH_3)=C(CN)_2$$

（48%）

（3）催化剂　反应常用的催化剂有氨-乙醇、丁胺、乙酸铵、吡啶、哌啶、甘氨酸、β-氨基丙酸、碱性离子交换树脂羧酸盐、氢氧化钠、碳酸钠等。对活性较大的反应物也可不用催化剂。

（4）溶剂　反应时，可用苯、甲苯等有机溶剂来共沸脱水，促使反应进行完全；同时又可防止含活泼亚甲基的酯类等化合物水解。

3. 诺文葛耳-多布纳反应的应用

诺文葛耳-多布纳缩合在精细有机合成及中间体合成中应用很多，主要用于制备α-不饱和酸与β-不饱和酸及其衍生物，α-不饱和腈与β-不饱和腈和硝基化合物等。其构型一般为E型，如防腐防霉剂山梨酸的合成。

$$CH_3CH=CHCHO+CH_2(COOH)_2 \xrightarrow[100℃,\ 4h]{Py} CH_3CH=CHCH=CHCOOH$$

又如，升压药多巴胺（Dopamine）中间体的合成。

$$\text{3-}CH_3O\text{-4-}HO\text{-}C_6H_3\text{-}CHO + CH_3NO_2 \xrightarrow[3\sim4h]{CH_3NH_2/HCl/EtOH} \text{3-}CH_3O\text{-4-}HO\text{-}C_6H_3\text{-}CH=CHNO_2$$

（90%～93%）

此外，在醇盐等强碱性催化剂作用下，芳醛与含有一个吸电子基的羧酸衍生物也可发生类似的诺文葛耳-多布纳缩合，如β-苯丙烯酸乙酯的制备。

$$PhCHO + CH_3COOC_2H_5 \xrightarrow{NaOEt} PhCH{=}CH{-}COOC_2H_5$$

三、 达曾斯（Darzens）缩合反应

1. 达曾斯反应的概念

醛或酮与α-卤代酸酯在强碱催化剂作用下缩合，生成α-环氧酸酯与β-环氧酸酯（缩水甘油酸酯）的反应称为达曾斯（Darzens）缩合反应，反应通式如下：

$$R'RC{=}O + R''CH(X){-}COOR''' \xrightarrow{RONa} R'RC\overset{O}{—}C(R'')COOR''' + NaX + ROH$$

2. 反应主要影响因素

（1）α-卤代酸酯　反应所用的α-卤代酸酯，一般以α-氯代酸酯最适合。α-溴代酸酯和α-碘代酸酯虽然活性较大，因易发生烃化副反应，使产品变得复杂而很少采用。

（2）醛、酮的结构　参加达曾斯缩合反应的羰基化合物中，除脂肪醛收率不高外，脂肪酮、芳酮、芳脂酮、脂环酮、不饱和酮及芳醛等均可获得较好收率，如：

$$PhCOCH_3 + ClCH_2COOC_2H_5 \xrightarrow[15\sim20℃,\ 4h]{NaNH_2} Ph(H_3C)C\overset{O}{—}CH{-}COOC_2H_5$$

（62%～64%）

$$(CH_3O)_2CHCH_2{-}C(CH_3){=}O + ClCH_2COOCH_3 \xrightarrow[Et_2O]{MeONa} (CH_3O)_2CHCH_2(H_3C)C\overset{O}{—}CH{-}COOCH_3$$

（77%～80%）

$$C_6H_{10}{=}O + ClCH_2COOC_2H_5 \xrightarrow[10\sim15℃,\ 3h]{t\text{-}BuOH;\ t\text{-}BuOK} C_6H_{10}{=}C\overset{O}{—}CH{-}COOC_2H_5$$

（83%～95%）

（3）催化剂　达曾斯缩合反应常用的强碱性催化剂有醇钠、氨基钠、叔丁醇钾等。前者应用最广，后者碱性最强，效果最好，所得产物收率也比用其他催化剂时高。对于活性低的反应物用叔丁酸钾和氨基钠比较合适。

（4）其他因素　由于α-卤代酸酯和催化剂均易水解，达曾斯反应需在无水条件下进行，反应温度也不高。

此外，还可用α-卤代酮、对硝基苄氯、α-卤代酰胺等替代α-卤代酸酯，生成相应的α-环氧取代衍生物与β-环氧取代衍生物，如：

$$PhCHO + ClCH_2\overset{O}{\overset{\|}{C}}Ph \xrightarrow[二氧六环\ 0℃]{NaOH,\ H_2O} Ph{-}CH\overset{O}{—}CH{-}\overset{O}{\overset{\|}{C}}{-}Ph$$

（95%）

$$PhCHO + ClCH_2{-}C_6H_4{-}NO_2 \xrightarrow[\triangle]{NaOH,\ EtOH} Ph{-}CH\overset{O}{—}CH{-}CH_2{-}C_6H_4{-}NO_2$$

（94%）

3. 达曾斯反应的应用

由达曾斯缩合所得的 α-环氧酸酯与 β-环氧酸酯有顺、反两种构型。一般以酯基与邻位碳原子上的大基团处于反式的异构体占优势。达曾斯缩合反应的主要意义还在于其缩合产物经水解、脱羧等反应，可以转化成比原反应物醛或酮至少多一个碳原子的醛或酮。通常是将 α-环氧酸酯与 β-环氧酸酯用碱水解后，继续加热脱羧；也可以将碱水解物用酸中和，然后加热脱羧制得醛或酮。如维生素 A（Retinol）中间体十四碳醛的制备。

$$\beta\text{-紫罗兰酮} + ClCH_2COOCH_3 \xrightarrow[\substack{-12\sim-8℃\\5\sim25℃,5h}]{MeONa} \text{(环氧酸酯)}-COOCH_3$$

$$\xrightarrow[38\sim42℃,15\sim20min]{^{-}OH,H_2O} \text{(烯醇盐)}-O^{-} \xrightarrow[H^{+}]{pH=6\sim7} \text{(十四碳醛)}-CHO \quad (87\%)$$

第四节 醛酮与醇的缩合

一、醛酮与醇的缩合反应及其特点

醛或酮在酸性催化剂存在下，能与一分子醇发生加成，生成半缩醛（酮）。半缩醛（酮）很不稳定，一般很难分离出来，它可与另一分子醇继续缩合，脱水形成缩醛（acetal）或酮。

$$RR'C{=}O + HOR'' \overset{H^{+}}{\rightleftharpoons} RR'C(OR'')(OH) \underset{H^{+}/-H_2O}{\overset{HOR''}{\rightleftharpoons}} RR'C(OR'')_2$$

当 R′为氢原子时称缩醛，R′为烃基时称缩酮；当使用二醇时，生成环状缩醛（酮）；使用乙二醇时，生成茂烷类；使用丙二醇时，生成噁烷类。

缩醛（酮）反应历程如下：

$$RR'C{=}O \overset{H^{+}}{\rightleftharpoons} RR'C{=}\overset{+}{O}H \overset{HOR''}{\rightleftharpoons} R-\underset{R'}{C}(\overset{+}{H}OR'')-OH \rightleftharpoons R-\underset{R'}{C}(OR'')-OH_2^{+}$$

$$\overset{-H_2O}{\rightleftharpoons} RR'\overset{+}{C}-OR'' \overset{HOR''}{\rightleftharpoons} R-\underset{R'}{C}(\overset{+}{H}OR'')-OR'' \overset{-H^{+}}{\rightleftharpoons} R-\underset{R'}{C}(OR'')-OR''$$

半缩醛（酮）的生成是对醛（酮）羰基的亲核加成。酸对反应起催化作用，羰基的质子化增加了羰基碳原子的正电性，使羰基更容易受亲核试剂进攻。半缩醛（酮）在酸化下失去一分子水，形成碳正离子，然后再与另一分子醇发生亲核取代反应生成缩醛（酮）。

缩醛（酮）具有胞二醚的结构，对碱和氧化剂都相当稳定。但由于缩醛（酮）的生成是可逆的，故其在稀酸溶液和较高温度下可水解为原来的醛（酮）和醇，而低温除水有利于缩醛（酮）的生成。因此制备缩醛（酮）要在干燥的氯化氢气体或浓硫酸（脱水）存在下进行。也可利用共沸除水方法除去反应生成的水来制备缩醛（酮）。

缩酮较缩醛难于生成，反应较困难。常用原甲酸酯在酸催化下与酮反应来制备，如：

$$(CH_3)_2C{=}O + HC(OC_2H_5)_3 \xrightarrow{H^+} (CH_3)_2C(OC_2H_5)_2 + HCOOC_2H_5$$

但酮与1,2-二醇或1,3-二醇可顺利生成环状缩酮。

$$\text{环己酮} + HOCH_2CH_2OH \xrightarrow{H^+} \text{环己酮乙二醇缩酮} + H_2O \quad (80\%)$$

环状缩酮（醛）在酸催化下水解，可生成酮（醛）和二醇。据此，在精细有机合成中环状缩酮（醛）被用来作羰基的保护基团，如：

$$CH_3CO\text{—}C_6H_4\text{—}CO_2H \xrightarrow[H^+]{HOCH_2CH_2OH} \text{(缩酮)}\text{—}C_6H_4\text{—}CO_2H \xrightarrow[H_2O]{LiAlH_4}$$

$$\text{(缩酮)}\text{—}C_6H_4\text{—}CH_2OH \xrightarrow[HCl]{H_2O} CH_3CO\text{—}C_6H_4\text{—}CH_2OH$$

用环状缩酮将酮羰基保护起来，从而可使酮羰基保留下来，否则酮羰基会被同时还原。

如果一个分子中同时含有羟基和醛基，只要两者位置适当，通常可自动生成环状半缩醛，并且能够稳定存在。

$$HOCH_2CH_2CH_2CHO \longrightarrow \text{2-羟基四氢呋喃}$$

二、 应用实例

缩醛（酮）除作为保护基使用外，许多精细化学品或中间体均具有缩醛（酮）结构。下面简要介绍其典型工业应用。

1. 聚乙烯醇缩醛黏合剂的合成

聚乙烯醇与醛类进行缩醛化反应即可得到聚乙烯醇缩醛，反应如下：

$$\sim CH_2\text{—}CH(OH)\text{—}CH_2\text{—}CH(OH)\sim + RCHO \xrightarrow{H^+} \sim CH_2\text{—}CH\text{—}CH_2\text{—}CH\sim \ (\text{两个O经}CHR\text{连成环})$$

工业中应用最多的缩醛品种是聚乙烯醇缩丁醛和聚乙烯醇缩甲醛。

聚乙烯醇缩醛的溶解性取决于分子中羟基的含量。缩醛度为50%时，可溶于水并配制成水溶液黏合剂，市售的106和107黏合剂就属此种类型。缩醛度很高时则不溶于水而溶于有机溶剂中。

聚乙烯醇缩丁醛是安全玻璃层压制造最常用的黏合剂。它既要求光学透明度，又要求结构性能和黏合性能。聚乙烯醇缩醛对玻璃的黏附能力与缩醛化程度有密切关系，适用于配制安全玻璃黏合剂的是高分子量的缩醛化程度为 70%～80%、自由羟基占 17%～18%的聚乙烯醇缩丁醛。

2. 合成香料苹果酯的合成

合成香料苹果酯（2-甲基-2-乙酸乙酯-1,3-二氧茂烷）是由乙酰乙酸乙酯和乙二醇在柠檬酸催化下，用苯作溶剂和脱水剂缩合而成。

$$CH_3COCH_2COOC_2H_5 + HOCH_2CH_2OH \xrightarrow[\text{苯}]{\text{柠檬酸}} \text{(2-甲基-1,3-二氧茂烷-2-基)}CH_2COOC_2H_5 + H_2O$$

经减压分馏精制，收率约 60%，产品具有新鲜苹果香气。

3. α-氰基丙烯酸-1,2-异亚丙基甘油酯（CAG）的合成

α-氰基丙烯酸-1,2-异亚丙基甘油酯（CAG）是一种新型医用快速生物降解的止血剂和组织黏合剂。CAG 的止血作用优于目前所用的 25 号止血粉、云南白药、止血纤维及吸收性明胶海绵等。合成反应路线如下。

$$HOCH_2CH(OH)CH_2OH + (CH_3)_2C{=}O \xrightarrow[\text{苯}/\triangle]{PSSF} HOH_2C\text{-(2,2-二甲基-1,3-二氧戊环-4-基)} \xrightarrow[\text{对甲苯磺酸苯}]{NCCH_2COOH} CH_2OCOCH_2CN\text{-(2,2-二甲基-1,3-二氧戊环-4-基)}$$

$$\xrightarrow[\text{哌啶,苯}]{(CH_2O)_n} HO\left[CH_2-\underset{CO_2CH_2\text{-(2,2-二甲基-1,3-二氧戊环-4-基)}}{\overset{CN}{C}}\right]_n H \xrightarrow[\triangle]{P_2O_5/SO_2} \underset{(CAG)}{CH_2{=}C(CN)CO_2CH_2\text{-(2,2-二甲基-1,3-二氧戊环-4-基)}}$$

其工艺过程为：将甘油和丙酮按 1∶2.4（摩尔比）的配比，在高分子 Lewis 酸载体催化剂 PSSF 作用下，进行共沸回流反应（苯为共沸剂），反应结束后滤出催化剂，并回收苯及过量丙酮后减压蒸馏，收集 82～83℃/1733Pa 馏分，即得产物缩酮。再将氰基乙酸和缩酮按 1∶2（摩尔比）的配比，在对甲基苯磺酸催化下、以苯为共沸剂进行共沸回流反应；待反应完全后，将反应混合液冷至室温，用无水乙酸钠处理反应液，回收大部分苯后用 Na_2CO_3-NaCl 饱和溶液调节 pH 值至 7 左右；分出有机相，干燥；回收剩余的苯后，减压回收过量的缩酮，收得 148～149℃/213.3Pa 馏分，得中间产物氰乙酸酯。再将氰乙酸酯与多聚甲醛按等摩尔比配料，以少量哌啶为催化剂进行缩合，反应时甲醛分批投入，控制反应温度不超过 70℃，待甲醛加料完毕后再升温继续反应，用苯恒沸脱水。反应完全后所得为 CAG 的聚合物。加少量抗氧剂（2,6-二叔丁基对甲苯酚）和适量 P_2O_5 及稀释剂（磷酸三甲苯酯），回收苯后，在无水 SO_2 气氛下加热解聚。收集 102～105℃/26.7～40Pa 馏分产物，产率为 41%～52%。

第五节 酯的缩合

酯与具有活泼亚甲基的化合物在适宜的碱催化下脱醇缩合，生成 β-羰基类化合物的反应称为酯缩合反应，又称 Claison 缩合。具有活泼亚甲基的化合物可以是酯、酮、腈，其中以酯与酯的缩合较为重要，应用也较广泛。

一、 酯-酯缩合

酯与酯的缩合大致可分三种类型。一种是相同的酯分子间的缩合称为同酯缩合，另一种是不同的酯分子间的缩合称为异酯缩合。还有一种是二元羧酸分子内进行的缩合，称为狄克曼（Diekmann）反应，该反应将在成环缩合中进行讨论。

1. 酯的自身缩合

酯分子中活泼 α-H 的酸性不如醛、酮大，酯羰基碳上的正电荷也比醛、酮小，加上酯易发生水解的特点，故在一般羟醛缩合反应条件下，酯不能发生类似的缩合。然而，在无水条件下，使用活性更强的碱（如 RONa、$NaNH_2$ 等）作催化剂，两分子的酯就会通过消除一分子的醇缩合在一起，总反应如下：

$$RCH_2-\overset{O}{\overset{\|}{C}}-OC_2H_5 + \underset{R}{\underset{|}{HCH}}-COOC_2H_5 \xrightarrow[2)\ H^+]{1)\ EtONa} RCH_2-\overset{O}{\overset{\|}{C}}-\underset{R}{\underset{|}{CH}}-COOC_2H_5 + C_2H_5OH$$

其反应历程为：在催化剂乙醇钠的作用下，酯先生成负碳离子，并向另一分子酯的羰基碳原子进行亲核进攻，得初始加成物；初始加成物消除烷氧负离子，生成 β-酮酸酯。

$$RCH_2COOC_2H_5 + C_2H_5ONa \rightleftharpoons \left[R\overset{-}{C}H-\underset{OC_2H_5}{\underset{|}{\overset{O}{\overset{\|}{C}}}} \longleftrightarrow RCH=\underset{OC_2H_5}{\underset{|}{\overset{O^-}{\overset{|}{C}}}} \right] Na^+ + C_2H_5OH$$

$$RCH_2-\underset{OC_2H_5}{\underset{|}{\overset{O}{\overset{\|}{C}}}} + \left[\underset{R}{\underset{|}{\overset{-}{C}H}}-\overset{O}{\overset{\|}{C}}-OC_2H_5 \right] Na^+ \rightleftharpoons RCH_2-\underset{OC_2H_5}{\underset{|}{\overset{O^-Na^+}{\overset{|}{C}}}}-\underset{R}{\underset{|}{CH}}-COOC_2H_5$$

$$\rightleftharpoons RCH_2-\overset{O}{\overset{\|}{C}}-\underset{R}{\underset{|}{CH}}-COOC_2H_5 + C_2H_5ONa$$

一般来说，含有活泼 α-H 的酯均可发生自身缩合反应。当含两个或三个活泼 α-H 的酯缩合时，产物 β-酮酸酯的酸性比醇大得多，在有足够量的醇钠等碱性催化剂作用下，产物几乎可以全部转化成稳定的 β-酮酸酯钠盐，从而使反应平衡向右移动。如乙酸乙酯在乙醇钠催化下缩合，可得较好收率的乙酰乙酸乙酯。当含一个活泼 α-H 的酯缩合时，因其缩合产物不能与醇钠等碱性催化剂成盐，不能使平衡右移，因此，必须使用比醇钠更强的碱（如 $NaNH_2$、NaH、Ph_3CNa 等），以促使反应顺利进行。如异丁酸乙酯用乙醇钠催化，则不能缩合，需用三苯甲基钠催化缩合，此时，其收率可达 60%。

$$2CH_3COOC_2H_5 \xrightarrow[2)\ 33\%HOAc\ 水溶液]{1)\ EtONa,\ 78℃,\ 8h} CH_3COCH_2COOC_2H_5$$

(76%)

$$(CH_3)_2CHCOOC_2H_5 \xrightarrow{Ph_3CNa} (CH_3)_2C=\overset{ONa}{\overset{|}{C}}-OC_2H_5 \xrightarrow{(CH_3)_2CHCOOC_2H_5} (CH_3)_2C=\overset{ONa}{\overset{|}{C}}-\underset{CH_3}{\underset{|}{\overset{CH_3}{\overset{|}{C}}}}-COOC_2H_5$$

(60%)

酯缩合反应需用强碱作催化剂，催化剂的碱性越强，越有利于酯形成负碳离子而使平衡向生成物方向移动。常用碱催化剂有醇钠、氨基钠、氢化钠和三苯甲基钠。碱强度按上述顺序渐强。催化剂的选择和用量因酯活泼 α-H 的酸度大小而定。活泼 α-H 酸性强，选用相对碱性较弱的醇钠，用量相对也较小；活泼 α-H 酸性弱，选用强碱（Ph_3CNa），用量也增大。

酯缩合反应在非质子溶剂中进行比较顺利。常用的溶剂有乙醚、四氢呋喃、乙二醇二甲醚、苯及其同系物、二甲基亚砜（DMSO）、二甲基甲酰胺（DMF）等。有些反应也可以不用溶剂。酯合反应需在无水条件下完成，这是由于催化剂遇水容易分解并有氢氧化钠（游离碱）生成，后者可使酯水解皂化，从而影响酯缩合反应进行。

2. 酯的交叉缩合

酯交叉缩合有两种情况：①参加反应的两种酯均含活泼 α-H 且活性差别较小，此时除发生交叉缩合外，也可以发生自身缩合，结果能得到四种不同的产物，但其产物难以分离与纯化，缺少实用价值；②其中一种酯不含 α-H 或两种含活泼 α-H 的酯活性差别较大，此时的缩合可得到较单纯的产物，或可设法尽量避免自身酯缩合副反应的发生。

当两种含活泼 α-H 的酯活性差别较大时，生产上往往先将这两种酯混合均匀后，迅速投入碱性催化剂中，立即使之发生交叉酯缩合。这时，α-H 活性较大的酯首先与碱作用，形成负碳离子；再与另一种酯缩合，减少了自身酯缩合的机会，提高了主反应收率。如

$$CH_3\overset{\overset{O}{\|}}{C}—OC_6H_5 + H\underset{\underset{C_6H_5}{|}}{C}HCOOC_2H_5 \xrightarrow[2)\ H^+]{1)\ NaNH_2} CH_3\overset{\overset{O}{\|}}{C}—\underset{\underset{C_6H_5}{|}}{C}HCOOC_2H_5 + C_6H_5OH$$

交叉酯缩合中应用最多的是含活泼 α-H 的酯与不含活泼 α-H 的酯在碱催化下缩合，生成 β-酮酸酯，收率较高。常用的不含活泼 α-H 的酯有：甲酸乙酯、草酸二乙酯、碳酸二乙酯、芳香羧酸酯等。如，抗肿瘤药氟尿嘧啶（Flworouracil）中间体制备：

$$H\overset{\overset{O}{\|}}{C}—OC_6H_5 + H\underset{\underset{F}{|}}{C}HCOOC_2H_5 \xrightarrow[10\sim30℃]{MeONa} H\overset{\overset{ONa}{|}}{C}=\underset{\underset{F}{|}}{C}COOC_2H_5 + C_6H_5OH$$

又如镇静催眠药苯巴比妥（Phenobarbital）中间体制备：

$$\underset{C_6H_5CH_2}{\overset{COOC_2H_5}{|}} + C_2H_5O—\underset{\underset{O}{\|}}{C}—\overset{\overset{OC_2H_5}{|}}{C}=O \xrightarrow[2)\ 回流\ 10h]{1)\ EtONa,\ 85\sim90℃} C_6H_5\overset{\overset{COOC_2H_5}{|}}{C}H—\underset{\underset{O}{\|}}{C}—\overset{\overset{OC_2H_5}{|}}{C}=O$$

$$\xrightarrow[-CO]{160\sim180℃/10.7kPa} C_6H_5\overset{\overset{COOC_2H_5}{|}}{C}H—COOC_2H_5$$

(98%)

在上述反应条件下，含活泼 α-H 的酯也会发生自身酯缩合副反应。但若将含活泼 α-H 的酯滴加到碱和不含活泼 α-H 的酯混合物中，或采用碱与含活泼 α-H 的酯交替加料方式，则可以降低该副反应的发生机会。

二、 酯-酮缩合

酯与酮在碱性条件下缩合，生成具有两个羰基的 β-二酮类化合物。其反应与酯酯缩合反应相似。由于酮的 α-H 活性比酯大，在碱性条件下，酮比酯更易脱去质子，酮形成的负碳离子向酯羰基进行亲核加成而生成产物。如丙酮、草酸二乙酯和甲醇钠的甲醇溶液按 1∶1∶1 的摩尔比反应，经酸化得 2,4-二酮戊酸乙酯。

$$CH_3\overset{\overset{O}{\|}}{C}CH_3 + C_2H_5O—\overset{\overset{O}{\|}}{C}—\overset{\overset{O}{\|}}{C}—OC_2H_5 \xrightarrow{PhMe,\ 40℃,\ 2h} CH_3\overset{\overset{O}{\|}}{C}CH_2\overset{\overset{O}{\|}}{C}—\overset{\overset{O}{\|}}{C}OC_2H_5$$

通常，酮的结构越复杂，反应活性往往越弱。含活泼 α-H 的不对称酮与酯缩合时，取

代基较少的 α-碳形成负离子，向酯进行亲核加成。若酮分子中仅一个 α-碳上有氢原子，或酯不含活泼 α-H，产物都比较单纯，如：

$$CH_3CH_2\overset{O}{\overset{\|}{C}}-OC_2H_5 + CH_3\overset{O}{\overset{\|}{C}}CH_2CH_3 \xrightarrow[2)\ H^+]{1)\ NaH} CH_3CH_2\overset{O}{\overset{\|}{C}}CH_2\overset{O}{\overset{\|}{C}}-C_2H_5 \quad (51\%)$$

$$Ph\overset{O}{\overset{\|}{C}}-OC_2H_5 + CH_3-\overset{O}{\overset{\|}{C}}-Ph \xrightarrow[2)\ H^+]{1)\ EtONa} Ph\overset{O}{\overset{\|}{C}}CH_2\overset{O}{\overset{\|}{C}}Ph \quad (62\%\sim71\%)$$

如果酯的反应活性太低，则可能发生酮-酮自身缩合副反应。若酯的 α-H 的酸性较酮 α-H 高，则可能发生酯-酯自身缩合和诺文葛耳-多布纳副反应。

此外，酯与腈也能发生类似酯-酮缩合反应，得 α-氰基羰基化合物。

第六节　烯键参加的缩合

一、 普林斯（Prins）缩合

1. 反应历程

烯烃与甲醛（或其他醛）在酸催化下加成而得 1,3-二醇或其环状缩醛 1,3-二氧六环及 α-烯醇的反应称普林斯（Prins）缩合反应，反应如下。

$$H\overset{O}{\overset{\|}{C}}H + RCH{=}CH_2 \xrightarrow{H^+/H_2O} R\overset{OH}{\overset{|}{C}}HCH_2CH_2OH \left(\text{或 } RCH{=}CH_2CH_2OH \text{ 或 } \text{4-R-1,3-二氧六环}\right)$$

其反应历程是：甲醛在酸催化下被质子化形成碳正离子，然后与烯烃进行亲核加成。根据反应条件不同，加成物脱氢得 α-烯醇，或与水反应得 1,3-二醇，后者可与另一分子甲醛缩醛化得 1,3-二氧六环型产物。此反应可看作在不饱和烃上经加成引入一个 α-羟甲基的反应。

$$H-\overset{O}{\overset{\|}{C}}-H \xrightarrow{H^+} H-\overset{OH}{\overset{|}{\underset{+}{C}}}-H \xrightarrow{RCH=CH_2} R\overset{+}{C}HCH_2CH_2OH \xrightarrow{-H^+} RCH{=}CHCH_2OH$$

$$\xrightarrow{H_2O} RCH(OH)-CH_2-CH_2OH \xrightarrow[-H_2O]{H\overset{O}{\overset{\|}{C}}H} \text{4-R-1,3-二氧六环}$$

反应通常用稀硫酸催化，亦可用磷酸、强酸性离子交换树脂以及 BF_3、$ZnCL_2$ 等 Lewis 酸作催化剂。如用盐酸催化，则可能产生 γ-氯代醇的副反应，例如：

$$\text{4-R-5-R}'\text{-1,3-二氧六环} + HCl \longrightarrow RCH(Cl)-CH(R')-CH_2OH \left(\text{或 } RCH(Cl)-CH(R')-CH_2Cl\right)$$

也能使生成的环状缩醛转化为 γ-氯代醇。

$$\text{环己烯} + HCHO \xrightarrow{HCl/ZnCl_2} \text{2-氯环己基甲醇 (2-Cl, 1-}CH_2OH\text{)} \quad (23\%)$$

2. 反应条件对产物的影响

反应产物1,3-二醇和环状缩醛的比例取决于烯烃的结构、催化剂的浓度以及反应温度等因素。

（1）烯烃　乙烯本身参加反应需要相当剧烈的条件，反应较难进行，而烃基取代的烯烃反应比较容易，RCH ═CHR 型烯烃反应主要得到1,3-二醇，但收率较低。而 $(R)_2C$ ═ CH_2 或 RCH ═CH_2 型烯烃反应后主要得环状缩醛，收率也较好。

（2）反应条件　如果缩合反应在25～26℃和质量分数为20%～65%的硫酸溶液中进行，主要生成环状缩醛及少量1,3-二醇副产物。若提高反应温度，产物则以1,3-二醇为主。例如，异丁烯与甲醛缩合，采用25% H_2SO_4 催化，配比（物质的量之比）为异丁烯：甲醛＝0.73：1，硫酸：甲醛＝0.073：1，主要产物为1,3-二醇。

$$(H_3C)_2C{=}CH_2 + HCHO \xrightarrow[32℃,\ 5.5h]{25\%H_2SO_4} \text{4,4-二甲基-1,3-二噁烷}\ (75\%) \xrightarrow[70℃]{25\%H_2SO_4} (CH_3)_2C(OH)CH_2CH_2OH$$

某些环状缩醛，特别是由 RCH ═CH_2 或 RCH ═CHR′形成的环状缩醛，在酸液中较高温度下水解，或在浓硫酸中与甲醇在一起回流醇解均可得1,3-二醇。

$$CH_3\text{-1,3-二噁烷} \xrightarrow[\triangle]{CH_3OH/H_2SO_4} CH_3CH(OH){-}CH_2CH_2OH\ (92\%)$$

（3）原料醛　普林斯反应中，除使用甲醛外，亦可使用其他醛，例如：

$$PhCH(OH)CH_2CH{=}CH_2 + PhCHO \xrightarrow{H^+} PhCH(OH)CH_2CH{=}CHCH(OH)Ph \xrightarrow{H^+}$$

$$PhCH(OH)CH_2CH(OH)CH_2CH(OH)Ph \xrightarrow[\triangle]{KSF} \text{2,6-二苯基-4-羟基四氢吡喃}$$

苯乙烯与甲醛亦可进行普林斯缩合。

$$PhCH{=}CH_2 + HCHO \xrightarrow{HCOOH} PhCH(OH){-}CH_2CH_2OH$$

$$PhCH{=}CH_2 + HCHO \xrightarrow{酸性树脂} \text{4-苯基-1,3-二噁烷}$$

二、迈克尔（Michael）反应和罗宾逊（Robinson）反应

1. 迈克尔反应

含有活泼氢的化合物（如二羰基化合物）与亲电性的共轭体系（α、β-不饱和羰基化合物或腈）在碱性催化条件下进行共轭加成反应，称为迈克尔（Michael）反应。迈克尔反应是有机合成中增长碳链的重要方法（制备1,5-二羰基化合物）。反应通式为：

$$X{-}CH_2{-}Y + CH_2{=}CH{-}Z \xrightarrow{碱} (X)(Y)CH{-}CH_2CH_2{-}Z$$

X,Y,Z=CHO,COOH,COOR,CN,NO_2

其反应历程为：含有活泼氢的化合物被碱夺取一个质子，生成碳负离子，作为亲核试剂进攻 α、β-不饱和羰基化合物的不饱和键，从而得到产物。

$$\mathrm{XYCH_2} \xrightarrow{\text{碱}} \mathrm{XY\bar{C}H} \xrightarrow{\mathrm{CH_2{=}CH{-}Z}} \mathrm{XYCH{-}CH_2{-}\bar{C}H{-}Z} \longrightarrow \mathrm{XYCH{-}CH_2{-}H_2C{-}Z}$$

最初迈克尔反应主要是选用活泼亚甲基化合物进行，如 β-二羰基化合物（丙二酸二酯、乙酰乙酸酯、乙酰丙酮等），其他含有活泼氢的化合物（如氰基乙酸酯，丙二腈、硝基烷等）都可进行反应。例如：

$$\mathrm{CH_2(CO_2Et)_2 + CH_3COCH{=}CH_2 \xrightarrow[EtOH]{KOH} CH_3COCH_2CH_2CH(COEt)_2}$$

$$\mathrm{CH_3COCH_2COCH_3 + CH_2{=}CHCN \xrightarrow[\textit{t}\text{-}BuOH]{Et_3N} (CH_3CO)_2CHCH_2CH_2CN}$$

$$\mathrm{C_6H_5CH_2CN + CH_2{=}CHCN \xrightarrow{KOH} C_6H_5CH(CN)CH_2CH_2CN}\quad (94\%)$$

有机碱和无机碱都可用作迈克尔反应的催化剂。有机碱有醇钠、胺、氨基钠等，其中有机胺类如三乙胺、吡啶、1-甲基吡啶是安全的碱性催化剂。无机碱有氢氧化钠、氢氧化钾、碳酸钾等。催化剂的选择取决于反应物活性大小及反应条件。选用无机碱时，需采用相转移催化。

迈克尔加成产物，经过水解、脱羧可制备 1,5-二羰基化合物。

$$\mathrm{CH_3COCH_2COOC_2H_5} \xrightarrow{\mathrm{CH_2{=}CHCOOCH_3}} \mathrm{CH_3COCH(COOC_2H_5)CH_2CH_2COOCH_3} \longrightarrow \mathrm{CH_3\overset{1}{C}O\overset{2}{C}H_2\overset{3}{C}H_2\overset{4}{C}H_2\overset{5}{C}OOCH_3}$$

2. 罗宾逊反应

将迈克尔反应与分子内的羟醛缩合反应组合在一起，称为罗宾逊（Robinson）反应。这是向六元环上并联另一个六元环的重要方法。如：

$$\text{2-甲基环己酮} + \mathrm{CH_2{=}CHCOCH_3} \xrightarrow[\text{Michael 加成}]{\mathrm{EtONa}} \text{2-甲基-2-(3-氧代丁基)环己酮} \xrightarrow[\text{羟醛缩合}]{\mathrm{NaOH}} \text{羟基酮}\ (54\%) \xrightarrow[\triangle]{\text{草酸}} \text{烯酮}\ (86\%)$$

第七节 成环缩合

一、 成环缩合反应类型及基本规律

成环缩合反应是指在有机化合物分子中形成新的碳环或杂环的反应。

成环缩合反应一般分为两种类型。一种是分子内部进行的环合，称为单分子成环反应。

另一种是两个（或多个）不同分子之间进行的环合，称为双（或多）分子成环反应。

$$\xrightarrow[\text{分子内}]{-H_2O}$$

$$\xrightarrow[\text{C-酰化}]{AlCl_3/50\sim60℃} \qquad \xrightarrow[130\sim140℃,\text{分子间}]{H_2SO_4/-H_2O}$$

环合反应也可以根据反应时放出的简单分子的不同而分类。例如脱水缩合、脱醇缩合、脱卤化氢缩合等。

成环缩合反应类型多，所使用的反应试剂也多种多样。因此难以写出一个反应通式，也难以给出其通用的反应历程。但是，通过大量的成环缩合反应可以归纳出其反应特点及规律。

① 具有芳香性的六元环和五元环都比较稳定，而且容易形成。

② 大多数环合反应在形成环状结构时，总是脱除某些简单的小分子。例如水、氨、醇、卤化氢等。为便于小分子的脱除，反应时常常要加入酸和碱作为缩合剂，以促进环合反应进行。例如脱水环合常用硫酸为缩合剂，脱卤化氢环合需用碱性缩合剂。

③ 反应物分子中适当位置必须有活性反应基团。以便于发生成环缩合反应。

④ 为形成杂环，反应物之一必须含有杂原子。

利用成环缩合反应形成新环的关键是选择价廉易得的起始原料，并能在适当的反应条件下形成新环，且收率良好，产品易于分离提纯。

二、 形成六元碳环的缩合

在精细有机合成中含有六元碳环的化合物是一类重要的中间体，在精细化工领域有重要及广泛的应用。六元环碳环可通过狄克曼（Diekmann）反应、罗宾逊（Robinson）反应、傅瑞德尔-克拉夫茨（Friedel-Crafts）反应、Diels-Alder 反应等制得。

1. 狄克曼反应

分子内部的酯缩合反应可形成六元碳环。同一分子中有两个酯基时，在碱催化剂存在下，可分子内发生酯-酯缩合反应，环合而成 β-酮酸酯类化合物，该反应称为狄克曼（Diekmann）反应。其反应历程和反应条件与酯-酯缩合反应是一致的。其产物经水解加热脱羧反应可得六元环酮。

$$\xrightarrow[PhH]{NaH} \qquad \xrightarrow[2)\ H^+/-CO_2/\triangle]{1)\ OH/H_2O}$$

（90%）

若一个分子中同时存在酯基和酮基时，若位置适宜，也可发生分子内的酯-酮缩合，生成 β-环二酮类化合物，如：

C_2H_5O
H C=O
CH_2 CH_2
O=C CH_2 —MeONa→ O, O, Ph
CH
Ph

(80%)

二羧酸也能发生分子内缩合，生成六元碳环化合物，如：

CH_2CH_2COOH
CH_2
CH_2CH_2COOH
—$Ca(OH)_2$→
CH_2CH_2C(=O)
CH_2 Ca
CH_2CH_2C(=O)
—△/$-CaCO_3$→ O

(50%)

不同分子之间的缩合也可得到六元碳环化合物，如：

O, O, O + OH, OH —$H_2SO_4/-H_2O$, 160℃,12h→ O, OH, O, OH

(92.5%)

+ O, O, O —$AlCl_3$→ HO, O, O —Zn-Hg/HCl→ HO, O —聚磷酸→ O

(79%)

2. 狄耳斯-阿德耳（Diels-Alder）反应

共轭二烯与烯烃、炔烃进行加成，生成环己烯衍生物的反应称为狄耳斯-阿德耳（Diels-Alder）反应，也称为双烯合成反应。它是六个 π 电子参与的［4+2］环加成协同反应。共轭二烯简称二烯，而与其加成的烯烃、炔烃称为亲二烯。亲二烯加到二烯的 1,4-位上。

CH_2
CH
CH
CH_2
+ CH_2=CH_2 ⟶

参加狄耳斯-阿德耳反应的亲二烯，不饱和键上连有吸电子基团（—CHO、—COR、—COOH、—COOR、—COCl、—CN、$—NO_2$、$—SO_2Ar$、$—CF_3$ 等）时容易进行反应，而且不饱和碳原子上吸电子基团越多，吸电子能力越强，反应速率亦越快。其中 α 不饱和羰基化合物与 β-不饱和羰基化合物为最重要的亲二烯。对于共轭二烯来说，分子中连有给电子基团时，可使反应速率加快（见表 13-1），取代基的给电子能力越强，二烯的反应速率越快。

表 13-1 某些取代丁二烯与顺丁烯二酸酐加成的反应速率常数

二烯化合物	$10^5 R_2$(30℃)	二烯化合物	$10^5 R_2$(30℃)
$H_2C{=}C(CH_3){-}CH{=}CH_2$	0.69	$H_3C{-}CH{=}CH{-}CH{=}CH_2$	22.7
$H_2C{=}CH{-}CH{=}CH_2$	6.83	$H_2C{=}C(CH_3){-}C(CH_3){=}CH_2$	33.6
$H_2C{=}C(CH_3){-}CH{=}CH_2$	15.4	$H_3C{-}O{-}CH{=}CH{-}CH{=}CH_2$	84.1

共轭二烯可以是开链的、环内的、环外的、环间的或环内-环外的。

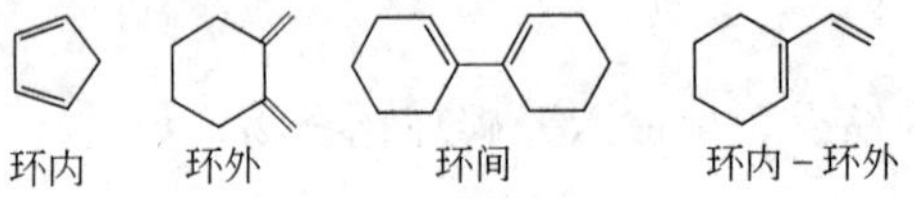

环内　环外　环间　环内－环外

发生狄耳斯-阿德耳反应时，两个双键必须是顺式，或至少是能够在反应过程中通过单键旋转而转变为顺式构型。

顺式 ⇌ 反式

如果两个双键固定于反式的结构，则不能发生 Diels-Alder 反应。如：

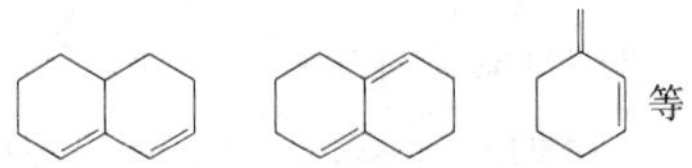

等

狄耳斯-阿德耳反应可被 $AlCl_3$、BF_3、$SnCl_4$、$TiCl_4$ 等 Lewis 酸所催化，从而提高反应速率，降低反应条件。

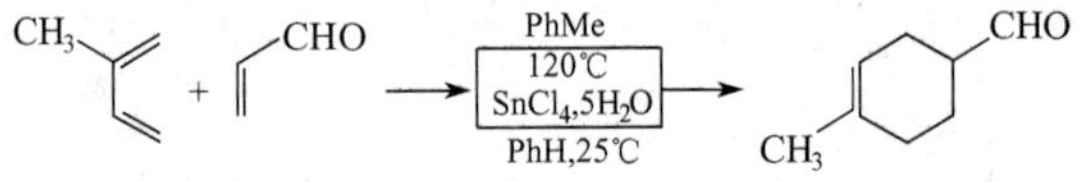

CH_3 ... + CHO → PhMe, 120℃ / $SnCl_4 \cdot 5H_2O$, PhH, 25℃ → CH_3 ... CHO

含有杂原子的二烯或亲二烯也能发生 Diels-Alder 反应，生成杂环化合物，如：

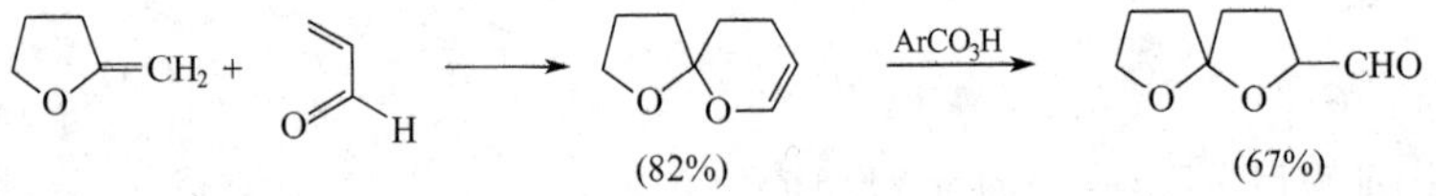

$=CH_2$ + ... H → (82%) $\xrightarrow{ArCO_3H}$ ... CHO (67%)

此外分子内的 Diels-Alder 反应也能发生，可制备多环化合物。

由于二烯及亲二烯都可以是带有官能团的化合物，因此利用 Diels-Alder 反应可以合成带有不同官能团的环状化合物。

三、形成杂环的缩合

环中含有杂原子（O、S、N 等）的环状化合物为杂环化合物。精细有机合成中的杂环化合物主要是五元或六元杂环化合物。常有多种可能的合成途径。但以环合时形成的新键来划分可以归纳为以下三种环合方式：①通过形成碳-杂键完成环合；②通过形成碳-杂键和碳-碳键完成环合；③通过形成碳-碳键完成环合。

含一个或两个杂原子的五元和六元杂环以及它们的苯并稠杂环，绝大多数是采用第一种或第二种环合方式成环的。可见，杂环的环合往往是通过碳-杂键的形成而实现。从键的形成而言，碳原子与杂原子之间结合成 C—N、C—O、C—S 键要比碳原子之间结合成 C—C 键要容易得多。

制备杂环化合物时，环合方式的选择与起始原料的关系很密切。一般都选用分子结构比较接近、价廉易得的化合物作为起始原料。由于杂环化合物品种繁多，原料差别很大，上述环合方式仅提供了一般规律，对某一具体杂环化合物的合成还要经过多方面综合分析，才能确定适宜的合成途径。下面介绍一些典型杂环化合物的合成。

1. 香豆素的合成

邻羟基苯甲醛和乙酐在无水乙酸钠和碘催化作用下，在 180～190℃，保温 4h，经减压蒸馏可得香豆素粗品，乙醇中重结晶得精品。

$$\text{邻羟基苯甲醛} + (CH_3CO)_2O \xrightarrow[-CH_3COOH]{CH_3COONa} \text{邻羟基肉桂酸}(CH{=}CHCOOH,\ OH) \xrightarrow{-H_2O} \text{香豆素}$$

2. *N*-甲基-2-吡咯烷酮的合成

N-甲基-2-吡咯烷酮是重要的有机中间体及优良的溶剂，为 γ-丁酰胺衍生物，可由 γ-丁内酯与甲胺的氨解制得。

$$\begin{matrix} CH_2CH_2-OH \\ | \\ CH_2CH_2-OH \end{matrix} \xrightarrow[-H_2]{Cu} \gamma\text{-丁内酯} \xrightarrow[250℃,\ 6MPa]{H_2NCH_3/-H_2O} N\text{-甲基-2-吡咯烷酮}(N-CH_3)$$

合成时，先由 1,4-丁二醇脱氢环合制得 γ-丁内酯，γ-丁内酯再与甲胺按 1∶1.5 的摩尔比在 250℃和 6MPa 下、经管式反应器进行反应制得，反应转化率为 100%。以 1,4-丁二醇计算收率为 90%，以 γ-丁内酯计算收率为 93%～95%。该方法是目前唯一的工业生产路线。

3. 吲哚及烷基吲哚的合成

吲哚是重要的有机中间体和香料。将邻氨基乙苯在氮气流中和在硝酸铝（或三氧化二铝）存在下，在 550℃脱氢环合，再经减压蒸馏得到二氢吲哚，再在 640℃脱氢，得到吲哚。

$$\text{邻氨基乙苯}(CH_2CH_3,\ NH_2) \xrightarrow[660\sim680℃]{Al_2O_3/N_2} \text{二氢吲哚} \xrightarrow{-H_2} \text{吲哚}$$

苯肼与稍过量的甲乙酮在 25%硫酸中，在 80～100℃生成苯腙，接着发生互变异构、质子化、Cope 重排、互变异构、键环合、脱氨脱氢反应可制烷基吲哚——2,3-二甲基吲哚。

$$C_6H_5NHNH_2 + O{=}C(CH_2CH_3)CH_3 \longrightarrow C_6H_5-NH-N{=}C(CH_3)CH_2CH_3 \overset{\text{互变异构}}{\rightleftharpoons} C_6H_5-NH-NH-C(CH_3){=}CHCH_3$$

$$\xrightarrow[\text{质子化}]{H^+} C_6H_5-NH-\overset{+}{N}H_2-C(CH_3){=}CHCH_3 \xrightarrow[\text{N—N 键断裂}]{\text{Cope 重排}} \text{(环己二烯亚胺, HCCH}_3\text{—C(CH}_3\text{)=}\overset{+}{N}H_2) \overset{\text{互变异构}}{\rightleftharpoons} \text{(邻位取代苯胺, NH—H, HCCH}_3\text{—C(CH}_3\text{)=}\overset{+}{N}H_2)$$

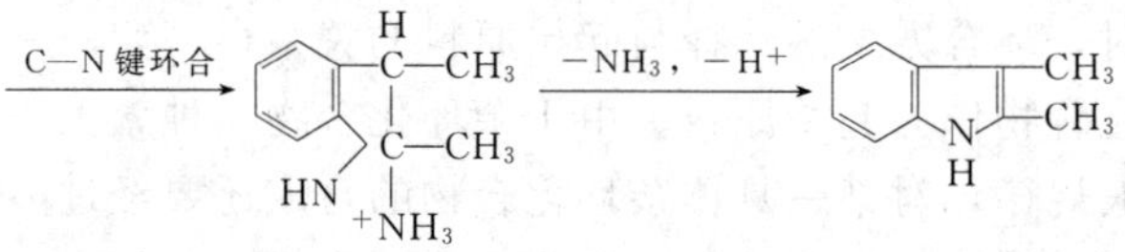

$$\xrightarrow{\text{C—N 键环合}} \xrightarrow{-NH_3,\ -H^+}$$

4. 吡啶及烷基吡啶的合成

吡啶及烷基吡啶是重要的有机化工原料和溶剂。广泛用于医药、香料、农药等精细化学品的制备。工业上的合成方法是采用乙醛、甲醛和氨气在常压和370℃左右通过装有催化剂的反应器，反应后的气体经萃取、精馏得到吡啶（40%～50%）和3-甲基吡啶（20%～30%）。

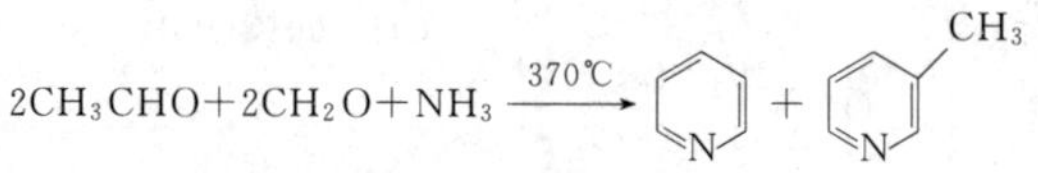

$$2CH_3CHO + 2CH_2O + NH_3 \xrightarrow{370℃}$$

乙醛与氨气在常压、350～500℃下通过装有 Al_2O_3 和金属氧化物催化剂的反应器，反应出来的气体冷凝后经脱水、分馏和精馏，得到含量为99.2%～99.5%的2-甲基吡啶和4-甲基吡啶，收率为40%～60%，其中两种异构体各占一半。

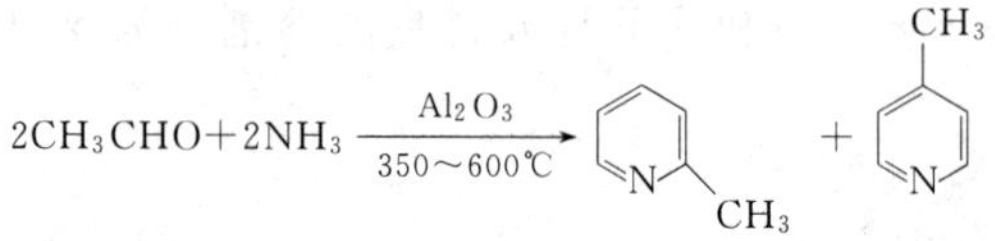

$$2CH_3CHO + 2NH_3 \xrightarrow[350\sim600℃]{Al_2O_3}$$

5. 其他杂环化合物的合成

（1）喹啉的合成　喹啉是重要的医药原料，是以苯系伯胺和丙烯醛为起始原料，在浓硫酸介质中，在温和氧化剂存在下进行的。反应先生成 *N*-苯胺丙醛，然后环合生成1,2-二氢喹啉，再用硝基苯氧化即得喹啉。

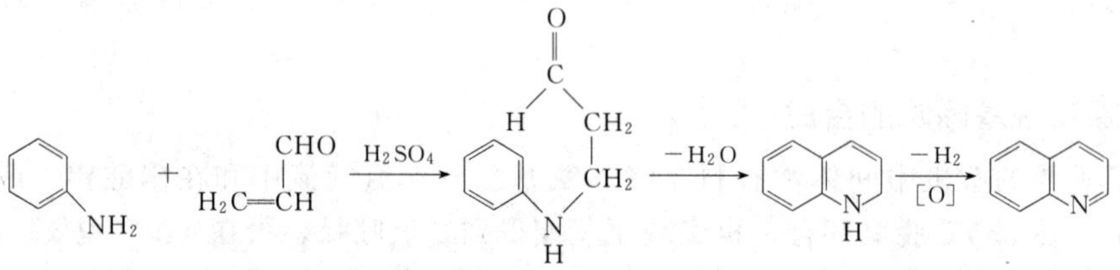

$$\xrightarrow{H_2SO_4} \xrightarrow{-H_2O} \xrightarrow[\text{[O]}]{-H_2}$$

（2）哌嗪的合成　哌嗪作为重要的医药中间体，是由乙二醇与乙二胺反应制得。

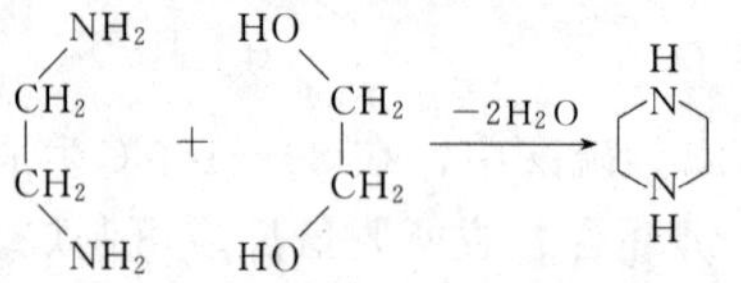

$$\xrightarrow{-2H_2O}$$

该反应在间歇釜式反应器中进行。其反应条件为：温度200～275℃，反应压力6.5～22.5MPa，催化剂为镍、铜、铬附着于硅铝氧化物上，在氢气、氨气气氛中进行，乙二胺与氨气的摩尔比为1∶(2～4)，催化剂用量为5%～22%，并在反应物中加少量水。哌嗪收率为42%。

（3）2-氨基噻唑的合成　2-氨基噻唑是制备磺胺噻唑药物的中间体。将硫脲与氯乙醛在热水中回流反应2h，即发生环合而生成2-氨基噻唑盐酸盐。用氢氧化钠中和析出2-氨基噻唑的结晶，收率80%。

$$ClCH_2CHO + H_2N\overset{S}{\overset{\|}{C}}NH_2 \xrightarrow{-H_2O} H_2C(Cl)-CH=N-\overset{S}{\overset{\|}{C}}-NH_2 \xrightarrow{-HCl} \text{2-氨基噻唑}\cdot HCl$$

本章小结

1. 醛酮缩合包括醛醛缩合、酮酮缩合和醛酮交叉缩合三种反应类型。其特点是：含有活泼 α-H 的醛或酮在碱或酸催化作用下生成 β-羟基醛（酮）。

2. 胺甲基化的特点及应用。

3. 醛酮与羧酸及其衍生物的缩合包括：珀金反应、诺文葛尔-多布纳缩合、达曾斯缩合、克莱森缩合（酯-酯缩合与酯-酮缩合），其有各自的反应特点及应用。

4. 醛酮与醇的缩合，主要用于制备缩羰基化合物；用于保护羰基、羟基，反应需要无水醇和无水酸作催化剂。

5. 烯键参加的缩合主要包括：普林斯反应和狄耳斯-阿德耳尔反应（双烯合成），普林斯反应主要用于制备 1,3-二醇或其环状缩醛 1,3-二氧六环及 α-烯醇，狄耳斯-阿德耳尔反应则主要用于制备环己烯衍生物及杂环化合物。

6. 成环缩合（闭环或环合）通过生成新的碳-碳、碳-杂或杂-杂键，而形成较稳定的具有芳香性的六元环、五元环、五元环或六元杂环。形成六元碳环的缩合反应有：狄克曼反应、迈克尔反应和罗宾逊反应、狄耳斯-阿德耳尔反应；杂环的环合常常是通过碳-杂键的形成而实现的。

习题与思考题

1. 什么是缩合反应？什么是成环反应？

2. 以丙醛在稀氢氧化钠溶液中的缩合为例，说明羟醛缩合的反应历程。

3. 写出下列反应主要产物，并注明反应名称。

（1）$CH_3\overset{O}{\overset{\|}{C}}CH_3 + HCHO \xrightarrow[40\sim42℃]{稀\ NaOH}$

（2）$C_6H_5CHO + CH_3COC_6H_5 \xrightarrow[15\sim31℃]{NaOH/EtOH}$

（3）$C_6H_5CHO + CH_3COCH_2CH_3 \xrightarrow[H_2O]{NaOH}$

（4）$C_6H_5COCH_3 + CNCH_2COOH \xrightarrow[HOAc]{NH_4OAc}$

（5）$C_2H_5OOC\text{-}(CH_2)_5\text{-}COOC_2H_5 \xrightarrow[\triangle]{EtONa}$

（6）$(CH_3)_2N-C_6H_4-CHO + CH_3NO_2 \xrightarrow{n\text{-}C_5H_{11}NH_2}$

（7）2,6-二氯苯甲醛 $+ (CH_3CO)_2O \xrightarrow[2)\ H_3^+O]{1)\ NaOAc,\ 180℃,\ 8h}$

(8) 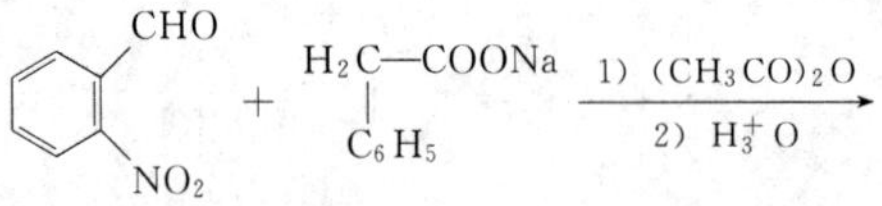 CHO, NO_2 + H_2C—COONa, C_6H_5 $\xrightarrow[2)\ H_3^+O]{1)\ (CH_3CO)_2O}$

(9) 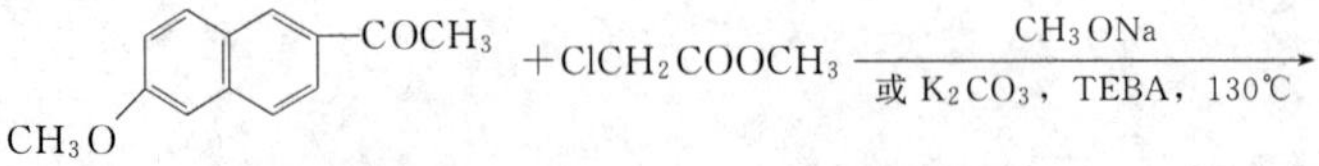 —$COCH_3$, CH_3O $+ClCH_2COOCH_3 \xrightarrow[\text{或 } K_2CO_3\text{，TEBA，130℃}]{CH_3ONa}$

(10) $CH_3OCH_2COOCH_3$ + $COOC_2H_5$, $COOC_2H_5$ $\xrightarrow[2)\ HCl]{1)\ EtONa\text{，三氯乙烯}}$

(11) $C_6H_5COOCH_3+CH_3CH_2COOC_2H_5 \xrightarrow[2)\ H^+]{1)\ NaH\text{，}C_6H_6\text{，回流}}$

(12) $C_6H_5COCH_3+C_6H_5COOCH_3 \xrightarrow[2)\ H^+]{1)\ NaOEt\text{，分馏去醇}}$

(13) $CH_3COCH_2COOC_2H_5+CH_2=CH-CN \xrightarrow[2)\ H^+]{1)\ EtONa\text{，}EtOH}$

(14) 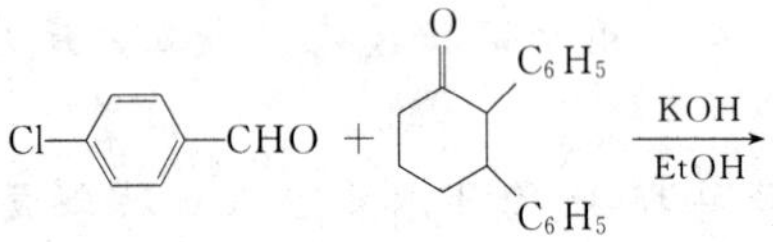 Cl—⟨⟩—CHO + O, C_6H_5, C_6H_5 $\xrightarrow[EtOH]{KOH}$

(15) $CH_3CH_2\overset{O}{\overset{\|}{C}}CH_2CH_2\overset{O}{\overset{\|}{C}}-OC_2H_5 \xrightarrow[2)\ H_3^+O]{1)\ NaOMe}$

(16) $CH_3CH_2CH_2CH_2\overset{O}{\overset{\|}{C}}-OC_2H_5 \xrightarrow[2)\ H_3^+O]{1)\ NaOEt} ? \xrightarrow[2)\ H_3^+O]{1)\ KOH\text{，}H_2O} ? \xrightarrow{\triangle}$

(17) 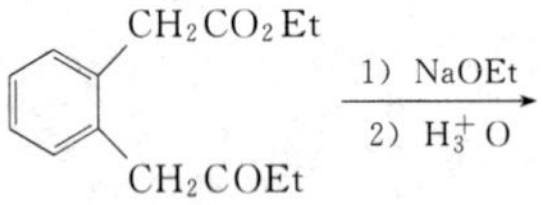 CH_2CO_2Et, CH_2COEt $\xrightarrow[2)\ H_3^+O]{1)\ NaOEt}$

(18) 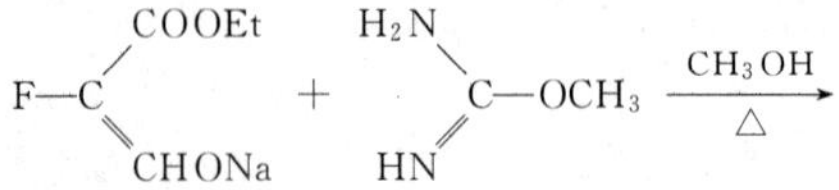 F—C(COOEt)=CHONa + H_2N—C(—OCH_3)=HN $\xrightarrow[\triangle]{CH_3OH}$

(19) 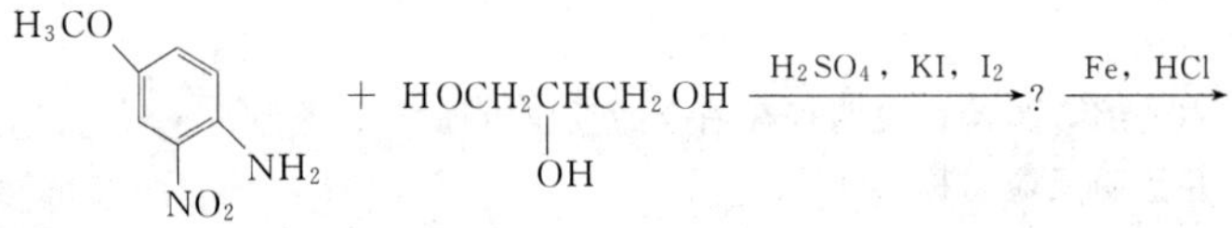 H_3CO, NH_2, NO_2 + $HOCH_2CHCH_2OH$ (OH) $\xrightarrow{H_2SO_4\text{，KI，}I_2} ? \xrightarrow{Fe\text{，HCl}}$

(20) 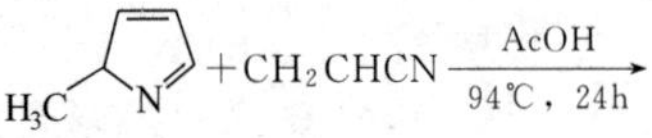 H_3C, N $+CH_2CHCN \xrightarrow[94℃\text{，}24h]{AcOH}$

(21) 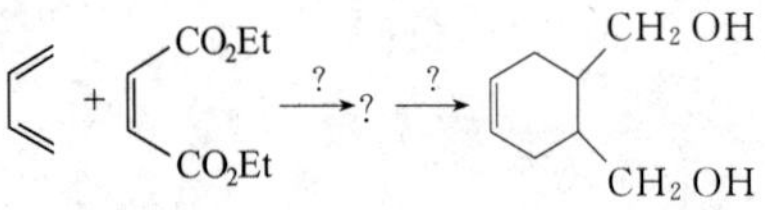 + CO_2Et, CO_2Et $\xrightarrow{?} ? \xrightarrow{?}$ CH_2OH, CH_2OH

(22) 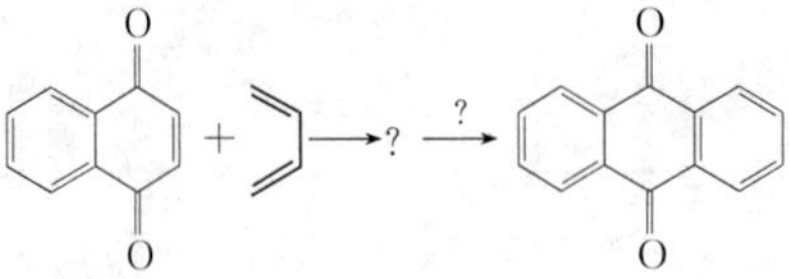 O, O + $\longrightarrow ? \xrightarrow{?}$ O, O

(23) 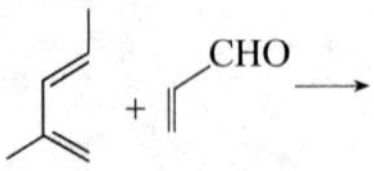 + CHO $\longrightarrow$

(24) 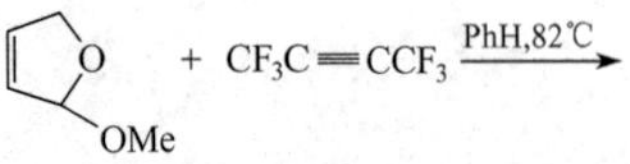 O, OMe + $CF_3C\equiv CCF_3 \xrightarrow{PhH,82℃}$

（25）

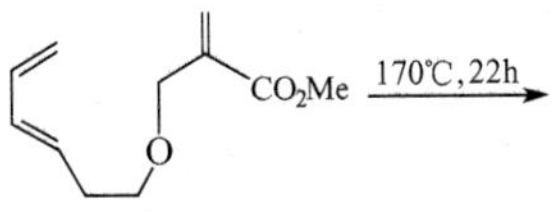

4．以对硝基甲苯和相关脂肪族为原料，经缩合反应合成下列产品，写出合成路线及各步反应条件。

（1）对氯苯丙烯酸　（2）对羟基苯丙烯酸

5．氯敌鼠是一种高效抗凝血杀鼠剂，试以邻苯二甲酸二甲酯、甲苯和乙腈为起始原料将其合成。

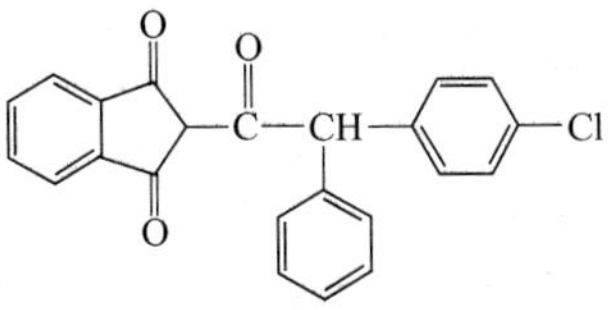

氯敌鼠

第十四章　精细有机合成路线设计基本方法与评价

本章学习目标

知识目标：1. 了解有机合成设计的概念与原则，了解有机合成路线设计与选择的原则和评价标准，了解环境因子、环境熵值、原子利用率等与绿色合成相关的基本概念。

2. 理解逆向合成法有机合成路线设计的基本方法、分割技巧及应用；理解导向基和保护基在合成路线设计中的作用和运用。

能力目标：能运用逆向合成法的基本方法与原则，设计典型精细化工产品或中间体的合成路线。

素质目标：培养学生的逻辑推理、知识应用与创新能力，培养学生的绿色环保与技术经济意识。

合成设计又称有机合成的方法论，即在有机合成的具体工作中对拟采用的种种方法进行评价和比较，从而确定一条最经济有效的合成路线。合成设计的概念和原则由 Corey 首先于 1967 年提出，后又发展了电子计算机辅助合成分析。至 20 世纪 70 年代末期，Turner（1976 年）、Warren（1978 年）、Hendrickson（1981 年）等亦相继从不同角度对合成设计方法作了进一步阐述，他们的努力为有机合成设计的发展奠定了重要基础。近几十年来，合成设计已日益成为有机合成中十分活跃的领域。

合成设计涉及的学科众多，其内容异常丰富，限于篇幅，本章将简要介绍分子分割法（亦称逆向合成法）的基本原理及应用，导向基和保护基的应用以及合成路线的评价原则等，以引导大家学会灵活应用已学过的基础有机化学知识和实验技术，经过逻辑推理、分析比较，最终能选择较佳的合成路线进行有效的合成。

第一节　逆向合成法及其常用术语

一、逆向合成法的概念

所谓逆向合成法指的是在设计合成路线时，由准备合成的化合物（常称为目标分子或靶分子）开始，向前一步一步地推导到需要使用的起始原料。这是一个与合成过程相反方向的途径，因而称为逆向合成法。逆向合成法并非实际合成，而是为了设计合成目标分子的分析推理的思路。逆向合成法是精细有机路线设计的重要思想方法。

逆向合成由目标分子出发向“中间体”“原料”方向进行思考、推理，通过对分子结构进行分析、切断（拆开），能够将复杂的分子结构逐渐简化，只要每步逆推得合理，就可以得出合理的合成路线。这种思考程序通常表示为：目标分子⇒中间体⇒起始原料。双线箭头“⇒”表示“可以从后者得到”，它与反应式中“→”所表示的意义恰好相反。

从目标分子出发，运用逆向合成法往往可以得出几条合理的合成路线。但是，合理的合成路线并不一定就是生产上适用的路线，还需对它们进行综合评价，并经生产实践的检验，才能确定它在生产上的使用价值。

在逆向合成中所涉及的“原料”“试剂”“中间体”都是相对而言的，因为从构成目标分子骨架的本质来看，它们都是组成骨架的结构单元，唯一的区别是“原料”和“试剂”均为市场上容易购得的脂肪族化合物或芳香族化合物，而“中间体”通常需要自行合成。

二、逆向合成法常用术语

为便于学习逆向合成法，将介绍以下几个常用术语。

1. 合成子与合成等效剂

（1）合成子　在逆向合成法中，将拆开的目标分子或是中间体所得到的各个组成结构单元（碎片）称为合成子，例如：

$$(CH_3)_2C(OH)\text{—}\!/\!\text{—}CN \Rightarrow (CH_3)_2C^+(OH) \quad 和\ ^-CN$$

上面拆开后的 $(CH_3)_2C^+—OH$ 和 ^-CN 即为合成子。合成子可以是离子形式，也可以是自由基形式和周环反应所需的中性分子，但因大多数碳-碳键是通过离子型缩合反应而形成的，故离子合成子是最常见的一种合成子形式。合成上，根据其亲电或亲核性质，可把合成子分为亲电性或还原性（接受电子的）和亲核性或氧化性（供电子的）两种。前者称为 a-合成子，如 $(CH_3)_2C^+—OH$；后者称为 d-合成子，如 ^-CN。

（2）合成等效剂　能够起合成子作用的试剂即为合成等效剂。例如：a-合成子，如 $(CH_3)_2C^+—OH$ 的等价试剂是 $(CH_3)_2C=O$；d-合成子 ^-CN 的等价试剂可以是 KCN 或 NaCN。表 14-1 列出了一些不同类型合成子及其等效试剂。

表 14-1　一些不同类型合成子及其等效试剂

合成子类型	例　　子	等效试剂	官能团
d-合成子	CH_3S^-	CH_3SH	—SH
	$^-C\equiv N$	KCN	$—C\equiv N$
	$H_2C^-—CHO$	CH_3CHO	—CHO
	$^-C\equiv C—C(—)—NH_2$	$LiC\equiv C—C(—)—NH_2$	$—NH_2$
	CH_3^-	CH_3Li	—
a-合成子	$(CH_3)_2P^+$	$(CH_3)_2PCl$	$—P(CH_3)_2$
	$(CH_3)_2C^+—OH$	$(CH_3)_2CO$	$>C=O$
	$\overset{+}{C}H_2COCH_3$	$BrCH_2COCH_3$	$>C=O$
	$\overset{+}{C}H_2CH=C(O^-)—OR$	$CH_2=CH—CO_2R$	$—CO_2R$
	$\overset{+}{C}H_3$	$(CH_3)_3S^+Br^-$	—

合成中间体是合成中的一个实际分子，它含有完成合成反应所需要的官能团以及控制因素。在某些场合，中间体与合成等效剂是同一化合物。

2. 逆向切断、逆向连接及逆向重排

（1）逆向切断 用切断化学键的方法把目标分子骨架剖析成不同性质的合成子，称为逆向切断（记作 DIS）。它是简化目标分子的基本方法。通常在被切断的位置上可划一曲线表示，如：

$$CH_3CH_2 \nmid CH(CH_3)—OH \Rightarrow CH_3CH_2^- + {}^+CH(CH_3)—OH$$

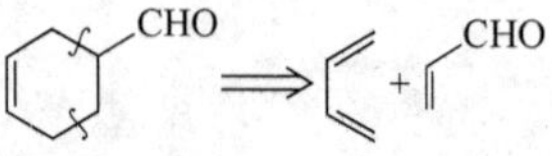

（合成子＝合成等效剂）

（2）逆向连接 将目标分子中两个适当碳原子用新的化学键连接起来称为逆向连接，记作 CON。它是实际合成中氧化断裂反应的逆向过程，例如：

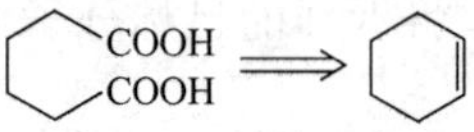

（3）逆向重排 把目标分子骨架拆开和重新组装称为逆向重排，记作 REARR。它是实际合成中重排反应的逆向过程，例如：

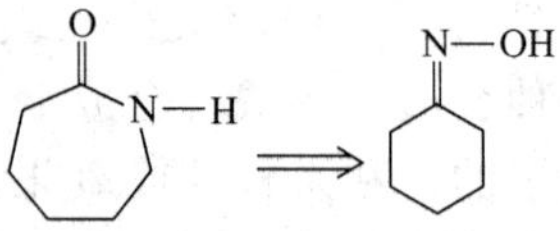

3. 逆向官能团变换

在不改变目标分子基本骨架的前提下变换官能团的性质或位置的方法称为逆向官能团变换，记作 FGI。一般含有下面三种变换。

（1）逆向官能团互换（FGI） 将目标分子中的一种官能团逆向变化为另一种官能团，而具有此官能团的化合物本身就是原料或较容易制备，例如：

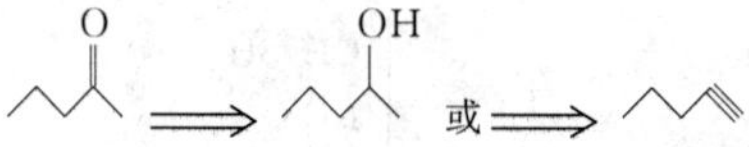

（2）逆向官能团添加（FGA） 即在目标分子的适当位置增加一个官能团，例如：

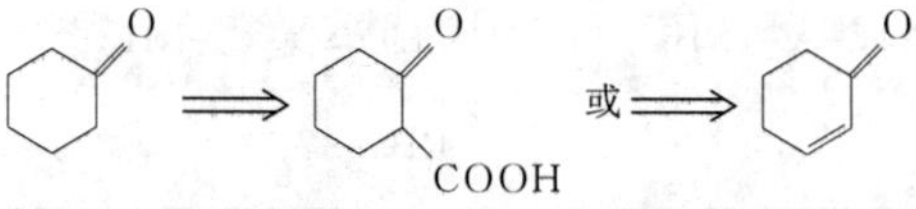

（3）逆向官能团除去（FGR） 指在目标分子中有选择地除去一个或几个官能团，使分子简化，这是逆向分析常用的方法，例如：

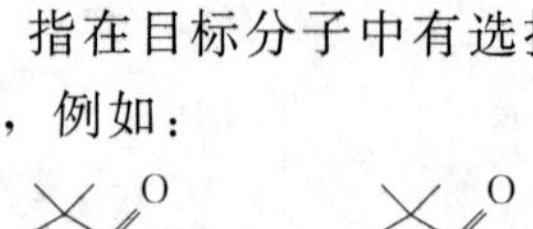

在合成设计中应用上述变换的主要目的是：第一，将目标分子变换成在合成上比母体化合物更易制备的前体化合物，该前体化合物构成了新的目标分子，称为变换靶分子；第二，为了作逆向切断、连接或重排变换，必须将目标分子上原来不适用的官能团变换成所需的形

式，或暂时添加某些必要的官能团；第三，添加某些活化基、保护基、阻断基或诱导基，以提高化学、区域或立体选择性。

第二节 逆向合成路线设计技巧

应用逆向合成分析法设计合成路线，首先是依据有机化学基本理论对所需合成的目标分子进行结构分析，然后运用逆向的切断、连接、重排和官能团的转换等方法，将目标分子进行简化、拆分，最终推断出可能的合成路线。在逆向合成分析中，简化目标分子最有利的手段就是切断。不同的切断方式将会导致许多不同的合成路线，有些不适当的切断，甚至会使合成引入歧途而不能找出合理的合成路线。若能掌握一些切断技巧，将有利于快速找到解决问题的合理路线。

一、逆向切断的原则

在反合成分析中，切断时应遵循如下原则。

1. 应有合理的切断依据

正确的切断应以合理的反应机理为依据，按照一定机理进行的切断才会有合理的合成反应与之对应；切断是手段，合成才是目的，因此切断后要有较好的反应将其连接，例如：

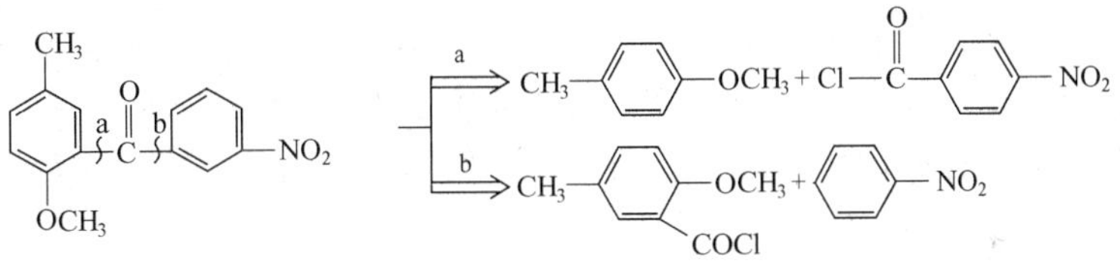

CH_3, OCH_3, a, b, O, C, NO_2

a ⟹ CH_3—⟨苯环⟩—OCH_3 + Cl—C(=O)—⟨苯环⟩—NO_2

b ⟹ CH_3—⟨苯环(COCl)⟩—OCH_3 + ⟨苯环⟩—NO_2

很显然，b 路线不可行，因为硝基苯很难发生付-克酰化反应。a 路线是合理的路线。按 a 路线还可往前推导：

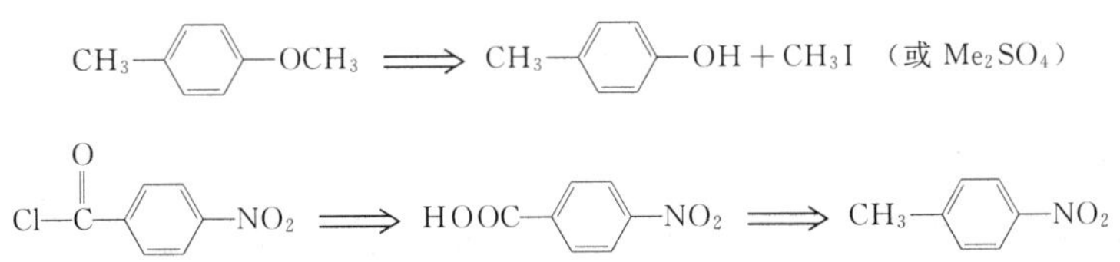

CH_3—⟨苯环⟩—OCH_3 ⟹ CH_3—⟨苯环⟩—$OH + CH_3I$ （或 Me_2SO_4）

Cl—C(=O)—⟨苯环⟩—NO_2 ⟹ HOOC—⟨苯环⟩—NO_2 ⟹ CH_3—⟨苯环⟩—NO_2

2. 应遵循最大程度简化原则

在目标分子 ⟨环己基⟩—C(CH_3)$_2$OH 的合成中有两种可能：

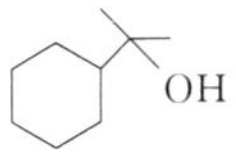

a ⟹ ⟨环己基⟩—C(=O)CH_3 + MeMgI

b ⟹ ⟨环己基⟩—MgBr + $(CH_3)_2C=O$

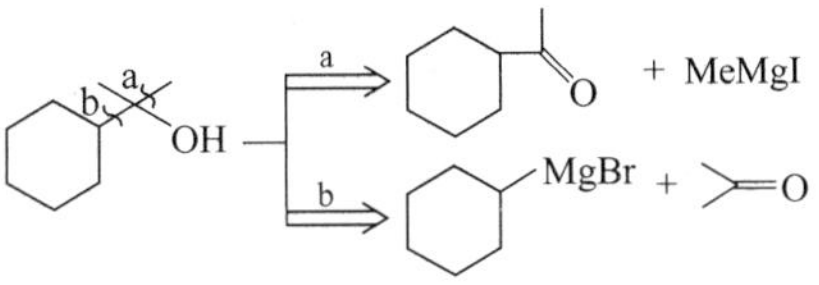

这两种可能的合成路线都具有合理的机理。但 a 路线切断一个碳原子后，留下的却是一个不易得到的中间体，还需要进一步的切断。b 路线将目标分子切断成易得的原料丙酮和环己基溴，所以 b 的合成路线较 a 短，符合最大简化原则，是较好的切断。

3. 应遵循原料易得原则

如果切断有几种可能时，应选择合成步骤少、产率高、原料易得的方案，例如：

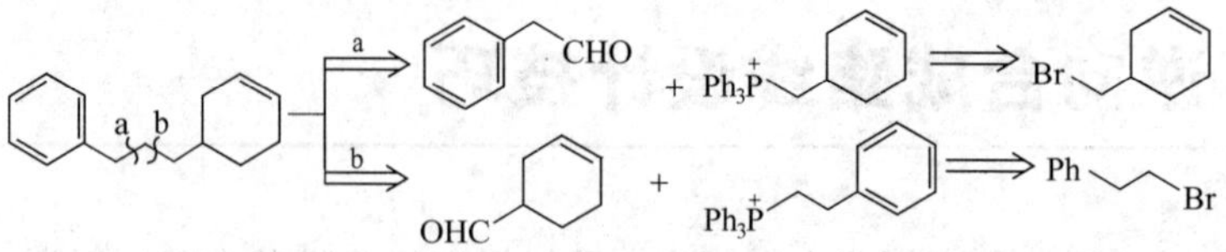

a 路线和 b 路线都可采用，但 b 路线原料较 a 路线原料易得，其合成路线为：

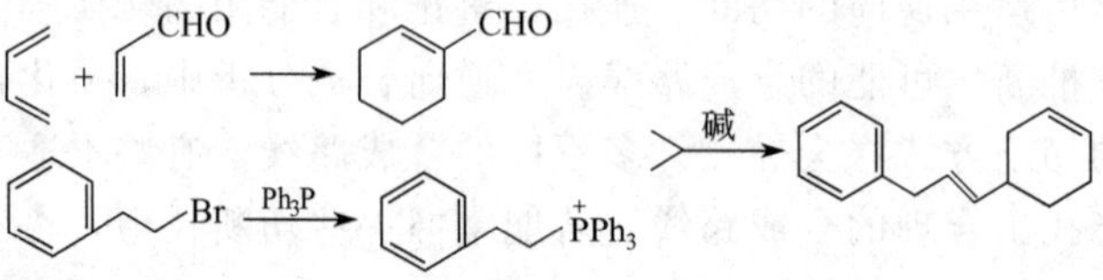

二、 逆向切断的技巧

1. 优先考虑碳架的形成

有机化合物是由骨架、官能团和立体构型三部分构成，其中立体构型并不是每个有机化合物都具备的。因此，对于拟合成目标分子的结构设计也主要包含三个方面，即：①碳架的建立；②官能团的转化；③立体化学的选择性和控制。其中碳架的建立和官能团引入是设计合成路线最基本的两部分，无疑，碳架的建立是设计合成路线的核心。官能团虽然决定着化合物的主要性质，但它毕竟是附着在碳架上，碳架不建立起来，官能团也就没有了归宿。但目标分子碳架的形成却不能脱离官能团的作用，因为碳-碳键的形成反应就发生在官能团上或受官能团影响而活化的部位上（如双键 α 的位或羰基上）。由此可见，要发生碳-碳成键反应，前体分子中必须要有成键所需的官能团存在。例如：醛基是合成下面目标分子的必备官能团。

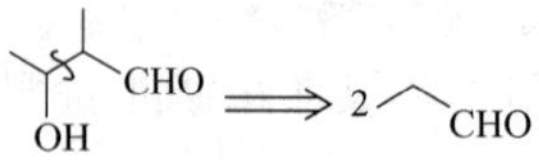

一般来说，在考虑碳架的建立时，必须考虑通过什么反应形成新的碳-碳键，这与官能团的转化是密切相关的。通常要尽可能选择靠近官能团的位置形成新的碳-碳键，以利于合成反应的进行。

2. 碳-杂键优先切断

碳-杂键因有极性往往不如碳-碳键稳定，并且在合成时此键也易于生成。因此在合成一个复杂分子时，常将碳-杂键的形成放在最后几步完成。但在逆向合成分析时，合成方向后期形成的碳-杂键，应先行考虑切断。

【例 14-1】 设计目标分子的合成路线。

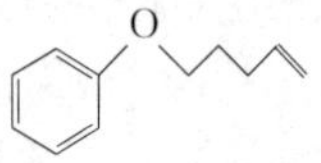

分析：切断目标分子中的碳-氧杂键，并进行官能团转换。

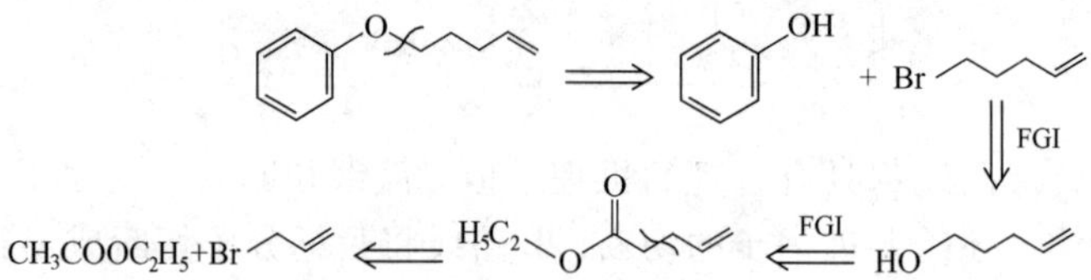

合成路线为：

$$CH_2(COOC_2H_5)_2 \xrightarrow[\text{2) Br}\diagup\!\!\diagdown\!\!=]{\text{1) }CH_3CH_2ONa} (H_5C_2OOC)_2CH\diagup\!\!\diagdown\!\!= \xrightarrow[\text{2) }C_2H_5OH/H^+]{\text{1) }H_2O/H^+}$$

$$H_5C_2OOC\diagdown\!\!\diagup\!\!\diagdown\!\!= \xrightarrow{LiAlH_4} HO\diagup\!\!\diagdown\!\!\diagup\!\!\diagdown\!\!= \xrightarrow{P+Br_2}$$

$$Br\diagup\!\!\diagdown\!\!\diagup\!\!\diagdown\!\!= \xrightarrow{C_6H_5ONa} C_6H_5-O\diagup\!\!\diagdown\!\!\diagup\!\!\diagdown\!\!=$$

3. 目标分子活性部位应先切断

目标分子中官能团部位和某些支链部位可先切断，因为这些部位往往是最活泼、最易成键的地方。

【例 14-2】 设计 $H_5C_2OOC-CH(CH_3)-C_6H_4-CH_2CH(CH_3)_2$ 的合成路线。

分析：找出目标分子中的支链部位，并进行官能团转换及切断。

$$H_5C_2OOC-CH(CH_3)-C_6H_4-CH_2CH(CH_3)_2 \xRightarrow{FGI} Br-CH(CH_3)-C_6H_4-CH_2CH(CH_3)_2 \xRightarrow{FGI} HO-CH(CH_3)-C_6H_4-CH_2CH(CH_3)_2$$

$$\Downarrow FGI$$

$$C_6H_6 + Cl-\overset{O}{\overset{\|}{C}}-CH(CH_3)_2 \Leftarrow C_6H_5-\overset{O}{\overset{\|}{C}}CH(CH_3)_2 \xLeftarrow{FGI} C_6H_5-CH_2CH(CH_3)_2 + CH_3\overset{O}{\overset{\|}{C}}Cl \Leftarrow H_3C-\overset{O}{\overset{\|}{C}}-C_6H_4-CH_2CH(CH_3)_2$$

合成路线为：

$$C_6H_6 \xrightarrow[AlCl_3]{(CH_3)_2CH\overset{O}{\overset{\|}{C}}-Cl} C_6H_5-\overset{O}{\overset{\|}{C}}CH(CH_3)_2 \xrightarrow[\text{浓 }HCl]{Zn-Hg} C_6H_5-CH_2CH(CH_3)_2$$

$$\xrightarrow[AlCl_3]{CH_3\overset{O}{\overset{\|}{C}}-Cl} H_3C-\overset{O}{\overset{\|}{C}}-C_6H_4-CH_2CH(CH_3)_2 \xrightarrow[\text{2) }P+Br_2]{\text{1) }LiAlH_4} Br-CH(CH_3)-C_6H_4-CH_2CH(CH_3)_2$$

$$\xrightarrow[\text{2) }CO_2]{\text{1) Mg/醚}} \xrightarrow{H_2O} H_5C_2OOC-CH(CH_3)-C_6H_4-CH_2CH(CH_3)_2$$

4. 添加辅助基团后切断

有些化合物结构上没有明显的官能团，或没有明显可切断的键。这种情况下，可以在分子的适当位置添加某个官能团，以便于找到逆向变换的位置及相应的合成子。但同时应考虑到这个添加的官能团在正向合成时易被除去，否则不能添加。

【例 14-3】 设计 $C_6H_{11}-C_6H_5$ 的合成路线。

分析：分子中无明显的官能团可利用，但在环己基上添加一个双键可帮助切断。

$$C_6H_{11}-C_6H_5 \xRightarrow{FGA} \text{(1-苯基环己烯)} \xRightarrow{FGI} \text{(1-苯基环己醇, OH)} \Longrightarrow \text{环己酮 (O)} + C_6H_5MgBr$$

合成路线为：

$$C_6H_6 \xrightarrow[AlBr_3]{Br_2} C_6H_5Br \xrightarrow[醚]{Mg} C_6H_5MgBr \xrightarrow{环己酮} 1\text{-苯基环己醇} \xrightarrow[2)\ H_2/Pd\text{-}C]{1)\ H_3PO_4} \text{苯基环己烷}$$

5. 回推到适当阶段再切断

有些分子可以直接切断，但有些分子却不能直接切断，或经切断后得到的合成子在正向合成时没有合适的方法连接起来。此时应将目标分子回推到某一替代的目标分子再行切断。经过逆向官能团转换或连接或重排，将目标分子回推到某一替代的目标分子是常用的方法。

例如，在合成 $H_3C—CH(OH) \overset{A}{—} CH_2CH_2OH$ 时，若从 A 处切断，所得到的两个合成子中，$\overset{-}{C}H_2CH_2OH$ 合成子找不到其等价试剂。如果将目标分子变换为 $H_3C—CH(OH) \overset{B}{—} CH_2CHO$ 后，再在 B 处切断，就可以由两分子乙醇经醇醛缩合方便地连接起来。

【例 14-4】 设计 2-CH_3O-6-($CH_2CH{=}CH_2$)苯酚（CH_3O、OH、$CH_2CH{=}CH_2$ 依次相邻取代的苯环）的合成路线。

分析：目标分子中苯环上有一个烯丙基，故可以由苯基烯丙基醚经 Claisen 重排得到。

$$\text{目标分子} \Longrightarrow o\text{-}H_3CO\text{-}C_6H_4\text{-}O \nmid CH_2CH{=}CH_2 \Longrightarrow o\text{-}H_3CO\text{-}C_6H_4\text{-}OH + CH_2{=}CHCH_2Br$$

$$\overset{FGI}{\Longrightarrow} o\text{-}HO\text{-}C_6H_4\text{-}OH + CH_3I$$

合成路线为：

$$o\text{-}HO\text{-}C_6H_4\text{-}OH \xrightarrow[碱]{CH_3I} o\text{-}H_3CO\text{-}C_6H_4\text{-}OH \xrightarrow[碱]{CH_2{=}CHCH_2Br} o\text{-}H_3CO\text{-}C_6H_4\text{-}OCH_2CH{=}CH_2 \xrightarrow{\triangle} \text{目标分子（}H_3CO\text{、}OH\text{、}CH_2CH{=}CH_2\text{ 依次相邻）}$$

6. 利用分子的对称性切断

有些目标分子具有对称面或对称中心，利用分子的对称性可以使分子结构中的相同部分同时接到分子骨架上，从而使合成问题得以简化。

【例 14-5】 设计目标分子 $HO—C_6H_4—CH(C_2H_5)—CH(C_2H_5)—C_6H_4—OH$ 的合成路线。

分析：

$$HO—C_6H_4—CH(C_2H_5) \nmid CH(C_2H_5)—C_6H_4—OH \Longrightarrow 2HO—C_6H_4—CH(C_2H_5)—Cl$$

$$\overset{FGI}{\Longrightarrow} HO—C_6H_4—CH{=}CHCH_3 \overset{FGI}{\Longrightarrow} CH_3O—C_6H_4—CH{=}CHCH_3$$

（茴香脑，天然物质大茴香油中含约 80%）

合成路线为：

$$2CH_3O-C_6H_4-CH{=}CHCH_3 \xrightarrow[5\sim10℃]{苯，干燥\ HCl} 2CH_3O-C_6H_4-CHClCH_2CH_3 \xrightarrow[85\sim90℃]{Fe}$$

$$CH_3O-C_6H_4-CH(C_2H_5)-CH(C_2H_5)-C_6H_4-OCH_3 \xrightarrow{HI} HO-C_6H_4-CH(C_2H_5)-CH(C_2H_5)-C_6H_4-OH$$

有些目标分子本身并不具有对称性，但是经过适当的变换和切断，即可以得到对称的中间物，这些分子被认为是存在潜在的分子对称性。

【例 14-6】 设计 $(CH_3)_2CHCH_2COCH_2CH_2CH(CH_3)_2$ 的合成路线。

分析：靶分子本身不是对称性分子。但若认为分子中碳基由炔烃与水加成而得，则可以变换成一对称分子，即：

$$(CH_3)_2CHCH_2\overset{O}{\overset{\|}{C}}CH_2CH_2CH(CH_3)_2 \xrightarrow{FGI} (CH_3)_2CHCH_2 \nmid C{\equiv}C \nmid CH_2CH(CH_3)_2$$

$$\Longrightarrow 2(CH_3)_2CHCH_2Br + HC{\equiv}CH$$

合成路线：

$$HC{\equiv}CH + 2(CH_3)_2CHCH_2Br \xrightarrow[液\ NH_3]{NaNH_2} (CH_3)_2CHCH_2C{\equiv}CCH_2CH(CH_3)_2$$

$$\xrightarrow[HgSO_4]{稀\ H_2SO_4} (CH_3)_2CHCH_2\overset{O}{\overset{\|}{C}}CH_2CH_2CH(CH_3)_2$$

三、 几类常见物质的逆向切断技巧

1. 单官能团物质的逆向切断

（1）醇类及其衍生物的逆向切断　在种类繁多的有机化合物中，醇、酚、醚、醛、酮、胺、羧酸及其衍生物是最基本的几类。其中醇是最特殊、最重要的一种，因为它是连接烃类化合物如烯烃、炔烃、卤代烃等与醛、酮、羧酸及其衍生物等羰基化合物的桥梁物质。所以，醇的合成除了本身的价值外，它还是进一步合成其他有机物的中间体。合成醇最常用、最有效的方法是利用格氏试剂和羰基化合物的反应，但切断的方式要视目标分子的结构而定，一般要在与目标分子羟基邻近的碳原子上进行。

【例 14-7】 设计 $(PhCH_2CH_2)_3C-OH$ 的合成路线。

分析：

$$(PhCH_2CH_2)_3C-OH \Longrightarrow EtO-\overset{O}{\overset{\|}{C}}-OEt + 3\,PhCH_2CH_2MgBr$$

合成路线为：

$$3PhCH_2CH_2MgBr + EtO-\overset{O}{\overset{\|}{C}}-OEt \longrightarrow (PhCH_2CH_2)_3C-OH$$

总结：包含对称结构单元的醇，采用多处同时切断的方式可简化合成路线，原料是格氏试剂和酯。

【例 14-8】 设计 Ph Ph OH 的合成路线。

分析：

Ph Ph OH ⟹ COOEt +2 MgBr

⟹ + COOEt

合成路线为：

+ COOEt ⟶ COOEt $\xrightarrow{2PhMgBr}$ Ph Ph OH

许多有机化合物都可回推到醇，然后按醇的切断方法来设计它的合成路线。

【例 14-9】 试设计 Ph 的合成路线。

分析：此目标分子是烯烃，但可回推到醇，然后按醇的切断方式进行切断。

Ph ⟹ Ph OH ⟹ BrMg—Ph + O

⟹ HO—Ph ⟹ O + PhMgBr

合成路线为：

PhMgBr ⟶ HO—Ph $\xrightarrow{PBr_3}$ Br—Ph $\xrightarrow[\text{干醚}]{Mg}$ BrMg—Ph

$\xrightarrow[2)\ H_2O]{1)\ O}$ Ph OH $\xrightarrow{H_3O^+}$ Ph

【例 14-10】 从 C_6H_5—Br 和 CH_2═CH_2 合成 Ph Ph O O 。

分析：目标分子为酯。因此，可先将其转换为醇，然后进行切断。可有三种切断方式：

—CH_2—CH— ($OCCH_3$, O) ⟹ ③ ② ① —CH_2—CH— (OH)

按照醇的分割原则，应选择①或②，但②的切断与原料 C_6H_5—Br 不符，因此选择①，则切断如下。

$$C_6H_5-CH_2-CH(OH)-C_6H_5 \Longrightarrow C_6H_5-CH_2CHO + C_6H_5-MgBr$$

$$C_6H_5-CH_2CH_2OH \Longrightarrow C_6H_5-MgBr + \text{环氧乙烷}$$

合成路线为：

$$CH_2{=}CH_2 \xrightarrow[250℃]{Ag,O_2} \text{环氧乙烷}$$

$$CH_2{=}CH_2 \xrightarrow[H^+]{H_2O} CH_3CH_2OH \xrightarrow{KMnO_4} CH_3COOH$$

$$C_6H_5-Br \xrightarrow[\text{醚}]{Mg} C_6H_5-MgBr \xrightarrow{\text{环氧乙烷}} C_6H_5-CH_2CH_2OH \xrightarrow[\text{吡啶}]{CrO_3}$$

$$C_6H_5-CH_2CHO \xrightarrow[2)\ H_2O]{1)\ C_6H_5MgBr} C_6H_5-CH_2CH(OH)-C_6H_5 \xrightarrow[H^+]{CH_3COOH} C_6H_5-CH_2-CH(OCCH_3)-C_6H_5\ (\text{OCCH}_3\text{ 中 C}{=}O)$$

酮可由仲醇氧化得到，羧酸可由伯醇氧化得到，因此酮、羧酸的合成路线设计亦可参考醇的切断方法。

其他常见官能团之间的相互转化可以简单归纳如下：

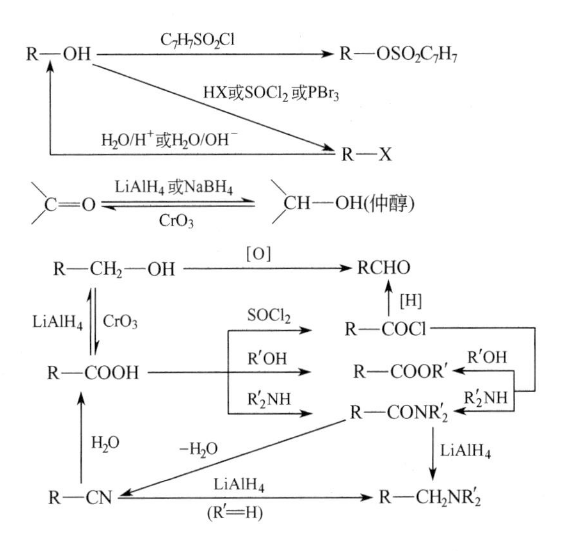

（2）羧酸的逆向切断　羧酸也是一类重要的有机物，有了羧酸，羧酸衍生物就很容易制备。羧酸的合成除了先回推到醇再切断的路线外，还有两种方法可利用，一种是利用格氏试剂与二氧化碳反应制备羧酸，另一种是利用丙二酸二乙酯与卤代烃反应制备羧酸。

【例 14-11】 试设计 $C_6H_5-CH_2-CH(COOH)-CH_2CH{=}CH_2$ 的合成路线。

分析：

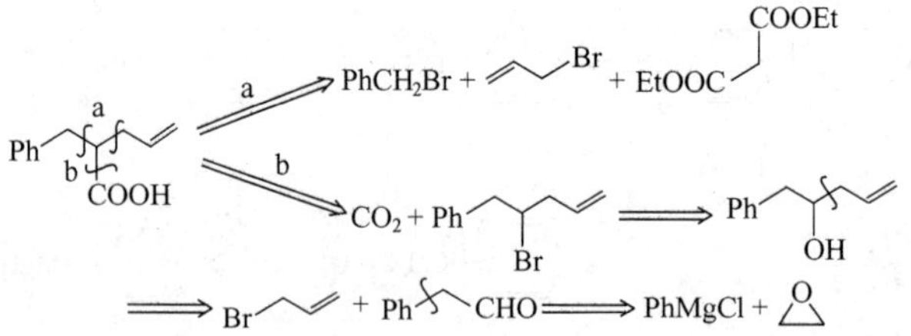

显然，两种方案均为合理路线，但 a 路线比 b 路线短，因为 a 路线更符合最大简化原则，所以 a 比 b 更好。

合成路线为：

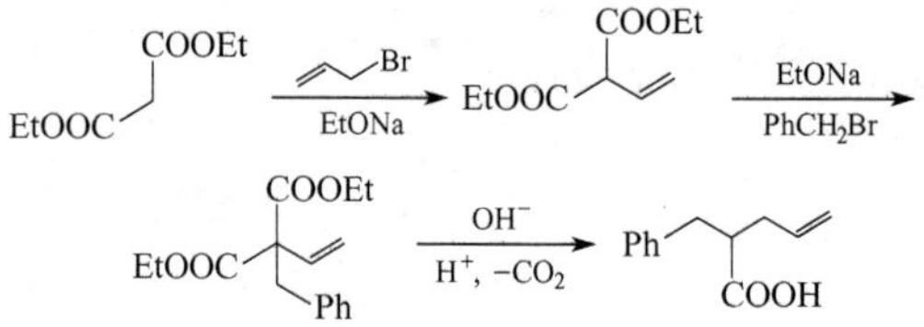

2. 双官能团化合物的逆向切断

当一个分子中含有两个官能团时，最好的切断方法是同时利用这两个官能团的相互关系。双官能团化合物主要包括 1,2-二官能团物、1,3-二官能团物、1,4-二官能团物、1,5-二官能团物、1,6-二官能团物等。

（1）1,2-二官能团物 下面仅介绍以下两类物质的逆向切断。

① 1,2-二醇。1,2-二醇类化合物通常用烯烃氧化来制备，故切断时 1,2-二醇先回推到烯烃再进行切断。如果是对称的 1,2-二醇，则利用两分子酮的还原偶合直接制得，偶合剂是 Mg-Hg-$TiCl_4$。

【例 14-12】 试设计 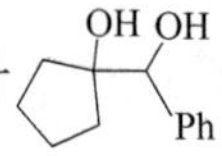 的合成路线。

分析：

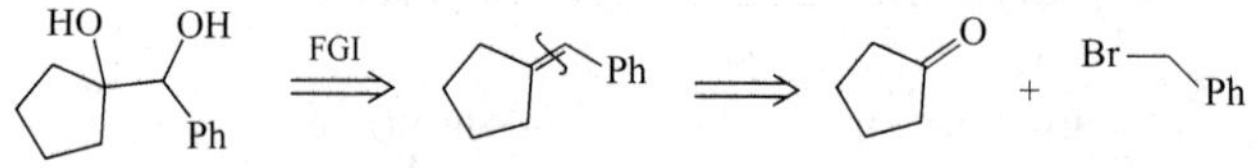

合成路线为：

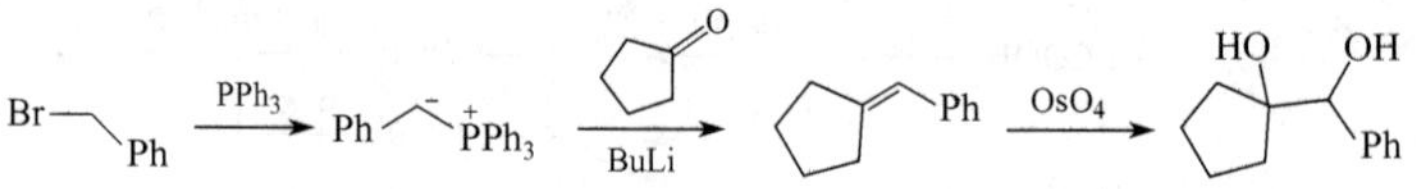

② α-羟基酮。α-羟基酮是利用醛、酮与炔钠的亲核加成反应，然后三键水合制得。其逆向切断方式如下。

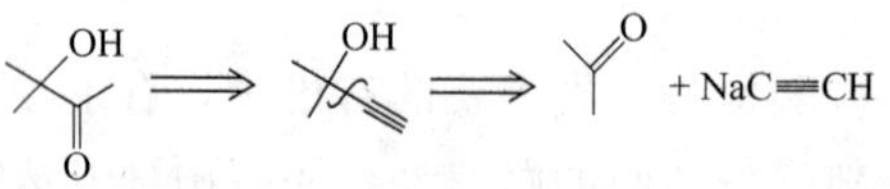

此外，还能利用双分子酯的偶姻反应（酮醇缩合反应）来合成。

（2）β-羟基羰基化合物和 α，β-不饱和羰基化合物的逆向切断 β-羟基羰基化合物属于一种1,3-二官能团化合物，由于它很容易脱水生成 α，β-不饱和羰基化合物，所以在此将两者的逆向切断放在一起讨论。

对于β-羟基羰基化合物可作如下切断。

OH O H $\Longrightarrow$ O H + O^- H

a b

负离子b恰好是羰基化合物a的烯醇负离子。a在弱碱下则可转化成负离子b，所以β-羟基碳基化合物可由醇醛缩合而得。

O H $\xrightarrow{OH^-}$ O^- H $\xrightarrow{CHO}$ OH CHO

α,β-不饱和羰基化合物可由β-羟基羰基化合物脱水得到。因此，α,β-不饱和羰基化合物可按如下方法切断拆开。

O $\xRightarrow{FGI}$ OH O $\Longrightarrow$ O H + O

【例 14-13】 设计目标分子 O= O 的合成路线。

分析：目标分子是一个α，β-不饱和内酯，打开内酯环，可得到α，β-不饱和羰基化合物，而γ-羟基酸或δ-羟基酸受热很容易形成内酯环。

O O $\Longrightarrow$ OH COOH $\Longrightarrow$ O OH + CHO OH $\Longrightarrow$ CHO + HCHO

—OH O 的合成等效剂为丙二酸，最后脱羧和环化可同时发生。

合成路线为：

CHO $\xrightarrow[K_2CO_3]{HCHO}$ OHC OH $\xrightarrow[NH_3, C_2H_5OH]{CH_2(COOH)_2}$ HO CH=CHCOOH $\xrightarrow{成环}$ O =O

(3) 二羰基化合物的逆向切断　二羰基化合物包括1,3-二羰基化合物、1,4-二羰基化合物、1,5-二羰基化合物和1,6-二羰基化合物。以下仅介绍1,3-二羰基化合物的逆向切断技巧，其他类型化合物的切断可参考有关书籍。

Claisen缩合反应是切断1,3-二羰基化合物的依据。Claisen缩合反应包括Claisen酯缩合、酮酯缩合、腈酯缩合等，这些缩合分别得到结构上略有差异的化合物，但最终都能生成1,3-二羰基化合物，因此目标化合物可切断为酰基化合物和α-氢试剂两种合成等效剂。

酰化试剂有 H—CO—OEt，CH_3CO—OEt，EtO—CO—OEt，$EtOCOCH_2$—CH_2COOEt。

提供α-氢的试剂有醛、酮、酯、腈。

【例 14-14】 设计 Ph Ph O COOEt 的合成路线。

分析：这是一个β-酮酸酯，可以考虑利用Claisen酯缩合反应来合成。

合成路线为：

Ph Ph O COOEt $\Longrightarrow$ Ph O OEt + Ph COOEt

$$PhCH_2COOEt + PhCH_2COOEt \xrightarrow{OH^-} PhCH_2COCH(Ph)COOEt$$

【例 14-15】 设计 $PhCH(COOEt)_2$ 的合成路线。

分析：目标分子是丙二酸酯的衍生物，也属于1,3-二碳基化合物。

$$PhCH(COOEt)_2 \xRightarrow{dis} PhCH_2COOEt + EtO-\overset{O}{\overset{\|}{C}}-OEt$$

合成路线为：

$$PhCH_2COOEt + EtO-\overset{O}{\overset{\|}{C}}-OEt \xrightarrow[-EtOH]{OH^-} PhCH(COOEt)_2$$

第三节 导向基和保护基的应用

有时将有机合成的路线进行一些策略性的安排，可使原来不能进行的反应得以实现，或简化反应步骤，或减少副产物的生成使产率提高。这些策略的安排主要有导向基的使用和官能团的保护等。

一、 导向基及其应用

在有机合成中，为了使反应在反应物分子的预定位置上发生，常在反应物分子上引入一个控制单元，这个控制单元称为导向基，也称为控制基。显然，导向基的作用是将反应导向在指定的位置；此外，一个好的导向基还应具有容易生成、容易去掉的功能。根据引入的导向基的作用不同，可分为如下三种形式。

1. 活化导向

在分子中引入一个活性基作为控制单元，把反应导向指定的位置称为活化导向。利用活化作用来导向，是导向手段中使用最多的。

【例 14-16】 设计1,3,5-三溴苯的合成路线。

分析：该合成问题是在苯环上引入特定基团。苯环上的亲电取代反应中，溴是邻位、对位定位基，现互为间位，显然不可由本身的定位效应而引入。它的合成就是引进一个强的邻位、对位定位基——氨基作导向基，使溴进入氨基的邻位、对位，并互为间位，然后将氨基去掉。

合成路线为：

$$C_6H_6 \xrightarrow{混酸} C_6H_5NO_2 \xrightarrow{Fe+HCl} C_6H_5NH_2 \xrightarrow{Br_2}$$

$$2,4,6\text{-}Br_3C_6H_2NH_2 \xrightarrow{NaNO_2+HCl} 2,4,6\text{-}Br_3C_6H_2N_2^+Cl^- \xrightarrow{H_3PO_2/H_2O} 1,3,5\text{-}Br_3C_6H_3$$

在延长碳链的反应中，还常用—CHO、—$COOC_2H_5$、—NO_2 等吸电子基作为活化基来控制反应。

【例 14-17】 设计 $CH_3COCH_2CH_2$—Ph 的合成路线。

分析：

$$CH_3COCH_2 \not| CH_2\text{—}C_6H_5 \Longrightarrow CH_3COCH_3 + BrCH_2\text{—}C_6H_5$$

若以丙酮为起始原料，由于反应产物的活性与其相近，可以进一步反应。

$$CH_3COCH_2CH_2Ph \xrightarrow[PhCH_2Br]{碱} PhCH_2CH_2COCH_2CH_2Ph + CH_3COCH(CH_2Ph)_2$$

为解决这个难题，可引入一个—$OCOC_2H_5$，使羰基两旁 α-C 上的 α-H 原子的活性有较大的差异。所以合成时使用乙酰乙酸乙酯，等苄基引进后将酯水解成酸，再利用丙酮酸易于脱羧的特性将活化基去掉。

合成路线为：

$$CH_3COCH_2COOC_2H_5 \xrightarrow{C_2H_5ONa} CH_3CO\overset{-}{C}HCOOC_2H_5$$

$$\xrightarrow{C_6H_5CH_2Br} CH_3COCH(CH_2C_6H_5)COOC_2H_5 \xrightarrow{稀 KOH} CH_3COCH(CH_2C_6H_5)COOK \xrightarrow[\triangle]{H^+} CH_3COCH_2CH_2\text{—}C_6H_5$$

2. 钝化导向

活化可以导向，钝化一样可以导向。

【例 14-18】 设计对溴苯胺的合成路线。

分析：氨基是一个很强的邻位、对位定位基，溴化时易生成多溴取代产物。为避免多溴代反应，必须降低氨基的活化效应，也即使氨基钝化到一定程度。这可以通过在氨基上乙酸化而达到此目的。乙酰氨基（—$NHCOCH_3$）是比氨基活性低的邻位、对位基，溴化时主要产物是对溴乙酸苯胺，然后水解除去乙酰基后即得目标分子。

合成路线为：

$$C_6H_5NH_2 \xrightarrow{(CH_3CO)_2O} C_6H_5NHCOCH_3 \xrightarrow{Br_2} p\text{-}BrC_6H_4NHCOCH_3 \xrightarrow{H_2O} p\text{-}BrC_6H_4NH_2$$

3. 封闭特定位置进行导向

有些有机分子对于同一反应，可以存在多个活性部位。在合成中，除了可以利用上述活化、钝化导向外，还可以引入一些基团，将其中的部分活性部位封闭起来，以阻止不需要的反应发生。这些基团被称为阻断基，反应结束后再将其去除。如在苯环上的亲电取代反应中，常引入—SO_3H、—COOH、—$C(CH_3)_3$ 等作为阻断基。

【例 14-19】 设计邻氯甲苯的合成路线。

分析：甲苯氯化时，生成邻氯甲苯和对氯甲苯的混合物，它们的沸点非常接近（常压下分别为 159℃和 162℃)，分离困难。合成时，可先将甲苯磺化，由于—SO_3H 体积较大，只进入甲基的对位，将对位封闭起来，然后氯化，氯原子只能进入甲基的邻位，最后水解脱去—SO_3H，就可得很纯净的邻氯甲苯。

合成路线为：

$$C_6H_5CH_3 \xrightarrow{\text{浓 } H_2SO_4} p\text{-}CH_3C_6H_4SO_3H \xrightarrow[FeCl_3]{Cl_2} \text{2-Cl-4-}SO_3H\text{-}C_6H_3CH_3 \xrightarrow[150℃]{H_2O,\ H^+} o\text{-}ClC_6H_4CH_3$$

二、 官能团的保护

在含有多官能团化合物的合成中，若与某官能团进行反应的试剂能影响另外的官能团时，最好的方法是在不希望反应的官能团上暂时引入保护性基团（称为保护基），将其有选择性地保护起来，待某官能团与试剂反应后，再将保护基除去。因此作为保护基必须具备下列要求：

① 对不同的官能团能选择性保护；

② 引入、除去保护基的反应简单，产率高，而且其他官能团不受影响；

③ 可经受必要的和尽可能多的试剂的作用，所形成的衍生物在反应条件下是稳定的。

一个合适的保护基对于合成的成败至关重要。不同的化合物，其保护的理由不同，保护的方法也不相同。一般常用的官能团保护的反应归纳如下。

1. 羟基的保护

醇容易被氧化、酸化和卤化，仲醇和叔醇还容易脱水。因此，在欲保留羟基的一些反应中，需要将醇类转变成醚类、缩醛或缩酮类以及酯类等保护起来。将醇羟基转变成醚类的主要形式有甲醚、叔丁醚、苄醚和三苯基甲醚等。

(1) 酯化法　由于酯在中性和酸性条件下比较稳定，因此可用生成酯的方法保护羟基。常用的保护基是乙酰基。反应后，保护基可用碱性水解的方法除去。

$$ROH \xrightarrow[60℃]{Ac_2O/NaOAc/AcOH} ROAc$$

(2) 苄醚法　苄醚在碱性条件下是稳定的，反应完成后可在 Pd-C 催化剂上低压加氢氢解还原。

$$ROH \xrightarrow{KOH/C_6H_5CH_2Cl} ROCH_2C_6H_5$$

如用硫酸二甲酯与醇反应生成甲醚来保护羟基，则还原时需用强酸（氢碘酸）。

(3) 四氢吡喃醚法　醇的四氢吡喃醚能耐强碱、格氏试剂、烷基锂、氢化镁铝、烷基化和酰基化试剂等。因此，此法应用十分广泛。醇与二氢吡喃在酸存在下反应即可引入四氢吡喃基，反应完成后在温和的酸性条件下水解，去除保护基。

$$ROH \xrightarrow[HCl]{\text{二氢吡喃}} RO\text{-THP} \xrightarrow{H_3^+O} ROH$$

2. 氨基的保护

胺类化合物的氨基容易发生氧化、烷基化、酰基化以及与醛、酮缩合等反应，对氨基的保护是阻止这些反应的发生。

（1）氨基酰化　氨基酰化是保护氨基的常用方法。一般伯胺的单酰基化已足以保护氨基，使其在氧化中保持不变，保护基可在酸或碱性条件下水解除去。

$$NH_2CH_2CH_2CHO \xrightarrow{(CH_3CO)_2O} CH_3CONHCH_2CH_2CHO \xrightarrow{KMnO_4}$$

$$CH_3CONHCH_2CH_2COOH \xrightarrow{\text{水解}} NH_2CH_2CH_2COOH$$

二元羧酸与胺形成的环状双酰衍生物是非常稳定的，能提供更安全的保护。常用的酰化剂是丁二酸酐、邻苯二甲酸酐。

（2）用烷基保护　用烷基保护氨基，主要是用苄基和三苯甲基，尤其是三苯甲基的空间位阻作用对氨基有很好的保护作用，而又很容易脱除。

3. 羰基的保护

醛、酮中的羰基可发生氧化、还原以及各种亲核加成反应，是有机化学中最容易发生反应的官能团。对醛、酮羰基保护的方法有许多，但最重要是的形成缩醛和缩酮。

乙二醇、乙二硫醇是常用的碳基保护剂，它们与醛、酮作用生成的环缩醛、环缩酮，对还原试剂（如钠的醇溶液、钠的液氨溶液、硼氢化钠、氧化铝锂）、催化加氢、中性或碱性条件下的氧化剂以及各种亲核试剂都很稳定，因此可在这些反应中保护羰基。缩醛或缩酮对酸敏感，甚至很弱的草酸或酸性离子交换树脂都能有效地脱去保护基，过程为：

$$RCHO \xrightarrow{HOCH_2CH_2OH,\ HCl} RCH\langle\begin{smallmatrix}O\\O\end{smallmatrix}\rangle \xrightarrow{H_3^+O} RCHO$$

4. 羧基的保护

羧基由羰基和羟基复合而成。由于复合后羟基与羰基组成 p-π 共轭，从而使羰基的活性降低，羟基的活性升高，因此羧基的保护实际上是羟基的保护，通常用形成酯的形式来保护羧基，如甲酯或乙酯，不过除去甲酯或乙酯需要较强的酸或碱。为此，可采用叔丁酯（可用弱酸除去）、苄酯（可用氢解还原除去）等形式，这些酯可由相应羧酸的酰氯与醇来制得。一般流程为：

$$RCOOH \longrightarrow RCOCl \xrightarrow{C_6H_5CH_2OH} RCOOCH_2C_6H_5 \xrightarrow{Pd\text{-}C/H_2} RCOOH$$

5. 碳-碳不饱和键的保护

烯烃易被氧化、加成、还原、聚合、移位，是最易发生反应的官能团之一。炔烃反应活性较烯烃稍弱。将烯烃首先与卤素反应转变为 1,2-二卤化物，以后可用锌粉在甲醇、乙醇或乙酸中脱卤再生出碳-碳双键。此反应条件温和，生成烯烃时没有异构化及重排等副反应，因此可用于带烯键化合物氧化其他基团时保护双键。

炔烃与卤素加成生成四卤化物，用上述方法也可脱卤再生炔烃。

第四节　合成路线的评价标准

合成一个有机化合物常常可以有多种路线。由不同原料、通过不同途径，获得需要的目标分子。这些路线如何选择？根据什么原则进行选择？这是有机合成必须要解决的首要问题。一般来说，如何选择合成路线是个非常复杂的问题，它与原料来源、产品收率、生产成本、中间体的稳定性及分离条件、安全生产及环境保护等因素有关，还受着生产装备条件、产品用途和纯度要求等的制约，往往必须根据具体情况和条件作出合理的选择。通常有机合成路线设计所考虑的一般原则主要有以下几个方面。

一、 合成步数与反应总收率

合成路线的长短直接关系到合成路线的价值，所以对合成路线中反应步数和反应总收率的计算是评价合成路线最直接、最主要的标准。这里，反应的总步数指从所有原料和试剂到达目标分子所需反应步数之和；总收率是各步收率的连乘积。通常预测或计算一个合成路线的反应总收率应从以下几个方面进行考虑。

表 14-2 合成步数与总收率的关系

每步平均收率/%	总收率/%		
	5 步	10 步	15 步
50	3.1	0.1	0.003
70	16.3	2.3	0.5
90	59.2	35.4	21.1

第一，在对合成反应的选择上，要求每个单元反应尽可能具有较高的收率。

第二，应尽可能减少反应步骤。因为每一步反应都有一定的损失，反应步骤增多，则总收率必将大大降低，若各步反应收率不高时，其总收率将降低得更为严重；同时合成中原料和人力消耗也将增大。反应步骤的增多还会导致生产周期的延长、操作步骤的繁杂，甚至会失去合成的价值。合成步数与总收率的关系见表 14-2。

从表 14-2 可以清楚地看到，即使每步反应收率较高，经过 5 步以上的总收率已相当低，因此，在有机合成路线设计上，一般超过 5 步的反应，实际应用价值已不大，需另选其他路线，除非是特殊需要的产品。

第三，在合成反应的选择上，必须尽可能避免和控制副反应的发生。因为副反应不但降低收率，而且会造成分离和提纯上的困难。

第四，在合成路线中，反应的排列方式也直接影响总收率。例如：某化合物 ABCDEF 有两条合成路线，第一条路线是由原料 A 经 5 步反应制得 ABCDEF，这种反应排列方式称连续法（也称线性法）；第二条路线分别从原料 A 和 D 出发，各经 2 步得中间体 ABC 和 DEF，然后相互反应得 ABCDEF，这种反应排列方式称平行法（也称汇合法或收敛法）。假定两条路线的各步收率都为 90%，则从总收率的角度考虑，显然选择第二条路线较为适宜。因此，要提高总收率就要减少连续反应数，反应排列方式尽可能采用平行法。

路线一：$A \xrightarrow{B} AB \xrightarrow{C} ABC \xrightarrow{D} ABCD \xrightarrow{E} ABCDE \xrightarrow{F} ABCDEF$

总收率 $= (90\%)^5 = 59\%$

路线二：

$A \xrightarrow{B} AB \xrightarrow{C} ABC$

$D \xrightarrow{E} DE \xrightarrow{F} DEF$

ABC + DEF → ABCDEF

总收率 $= (90\%)^3 = 73\%$

二、 原料和试剂的选择

原料和反应试剂是有机合成的基础，原料和试剂选择适当，有机合成才具有实际意义。因此，选择合成路线时，首先应考虑每一合成路线所用的原料和试剂的来源、价格及利用率。

原料和试剂的利用率包括骨架和官能团的利用程度，这主要取决于原料的结构、性质及所进行的反应。即所采用的原料尽可能少一些，结构的利用率尽可能高一些。

原料和试剂的价格直接影响到产品的成本。对于准备选用的那些合成路线，应根据操作方法初步列出的原料和试剂的名称、规格、单价算出单耗，进而计算出各种原材料的成本和总成本，以资比较。

此外，原料和试剂的供应和贮运问题也不容忽视，特别是合成一些产量较大的品种，有些原料一时得不到供应，则应考虑自行生产。

原料及试剂的性质、规格、供应情况和生产厂家，可从各种化工原料和试剂目录及手册查阅得到。

由于有机原料数量很大，较难掌握，因此，对在有机合成上怎样才算原料选择适当，通常可以简单地归纳为如下几条。

（1）一般小分子比大分子容易得到，直链分子比支链分子容易得到。脂肪族单官能团化合物，小于六个碳原子的通常是比较容易得到的，例如小于六个碳原子的醛、酮、羧酸及其衍生物、醇、醚、胺、溴代烷和氯代烷等。至于低级的烃类，如三烯一炔（乙烯、丙烯、丁烯和乙炔）则是基本化工原料，可由生产部门得到供应。

（2）脂肪族多官能团化合物比较容易得到，而且在有机合成中常用的有：$CH_2=CH-CH=CHR$，（R＝H 或 CH_3）；$X(CH)_nX$，（X＝Cl 或 Br，$n=1\sim6$）；$HO-(CH_2)_n-OH$，（$n=2\sim4$，6）；$H_2N-(CH_2)_n-NH_2$，（$n=2\sim4$，6）；$CH_3COCH_2COCH_3$；$ROOC(CH)_{2\sim4}COOR$；ROOC—COOR；CH_2CH_2O；$CH_2(COOR)_2$；XCH_2COOR；CH_3COCH_2COOR；NCCHCOOR；$CH_2=CHCN$；$CH_2=CHCOCH_3$。

（3）脂环族化合物中环戊烷、环己烷及其单官能团衍生物较易得到，其中常见的为环己烯、环己醇和环己酮。环戊二烯也有工业来源。

（4）芳香族化合物中苯、甲苯、二甲苯、萘及其直接取代衍生物（$-NO_2$、—X、$-SO_3H$、—R、—COR 等），以及由这些取代基容易转化成的化合物（—OH、—OR、$-NH_2$、—CN、—COOH、—COOR、—COX、$-CONH_2$ 及—CHO 等）均容易得到。

（5）杂环化合物中含五元环及六元环的杂环化合物及其取代衍生物较易获得。

三、 中间体的分离与稳定性

任何一个两步以上的有机合成路线过程都会有中间体生成，一个理想的中间体应稳定存在且易于纯化。一般而言，一条合成路线中若存在两个或两个以上相继的不稳定中间体，合成就很难成功。所以在选择合成路线时，应尽量少用或不用存在对空气、水汽敏感或纯化过程繁杂、纯化损失量大的中间体的合成路线。例如：在实验室有机合成，有机金属化合物是一类非常有用的合成试剂，它们能发生许多选择性很高的反应，使一些常规方法难以进行的反应变为易于实现。但是有机金属化合物在工业生产上的应用却并不广泛，这主要是因为它们在通常条件下是很活泼的。

四、 过程装备条件

在有机合成路线设计时，应尽量避免采用复杂、苛刻的过程装备条件，如需在高温、高压、低温、高真空或严重腐蚀等条件下才能进行的反应。因为上述条件下的反应，就需要用特殊材质、特殊设备，大大提高了投资和生产成本，也给设备的管理和维护带来一系列复杂问题。当然对于那些能显著提高收率、缩短反应步骤和时间，或能实现机械化、自动化、连续化，显著提高生产力以及有利于劳动保护和环境保护的反应，即使设备要求高些、复杂些，也应根据情况予以考虑。

五、 安全生产及环境保护

在许多精细有机合成反应中，经常遇到易燃、易爆和有剧毒的溶剂、原料和中间体。为确保安全生产和操作人员的人身健康和安全，在进行合成路线设计和选择时，应尽量少用或不用易燃、易爆和有剧毒的原料和试剂，同时还要密切关注合成过程中一些中间体的毒性问题。若必须采用易燃、易爆和有剧毒物质时，则需要提出妥善的安全技术要求，并就劳动保护、安全生产制定相应的技术措施和规定，防止事故的发生、避免不必要的经济损失。

在生产操作中，合成操作人员必须严格遵守工艺操作规程、安全防范规定和劳动纪律，按照科学规律，以高度认真负责的态度进行操作，避免和减少不必要的事故发生，实现安全生产。

合成路线和方法的选择，要优先考虑废物排放量少、容易处理的路线，对于“三废”排放量大、危害严重、处理困难的合成路线应坚决摒弃。在设计合成路线时，应同时考虑“三废”的处理方法。“三废”的处理过程不应产生新的污染。近年来，在有机合成中提出了原子利用率和 *E*-因子的分析和估价，以此综合考虑对原料的选取、能量的消耗以及废料的环境熵值 *EQ* 等，探索新的合成工艺。

所谓 *E*-因子，其定义是每生产 1kg 目的产品的同时，产生的废物的量，即 *E*-因子＝废料质量/产品质量。表 14-3 列出了不同生产部门生产中环境所能接受 *E*-因子的大小。

表 14-3 不同化工生产部门的 *E*-因子

工业部门	产品/t	*E*-因子	工业部门	产品/t	*E*-因子
炼油	$10^6 \sim 10^8$	约 0.1	精细化工	$10^2 \sim 10^4$	5～50
基本化工	$10^4 \sim 10^6$	＜1～5	制药	$10^1 \sim 10^3$	25～100

环境商值 *EQ* 是综合考虑废物的排放量和废物在环境中的毒性行为，用以评价各种合成方法相对于环境的好坏。环境商值 $EQ = E \times Q$，式中，*E* 即 *E*-因子；*Q* 是根据废物在环境中的行为，给出的对环境的不友好度。例如，若无害的 NaCl 和 $(NH_4)_2SO_4$ 的 *Q* 定为 1，则有害的重金属离子的盐类基于其毒性的大小，其 *Q* 为 100～1000。环境商值越高，废物对环境的污染也就越严重。环境商值的大小是衡量和选择合理的有机合成工艺的重要因素。

降低 *EQ* 值，就要减少生产工艺过程中废物的排放量，提高合成工艺中的原子利用率。所谓原子利用率的定义如下式。

$$原子利用率 = \frac{目的产品的摩尔质量}{化学方程式中按计量所得物质的摩尔质量之和}$$

例如环氧乙烷生产的原子利用率的计算如下所示。

氯乙醇生产法：

$$CH_2{=}CH_2 + Cl_2 + H_2O \longrightarrow ClCH_2CH_2OH + HCl$$

$$ClCH_2CH_2OH + Ca(OH)_2 \xrightarrow{HCl} \underset{\text{(环氧乙烷, } H_2C\text{—}CH_2 \text{ 经 O 成环)}}{H_2C\overset{O}{—}CH_2} + CaCl_2 + 2H_2O$$

总反应式：

$$\underset{}{C_2H_4} + Cl_2 + Ca(OH)_2 \longrightarrow \underset{44}{C_2H_4O} + \underset{111}{CaCl_2} + \underset{18}{H_2O}$$

$$原子利用率 = \frac{44}{44+111+18} = 25\%$$

乙烯催化氧化生产法：

$$CH_2{=}CH_2 + \frac{1}{2}O_2 \xrightarrow{Ag} H_2C\overset{O}{—}CH_2$$

原子利用率＝100%。

因此，除理论产率外，还需要考虑和比较不同的合成方法和途径的原子利用率，这是有关生产过程对环境产生潜在影响的又一评价标准。

本章小结

1. 逆向合成法是从靶分子出发，通过使用技巧性的切断、连接、重排等，推出合成用起始原料或中间体，这是一种逻辑推理与直觉观察相结合的方法。

2. 逆向合成法的逆向切断应遵循“合理切断、最大简化和原料易得”原则与合理运用切断技巧。

3. 导向基的作用有：活化导向、钝化导向和封闭特定位置进行导向；合成设计时应关注相关基团（如羟基、氨基、羰基、羧基、不饱和碳-碳双键）的保护。

习题与思考题

1. 解释下列术语或缩写字符的含义。

（1）合成子 （2）合成等效剂 （3）FGI （4）FGA （5）FGR

2. 在有机合成路线设计中，需要考虑哪些问题？

3. 怎样才能正确合理地进行逆向切断？

4. 完成下列转变。

（1） $C_6H_5CH_3 \longrightarrow$ 2-NO_2-C_6H_4COOH （2） 4-H_2N-$C_6H_4CH_3 \longrightarrow$ 3-H_2N-$C_6H_4CH_3$

（3） $H_2NCH_2CH_2CHO \longrightarrow H_2NCH_2CH_2COOH$

（4） $CH_3COCH_2CH_2CH{=}CH_2 \longrightarrow CH_3COCH_2CH_2CH_2CH_3$

（5） H_3C—C_6H_4—$OH \longrightarrow HOOC$—C_6H_4—OH （6） $C_6H_5OH \longrightarrow$ 2-Br-C_6H_4OH

5. 试设计下列化合物的合成路线。

（1） OH, Ph （2） CO_2H （3） O_2N—C_6H_4—CH=CH—CHO

参 考 文 献

[1] 薛叙明主编．精细有机合成技术．2版．北京：化学工业出版社，2009.

[2] 冯亚青，王世荣，张宝主编．精细有机合成．3版．北京：化学工业出版社，2018.

[3] 王国伟，庄玲华主编．精细有机化学品合成原理及应用．北京：化学工业出版社，2019.

[4] 赵地顺主编．精细有机合成原理及应用．北京：化学工业出版社，2009.

[5] 俞马金，崔凯主编．精细有机合成化学及工艺学．南京：南京大学出版社，2015.

[6] 王利民，邹刚编著．精细有机合成工艺．上海：华东理工大学出版社，2012.

[7] 韩福忠，林雪松，贾利娜编著．精细有机合成原理与技术．北京：中国纺织出版社，2018.

[8] 唐慧安，罗志荣，陈荷莲编著．有机合成化学原理及新技术研究．北京：中国水利水电出版社，2015.

[9] 吕亮主编．精细有机合成单元反应．北京：化学工业出版社，2012.

[10] 张铸勇主编．精细有机合成单元反应．2版．上海：华东化工学院出版社，2003.

[11] 姚蒙正，程侣柏，王家儒编著．精细化工产品合成及应用．2版．北京：中国石化出版社，2000.

[12] 田铁牛主编．有机合成单元过程．2版．北京：化学工业出版社，2010.

[13] 薛永强，张蓉等编著．现代有机合成方法与技术．2版．北京：化学工业出版社，2007.

[14] 李颖华．超临界二氧化碳在有机合成中的应用 [J]．化学世界，2002，(9)．

[15] 唐培堃编．精细有机合成化学及工艺学学习指导．北京：化学工业出版社，2004.

[16] Heule，M.，K. Rezwan，L. Cavalli，et al. A Miniaturized Enzyme Reactor Based on Hierarchically Shaped Porous Ceramic Microstruts. Adv. Mater.，2003，15（14）：1191-1194.

[17] Franckevicius，V.，Knudsen，KR. Ladlow，M.，et al. Practical synthesis of（S）-pyrrolidin-2-yl-1H-tetrazole，incorporating efficient protecting group removal by flow-reactor hydrogenolysis. SYNLETT，2006（6）：889-892.

[18] Amandi，R.，P. Licence，S. K. Ross，et al. Friedel-Crafts Alkylation of Anisole in Supercritical Carbon Dioxide：A Comparative Study of Catalysts. Organic Process Research & Development，2005，9（4）：451-456.

[19] 张恭孝，王者辉．微反应器技术及其研究进展 [J]．现代化工，2015，35（2）．

[20] [德] W. 埃尔费尔德，V. 黑塞尔，H. 勒韦著．微反应器——现代化学中的新技术（中译本）．北京：化学工业出版社，2004.

[21] Satosh iIto，Masayuki Akaki，Yasutaka Shinozaki. Efficient synthesis of isoindoles using supercritical carbon dioxide，Tetrahedron Letters，2018，58（13）：1338-1342.

[22] Yang，W.，H. Cheng，B. Zhang，et al. Hydrogenation of levulinic acid by $RuCl_2$（PPh_3）$_3$ in supercritical CO_2：the significance of structural changes of Ru complexes via interaction with CO_2. Green Chemistry，2016，18（11）：3370-3377.

[23] Wang，X.，H. Kawanami，S. E. Dapurkar，et al. Selective oxidation of alcohols to aldehydes and ketones over TiO_2-supported gold nanoparticles in supercritical carbon dioxide with molecular oxygen. Applied Catalysis A：General，2008，349（1）：86-90.

[24] 郭朝华，耿小雯，杨效益．三氧化磺化装置的核心设备——磺化反应器 [J]．日用化学品科学，2008，31（11）．

[25] 吕咏梅．2,4,6-三溴苯酚合成与应用 [J]．化工中间体，2002（12）．